Praktische Ermittlung von Lebensdauer- und Zuverlässigkeitsmodellen für Zahnriemengetriebe

Alexander Kremer • Andreas Scholzen •
Bernd Bertsche

Praktische Ermittlung von Lebensdauer- und Zuverlässigkeitsmodellen für Zahnriemengetriebe

Springer Vieweg

Alexander Kremer
Institut für Maschinenelemente
University of Stuttgart
Stuttgart, Deutschland

Andreas Scholzen
Düsseldorf, Deutschland

Bernd Bertsche
Institut für Maschinenelemente
University of Stuttgart
Stuttgart, Deutschland

ISBN 978-3-662-67344-7 ISBN 978-3-662-67345-4 (eBook)
https://doi.org/10.1007/978-3-662-67345-4

Die Deutsche Nationalbibliothek verzeichnet diese Publikation in der Deutschen Nationalbibliografie; detaillierte bibliografische Daten sind im Internet über https://portal.dnb.de abrufbar.

Planung/Lektorat: Alexander Grün
Springer Vieweg ist ein Imprint der eingetragenen Gesellschaft Springer-Verlag GmbH, DE und ist ein Teil von Springer Nature.
Die Anschrift der Gesellschaft ist: Heidelberger Platz 3, 14197 Berlin, Germany

Das Papier dieses Produkts ist recyclebar.

Geleitwort

Exakt kalkulierte Lebensdauer statt Antriebsauslegungen mit hohen Sicherheitsfaktoren – präzise Vorhersagen statt grob kalkulierter Wartungsintervalle. Ist das bei der Vielzahl von möglichen Anwendungen für Zahnriemengetriebe überhaupt möglich?

Dieser Fragestellung hat sich die Walther Flender GmbH gemeinsam mit dem Institut für Maschinenelemente (IMA) der Universität Stuttgart gestellt und eine neuartige Methode zur Antriebsauslegung namens L.E.A.N. Drive entwickelt.

In der Vergangenheit konnte die Lebensdauer von Zahnriemengetrieben nur grob anhand von Erfahrungswerten abgeschätzt werden. Dieses führte in der Regel zu Antrieben, die deutlich überdimensioniert waren, was stets zu Lasten des Wirkungsgrades ging, bzw. nicht die wirtschaftlich vorteilhafteste Lösung darstellte. Mit der neuen L.E.A.N. Drive Berechnungsmethode lässt sich nun die Lebensdauer exakt für den individuellen Anwendungsfall vorhersagen. Hierbei kann es sich zum einen, um eine geforderte besonders hohe Lebensdauer, zum anderen aber auch um eine kostenoptimierte Auslegung mit einer konkret benötigten Lebensdauer handeln (beispielsweise Erntemaschinen, etc.).

Wie kann das mit der neuen Auslegungsmethode gewährleistet werden?

Grundlegender Unterschied zu bisherigen Methoden ist vor allem, dass nicht nur die einzelne Antriebskomponente, wie z. B. der Zahnriemen, sondern das gesamte System inklusive der dazugehörigen Antriebs- und Abtriebsscheiben berücksichtigt wird. Diese Systembetrachtung hat es ermöglicht, eine Vielzahl von Faktoren zu analysieren, die Einfluss auf das Ausfallverhalten des gesamten Antriebs haben können. Diese wiederum konnten in ein Wechselwirkungsnetz überführt werden, aus dem sich ein konkreter Versuchsplan ableiten ließ.

Walther Flender verfügt über ein eigenes Testlabor mit mittlerweile über 20 Prüfständen für Zahnriemengetriebe, so dass hier der Versuchsplan konsequent abgefahren werden konnte und die Ergebnisse in die KI-Lösung L.E.A.N. Drive überführt wurden. Mittlerweile lassen sich durch eine Weiterentwicklung dieser KI-Lösung nicht nur die Lebensdauer und Zuverlässigkeit von Zahnriemenantrieben, sondern auch von nahezu allen Komponenten errechnen, die einem mechanischen Verschleiß unterliegen (beispielsweise Kupplungen, Pneumatikzylinder, Laufrollen, etc.).

Ebenso kann das Unternehmen u. a. durch die gesammelten Erfahrungen bei der Entwicklung der Auslegungsmethodik sowie durch das bestehende Equipment seine Kunden im Bereich Prüfstandstechnik beraten oder ganze Testreihen übernehmen.

Erfahren Sie auf den nächsten Seiten mehr über die Entwicklung der neuartigen Auslegungsmethodik unter Berücksichtigung des gesamten Antriebssystems sowie der verschiedenen Einflussfaktoren auf Lebensdauer und Zuverlässigkeit von Zahnriemengetrieben.

Düsseldorf, im November 2022 Walther Flender GmbH

Vorwort

Als Alternative zur Steuerkette für die Kraftübertragung von der Kurbel- auf die Nockenwelle, zur Leistungsübertragung und -verzweigung in industriellen Antrieben aller Branchen sowie zur Steuerung von horizontalen und vertikalen Bewegungen von Regalbediengeräten oder Aufzügen, Zahnriemenantriebe sind in zahlreichen Anwendungen nicht mehr wegzudenken. Nicht zuletzt wegen Trends zu höheren Geschwindigkeiten und Leistungsdichten, verringerter Geräuschentwicklung und erhöhter Übertragungsgenauigkeit, gewinnen Zahnriemengetriebe immer mehr an Bedeutung. Trotz einer langjährigen Geschichte und einer immensen Vielfalt an Riemenkonstruktionen, ist deren Ausfallverhalten nur rudimentär erforscht und die generelle Auslegung von Zahnriemenantrieben bis heute nicht genormt. Stattdessen wird auf Empfehlungen und Vorgaben von Zahnriemenherstellern verwiesen und damit die Auslegung von Zahnriemenantrieben in die Hände der Zahnriemengetriebehersteller gelegt, was eine hohe Expertise voraussetzt. In den meisten Fällen beruhen die Empfehlungen der Zahnriemenhersteller auf historisch geprägten Werten, die mit zahlreichen Sicherheitsbeiwerten verbunden sind und damit sehr häufig unmittelbar eine Überdimensionierung von Zahnriemenantrieben zur Folge haben. Demnach ist keine anwendungsspezifische Auslegung möglich. Kürzere Entwicklungszeiten, reduziertes Entwicklungsbudget und der zunehmende Trend zu Leichtbau bei gleichzeitig steigenden Anforderungen an die Funktionalität und Zuverlässigkeit von Produkten fordern anwendungsspezifische Lösungen. Das setzt jedoch ein ausreichendes Verständnis des Systemverhaltens voraus. Andernfalls ist eine fehlerhafte Entwicklung nicht mehr zu vermeiden, was in ungeplanten Ausfällen und hohen Gewährleistungskosten resultiert. Auf der anderen Seite erfreut sich die Zuverlässigkeit einer immer größeren Bedeutung. Immer häufiger wird der Nachweis der Systemzuverlässigkeit von Anlagenkomponenten, wie beispielsweise der Zahnriemenantriebe, gefordert. Um dem entgegenzuwirken sind Lebensdauermodelle erforderlich. Nur so lassen sich Aussagen bzgl. der Lebensdauer technischer Systeme machen und die vom Kunden geforderte Zuverlässigkeit nachweisen. Das primäre Ziel des Buches, das stark vom praktischen Bezug der Autoren geprägt ist, besteht darin, die Lücke in der Auslegung von Zahnriemenantrieben durch eine ganzheitliche Betrachtung der Zusammenhänge zwischen der Belastung und Lebensdauer von Zahnriemensystemen zu schließen. Dieser Kerngedanke äußert sich auf die Weise, dass die für eine praktische Auslegung von Zahnriemenantrieben essentiellen Fachkenntnisse vermittelt werden, rund um die Themen: Systematik von Zahnriemengetrieben, Berechnungsgrundlagen, Lebensdauer und Zuverlässigkeit sowie das Testen von Zahnriemengetrieben. Dieses Fachbuch führt in die komplexe Welt der anwendungsorientierten Auslegung von Zahnriemenantrieben ein und zeigt auf eine für den Praktiker verständliche Art und Weise wie mit Hilfe wissenschaftlich etablierter Ansätze aus der Zuverlässigkeitstechnik und der Wahrscheinlichkeitstheorie Lebensdauermodelle entwickelt werden können. Neben Empfehlungen für Optimierungsmöglichkeiten bei Zahnriemenantrieben wird aufgezeigt, wie statistisch abgesicherte Lebensdauertests effizient geplant und durchgeführt werden können. Zahlreiche Anwendungsbeispiele veranschaulichen die Auslegung von Antrieben in der Praxis. Das Buch ist so konzipiert, dass keine Vorkenntnisse benötigt werden. Daher ist es nicht nur für Wissenschaftler aus den Bereichen der Zuverlässigkeitstechnik und der Betriebsfestigkeit bestimmt, sondern auch für Anwendungstechniker geeignet und ist zugleich ein guter Wegbegleiter für Studierende der Ingenieurwissenschaften.

Marbach, im Februar 2023 — Dr.-Ing. Alexander Kremer
Düsseldorf, im Februar 2023 — Dr.-Ing. Andreas Scholzen
Stuttgart, im Februar 2023 — Prof. Dr.-Ing. Bernd Bertsche

Inhaltsverzeichnis

1 Einführung und historische Entwicklung

In der Vielzahl der heute verfügbaren Maschinenelemente ist das Seil vermutlich die älteste Errungenschaft der menschlichen Zivilisation. Ein Fund des Archäologen Nicolas J. Conard von der Universität Tübingen in einer Höhle auf der Schwäbischen Alb aus dem Jahr 2016 lässt darauf schließen, dass die Technik der Seilherstellung bereits seit etwa 40.000 Jahren bekannt sein muss [1]. Auch im weiteren Vergleich zu anderen Maschinenelementen wie beispielsweise Ketten, deren Entwicklung in der Bronzezeit begann und deren technische Nutzung bereits im ersten Jahrhundert v. Chr. belegt ist, ist der Zahnriemen ein relativ junges Antriebselement. Der erste Abschnitt dieses Kapitels gibt zunächst einen Überblick über die gängigsten Umschlingungsgetriebe und ordnet die Zahnriemengetriebe in die Gruppe dieser Antriebselemente ein, bevor ein Überblick über die historische Entwicklung der Umschlingungsgetriebe und die wichtigsten Profilformen der Zahnriemen gegeben wird. Abschließend werden die vielfältigen Einsatzmöglichkeiten erläutert und die Vor- und Nachteile der Zahnriemen dargelegt.

1.1 Klassifizierung

Zahnriemengetriebe gehören zur Familie der Umschlingungsgetriebe, die in der Literatur auch als Zugmittelgetriebe oder Hüllgetriebe bezeichnet werden. Im Gegensatz zu Stirnradgetrieben, bei denen die Getriebe-Glieder in direktem Kontakt zueinander stehen, wird bei den Umschlingungsgetrieben durch das Zugmittel ein Abstand zwischen mindestens zwei Wellen bzw. Getriebe-Gliedern überbrückt. Eine Ausnahme bilden dabei die Linearantriebe, bei denen auch nur eine Welle vorhanden sein kann. In der Regel umschlingt das Zugmittel das Getriebe-Glied, jedoch können in Sonderfällen auch tangentiale Kontakte

A. Kremer et al., *Praktische Ermittlung von Lebensdauer- und Zuverlässigkeitsmodellen für Zahnriemengetriebe*, https://doi.org/10.1007/978-3-662-67345-4_1

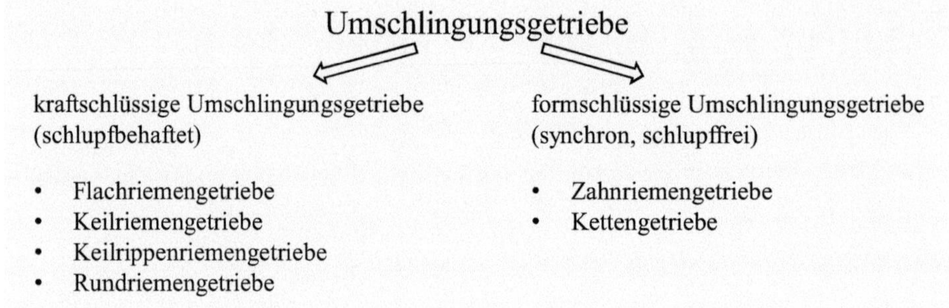

Abb. 1.1 Klassifizierung der Zahnriemenantriebe

vorkommen. Innerhalb der Umschlingungsgetriebe unterscheidet man in kraftschlüssige und formschlüssige Umschlingungsgetriebe (s. Abb. 1.1).

Als kraftschlüssige Umschlingungsgetriebe wie bspw. Keil- oder Flachriemengetriebe werden alle Umschlingungsgetriebe bezeichnet, bei denen das Drehmoment bzw. die Kraft zwischen Umschlingungsmittel und Scheibe durch die in der Kontaktfläche wirkenden Reibkräfte übertragen wird. Diese Reibkraft wird bei Keil- und Keilrippenriemen durch die Keilwirkung zusätzlich erhöht. Bei der Berechnung der übertragbaren Leistung dieser Getriebe spielt die von Leonard Euler entwickelte und später im Jahre 1808 von Johann Albert Eytelwein in seinem „„Handbuch der Statik fester Körper"" veröffentlichte Lösung eine entscheidende Rolle. Die Gleichung ist heute als Euler-Eytelwein-Formel bzw. Seilreibungsformel gebräuchlich.

Formschlüssige Umschlingungsgetriebe, wie Ketten- und Zahnriemengetriebe, besitzen keinen Schlupf. Zahnriemengetriebe gelten als die einzigen formschlüssigen und damit schlupffreien Riemengetriebe [2]. Aufgrund der synchronen Kraftübertragung werden Zahnriemengetriebe als Synchronriemengetriebe bezeichnet und die ISO 5288 [3] nutzt auch diesen Begriff zur Definition des Vokabulars in Verbindung mit diesen Antrieben. In der Literatur hat sich aber die Bezeichnung Zahnriemengetriebe immer weiter durchgesetzt und wird auch bspw. in der VDI 2758 [2] gebraucht, weshalb auch hier der Begriff Zahnriemen und Zahnriemengetriebe verwendet wird.

Durch den Begriff Zahnriemen wird auch hier analog zu den anderen Riementypen wie bspw. Keilriemen und Rundriemen der Bezug zur Geometrie der Riemen hergestellt. Entsprechend der vorgesehenen Riementeilung besitzt der Zahnriemen auf seinem Umfang in gleichen Abständen Zähne. Die verwendeten Zahnriemenscheiben besitzen Lücken in gleicher Teilung und passender Geometrie, so dass der Zahnriemen synchron in diese Lücken eingreifen kann und somit den Formschluss gewährleistet. Im Gegensatz zu Keilriemen oder Ketten kann sich der Zahnriemen auf den Scheiben in axialer Richtung bewegen und benötigt sogenannte Bordscheiben zur seitlichen Fixierung damit er nicht von der Scheibe abläuft. Die Anordnung der Bordscheiben hängt von der Gestaltung des jeweiligen Antriebs ab. Hinweise zur Anordnung und Gestaltung der Bordscheiben werden in Abschn. 6.4 gegeben. Zunächst wurden Zahnriemen nur in geschlossener Form als sogenannte Endlosriemen hergestellt. Später wurden die Riemen auch in endlicher Ausführung als Meterware produziert, wodurch sich zahlreiche weitere Einsatzfälle ergeben haben. Die realisierbaren Antriebsgeometrien sind sehr vielfältig und durch die Möglichkeit, endliche extrudierte Polyurethanriemen in beliebigen Längen wieder endlos zu verschweißen, können Transportriemen großer Längen hergestellt werden.

1.2 Entwicklung von Zahnriemen

Schon in der Antike wurden Drehbewegungen zur Herstellung von Werkzeugen und Gebrauchsgegenständen genutzt, indem ein rotierendes Werkstück mit einem ortsfesten Werkzeug bearbeitet wurde. Bereits 1500 v. Chr. benutzten die Ägypter einfache Holzdrechselbänke. Die Übertragung der Drehbewegung zu einem andern Ort war damals schwierig, deshalb konnte sie nur dort verwendet werden, wo sie auch erzeugt wurde. Auch konnte die Drehbewegung nicht auf mehrere Abnehmer verzweigt werden. Im Zuge der Industrialisierung wurden sog. Transmissionen verwendet, um eine durch Wasserkraft oder Dampfmaschinen zentral erzeugte Drehbewegung über größere Entfernungen zu übertragen und auf mehrere Maschinen zu verzweigen. Die Leistungsübertragung erfolgte reibschlüssig über glatte Scheiben aus Holz (später aus Gusseisen) und Lederriemen mit großem Schlupf und demzufolge geringen Wirkungsgraden. Die Wurzeln dieser Transmissionen reichen ebenfalls bereits zurück bis in die Antike.

1.2.1 Nähmaschine

Wichtige Meilensteine in der Geschichte der Zugmitteltriebe markieren die Entwicklung der Gummikeilriemen im Jahr 1917 durch John Gates und später im Jahr 1946 die Erfindung der Zahnriemen durch die Firma US-Rubber. Aus der Firma US-Rubber ist als Nachfolgeunternehmen die Firma Uniroyal hervorgegangen, welche heute unter dem Namen Gates firmiert, dem Erfinder des Keilriemens. Anlass für die Entwicklung der Zahnriemen waren verschiedene technische Probleme mit anderen Antriebskomponenten in Antrieben von Nähmaschinen. Der nordamerikanische Hersteller Singer produzierte 1851 die erste fabrikmäßig hergestellte Nähmaschine in den USA. Die Nadel einer Nähmaschine bewegt sich nicht nur auf und ab. Bei jedem Durchstechen des Stoffes, muss die Bewegung für den Bruchteil einer Sekunde unterbrochen werden. Dann fährt die Nadel nach unten, um eine neue Fadenschlaufe zu bilden. Diese komplizierte Bewegung wurde durch verschiedene Antriebskomponenten ermöglicht. So wurde die Nadel bei den ersten Nähmaschinen durch einen Rundriemen aus Leder über das Fußpedal angetrieben. Durch das ständige Durchrutschen des Riemens wurde die Arbeit der Näherinnen erheblich erschwert. Auch so genannte Klammergurte kamen anstelle der Rundriemen zum Einsatz. Als Klammergurte bezeichnet man geschlossene Flachriemen, die in gleichmäßigen Abständen mit Metallklammern bestückt sind, um eine synchrone

Abb. 1.2 Erste Zahnriemenanwendung in einer Nähmaschine. (©Gates Corporation 2021. All Rights Reserved)

Bewegungsübertragung zu ermöglichen. Die Metallklammern verursachten jedoch eine erhebliche Geräuschentwicklung. Die positiven Eigenschaften der reibschlüssigen, aber schlupfbehafteten Kraftübertragung durch Flach- bzw. Rundriemen mussten folglich mit denen des formschlüssig arbeitenden Klammergurtes kombiniert werden. Aus diesem Grund beauftragte Singer die Firma US Rubber mit der Lösung dieses Problems, die daraufhin den ersten Synchronriemen entwickelte: So kamen 1946 die ersten Zahnriemen zur Synchronisation der Nadel- und Vorschubbewegung der Singer-Nähmaschinen zum Einsatz [4] (siehe Abb. 1.2).

Die in der Maschine ablaufende Bewegung war für diese Zeit zwar komplex, erforderte aber keine hohe Übertragungsleistung. Die ersten damals entwickelten Riemen waren die sogenannten Norm-Zahnriemen mit zölliger Riementeilung und trapezförmig ausgebildeten Zähnen, heute genormt in ISO 5296. Da die Riemen in der Nähmaschine die Kraft nur in einer Drehrichtung übertragen mussten, war das entstehende Reversierspiel (vgl. Abschn. 3.1.5 und 3.1.8) beim Drehrichtungswechsel noch nicht von Bedeutung. Die Leistungsfähigkeit dieser Riemen war vergleichsweise gering, reichte aber aus, die geschilderte Aufgabe zu erfüllen. Seither wurden die Zahnriemen hinsichtlich Ihrer Leistungsfähigkeit sowohl durch Optimierung der Zahngeometrie als auch durch immer leistungsfähigere Materialien deutlich verbessert. In immer mehr Industriezweigen finden die Riemen daher Anwendung und ersetzen in weiten Bereichen die traditionellen Kettenantriebe. Transmissionsanlagen haben heute keine technische Bedeutung mehr und sind als Industriedenkmal anzusehen.

1.2.2 Profilformen

In weiteren Entwicklungsschritten der Zahnriemen fand die Profilform der Zähne immer mehr Bedeutung. Die Form der Scheibenlücken und der Riemenzähne muss dabei immer im Zusammenspiel betrachtet werden. Zwischen dem Riemenzahn und der Scheibenlücke ist meist ein mehr oder weniger großes Spiel vorhanden, um die Reibung beim Ein- und Auslauf zu reduzieren. Wenn sich die Drehrichtung der Antriebsscheibe ändert oder wenn

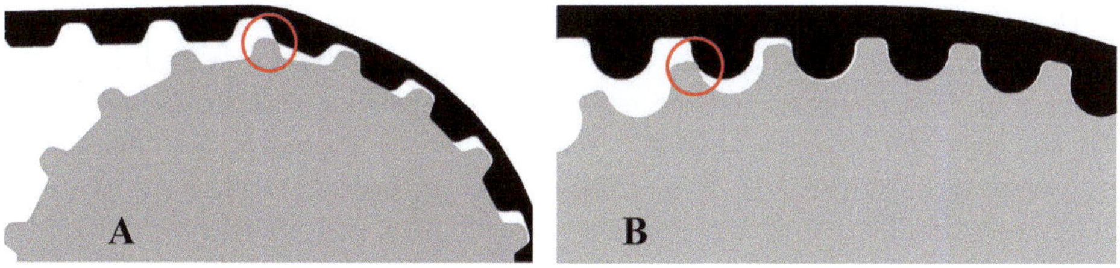

Abb. 1.3 Mögliche Zwangslagen beim Ein- und Auszahnen

sich aufgrund von Brems- und Beschleunigungsvorgängen auch nur die Kraftrichtung ändert, dann wechselt auch die Kontaktflanke der im Eingriff befindlichen Zähne. Dabei kommt es je nach Tragbild, ob also der Riemen im Steg oder auf dem Zahnkopf im Scheibenkontakt ist, zu Reibungsvorgängen und somit mit der Zeit zu Riemenverschleiß an diesen Kontaktstellen. Je kleiner das vorhandene Spiel ist, umso geringer wird dieser Verschleiß, aber umso eher entstehen beim Ein- und Auslaufen der Verzahnung unerwünschte Kontakte oder gar Zwangslagen (siehe Abb. 1.3).

Beim Übergang vom tangentialen Einlauf in die Krümmung auf der Riemenscheibe läuft der Riementrum im Idealfall gestreckt auf die Scheibe zu und die Verzahnung der Scheibe greift in die jeweilige Zahnlücke. Dabei kommt es zu einer Relativbewegung zwischen Riemenzahn und Flanke der Scheibenverzahnung. Im Abschn. 3.2.4 wird auf die Reibung beim Zahneinlauf und im Abschn. 3.3.4.2 auf die Entstehung des dadurch verursachten sog. Einlaufkeils noch detaillierter eingegangen. Grundsätzlich findet dieser Prozess der Gleitreibung bei jedem Ein- und Auslaufvorgang statt und man versucht daher, speziell im Lasttrum den Zahneingriff reibungsarm zu gestalten, weil hier die Trumkräfte größer sind als im Lostrum und demnach auch höhere Reibkräfte resultieren. Verschiedene Faktoren können dazu führen, dass das Einlaufverhalten erheblich gestört wird. In derartigen Fällen toleriert eine halbrunde Verzahnung dieses besser als eine trapezförmige. Abb. 1.3 A zeigt einen trapezförmigen Zahn, der beim Einlauf an der Scheibenflanke hängen bleibt. Dreht sich die Scheibe weiter wird der Riemen an der Flanke herabgleiten und mit der Zeit einen deutlichen Verschleiß zeigen, aber auch das plötzliche, schlagartige Aufschlagen des Zahns in der Scheibenlücke ist möglich und kann mit einem peitschenartigen Knall verbunden sein. Abb. 1.3 B zeigt einen Zahn mit Halbrundprofil, der beim Ein- und Auslauf Kontakt zum oberen Bereich der Scheibenlücke bekommt. Auch dies führt zu Geräuschentwicklung und vorzeitigem Verschleiß. Die Gefahr solcher möglicherweise entstehenden Zwangslagen reduziert sich mit steigender Scheibenzähnezahl. Vom theoretischen Grenzfall einer unendlich hohen Zähnezahl wird dieser Einfluss stärker je geringer die Zähnezahl der Scheibe ist. In industriellen Anwendungen ist dieser Effekt bei begrenzten Durchmessern in der Riemenkonstruktion nur schwer zu beeinflussen, da bei der Riemenherstellung in aller Regel noch nicht bekannt ist auf welcher Scheibengröße der Riemen später verwendet wird. Aus diesem Grund sind die Geometrien der Scheibenlücken für große Zähnezahlen häufig etwas anders als für Scheiben mit geringer Zähnezahl.

Der Zahneingriff wird außerdem durch die Elastizität der im Riemen eingesetzten Zugträger beeinflusst. Im Lasttrum wird der Riemen aufgrund der je nach Höhe des anliegenden Drehmomentes vorhandenen Zugbelastung stärker gedehnt als im Lostrum wo nur noch ein geringer Anteil der Vorspannkraft als Zugbelastung vorhanden ist (s. hierzu auch Abschn. 3.2). Eine größere Dehnung bedeutet aber auch, dass sich die Teilung des Riemens geringfügig ändert. Auch diese Teilungsänderung muss beim Zusammenspiel zwischen Riemen- und Scheibenverzahnung toleriert werden, ohne dass es zu größeren Verschleißerscheinungen kommt. Weiterhin ist bei der Gestaltung der Profilgeometrien die Breite des Zahnfußes zu berücksichtigen. Je breiter der Zahnfuß ausgeführt ist, umso größer ist die Scherfestigkeit der Verzahnung. Berücksichtigt man aber, dass sich der Riemen beim Umlauf um die Scheibe im Wesentlichen in dem Bereich seines geringsten radialen Querschnittes, also im Riemensteg verformen lässt, dann wird der sog. Polygoneffekt umso deutlicher auftreten, je breiter der Riemenzahn ist.

Die Höhe der Zähne bestimmt zusammen mit der Form der Riemenflanke das Übersprungverhalten. Betrachtet man einen Riemenantrieb aus zwei Scheiben und stellt sich vor, dass eine Scheibe ein immer größeres Drehmoment und damit eine immer größer werdende Kraft in den Lasttrum des Antriebs einbringt, dann wird irgendwann der Riemen an der Zahnflanke der Scheibe aufsteigen und überspringen. Ein flacher Riemenzahn springt eher über als ein hoher und wenn die Geometrie der Riemenflanke das Aufsteigen erleichtert, wird ebenfalls die Gefahr des Überspringens begünstigt. Andererseits führt ein sehr hoher Zahn wieder verstärkt zur Gefahr der bereits beschriebenen Zwangslagen beim Einlauf. Auch ein sehr elastischer Riemen erfährt früher eine absolute Dehnung, die einen Übersprung ermöglicht als ein dehnungsarmer Riemen. Bei gleichem Material des Zugträgers ergibt sich in der Regel eine geringere Dehnung bei steigendem Zugstrangdurchmesser. Hinsichtlich dieser Eigenschaft wären demnach größere Zugträgerdurchmesser vorteilhaft, jedoch lässt mit steigendem Durchmesser und ansonsten vergleichbarer Zugträgerkonstruktion die Biegewechselfestigkeit dann meist nach, was wiederum die Lebensdauer bei kleinen Scheibendurchmessern negativ beeinflussen würde.

Ein Zahnriemengetriebe ist somit ein sehr komplexes Gebilde, bei dem es letztlich gilt, eine möglichst optimale Kombination der Werkstoffe und Geometrien zu realisieren, damit die Antriebsaufgabe bestmöglich erfüllt werden kann. Die voranstehenden Erläuterungen belegen, dass bereits die Auswahl der Zahngeometrie nicht trivial ist, sondern ebenfalls schon das Zusammenspiel verschiedenster Faktoren berücksichtigen muss. Bei der Auswahl kann der Schwerpunkt auf bestimmte Eigenschaften die Profilform beeinflussen. Nachstehend werden einige wichtige Profilformen näher beschrieben.

1.3 Standard Trapezprofil

Wie bereits aufgeführt, wurden die ersten Zahnriemen 1946 in den USA entwickelt, deren Einführung in Europa erfolgte erst im Jahr 1956. Trotz der gemessen an modernen Riemensystemen geringen Übertragungsleistung werden die Riemen auch heute noch weltweit eingesetzt. Die Zahnform dieser Norm-Zahnriemen ist trapezförmig, die Riementeilung in zölligen Einheiten angegeben, durchgesetzt haben sich die in Tab. 1.1 aufgeführten Riementeilungen. Als Flankenwinkel für die Verzahnungen wurde wohl der übliche Profilwinkel von 20 Grad aus der Getriebelehre übernommen, da der jeweils eingreifende Scheibenzahn in den tangential einlaufenden Riemen wie in eine flexible Zahnstange eingreift [5]. Obwohl diese Riemen auch in der Ausführung aus Polyurethan mit Stahlzugträgern verfügbar sind, erfolgte die wesentliche Verbreitung mit dem Elastomer Polychloroprene und Glasfaserzugträgern sowie einem zahnseitigen Polyamidgewebe. Der Riemenaufbau und die Riemenmaterialien werden in Kap. 2 noch detaillierter beschrieben. Grundsätzlicher Nachteil einer trapezförmigen Verzahnung ist der im Vergleich zu moderneren Zahnformen höhere radiale Kraftanteil F_r (s. Abb. 1.4) der versucht, den Riemenzahn aus der Scheibenlücke herauszudrücken. Prinzipiell kann man diesem Effekt mit einer höheren Vorspannkraft entgegenwirken, erhöht dadurch aber die gesamte im Riemen wirkende Zugbelastung und damit auch die Kräfte im gesamten Antriebssystem was beispielsweise dann auch zu höheren Lagerbelastungen, Biegemomente auf Wellen etc. führt. Aus diesem Grund werden trapezförmige Verzahnungen meist nicht für hohe Übertragungsleistungen bzw. Drehmomente empfohlen. Die Abbildung zeigt einen HTD-Zahn der Teilung 8 Millimeter im maßstäblichen Vergleich zu einem Trapezzahn der Teilung L (9,525 mm). Es ist leicht einsehbar, dass bei gleicher Normalkraft F_n der radiale Anteil F_r bei der Trapezverzahnung zusammen mit der deutlich geringeren Zahnhöhe das Übersprungverhalten begünstigt.

Tab. 1.1 Übersicht der genormten Zollteilungen in Anlehnung an ISO 5294 und 5296

		Teilung	
Abkürzung	Bezeichnung	Zoll	Metrisch
MXL	Mini Extra Light	0,080"	2,032 mm
XL	Extra Light	0,200"	5,080 mm
L	Light	0,375"	9,525 mm
H	Heavy	0,500"	12,700 mm
XH	Extra Heavy	0,875"	22,225 mm
XXH	Double Extra Heavy	1,250"	31,750 mm

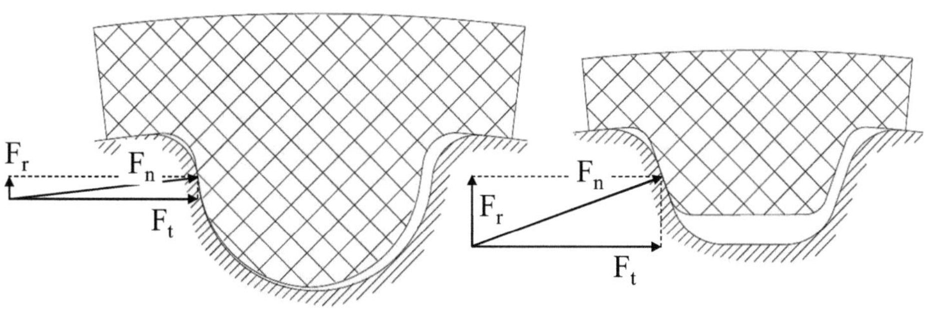

Abb. 1.4 Radiale Kraftanteile beim HTD- und Trapezzahn

1.4 T- und AT-Profil

Die Firma Wilhelm Herm. Müller entwickelte in den 1950er-Jahren in Kooperation mit der Fa. Continental Riemen mit trapezförmiger Verzahnung aus Polyurethan mit Stahlzugträgern auch in metrischen Teilungen [6]. Alternativ können auch Aramidzugträger verwendet werden. In den Teilungen T2,5, T5, T10 und T20 wurden die Riemen ursprünglich in der DIN 7721 T1 bzw. die Scheiben in der DIN 7721 T2 genormt [7]. Der Buchstabe T steht dabei für das Trapezprofil, die Zahl im Anschluss definiert die Teilung in Millimeter. Eine Weiterentwicklung dieser T-Riemen mit gesteigerter Leistungsfähigkeit stellen die AT-Riemen dar, die etwa 1980 entwickelt wurden. Der Aufbau der Riemen ist analog zu den T-Riemen jedoch ist der Riemenzahn deutlich breiter und damit das Zahnvolumen deutlich größer. Die somit gesteigerte Übertragungsfähigkeit der Verzahnung wird ergänzt durch stärkere Zugträger, die auch hier in Stahl oder Aramid Ausführung möglich sind. Zusammen mit den T-Riemen sind die AT-Riemen seit 2014 auch in der ISO 17396 genormt. Die AT-Riemen sind dabei in den üblichen Teilungen AT3, AT5, AT10 und AT20 aufgeführt. Bei dem AT-Profil ist die Lücke der Riemenscheibe flacher als der Riemenzahn, der Riemen trägt somit auf dem Zahnkopf was ggf. bei höheren Geschwindigkeiten zu Geräuschproblemen führen kann. Das AT-Profil wird sowohl für geschlossene als auch offene Riemen eingesetzt. In der Transporttechnik kann das Transportgut vorteilhaft auf dem Riemenrücken transportiert werden, wenn der Zahn entsprechend durch Gleitschienen o. ä. unterstützt wird. Durch den vergleichsweise breiten AT-Zahn reduziert sich die Flächenpressung zwischen Riemen und Gleitschiene. Mit halbkreisförmigen Profilen wären solche Antriebsaufgaben nicht sinnvoll realisierbar.

1.5 HTD-Profil

In den 1970er-Jahren erkannte die Firma Uniroyal (heute Gates) die Vorteile halbkreisförmiger Zahngeometrien und ließ sich diese heute als HTD bezeichnete Geometrie patentieren und den Namen PowerGrip® HTD® als Schutzmarke eintragen. Untersuchungen zeigten deutliche lokale Spannungsspitzen in den trapezförmigen Flanken der bisher verwendeten Geometrien, wohingegen sich die Spannungen bei kreisbogenförmigen bzw. halbkreisförmigen Zahnflanken viel besser verteilen. Die ursprünglich aus der Getriebelehre übernommene Flankengeometrie (vgl. Abschn. 1.3) für starre Materialien erwies sich als nicht optimal geeignet, wenn die Riemenzähne aus elastomeren Materialien aufgebaut sind [5]. In Abb. 1.5 sind die Linien gleicher Spannungen für ein Trapez und ein HTD-Profil dargestellt. In dem Trapezzahn übertragen lediglich 20–30 % des gesamten Zahnvolumens einen Großteil der Kraft was zu den genannten Spannungsspitzen und damit der Entstehung von Zahnbruch und in der Folge Zahnabscherung führt.

Gleichzeitig besteht die Gefahr des Zahnübersprungs und der Entstehung von Zwangslagen. All diese unerwünschten Effekte wurden mit der HTD-Verzahnung verhindert bzw. deutlich reduziert. Allein durch die geänderte Zahnform wurden die Spannungen im

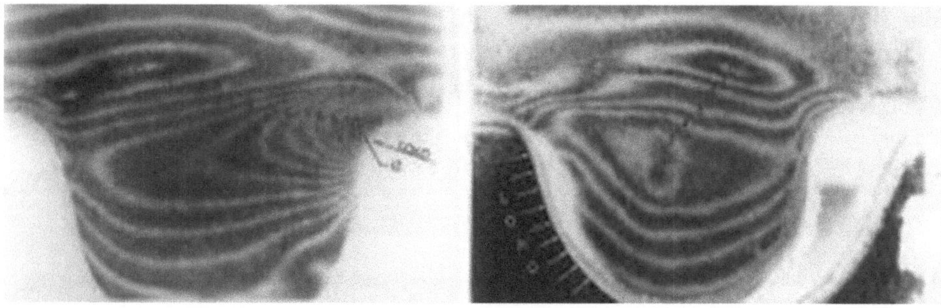

Abb. 1.5 Linien gleicher Spannungen beim Einleiten einer Zahnkraft am Zahnmodell mit Trapezprofil (links) und HTD-Profil (rechts). (©Gates Corporation 2021. All Rights Reserved [5])

Elastomer um 50 bis 70 % reduziert und ohne weitere Materialänderungen konnte die Standzeit der Riemen um das bis zu 100-fache gesteigert werden. Weiterhin ist der HTD-Zahn deutlich höher als der trapezförmige L-Zahn, was die Übersprunggefahr zusätzlich reduziert (vgl. Abb. 1.4). Die HTD-Verzahnung wurde 1973 in den USA und etwa ein Jahr später in Europa eingeführt. Ab 1976 begann der Vertrieb von Zahnriemen mit dieser neuen Geometrie über die Firma Walther Flender in Deutschland. Mittlerweile ist die HTD Zahnform als weltweiter Standard anzusehen und in der ISO 13050 [8] genormt.

1.6 Hochleistungsprofile

Nach der HTD-Zahnform entstanden von verschiedenen Zahnriemenherstellern weitere Zahngeometrien im Bereich der Gummizahnriemen zur Leistungsübertragung. In der ISO 13050 sind neben der als „Profile system H“ bezeichneten HTD-Zahnform noch weitere Profile genormt; die 1985 von der Firma Pirelli entwickelte Profilform RPP, in der ISO als „Profile system R“ bezeichnet, das von der Firma Goodyear 1976 entwickelte Profil STD in der ISO „Profile System S“ genannt und das ebenfalls von Gates entwickelte PolyChain-Profil („Profile system G“). Mit Ausnahme des PolyChain-Profils sind alle anderen Zahnformen auch in anderen Anwendungen als extrudierte oder gegossene Polyurethanzahnriemen realisiert worden. PolyChain-Zahnriemen sind im Jahr 1986 von der Firma Gates zunächst mit Aramidzugträgern und später mit Carbonzugträgern entwickelt worden. Die typische PolyChain-Zahnform ähnelt einer abgeflachten Evolvente. Das Basismaterial ist ein extrem hartes Polyurethan, wodurch diese Riemen sehr hohe Leistungsdichten erreichen. Alle diese Profile weisen, verglichen mit der trapezförmigen Verzahnung, deutlich größere Zahnhöhen auf und vermutlich hat jeder Hersteller eigene Untersuchungen durchgeführt, um die Krafteinleitung und damit auch die Spannungsverteilung im Riemenzahn für seine individuellen Anforderungen zu optimieren. Abb. 1.6 zeigt die Zahnhöhen und Querschnittsflächen der genormten Teilungen L, HTD 8M, STD S8M und RPP8 im Vergleich.

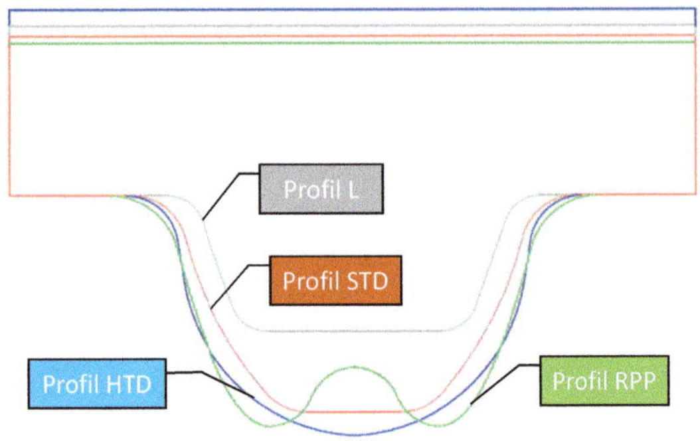

Abb. 1.6 Vergleich der Zahnhöhen und Querschnittsflächen für die Teilungen L, HTD 8M, STD 8M und RPP 8M gemäß ISO 5296 und ISO 13050

Würde man voraussetzen, dass alle Riemen mit identischen Materialien hergestellt wurden, also hinsichtlich der Zugträger dasselbe Dehnungsverhalten, gleiche Reibwerte zwischen Riemen und Scheibe und ein vergleichbares Verformungsverhalten des Riemenzahns unter Last aufweisen, so ist leicht vorstellbar, dass die Hochleistungsprofile bezüglich des Zahnübersprungverhaltens gegenüber der trapezförmigen Verzahnung deutliche Vorteile besitzen. Real sind die Materialien jedoch unterschiedlich was in der Folge auch zu Unterschieden im Übersprungverhalten führt. Unabhängig von Materialunterschieden wird mit einem L-Profil jedoch nicht das Übersprungverhalten der Hochleistungsprofile erreicht werden können. Andererseits haben trapezförmige Profile den Vorteil, dass sie wie bereits beschrieben als Transportriemen eingesetzt werden können. Somit lässt sich nicht einfach festlegen, welche Zahnform die ideale für einen Zahnriemen ist, sondern die Eignung der Zahnform ist immer in Zusammenhang mit der für diesen Riemen vorgesehenen Anwendung zu betrachten. Wohl aus diesem Grund besteht die geschilderte Vielfalt der Zahriemenformen auf dem Markt.

1.7 Rolle von Zahnriemen

Mit ihrer mittlerweile 75-jährigen Geschichte sind Zahnriemen in vielen Industriezweigen unverzichtbar geworden. Während früher zur Synchronisation von Nocken- und Kurbelwelle im Verbrennungsmotor vorwiegend Ketten eingesetzt wurden, so ist nach den 1970er Jahren der Zahnriemen das am häufigsten verwendete Maschinenelement geworden.

Schaut man sich das Marktvolumen der verschiedenen Umschlingungsgetriebe an, so erkennt man die enorme wirtschaftliche Bedeutung dieser Antriebe. Allein das weltweite Marktvolumen der in Abb. 1.1 aufgeführten Keil- bzw. Keilrippenriemen und Zahnriemen wird auf über 5 Milliarden Euro geschätzt [9].

In Abb. 1.7 sind die Anteile, die auf Zahnriemen entfallen, näher dargestellt. Ein großer Teil der Zahnriemenanwendungen fällt in den Automotive-Bereich, der die Riemen für die Nockenwellensteuerung in PKW umfasst. Hierunter fallen ebenfalls LKW-Anwendungen, Motorräder und Scooter. Allein der industrielle Einsatz hat ein Marktvolumen von knapp

Abb. 1.7 Marktvolumen von Zahnriemen sowie von Keil- und Keilrippenriemen

600 Millionen Euro von denen etwas mehr als ein Drittel auf Europa und 90 Millionen Euro auf Deutschland entfallen.

1.8 Einsatzmöglichkeiten von Zahnriemen

Zahnriemen sind aufgrund verschiedener Produktionsmöglichkeiten und der dazu verwendeten Materialien extrem vielseitig einsetzbare Antriebskomponenten. Auch wenn die Anwendung in der Industrie sicher ohne große Bedeutung ist, so zeigt der Einsatz von miniaturisierten Zahnriemen anstelle von Zahnrädern in einer Armbanduhr [10] wie klein so ein Antrieb gestaltet werden kann. Betrachtet man zunächst nur geschlossene Zahnriemen, dann reicht der mögliche Einsatzbereich von diesen Miniaturanwendungen bis hin zu Antrieben, die mehrere 100 Kilowatt Antriebsleistung übertragen. Riemengeschwindigkeiten von bis zu 30 Metern pro Sekunde sind dabei als Standard zu betrachten, 70 Meter pro Sekunde oder mehr sind möglich. Durch die unterschiedlich einsetzbaren Sondermaterialien können die Riemen in Temperaturbereichen von ca. −60 °C bis zu +150 °C verwendet werden. Der Einsatz in Reinräumen und Lebensmittelbereichen in denen die Zulassungen der FDA gefordert sind ist ebenso möglich, wie der Einsatz unter Wasser und ggf. auch in schmier- und lösungsmittelhaltiger Umgebung, selbst wenn der Riemen in direktem Kontakt zu der jeweiligen Chemikalie steht. Durch diese universellen Eigenschaften können Riemen in unterschiedlichsten Branchen, von Medizintechnik bis zum Schwermaschinenbau, eingesetzt werden. In der Medizintechnik ist in Verbindung mit Riemenscheiben aus Kunststoff so eine leistungsstarke und bei Bedarf auch sehr präzise Antriebstechnik möglich; auch dort wo keine metallischen Gegenstände verwendet werden dürfen, wie es unter anderem in Computer- bzw. Magnetresonanztomographen der Fall ist. Selbst gegenläufige Wellen, die bspw. in Mühlenantrieben oder Roots-Gebläsen (Drehkolbengebläse) benötigt werden, sind durch die Verwendung beidseitig verzahnter Riemen möglich.

Seit etwa 1960 werden Zahnriemen zur Synchronisation der Drehzahlen von Nocken- und Kurbelwelle im Verbrennungsmotor eingesetzt. Die stetig steigenden Stückzahlen, in Verbindung mit immer höheren Anforderungen an mechanischer und thermischer

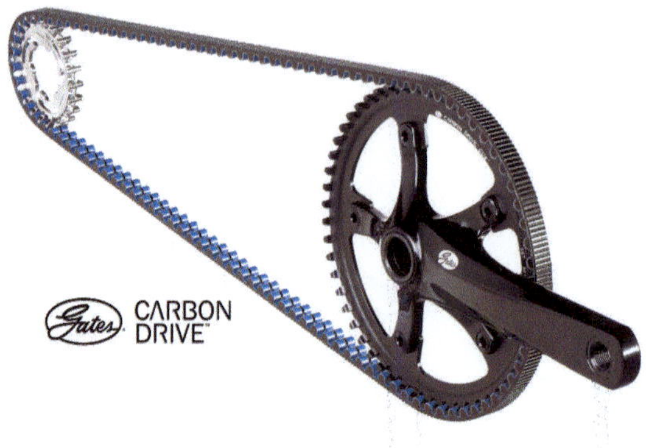

Abb. 1.8 Zahnriemen mit Carbonzugträgern als Kettenersatz. (©Gates Corporation 2020. All Rights Reserved)

Belastbarkeit sowie der Haltbarkeit der Zahnriemen, machten diesen Einsatzfall zu einem wesentlichen Technologietreiber in der Zahnriemenentwicklung. Etwas weniger bekannt als der Einsatzfall im Verbrennungsmotor ist die Verwendung als Primärantrieb von Motorrädern und in jüngerer Zeit auch immer mehr als Kettenersatz in Fahrrädern (siehe Abb. 1.8).

Ursprünglich für Offroad Räder eingesetzt kommen Zahnriemen jetzt auch immer mehr in anderen Fahrrädern und insbesondere in E-Bikes, Pedelecs etc. zum Einsatz. Im Gegensatz zur Kette ist in diesen Anwendungen die Wartungsfreiheit und aus Umweltgesichtspunkten die Schmiermittelfreiheit ein wichtiger Aspekt. Vorteile im Vergleich zur Kette bietet der Riemen somit aufgrund der verwendeten Materialien in korrosiver Umgebung, wie bspw. in Küstennähe oder auch auf salzgestreuten Straßen im Winter. Während das Streusalz eine intensive Pflege der Kette erfordert, kann der Riemen auch hier wartungsfrei betrieben werden.

Ganz andere Anwendungbereiche eröffnen die als offene Meterware in endlichen Längen gefertigten Zahnriemen. Hauptfunktion dieser Riemen ist nicht die Bewegungsübertragung zwischen zwei oder mehr Wellen, sondern die Umwandlung einer rotatorischen Antriebsbewegung in eine translatorische Abtriebsbewegung. Auch hier können die Riemen in weiten Bereichen als Linearantrieb in präzisen Messgeräten, als Antrieb für schnelllaufende Hubtore aber auch als schwerer industrieller Hubantrieb für Lastenaufzüge verwendet werden. Mehrere Tonnen über 40 bis 50 Meter anzuheben stellt für Schwerlastriemen mit Stahlzugkörpern kein Problem dar. Ein weiteres, großes Einsatzfeld sind klassische Lineareinheiten in der Automatisierungstechnik (siehe Abb. 1.9). Mit einem Zahnriemengetriebe lassen sich die an ein solches Vorschubgetriebe gestellten Forderungen besonders wirtschaftlich realisieren.

In diesen Antriebsarten können die Riemen sowohl über zwei Riemenscheiben als auch über nur eine verzahnte Antriebsscheibe mit zwei glatten in der nach der Form der Riemenführung als Omegaantrieb benannten Anordnung verwendet werden. Grundsätzlich ähnliche Anordnungen, jedoch mit meist recht schmalen Riemen, finden sich in Türantrieben, häufig für automatische zweiflügelige Schiebetüren in Geschäften und Aufzügen. Ein weiterer sehr interessanter Einsatzfall ist der Antrieb der Rotorblätter in

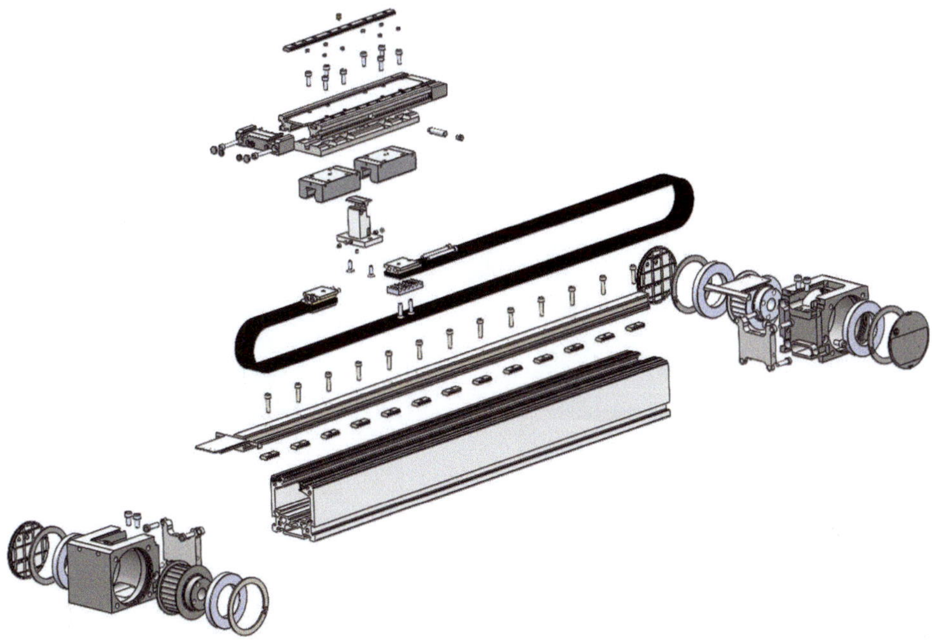

Abb. 1.9 Lineareinheit mit Zahnriemenantrieb. (©RK Rose+Krieger GmbH 2020. All Rights Reserved)

Windenergieanlagen. Hier werden mittels Linearzahnriemen extrem große Drehmomente zur Verstellung der Rotorblätter in Abhängigkeit der jeweiligen Windgeschwindigkeit (Pitch-Antrieb, siehe Abb. 1.10) aufgebracht.

Im Gegensatz zu den sonst üblicherweise eingesetzten Stirnradgetrieben, bei denen nur jeweils ein Zahn im Eingriff ist, was bei den stark schwankenden Windlasten zu technischen Problemen führen kann, sind hier durch die Wahl des Zahnriemens viele Zähne an der Kraftübertragung beteiligt. Möglicherweise vorhandenes Spiel in der Übertragungsgenauigkeit wird dadurch minimiert, Probleme wie Korrosion und Lochfraß an den Zahnflanken werden ausgeschlossen [11].

Linearzahnriemen aus thermoplastischem Polyurethan (TPU) können auch wieder zu endlosen Riemen beliebiger Länge verschweißt werden und vielseitige Transportaufgaben erfüllen. Derartige Einsätze werden vielfach in der Verpackungsindustrie realisiert. Zwar ist die Übertragungsleistung an der Schweißstelle reduziert (in der Regel rechnet man hier überschlägig mit etwa 50 % der normalen zulässigen Belastung), jedoch kann das bei den häufig geringen Kräften in diesen Anwendungen meist toleriert werden. Um ein Transportgut zu bewegen, kann der Riemen mit einer Vielzahl unterschiedlichster Beschichtungen versehen und so an den jeweiligen Einsatzfall angepasst werden. Der Transport von Lebensmitteln in direktem Kontakt zum Riemen stellt dabei andere Anforderungen an die Kontaktfläche als der Transport geölter Bleche oder heißer Produkte wie bspw. die frisch produzierten Spiegel von Halogen- oder LED-Leuchten, deren Temperatur deutlich

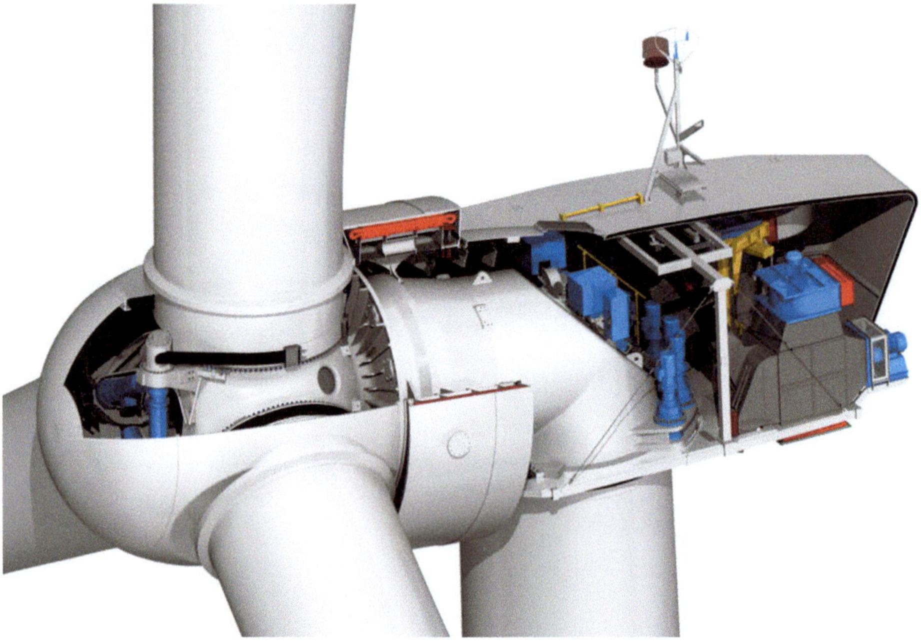

Abb. 1.10 Pitch-Antrieb einer 3,5 Megawatt Windkraftanlage mit Linearzahnriemen. (©Vensys Energy AG 2021. All Rights Reserved)

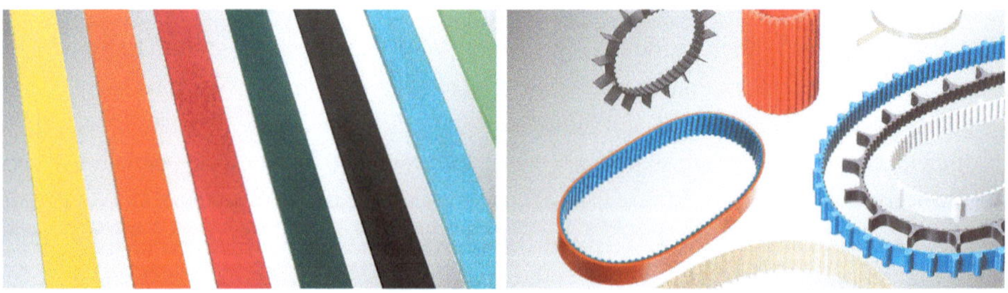

Abb. 1.11 Transportbeschichtungen für Zahnriemen (Auswahl). (©Optibelt GmbH 2021. All Rights Reserved)

über 100 °C betragen kann. Wieder andere Transportaufgaben können bewältigt werden, wenn die Riemen auf der Rückseite mit Transportbeschichtungen oder Mitnehmern bzw. Nocken bestückt werden. Als mögliche Beschichtungen (siehe Abb. 1.11) stehen verschiedenste Materialien zur Verfügung, wie beispielsweise Polyamidgewebe (PA-Gewebe), Leder, Gummi, Polyurethan (PU), Polyvinylchlorid (PVC) oder auch Polytetrafluorethylen (PTFE) oder gar Nadelfilze.

Während sich Leder beispielsweise sehr gut für den Transport geölter Produkte (z. B. Kugellager) eignet, können PTFE-Beschichtungen für klebriges Transportgut verwendet werden. Nadelfilze wiederum sind beständig gegenüber hohen Temperaturen. Viele der

Beschichtungen können darüber hinaus mit verschiedenen Oberflächenstrukturen, wie Längs- oder Querrillen, Noppenstrukturen etc. ausgeführt werden. Individuell in die Beschichtung eingefräste Bohrungen und Luftkanäle erlauben auch einen Einsatz als sog. Saugriemen, mit denen insbesondere leichte Transportgüter, wie Papier stark beschleunigt werden können. Hierzu werden in die Unterkonstruktion der Riemenführung Luftkanäle eingebracht, die über Vakuumpumpen einen Unterdruck erzeugen und dann das leichte Transportgut durch die in den Riemen eingebrachten Bohrungen oder Taschen an den Riemen heranziehen und so die hohen Beschleunigungen ermöglichen. Da gleichzeitig auch der Riemen dann mit höherer Kraft an die Führung gezogen wird, ist auf eine entsprechende Wahl der Oberflächen von Riemen und Führung zu achten, um die Reibkräfte und damit die Erwärmung der Komponenten sowie die Verlustleistung zu reduzieren.

Aufgrund der thermoplastischen Eigenschaften können TPU-Zahnriemen nicht nur zu beliebigen Längen verschweißt werden, sondern es lassen sich auch beliebig geformte Nocken. oder Mitnehmer auf die Riemen aufschweißen, wenn es die Anwendung erfordert (vgl. Abb. 1.12). Solche Nocken können außerdem geklebt werden, idealerweise bestehen sie aber aus einem vergleichbaren Material, wie der Riemenrücken selbst und werden dann thermisch aufgeschweißt. Die Herstellung der Nocken kann je nach benötigter Geometrie und Stückzahl individuell mechanisch bzw. spanend erfolgen oder neuerdings im 3D-Druckverfahren. Bei großen Stückzahlen werden häufig auch eigene Spritzgießwerkzeuge verwendet. In einigen Fällen kann es erforderlich oder sinnvoll sein, dass die Mitnehmer ausgetauscht werden, was mit geklebten oder geschweißten Nocken nicht möglich ist. Um zu vermeiden, dass der gesamte Riemen getauscht werden muss, wenn sich die Form des Transportgutes ändert, können Mitnehmer auch auf den Riemen geschraubt werden. In der Regel werden dazu aufgrund des größeren Zahnvolumens Riemen mit AT-Profilen verwendet. Es werden dann Gewindeeinsätze in entsprechend geformte Bohrungen oder Ausfräsungen bzw. Aussparungen in den Zähnen eingebracht in die dann von der Riemenrückseite aus die benötigten Mitnehmer verschraubt werden (vgl. Abb. 1.12). Auf diese Weise können Zahnriemen sogar mit wechselbaren Werkstückträgern bestückt werden. Die Vielzahl der Möglichkeiten für Beschichtung und Mitnehmer erfordert oft die

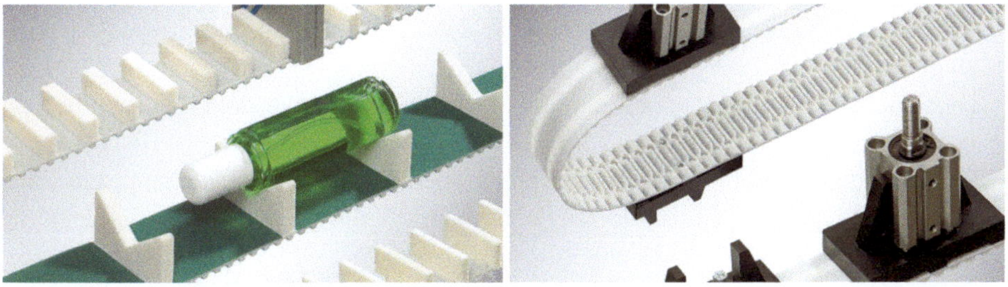

Abb. 1.12 Transportnocken/Mitnehmer für Zahnriemen (Auswahl). (©Optibelt GmbH 2021. All Rights Reserved)

technische Beratung der Riemenlieferanten, um die optimale Lösung für den individuellen Antrieb zu erzielen.

Im voranstehenden Abschnitt können nur auszugsweise einige Beispiele genannt werden, um einen Eindruck von der Vielfalt der möglichen Einsatzfälle für Zahnriemen in der Antriebstechnik zu geben.

1.9 Vor- und Nachteile von Zahnriemengetrieben

Gegenüber den anderen in Abb. 1.1 aufgeführten Umschlingungsgetrieben haben die Zahnriemengetriebe in Anlehnung an [10] die nachstehend aufgelisteten Vor- bzw. Nachteile:

Vorteile

- Die Übertragung der Bewegung bzw. Leistung erfolgt synchron und schlupffrei wodurch sich die Zahnriemen- und Kettengetriebe gegenüber den kraftschlüssigen Riemengetrieben auszeichnen.
- Aufgrund der geringen Vorspannkräfte ergibt sich insgesamt eine niedrige Wellenbelastung.
- Aus der hohen Leistungsdichte resultiert ein geringer Platzbedarf.
- Im Vergleich zu Kettengetrieben arbeiten Zahnriemengetriebe vergleichsweise masse- und geräuscharm. Die geringe Masse führt darüberhinaus zu geringeren Trägheitswirkungen bei Beschleunigungsvorgängen mit hohen dynamischen Anforderungen.
- Zahnriemengetriebe arbeiten wartungsfrei (kein Schmieren und Nachspannen erforderlich). Durch die fehlende Schmierung sind die Getriebe hygienischer und umweltfreundlicher als geschmierte Kettengetriebe.
- Hohe Riemengeschwindigkeiten sind möglich.
- Durch den Aufbau und die eingesetzten Materialien wirken Zahnriemen schwingungsdämpfend bei Drehstößen. Auch bei Drehrichtungswechseln ergeben sich sanfte Flankenwechsel.
- Die Reibungsverluste zwischen Zahnriemen und Scheibe sind gering, woraus sich ein guter Wirkungsgrad (bis zu 99 %) ergibt.
- Im Vergleich zu anderen Getriebarten sind Zahnriemengetriebe vergleichsweise kostengünstig.
- Durch den gliederlosen Aufbau bspw. im Vergleich zur Kette ist der Polygoneffekt sehr gering.
- Ein besonderer Vorteil gegenüber Stirnradgetrieben, bei denen jeweils nur ein Zahn im Eingriff befindlich ist, ist der zeitgleiche Eingriff zahlreicher Zähne und damit die Lastverteilung auf mehrere Zähne.
- Zahnriemengetriebe erreichen hohe Lebensdauern die mittlerweile auch kalkulierbar sind [12–16].

Nachteile

- Zahnriemen bestehen aus einem elastomeren Basismaterial. Somit weisen die meisten Zahnriemen nur eine bedingte Beständigkeit gegenüber Chemikalien (z. B. Öle, Fette, Kühlschmierstoffe, Wasser, etc.) auf. Auch die Temperaturbeständigkeit ist insbesondere im Vergleich zu Kettengetrieben schlechter. Da die meisten industriellen Anwendungen bei normaler Raumtemperatur oder geringfügig darüber betrieben werden, ist dies in der Regel nur von untergeordneter Bedeutung. Temperatur- und Chemikalieneinflüsse lassen sich jedoch vielfach durch Sonderkonstruktionen mit bspw. NBR oder HNBR als Basiselastomer kompensieren.
- Das Zusammenspiel des weichen Riemenmaterials mit der vergleichsweise harten Scheibenoberfläche kann bei sehr abbrasiven Umgebungsbedingungen (z. B. Sand oder ähnliches körniges Material) dazu führen, dass sich die abbrasiven Partikel auf der Riemenoberfläche absetzen und dort verbleiben, was dann im Betrieb zu einem hohen Scheibenverschleiß führen kann. Je nach Umgebung kann sich Abrieb auch in den Scheibenlücken sammeln und dort immer weiter aufbauen, so dass der Riemenzahn nicht mehr richtig in die Scheibenverzahnung eingreifen kann.
- Kraftschlüssige Antriebe können bis zu einem gewissen Grad Überlasten tolerieren da es dann zu kurzzeitigem Schlupf im Antrieb kommt. Bei Zahnriemen führt eine Überlast in der Regel zu Schäden, die vom einfachen Zahnübersprung bis zum Abscheren der Zähne oder Riemenriss reichen können.

Insgesamt treten die genannten Nachteile meist nur in Grenzbereichen auf, die in der industriellen Praxis vergleichsweise selten sind. Einsatztemperaturen liegen meist zwischen $-20\,°C$ und $+60\,°C$, was noch nicht einmal die genannten Sonderkonstruktionen erfordert. Auch der Einsatz in stark verunreinigter Umgebung ist eher selten. Aus Umweltgesichtspunkten versucht man Chemikalien wie Kühlschmierstoffe und Öle in geschlossenen Kreisläufen einzusetzen aus denen möglichst wenig nach außen treten kann. In den allermeisten Fällen überwiegen somit die aufgelisteten Vorteile, so dass Zahnriemengetriebe die anderen Zugmittelgetriebe immer weiter verdrängen.

Literatur

1. Schlecht B (2022) Wie empfindsam werden die Maschinenelemente der Zukunft? In: Schlecht B (ed) Dresdner Maschinenelemente Kolloquium DMK 2022. sierke VERLAG – Internationaler Wissenschaftsverlag, Göttingen
2. Verein Deutscher Ingenieure (2001) VDI Richtlinie 2758 – Riemengetriebe
3. Internationales Institut für Normung (2017) Synchronriementriebe-Vokabular
4. Fuchs A (2005) Vom Holzriemenscheibenhersteller zum Systemanbieter. Antriebstechnik 44(12)
5. Clarke AJ (2006) The evolution of small pitch belts. In: 11. Tagung Zahnriemengetriebe. Institut für Feinwerktechnik und Elektronik-Design, Technische Universität Dresden, TUDpress
6. Perneder R (2009) Handbuch Zahnriementechnik: Grundlagen, Berechnung, Anwendungen. Springer, Berlin/Heidelberg

7. Deutsches Institut für Normung (1989) Synchronriementriebe, metrische Teilung, Teil 1: Synchronriemen, Teil 2: Zahnlückenprofil für Synchronscheiben
8. Internationales Institut für Normung (2014) Synchronous belt drives – Metric pitch, curvilinear profile systems G, H, R and S, belts and pulleys
9. Walther Flender GmbH (2019) Marktrecherche – Walther Flender Business Development
10. Nagel T (2008) Zahnriemengetriebe: Eigenschaften, Normung, Berechnung, Gestaltung. Hanser, München
11. Vensys Energy AG (2021) Technologie Pitchsystem. https://www.vensys.de/technologie/pitchsystem/ [Stand: 12. Januar 2021]
12. Kremer A, Bertsche B, Scholzen A (2018) Methodik zur Prognose der Lebensdauer von Zahnriemengetrieben. In: KISSsoft AG (ed) SMK 2018. TUD Press, pp 113–126
13. Kremer A, Bertsche B, Scholzen A (2018) Ermittlung von Lebensdauerbeeinflussenden Faktoren bei Zahnriemengetrieben. Antriebstechnik 11(74):148–153
14. Kremer A, Bertsche B, Scholzen A (2018) Statistisch-versuchstechnische Zuverlässigkeitsprognose von Zahnriemenangetrieben unter Berücksichtigung der Prognoseunsicherheit. In: VDI-Fachkonferenz Umschlingungsgetriebe. VDI
15. Kremer A, Bertsche B, Scholzen A (2019) Verbesserte Auslegung industrieller Zahnriemenantriebe durch Berücksichtigung von Breitenfaktoren und der Alterung. In: Schlecht B (ed) Dresdner Maschinenelemente Kolloquium DMK 2019. sierke VERLAG – Internationaler Wissenschaftsverlag, Göttingen
16. Kremer A, Bertsche B, Scholzen A (2020) The influence of environmental and manufacturing conditions on lifetime and reliability predictions for industrial timing belt drives. Forsch Ingenieurwes 84(1):1–10

2 Systematik von Zahnriemengetrieben

Bei Zahnriemengetrieben erfolgt die Bewegungsübertragung über ein Maschinenelement, das nur Zugkräfte aufnehmen kann und aus diesem Grund auch als Zugmittel bezeichnet wird [1]. Das Zugmittel selbst ist ein biegeweiches elastisches, formschlüssiges Antriebselement, das in gleichmäßigen Abständen Zähne aufweist [2] und daher auch den Namen Zahnriemen trägt. Der Abstand ist analog zu Zahnradgetrieben durch die Teilung, also den Abstand zweier benachbarter Zahnmitten, vorgegeben. Bei der Bewegungsübertragung greifen die Zähne des Zahnriemens in die Zahnlücken der Zahnriemenscheibe ein und stellen auf diese Weise den Formschluss her. Durch den Formschluss wird ein synchroner Lauf zwischen Antrieb und Abtrieb sichergestellt und damit ein konstantes Übersetzungsverhältnis erzielt [2]. Aufgrund des Synchronlaufs sind Zahnriemengetriebe oft auch unter dem Synonym Synchrongetriebe zu finden [2], vgl. Abschn. 1.1.

2.1 Das System Zahnriemengetriebe: Aufbau

Das Kap. 4 widmet sich der Lebensdauer und Zuverlässigkeitsbetrachtung von Zahnriemengetrieben und beschreibt die Grundlagen für das im Abschn. 7.2.2 vorgestellte Berechnungsverfahren L.E.A.N. – Drive zur Bestimmung der Lebensdauern der Getriebe. Hierbei ist es wichtig zu beachten, dass nicht der Zahnriemen alleine lebensdauerbestimmend ist, sondern erst das Zusammenspiel zwischen Zahnriemen und zugehöriger Zahnriemenscheiben eine Lebensdauerbetrachtung sinnvoll möglich werden lässt. Es muss daher stets das System betrachtet werden und die Grenzen des Systems werden hier um diese Komponenten herum definiert (vgl. Abschn. 7.2.2). Diese Festlegung ist zunächst beliebig und könnte theoretisch auch noch die Welle-Nabe-Verbindungen und die Wellen selbst umfassen. Weiterhin könnten Kupplungen, Antriebe etc. mit einbezogen werden,

A. Kremer et al., *Praktische Ermittlung von Lebensdauer- und Zuverlässigkeitsmodellen für Zahnriemengetriebe*, https://doi.org/10.1007/978-3-662-67345-4_2

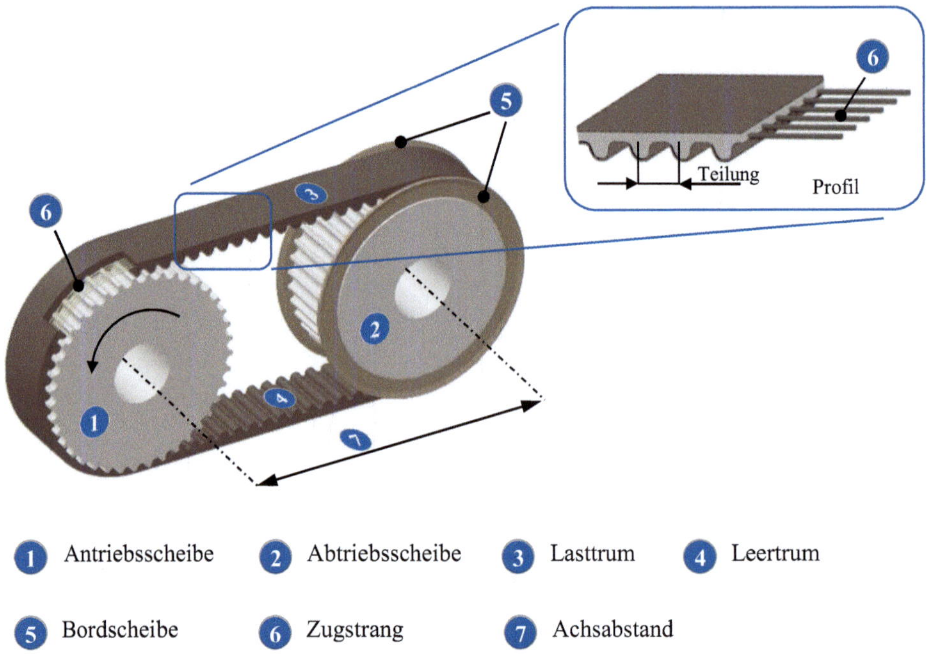

Abb. 2.1 Aufbau eines Zahnriemengetriebes am Beispiel eines Zweischeibensystems in Anlehnung an [3]

was die Betrachtung aber deutlich komplexer werden ließe und hier nicht weiter ausgeführt werden soll.

In der Regel besteht also jedes, der in diesem Buch betrachteten Zahnriemengetriebe aus mindestens zwei Zahnriemenscheiben und dem eigentlichen kraftübertragenden Maschinenelement, dem Zahnriemen (siehe Abb. 2.1). Eine Ausnahme bilden dabei beispielsweise die sogenannten Omega-Antriebe (Abb. 2.2), die lediglich mit einer Zahnriemenscheibe auskommen und aufgrund des Omega-förmigen Zahnriemenverlaufes ihren Namen erhalten haben. Bei dem in Abb. 2.2 dargestellten Antriebskonzept wird die Zahnriemenscheibe angetrieben. Die gesamte Antriebseinheit bewegt sich dadurch in horizontaler Richtung (links/rechts, gekennzeichnet durch die Pfeile). Damit wird eine rotatorische Bewegung in eine lineare Bewegung transformiert, weshalb derartige Antriebe vor allem in Linearachsen Anwendung finden.

Der Zahnriemen selbst besteht aus längsstabilen, schraubenförmig gewickelten Zugsträngen, die im Basiswerkstoff vollständig eingebettet sind [4, 5]. Um die Verbindung zwischen dem Basispolymer und dem Zugstrang dauerhaft zu gewährleisten, werden die Zugstränge mit einer speziellen chemischen Substanz, einem sogenannten Haftvermittler, benetzt [5]. Über den Haftvermittler wird infolge chemisch-physikalischer Bindungskräfte ein Verbund zwischen dem Elastomer und und dem Zugstrang hergestellt. Zur Verbesserung des Reibungs- und Verschleißverhaltens, wird der Zahnriemen oft mit einem Polyamidgewebe versehen [5].

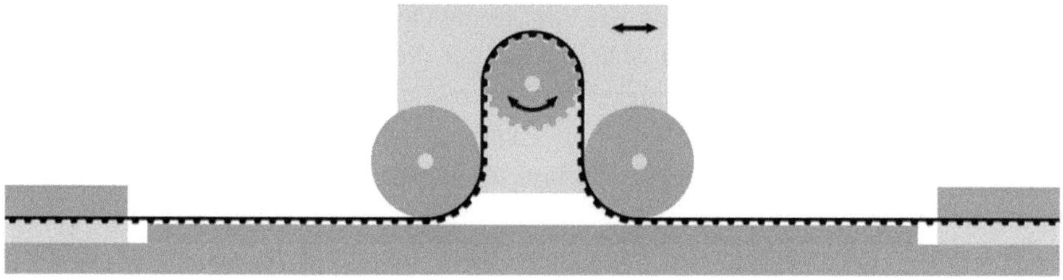

Abb. 2.2 OMEGA-Antrieb

Im Falle eines Zweischeibensystems, wie das in Abb. 2.1, besitzt das Zahnriemengetriebe zwei Trume: Einen oberen und einen unteren Trum. Während der Übertragung der Umfangskräfte, wird eine Zahnriemenscheibe angetrieben. Im Betrieb wird die Umfangskraft von der Antriebsscheibe auf die Abtriebsscheibe formschlüssig übertragen. Dabei entstehen in den Trumen unterschiedliche Kräfte. Der ziehende Trum, der auch als Lasttrum bezeichnet wird, muss die höheren Kräfte ertragen. Der nicht gezogene Trum ist der Los- oder Leertrum. Angemerkt werden soll an dieser Stelle noch, dass beim Zweischeibensystem gemäß Abb. 2.1 beide Trume die selbe unveränderliche Länge haben, während sich beim Omega-Antrieb die Trumlängen im Betrieb kontinuierlich verändern und nur im Sonderfall der Mittelstellung gleich sind. Dies führt dazu, dass sich die Trumkräfte beim Verfahren eines Omega-Antriebs kontinuierlich ändern, während beim Zweischeibenantrieb ein stationärer Betrieb mit konstanten Trumkräften möglich ist. Aufgrund seiner Konstruktion neigt der Zahnriemen grundsätzlich dazu, von der Zahnriemenscheibe abzulaufen. Aus diesem Grund werden Zahnriemenscheiben ein- oder beidseitig mit Bordscheiben versehen. Die Bordscheiben dienen als Führungselemente und verhindern so das Ablaufen des Zahnriemens (vgl. ⑤ in Abb. 2.1) [5].

Diese nähere Betrachtung zeigt, dass das System Zahnriemengetriebe, trotz der Begrenzung auf die Riemenscheiben und den Riemen selbst, bereits ein sehr komplexes Gebilde darstellt, welches hinsichtlich der Übertragungseigenschaften zahlreichen Einflüssen unterliegt. Die kurz angesprochenen Elemente des Systems bzw. des Zahnriemens sowie deren Aufgaben und Eigenschaften sollen im Weiteren detaillierter beschrieben werden.

2.2 Zugstrang

Eines der wichtigsten Systemelemente innerhalb des Zahnriemenystems ist der Zugstrang, weil dieser sämtliche auftretenden Zugkräfte aufnehmen muss. Betrachtet man einen einfachen Antrieb bestehend aus zwei Riemenscheiben und einem Zahnriemen wie in Abb. 2.1 dargestellt, dann findet an der Antriebsscheibe eine Übertragung des Drehmomentes von der Riemenscheibe über die Verzahnung des Riemens, bestehend aus dem Elastomer und ggf. einer Gewebeschicht, in die Zugträger statt. Hier wirkt die Kraft in Längsrichtung des Riemens bis sie an der Abtriebsscheibe wieder über die Verzahnung in eine rotatorische Bewegung bzw. das Abtriebsmoment umgewandelt wird. Dehnt sich der Trumabschnitt zwischen den Scheiben erfolgt die Bewegung der Abtriebsscheibe zeitverzögert. Für die Winkelgenauigkeit der Übertragung ist also u. a. die Längssteifigkeit des Riemens und damit die Steifigkeit der Zugträger entscheidend, denn das Elastomer hat hierauf nur einen sehr geringen Einfluss. Aus diesem Grund wären also möglichst dehnsteife Materialien für die Zugträger zu bevorzugen. Allerdings muss der Zugträger auch teilweise mit sehr hohen Geschwindigkeiten um die Scheiben herum gebogen werden. Zum Teil kommen auch Umlenkungen über den Riemenrücken vor, die zu einer ungünstigen Gegenbiegung führen. Auch hier ist also ein Kompromiss zwischen hoher Steifigkeit und gleichzeitig hoher Biegewilligkeit zu finden. In übertragendem Sinn ist dies auch für Keilriemen und Flachriemen gültig, mit dem Unterschied, dass die Kraftübertragung hier nicht formschlüssig und synchron sondern schlupfbehaftet durch Reibschluss erfolgt.

Es haben sich daher in der Vergangenheit verschiedene Zugträgermaterialien herauskristallisiert, die in den unterschiedlichen Riemensystemen bevorzugt zum Einsatz kommen. Bereits in den ersten Zahnriemen mit zölliger Teilung und Trapezzahnform (vgl. Abschn. 1.3) wurden Glasfaserzugträger eingesetzt. Bis heute sind Glasfasern die in geschlossenen Chloroprene-Zahnriemen vorherrschenden Zugstrangmaterialien. Nur in Ausnahmefällen wurden in Chloroprene-Zahnriemen Zugträger aus Stahl eingesetzt und sind heute kaum zu finden. Weitere Materialien für geschlossene Chloroprene-Zahnriemen sind Aramid oder in jüngster Zeit auch Carbonzugträger. Im geschlossenen Riemen aus Polyurethan hingegen werden vorwiegend Stahlzugträger eingesetzt, sowie ebenfalls gelegentlich Aramidzugträger. Auch in offener Meterware aus Polyurethan ist Stahl das vorherrschende Material für die Zugträger während in offenen Gummiriemen Stahl und Glasfaser zum Einsatz kommt. Insbesondere bei Hubantrieben, wo es oft um den Nachweis einer vorgegebenen Bruchsicherheit geht, kommen meist Stahlzugträger zum Einsatz. Auch Kombinationen verschiedener Materialien in einem Zugstrang sind mittlerweile denkbar (s. Abschn. 2.2.6). Im Folgenden soll auf die unterschiedlichen Materialien noch detaillierter eingegangen werden.

2.2.1 Glasfaserzugträger

Wie bereits erwähnt, sind Glasfasern die in geschlossenen Chloroprene-Zahnriemen dominierenden Zugstrangmaterialien. Es haben sich abhängig vom jeweiligen Einsatzfall und von der Riementeilung eine Vielzahl unterschiedlicher Zugträger Konstruktionen etabliert. Insbesondere für den Antrieb der Nockenwellensteuerung im Verbrennungsmotor sind spezielle, sehr biegewillige und dabei möglichst spannungsstabile Zugträger entwickelt worden. Auch die Qualität der verwendeten Glasfilamente kann unterschiedlich sein. Auf der Basis von reinem Quarzglas (SiO_2) und Aluminiumoxid (Al_2O_3) werden durch verschiedene Zusätze unterschiedliche Qualitäten hergestellt, die mit E-, U- und K-Glas bezeichnet werden. E-Glas ist hier die am meisten verbreitete Faser, wobei das E die dielektrischen Eigenschaften bzw. die geringe Ionenleitfähigkeit kennzeichnet. Neben den genannten Materialien ist dem E-Glas zusätzlich Boroxid (B_2O_3) zugefügt. Die höherfesten U- und K-Gläser haben einen größeren Anteil an Quarzglas und Aluminiumoxid sowie weitere Zusätze, wie bspw. Magnesiumoxid (MgO). Die Qualität und Biegewilligkeit resultiert aus dem Aufbau des Zugträgers bzw. der Zwirnung der einzelnen Filamente aus denen der Zugträger aufgebaut ist. Gängige Filamente zur Herstellung industriell verwendeter Zugträger haben bspw. einen Durchmesser von 9 µm. In dem Einsatzfall zur Nockenwellensteuerung geht der Trend zu noch deutlich kleineren Filamentdurchmessern von 5 µm und darunter. Das Gewicht der Zugträger wird meist in der allgemein für sogenannte linienförmige textile Anordnungen üblichen Einheit Tex angegeben, wobei 1 Tex der Masse von 1 g pro Kilometer Länge entspricht. Das Gewicht eines Einzelfilamentes von 9 µm Durchmesser liegt in der Größenordnung von 0,15 bis 0,2 Tex. Dieser Wert lässt sich leicht nachvollziehen, wenn man aus Dichte und Volumen die Masse eines solchen Filamentabschnittes berechnet. Für die Dichte von $\rho = 2{,}5\ \text{g/cm}^3$ bei einem Filamentdurchmesser von $d_F = 9\ \mu\text{m}$ ergibt sich also für eine Filamentlänge von einem Kilometer eine Masse von:

$$m = (9 \cdot 10^{-3}\ \text{mm})^2 \cdot \frac{\pi}{4} \cdot 1.000.000\ \text{mm} \cdot 2{,}5 \cdot 10^{-3}\ \frac{\text{g}}{\text{mm}^3} \approx 0{,}159\ \text{g}. \tag{2.1}$$

Die Filamente von Glasfaserzugträgern werden häufig zunächst zu Bündeln oder Strängen aus zahlreichen (oftmals mehreren hundert) Einzelfilamenten gezwirnt. Diese Stränge werden dann schließlich zu einem Zugträger (Cord) verzwirnt. Der komplexe Aufbau eines Zugträgers wird häufig in der Bezeichnung des jeweiligen Zugträgers definiert, die in SI Einheiten oder im US System erfolgen kann. In [6] sind die beiden Bezeichnungen gegenübergestellt. Die Bezeichnung EC9 34 3/8 würde somit folgende Zugträgerkonstruktion kennzeichnen:

Ganz links in Abb. 2.3 ist ein einzelnes Filament mit einem Durchmesser von 9 µm dargestellt. Etwa 200 dieser Filamente sind dann zu einem Strang gezwirnt, was hier in der zweiten Darstellung von links nur schematisch wiedergegeben ist. Die Zahl 34

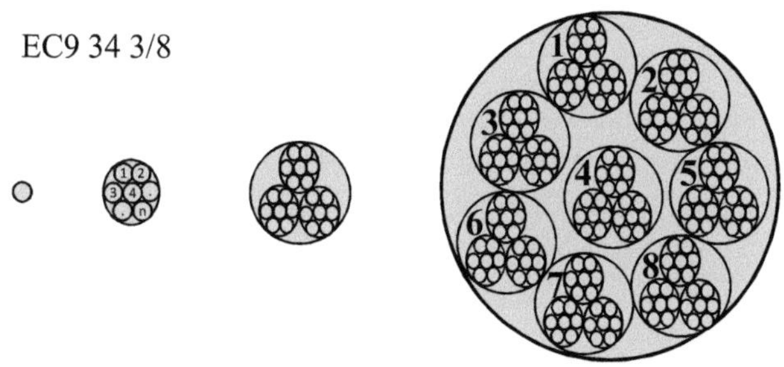

Abb. 2.3 Aufbau eines Glasfaserzugträgers (schematisch). (©Andreas Scholzen 2022. All Rights Reserved)

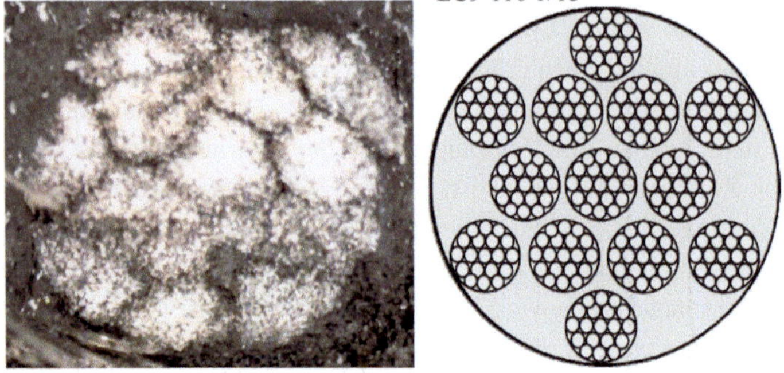

Abb. 2.4 Vergleich der schematischen und realen Darstellung eines Zugträgers EC9 110 1/13. (©Andreas Scholzen 2022. All Rights Reserved)

kennzeichnet das Gewicht dieses Stranges ebenfalls in der Einheit Tex. Bei einem Gewicht eines Filamentes von 0,17 Tex ergeben sich $200 \cdot 0{,}17$ Tex $=$ 34 Tex für das Gewicht des Stranges, der aus 200 Filamenten besteht. Der Ausdruck 3/8 bedeutet, dass von diesen Strängen zunächst drei miteinander zu einem Bündel verzwirnt und davon dann nochmals acht dieser Bündel zum fertigen Zugträger gezwirnt werden. Im realen Zugträger sind die Zwischenräume natürlich nicht so deutlich vorhanden wie in der schematischen Darstellung und die einzelnen Stränge auch nicht mehr streng kreisförmig.

Abb. 2.4 zeigt die schematische Darstellung eines Zugträgers der Konstruktion EC9 110 1/13 im Vergleich zu einem Schnittbild des Zugstranges im fertigen Riemen. Ergänzt wird die Bezeichnung noch um die Schlaglänge und die Richtung der Zwirnung, so dass die vollständige Bezeichnung bspw. EC9 110 1/13 83 S lauten würde. Die Zahl 83 kennzeichnet die Schlaglänge (Schläge pro Meter) der Zwirnung und S die Schlagrichtung. Es gibt dabei den S- und Z-Schlag, wobei sich die Bezeichnung an der einfachen Form der Buchstaben orientiert, wie in Abb. 2.5 schematisch dargestellt ist. Die Schlagrichtung beeinflusst das axiale Ablaufverhalten der Zugträger bzw. des fertigen Zahnriemens. Werden lediglich Zugträger einer Schlagrichtung verwendet, hat der Riemen eine stärkere Ablaufneigung in eine Richtung. In der Theorie kann man dies bewusst ausnutzen, um den Riemen nur auf einer Seite der Riemenscheiben zu führen. In aller Regel aber werden im Zahnriemen Glasfasern paarweise mit S/Z Schlagrichtung eingesetzt, um ein möglichst ausgewogenes Laufverhalten zu erzielen.

Durch den Einsatz im Alltag als Fensterglas oder als Flüssigkeitsbehälter bzw. Trinkgefäß verbindet man mit Glas in aller Regel eine absolute Resistenz gegen Feuchtigkeits- bzw. Wassereinwirkung. Die Oberflächen unbehandelter Glasfasern nehmen jedoch immer Wasser auf und quellen unter Bildung einer mechanisch wie chemisch empfindlichen Schicht auf [7]. Die Hydrolysebeständigkeit von Glas lässt sich durch Zugabe von Titanoxid, Zinkoxid oder Zirkonoxid verbessern, jedoch niemals vollständig verhindern. Um die Reibung der Filamente untereinander im fertig gezwirnten Zugträger bei der Biegung um die Scheiben zu vermeiden, wird jedes einzelne Filament durch ein Bad geführt und

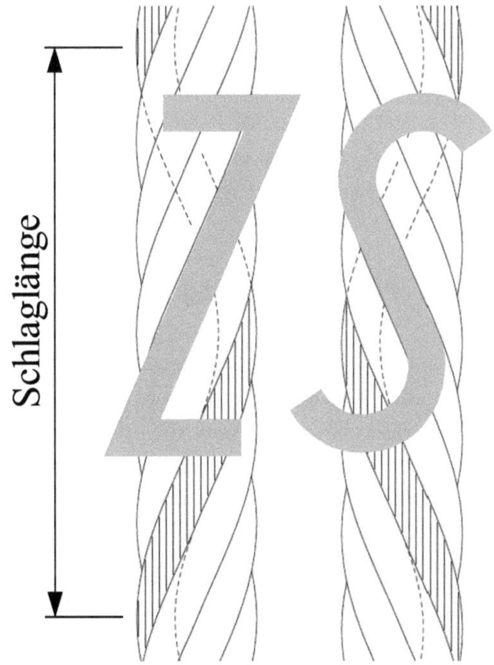

Abb. 2.5 Schlagarten von Zugträgern (schematisch)

mit einer Schlichte überzogen. Schlichten aus Stärke haben ebenfalls den Nachteil der Empfindlichkeit gegenüber Feuchtigkeitseinflüssen, daher werden für die Verwendung im Zahnriemen meist Kunststoffschlichten verwendet, wodurch die Faser dann zusätzlich auch gegen Feuchtigkeitseinwirkung besser geschützt ist. Weiterhin erhalten die Filamente eine Dipp-Auflage, die sowohl die einzelnen Filamente als auch den gesamten Cord umhüllt. Häufig besteht der Dipp aus Resorcin-Formaldehyd-Latex (RFL) und weiteren Haftvermittlern [5]. Durch den Dipp werden die spröden Einzelfilamente zusätzlich in eine elastische Schicht eingebettet und vor direktem mechanischem Kontakt untereinander geschützt. Die passende Kombination von Schlichte und RFL kann von entscheidender Bedeutung für die Laufzeit eines Zahnriemens sein. Eine weitere Verbesserung der Zugträgerqualität in Chloroprene-Zahnriemen kann erreicht werden, wenn anstelle von RFL reaktive Chemikalien verwendet werden, die erst im Vulkanisationsprozess gemeinsam mit dem umgebenden Elastomer reagieren. Hierdurch ergibt sich eine bessere und gleichmäßigere Bindung der einzelnen Stränge über den Zugträgerquerschnitt [6]. Als letzten Schritt erhält der Cord eine Beschichtung mit einem Haftvermittler, der letztlich eine gute Bindung zum umgebenden Elastomer sicherstellen soll. Diese Bindung ist mitentscheidend für die Kraft, die über die Riemenverzahnung in den Zugträger eingeleitet werden kann. Haftet das Elastomer nicht ausreichend am Zugträger, ergeben sich bei Belastung der Riemenzähne minimale Verschiebungen der Riementeilung, die zu erhöhtem Verschleiß beim Zahneingriff an den Riemenscheiben führen. Zur Messung der Zugträgeradhäsion ist ein entsprechendes Messverfahren in der ISO 12046 [8] beschrieben. Die Behandlung der Zugträger, insbesondere mit dem Haftvermittler, muss auf das jeweils umgebende Elastomer abgestimmt sein. Die Benetzbarkeit der Zugträger bzw. einzelner Filamente kann mit einer Kontaktwinkelmessung bewertet werden. Häufig stellen die Ergebnisse einer solchen Untersuchung bereits ein Indiz für die Qualität der Verbindung zwischen Zugträger und Elastomer dar.

2.2.2 Polyesterzugträger

Polyester wird als Zugstrangmaterial sehr häufig für Keil- oder auch Keilrippenriemen verwendet. Die gute Biegewilligkeit führt zu einer hohen Laufruhe und erlaubt kleine Scheibendurchmesser. Auch die Elastizität des Materials ist vergleichsweise hoch wodurch möglicherweise entstehende Vibrationen gedämpft werden. Die höhere Elastizität ist bei Keilriemenanwendungen weniger von Bedeutung, kann aber bei Zahnriemen zu Teilungsänderungen und damit zu höherem Verschleiß führen. Aus diesem Grund spielt Polyester als Zugstrangmaterial für Zahnriemen nur eine untergeordnete Rolle und wird allenfalls in Ausnahmefällen bei kleinen Teilungen in Verbindung mit sehr geringen Belastungen verwendet [9]. In ähnlicher Form gilt dies auch für die noch etwas elastischeren Zugträger aus Polyamid. Vorteilhaft kann in einigen Anwendungen ein gewisser Selbstspanneffekt sein, wenn die Riemen in gedehntem Zustand montiert werden. Eine zusätzlich extern aufgebrachte Vorspannung wäre dann nicht mehr erforderlich. Derartige Einsatzfälle beschränken sich aber meist ebenfalls auf Antriebe mit sehr geringen Belastungen.

2.2.3 Stahlzugträger

Während in geschlossenen Gummizahnriemen die Glasfaserzugträger überwiegen, sind in geschlossenen sowie auch offenen Polyurethanzahnriemen vorrangig Stahlzugträger eingesetzt. Zu Beginn wurden Standard-Stahl-Cords aus der Reifenindustrie (Radialreifen) als Zugträger in den Zahnriemen eingesetzt [10]. In geschlossenen Chloroprene-Zahnriemen sind Stahlzugträger die Ausnahme, werden aber in offener Meterware häufig in Anwendungen eingesetzt, wo beispielsweise hohe Bruchlasten und/oder geringe Dehnungen gefordert sind. Auch bei Stahlzugträgern finden sich unterschiedliche Konstruktionen der Zugträger, die auf die jeweilige Riementeilung angepasst sind. Meist bestehen die Zugträger aus kaltverfestigten, gezogenen Stahldrähten, wobei zunächst mehrere Drähte des Durchmessers d_D (vgl. Abb. 2.6) zu einer Litze mit dem Durchmesser d_L verzwirnt bzw. verseilt werden und dann mehrere Litzen zu einem Seil bzw. Cord des Durchmessers d_C verzwirnt werden. Die Durchmesserbereiche der Einzeldrähte reichen dabei meist von $d_D = 0{,}04$ mm in der Teilung T2,5 bis zu $d_D = 0{,}15$ mm in der Teilung 14M oder T20. Teilweise werden für besonders starke Zugträger Drähte mit bis zu $d_D = 0{,}175$ mm

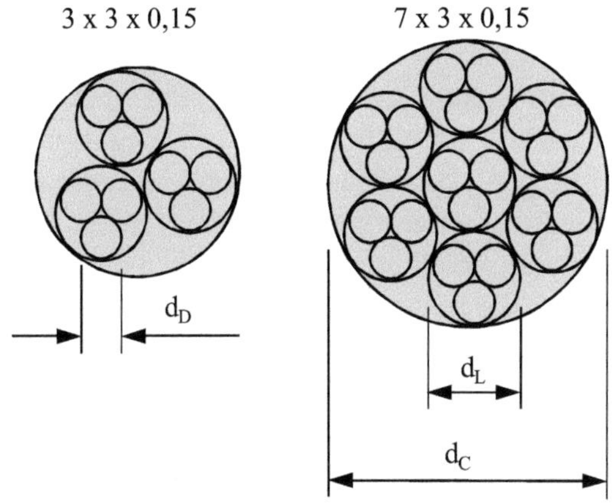

Abb. 2.6 Aufbau eines Stahlcordzugträgers der Konstruktion 3 × 3 × 0,15 und 7 × 3 × 0,15 (schematisch).

Durchmesser verwendet. Aus den unterschiedlichen Zugträgerkonstruktionen resultieren Durchmesser der fertigen Corde von etwa $d_C = 0{,}16$ mm in der Teilung T2,5 bis zu etwa $d_C = 2{,}5$ mm in den größeren Teilungen 14M, die für schwere Hubanwendungen zum Heben von Lasten mit mehreren Tonnen Masse eingesetzt werden können. Die Abb. 2.6 zeigt beispielhaft den Aufbau eines Zugstranges mit der Bezeichnung 3 × 3 × 0,15, der typischerweise in einem T10-Zahnriemen verwendet wird und den eines Zugträgers der Bezeichnung 7 × 3 × 0,15, der bspw. in einem T20 Zahnriemen eingesetzt werden kann. Hier sind beim Typ 3 × 3 × 0,15 also zunächst drei Einzeldrähte des Durchmessers 0, 15 mm zu einer Litze und dann drei Litzen zum fertigen Zugträger (Cord) verzwirnt, beim 7 × 3 × 0,15 werden entsprechend sieben Litzen zu einem Cord verzwirnt indem sechs Litzen um eine mittlere (Herz- oder auch Kernlitze) herumgeschlagen werden. Unter Zugbelastung in axialer Richtung versuchen die verzwirnten Drähte sich aufzudrehen. Es ist daher vorteilhaft, wenn das durch die axiale Zugbelastung des Zugträgers entstehende Drehmoment möglichst klein ist, damit sich der Zahnriemen unter Belastung nicht verdreht. Dies kann erreicht werden wenn die Zwirnung der Einzellitzen auf die Zwirnung der Litzen zum gesamten Cord so abgestimmt wird, dass sich die einzelnen Drehmomente jeweils gegenseitig aufheben. Um einen solchen austarierten Zugträger zu erhalten, wird zur Verwendung im Zahnriemen meist der sogenannte Kreuzschlag eingesetzt, d. h. die Zwirnung der Litzen und die des Cordes sind gegensinnig. In der Bezeichnung der Zwirnung wird die Schlagrichtung der Litze mit kleinen Buchstaben und die des Cords mit Großbuchstaben gekennzeichnet. Sind die Einzellitzen im s-Schlag gezwirnt, würde man für den gesamten Cord dann die Litzen selbst im Z-Schlag zwirnen oder umgekehrt. Somit finden sich im Zahnriemen der sZ oder zS Schlag. sS oder zZ Zwirnung wird im Zahnriemen nicht verwendet. Wegen der besseren Adhäsion zum Elastomer werden die Stahlzugträger zur Verwendung in Polyurethan mit einer Zinkschicht versehen, bei Chloroprene-Riemen verwendet man einen Messingüberzug. Je nach Stärke der verwendeten Drähte und der Zwirnung ergeben sich mehr oder weniger stark ausgeprägte Zwischenräume zwischen den Einzeldrähten bzw. Litzen. Für die Anbindung an das Elastomer ist es vorteilhaft, wenn das Elastomer in diese Zwischenräume eindringen und diese ausfüllen kann. Hierdurch wird auch eine mechanische Verankerung des Riemematerials in den Zwischenräumen erreicht. Aus diesem Grund verwendet man bei der Produktion von Polyurethanzahnriemen häufig vorbehandelte Zugträger, die vor der Produktion der Zahnriemen bereits mit einem entsprechenden Material behandelt und die Lücken in den Zugträgern mit der Elastomermatrix gefüllt sind. Auch wenn hierdurch die Einzeldrähte in den Zugträgern gut fixiert sind, lässt sich eine Reibung der Drähte untereinander bei Zugbelastung und Biegung nicht vollständig ausschließen. An den Kontaktstellen der Drähte kann es so zu Abplattungen des Kreisquerschnittes, häufig auch in Verbindung mit dem sogenannten „Fretting", einer Bildung von Reibrost auch ohne Einwirkung äußerer Feuchtigkeit kommen. Beeinflusst wird dies von einer Biegung der Zugträger um kleine Scheibendurchmesser, oft auch in Zusammenhang mit Wechselbiegung bei kleinen Scheibenabständen in Omega-Antrieben. Auch eine hohe dynamische Belastung durch starke Beschleunigung verstärkt erfahrungsgemäß die Reibrostbildung durch „Fretting". Aufgrund des Herstellverfahrens existiert in dem Stegbereich zwischen den Zähnen von Polyurethanzahnriemen jeweils eine dünne Nut an welcher der Zugträger nahezu offen liegt (sog. „Wickelnase") und vor Umgebungseinflüssen nur unzureichend geschützt ist. Speziell für Anwendungen in Nassbereichen bzw. allgemein korrosiven Umgebungsbedingungen werden daher oft auch Edelstahlzugträger verwendet, mit dem Nachteil einer deutlich geringeren Steifigkeit und Biegewechselfestigkeit [5].

2.2.4 Aramidzugträger

In einigen Fällen werden für Zahnriemen aus Chloroprene wie auch Polyurethan Aramidzugträger verwendet. Dabei ist die Bezeichnung Aramid eine Wortschöpfung aus **Ar**omatischem Poly**amid**. Aramid hat teilweise hervorragende Eigenschaften, von denen einige, wie beispielsweise die hohe Temperaturbeständigkeit, im Einsatzfall des Zugträgers für Zahnriemen nicht ausgeschöpft werden können. Diese Eigenschaft kann jedoch in Transportanwendungen genutzt werden bei denen der Riemen zum Transport heißer Bauteile, beispielsweise hinter Spritzgussmaschinen oder für kleine Glasspiegel von Halogen- oder LED-Leuchten, eingesetzt wird. Der Wesentliche Vorteil in normalen Zahnriemenanwendungen besteht in der hohen Zugfestigkeit durch die ein solcher Riemen besser für stoßartige Belastungen geeignet ist, jedoch existieren auch einige Nachteile, die den Einsatz von Aramid als Zugstrangmaterial begrenzen. So neigt Aramid zur Feuchtigkeitsaufnahme, wodurch sich die Zahnriemen bei längerer Einwirkung bereits bei der Lagerung verkürzen können, was wiederum zu Teilungsänderungen und damit verbunden zu Zahneingriffsschwierigkeiten führen kann. Ein weiterer Nachteil ist der negative Temperaturausdehnungskoeffizient von Aramid, d. h. bei steigender Temperatur wird der Zugträger kürzer und der Durchmesser steigt an. Zahnriemen werden in aller Regel in kaltem Zustand der Antriebskomponenten und der gesamten Anlage montiert und vorgespannt. Wird die Anlage dann in Betrieb genommen und erwärmt sich, dehnen sich die metallischen Bauteile, die den Achsabstand bestimmen, sowie auch die Riemenscheiben aus, während sich der Riemen zusammenzieht, was zu einem deutlichen Spannungsanstieg im Zahnriemen führen kann, der dann auch hohe Kräfte auf die an der Bewegung beteiligten Wellen und Lager ausüben kann (s. auch Abschn. 3.3.4.4).

2.2.5 Carbonzugträger

Der erste Riemenhersteller, der Carbonzugträger in industriellen Zahnriemen eingesetzt hat, war die Firma Gates. Zur Hannovermesse 2007 wurde der Riemen international vorgestellt als ein Zahnriemen, der erhebliche Leistungssteigerungen und Einsparpotentiale gegenüber den vorherigen Riemenkonstruktionen erlaubt und als leistungsstärkster Synchronriemen beworben, den es je gab [11, 12]. Die positiven mechanischen Eigenschaften der Aramidfasern wurden mit Carbonfasern nochmals übertroffen und der wesentliche Nachteil der teilweise schwierig zu haltenden Längenkonstanz der Aramidriemen wurde hier ins Gegenteil umgekehrt. Der Carbonzugträger und damit der gesamte Riemen überzeugt durch eine sehr große Längenkonstanz und Spannungsstabilität. Der bei vielen Zugstrangkonstruktionen auftretende Setzprozess findet hier nicht merklich statt, obwohl die Einzelfilamente der Carbonzugträger ähnliche Durchmesser aufweisen, wie beispielsweise diejenigen von Glasfaserzugträgern. Auch gegenüber Feuchtigkeitseinflüssen ist der Werkstoff unempfindlich. Während Umlenkungen über den Riemenrücken, bei den Riemen mit Aramidzugträgern, teilweise zu reduzierten Lebensdauern führten, wirkt sich dies aufgrund der hohen Biewechselfestigkeit der Carbonzugträger nicht negativ aus, so dass Rückenumlenk- oder Spannrollen problemlos eingesetzt werden können. Allein einen leicht negativen Temperaturdehnungskoeffizienten haben auch die Carbonzugträger jedoch in reduzierter Ausprägung. Eine starke weltweite Verbreitung findet der Carbonzugträger als Kettenersatz in Fahrrädern, dem sogenannten Gates Carbon Drive® (vgl. Abschn. 1.8, Abb. 1.8).

2.2.6 Hybridzugträger

In technischen Anwendungen gibt es immer mehr den Trend, die jeweiligen Vorteile verschiedener technischer Entwicklungen in einer Lösung zu vereinen. Die Realisierung der Vorteile zweier verschiedener Zugstrangmaterialien in einem Cord als sogenanntem Hybridcord oder Hybridzugträger findet auch in der Zahnriementechnik Anwendung. Dabei wird meist der Zugträger aus einem inneren Strang eines Materials gebildet, der dann mit Strängen eines anderen Materials umzwirnt wird. Gängige Variationen sind beispielsweise die Herstellung aus einem Glasfasermaterial im Inneren des Zugträgers, welches dann von Strängen aus Aramidfasern umzwirnt wird oder aber einer inneren Carbonseele, die von Strängen aus Glasfasern umzwirnt wird. Hierdurch resultiert eine im Vergleich zu einem reinen Glasfasercord höhere Bruchlast bzw. geringere Dehnung mit gleichzeitiger hoher Flexibilität und sehr guter Adhäsion zu Polychloroprene [6].

Carbonzugträger und auch Hybridzugträger sind derzeit im Vergleich zu reinen Glasfaserzugträgern deutlich teurer, weshalb hier immer abzuwägen ist, ob die hochwertigen Zugträger wirklich benötigt werden oder ob es mehr Sinn macht, ggf. einen breiteren Zahnriemen mit Glasfaserzugträgern zu verwenden, der dann vergleichbare Festigkeiten aufweist. Gründe für die hochwertigen Zugträger können beispielsweise begrenzter Bauraum oder auch die Geräuschentwicklung breiterer Riemen sein. Hier ist also abzuwägen, welcher Vorteil jeweils überwiegt. Somit hängt es vom Einsatzfall ab, welche Zugträgerkonstruktion am sinnvollsten eingesetzt werden sollte.

2.3 Gewebe

Beim Eingriff der Riemenverzahnung in die Scheibenverzahnung kommt es zu einer Gleitbewegung der Riemenzähne an den Flanken der Scheibenlücken. Je geringer die Reibwerte beim Zahneingriff sind, umso geringer ist auch der hierdurch entstehende Verschleiß. Aus diesem Grund werden Zahnriemen zur Leistungsübertragung aus Chloroprene grundsätzlich mit einer zahnseitigen Gewebeauflage hergestellt. Der hohe Reibwert zwischen den Reibpartnern Chloroprene und Stahl würde sonst zu einem sehr hohem Verschleiß führen, der umgangssprachlich häufig auch als „Radiergummieffekt“ bezeichnet wird. Zahnriemen aus Polyurethan sind meist ohne Gewebe auf der Verzahnung ausgeführt. In dem Herstellprozess der einfachen geschlossenen Polyurethanzahnriemen lässt sich dies nicht realisieren (vgl. Abschn. 2.5.2). Vielfach nicht beachtet wird die Bedeutung, die das Gewebe auch bei der Kraftverteilung der Umfangskraft auf mehrere Zähne übernimmt. Bei einer gut ausgestalteten Gewebetechnologie wird bereits über das Gewebe die von den Scheibenzähnen eingeleitete Umfangskraft über mehrere Zähne verteilt und sorgt damit für eine gleichmäßigere Kraftverteilung über den Umschlingungsbogen. Abb. 2.7 zeigt anschaulich wie dieser Effekt im Zugversuch sichtbar wird. In dem Versuch der auch zur Prüfung der Gewebeadhäsion gemäß ISO 12046 beschrieben ist, wird an einer Riemenseite der gesamte Riemenzahn inkl. Gewebe eingespannt und an der anderen nur ein abgelöster Gewebebereich. Die Kraft, die zum Abziehen des Gewebes erforderlich ist, stellt dann den zugehörigen Kennwert für die Gewebeadhäsion dar. In der Regel schwankt dabei die Kraft zwischen Steg- und Kopfbereich. Gut erkennbar ist wie die Zugkraft, die am Gewebe angreift, bereits für die Verformung weiterer Zähne sorgt. Dies kann in dieser Anordnung allein durch den Kraftfluss über das Gewebe erfolgen.

Bei einfachen geschlossenen Polyurethanzahnriemen, die sich wie beschrieben prozessbedingt nicht mit einem Gewebe herstellen lassen und die immer eine Wickelnase zwischen je zwei Zähnen haben, ist dieser Kraftfluss unterbrochen und eine solche Verteilung nicht möglich, wodurch die Belastung auf den einzelnen Zahn steigt. Offene Meterware aus Polyurethan kann hingegen sowohl mit als auch ohne ein zahnseitiges Gewebe produziert werden. Der Grund für eine zahnseitige Beschichtung der Riemen kann

Abb. 2.7 Kraftverteilung über das zahnseitige Gewebe auf mehrere Zähne im Zugversuch.

bspw. für Transportriemen die Reduzierung der Reibung zwischen Riemen und Führung bzw. Abstützung sein. In diesen Anwendungen werden auf dem Riemen selbst Produkte transportiert (vgl. Abb. 1.12). Dies können auch schwere Produkte sein, die von mehreren Riemen bewegt werden. Beispielsweise werden in der Holz- oder Glasindustrie vielfach Holzplatten bzw. Glasscheiben in dieser Form transportiert. Man benutzt dazu Zahnriemen mit trapezförmigem Profil (z. B. AT 10 Zahnform), um keinen Linienkontakt sondern eine flächige Auflage zur Unterkonstruktion zu bekommen. Um einen umlaufenden Riemen zu erhalten, sind die Riemen in beliebiger Länger wieder zu einem endlosen Riemen verbunden, meist durch Verschweißen. Stützt sich der Riemen dabei auf einer Unterlage aus Stahl ab, so kann die Reibung und damit die Erwärmung sowie auch die Antriebsleistung durch den Einsatz einer Gewebeschicht auf der Verzahnung deutlich reduziert werden.

Als Material für das Gewebe wird in aller Regel Polyamid eingesetzt, wobei sich Polyamid 6.6 aufgrund der hohen Festigkeit und Abriebbeständigkeit hier durchgesetzt hat [13]. Neuere Entwicklungen speziell für den sogenannten „Belt in Oil“ im Verbrennungsmotor arbeiten auch mit Gewebe aus Aramidfasern, die jedoch deutlich schwieriger zu verarbeiten sind; auch Kombinationen von Polyamid und Aramid sind möglich [14]. Im Zahnriemen aus Chloroprene erfüllt das Gewebe neben der Reduzierung der Reibung weitere wichtige Aufgaben. So verstärkt es zusätzlich die Biegesteifigkeit und die Scherfestigkeit der Verzahnung und sorgt für eine gleichmäßigere Kraftverteilung auf mehrere Zähne. Letztlich ist mit dem Einsatz einer Gewebebeschichtung der Zähne auch eine erhebliche Geräuschreduzierung verbunden; das Gewebe dämpft den bei höheren Geschwindigkeiten entstehenden Aufschlagstoß und reduziert die durch die Reibungsvorgänge entstehenden Geräusche. Das dynamische Laufverhalten des gesamten Systems, wie zum Beispiel die mögliche Ausbildung einer kritischen Höhe des Einlaufkeils (siehe Abschn. 3.3.4.2), kann durch das Gewebe verbessert werden. Pauschal betrachtet hat dabei ein möglichst dickes Gewebe die größte Dämpfungswirkung und erlaubt einen höheren Verschleißgrad bis die Polyamidschicht abgetragen ist. Begrenzt wird die Gewebedicke aber durch den PLD-Wert (s. Abschn. 3.1.5), der eine wichtige geometrische Größe für die Riemenkonstruktion darstellt und direkt von der Gewebestärke beeinflusst wird. Bis zu einem gewissen Grad kann dennoch ein dickeres Gewebe verwendet werden, wenn es vor der Produktion des Riemens vorkomprimiert wird [14].

Im Herstellprozess der meisten Zahnriemen muss das Gewebe gedehnt werden, damit es sich an die Kontur der verzahnten Formoberfläche anlegen kann. Die dazu erforderliche Elastizität des Materials wird durch eine entsprechende Behandlung der verwendeten Garne erreicht. Diese Elastizität ist jedoch nur in einer Richtung erforderlich, um die Zähne auszuformen und außerdem muss der Riemen auch um die Riemenscheiben gebogen werden, wobei sich das Gewebe ebenfalls verformt. Ein dehnsteifes Gewebe würde diese Biegung einschränken und leicht dabei einreißen. Wünschenswert in der anderen Richtung wäre jedoch eher eine höhere Steifigkeit, um dem Riemen auch eine höhere Quersteifigkeit zu verleihen. In einem Webprozess für Zahnriemengewebe werden daher eher starre Kett- und elastische Schussfäden verwendet. Die Elastizität der Schussfäden wird durch den Einsatz sogenannter texturierter Garne erreicht, die sich vor der Verarbeitung im Webprozess durch spezielle Wärmebehandlungen zusammenziehen (kräuseln). Nach dem Weben folgen meist weitere Prozesse, welche die Fasern untereinander fixieren, die Elastizität sicherstellen und auch die Anbindung zum Elastomer verbessern sollen. Auch eine Einfärbung ist möglich. Die durch diese Prozesse erzielte Schrumpfung ermöglicht bei der Riemenherstellung die erforderliche Dehnung des Materials, die bspw. bei der HTD 8M-Verzahnung ca. 50 % beträgt. Es existieren verschiedene sogenannte Bindungsarten für gewebte Materialien. Die drei Grundbindungsarten sind die Atlas-, Leinwand- sowie auch die Köperbindung. Die einfachste Bindungsart dabei ist die Leinwandbindung, bei der jeder Kettfaden abwechselnd unter und über einem Schussfaden liegt. Durch diese Symmetrie sieht das Gewebe beidseitig gleich aus.

Auf der Gewebeseite von Zahnriemen sind häufig schräg verlaufende Strukturen zu erkennen, die aus der sogenannten Köperbindung (auch Twill) resultieren. Der Schussfaden wird dabei abwechselnd über einen Kettfaden hinweg und dann unter zwei Kettfäden hindurch geführt. In der nächsten Reihe beginnt das Muster dann, wie in Abb. 2.8 dargestellt, um einen Kettfaden versetzt, wodurch die diagonale Struktur entsteht. Gemäß dieser Darstellung unterscheidet sich dabei die Gewebeober- und unterseite dadurch, dass auf der einen Seite der Kett- und auf der anderen Seite der Schussfaden überwiegt. Die größte Bedeutung hat die Köperbindung wohl in einem der weltweit am häufigsten getragenen Kleidungsstücke, der Jeanshose. Beim klassischen blauen Jeansstoff überwiegt der blaue Faden auf der Oberseite, während der weiße Faden meist auf der Innenseite des Kleidungsstücks zu finden ist. Bedingt durch den Webprozess und bezogen auf die Anwendung im Zahnriemen ist die Oberfläche eines solchen Gewebes derart strukturiert, dass die Knoten, an denen die sehr harten Polyamidfäden jeweils übereinander laufen den

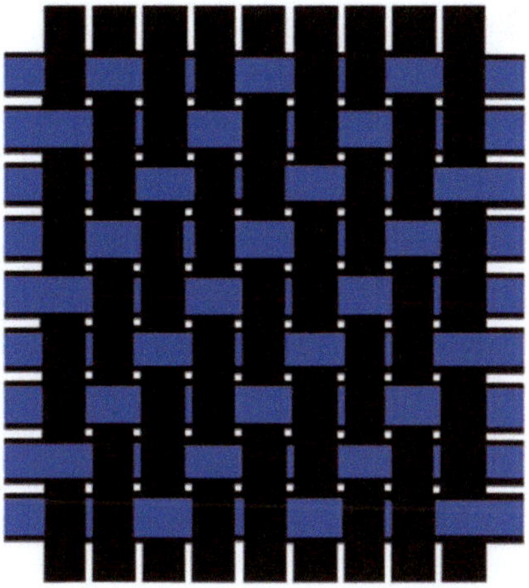

Abb. 2.8 Köperbindung als Beispiel einer Gewebekonstruktion. (©Topp Textil GmbH 2022. All Rights Reserved)

Kontakt zur Flanke der Scheibenverzahnung und bei Transportanwendungen zur Unterlage bilden. An der Flanke eines Riemenzahns kann so jeweils punktuell eine erhebliche Flächenpressung resultieren, die speziell im Bereich der Erhebungen die Fäden extrem aufeinanderpresst. Mögliche Folgen dessen können Reibung der Fasern untereinander und letztlich auch Faserbrüche sein, die das Gewebe nach und nach zerstören, den Zahn schwächen und in der Folge zum Zahnabriss führen können. Dieser Effekt lässt sich beeinflussen, indem die Bewegung der Fasern durch Fixierprozesse eingeschränkt wird. Letztlich kann man die Auswirkung der Reibung durch Behandlung auch mit entsprechenden Schmiermitteln, wie beispielsweise Teflon reduzuieren [5]. Dies wirkt sich sowohl auf den Reibwert der Fasern untereinander als auch auf den Kontakt zwischen Riemen- und Scheibenverzahnung aus. Hierbei gibt es zahlreiche Methoden, die teilweise bei der Herstellung der Gewebe aber auch erst bei oder nach der Riemenherstellung Anwendung finden können. Polymere können zum Beispiel auch auf der Gewebeaußenseite aufgetragen werden, um den Reibwert weiter zu verringern [13]. Hier hat jeder Riemenhersteller meist seine spezielle Rezeptur und es existieren zahlreiche Patente zu den unterschiedlichen Arten der Behandlung. Außerdem gibt es mehrlagige Gewebe oder auch bspw. bei den Synchrochain Hochleistungsriemen eine Kombination aus einer Gewebe- und einer Polyethylenschicht.

Bei den oben genannten Transportanwendungen, insbesondere in Verbindung mit hohen Transportlasten, verursachen die Erhebungen der Gewebe jeweils einen punktförmigen Kontakt zur Auflage. Führungsschienen aus Polyethylen können in solchen Einsatzfällen bei Riemen ohne Gewebe den Reibwert deutlich reduzieren. Die Knoten eines Polyamidgewebes können aber auch bei hoher Flächenpressung zu einem starken Verschleiß der Schienen und damit zu einem Anstieg des Reibwertes führen. Hierbei steigt der Einfluss mit höheren Transportgeschwindigkeiten und damit verbunden höherer Temperatur der Kontaktflächen. In diesen Fällen wäre dann eine Auflagefläche aus Metall vorteilhafter, insbesondere rollierte Oberflächen bilden hier eine sehr reibungsgünstige Kombination.

2.4 Elastomer

Die Anforderungen an das Basiselastomer sind vielfältig und die Eigenschaften des Materials sollten über die Zeit und bei Temperaturschwankungen möglichst erhalten bleiben. Bei der Biegung um eine Riemenscheibe wird die Oberfläche des Riemenrückens stark gedehnt und es darf dabei zu keiner Rissbildung im Material kommen. Gleichzeitig muss das Material aber mit der Verzahnung hohe Druckkräfte bei möglichst geringer Verformung aufnehmen. Im Zugbereich ist damit eine hohe, im Druckbereich eine geringe Elastizität des Material gefordert (siehe Abb. 2.9). In diesem Zusammenhang spricht man auch von hyperelastischem Materialverhalten [5].

Wünschenswert ist weiterhin eine möglichst hohe Beständigkeit gegenüber Temperatur- und anderen Umwelteinflüssen (Sonneneinstrahlung, Ozon, Feuchtigkeit etc.). Für Zahnriemen, die beispielsweise in der Werkzeugmaschinenindustrie mit Ölen und Kühlschmierstoffen oder in der Lebensmittelindustrie mit Reinigungschemikalien in Kontakt kommen, ist weiterhin eine gute Chemikalienbeständigkeit von Vorteil. Manche Materialien neigen dazu, dass sich ein einmal durch Verschleiß oder Fremdeinwirkung entstandener Riss bei kontinuierlicher Biegung immer weiter ausbreitet. Ein solches dynamisches Risswachstum wäre für Zahnriemen ungünstig. Aus diesen Anforderungen haben sich im Wesentlichen Synthesekautschuke und Polyurethan als Basis-Elastomere etabliert. Andere Materialien sind selten jedoch gibt es beispielsweise auch die Möglichkeit, Zahnriemen für spezielle Einsatzfälle aus Silikon herzustellen, die sogar bis zu 200 °C beständig sein können [15].

2.4.1 Kautschukmaterialien

Der rasant steigende Kautschukbedarf der Automobilindustrie führte in den Vereinigten Staaten zu intensiven Forschungen auf dem Gebiet des Synthesekautschuks. Einige wesentliche Entwicklungen, die auch in industriellen Anwendungen eingesetzt werden, sollen nachfolgend aufgeführt werden.

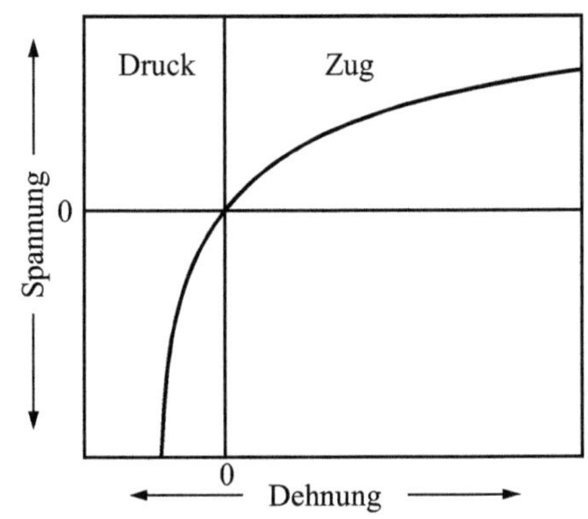

Abb. 2.9 Hyperelastisches Materialverhalten (schematisch) der Elastomere in Anlehnung an [5]

2.4.1.1 Chloroprene

Der Synthesekautschuk Chloroprene bzw. Polychloroprene wird seit etwa 1935 durch radikale Emulsionspolymerisation hergestellt. Als Kurzzeichen findet sich häufig auch die Bezeichnung CR für **C**hloroprene **R**ubber. Grundlegende Entwicklungsschritte gehen auf die Fa. DuPont zurück [16], die das Material zunächst unter dem Handelsnamen Duprene und später dann Neoprene auf den Markt brachte. Auch andere Hersteller produzieren Polychloroprene wie beispielsweise Bayer unter dem Handelsnamen Bayprene [16]. CR ist für den industriellen Einsatz das am häufigsten verwendete Chloroprene, es ist bedingt öl- und chemikalienbeständig und die damit produzierten Riemen können nach Angaben der Riemenhersteller in üblichen Temperaturbereichen von etwa −20 °C bis etwa +100 °C verwendet werden, was den größten Teil industrieller Anwendungen betrifft.

2.4.1.2 NBR

Um die Ölbeständigkeit zu verbessern, finden auch NBR Synthesekautschuke (**N**itrile **B**utadiene **R**ubber, bzw. Acrylnitril-Butadien-Kautschuk) Anwendung. Entwickelt wurde das Material 1930 in den Farbenfabriken Bayer von E. Konrad und E. Tschunkur [16]. NBR wird aufgrund seiner guten Beständigkeit gegenüber Ölen, Fetten und Kraftstoffen als Dichtungswerkstoff sehr erfolgreich eingesetzt. Da NBR außerdem gute mechanische Eigenschaften bei ebenfalls guter Abriebbeständigkeit aufweist, ist es auch als Basis-Elastomer für Zahnriemen gut geeignet, wenn entsprechende Beständigkeiten gefordert sind. Praktische Erfahrungen ergeben für den NBR – Zahnriemen höhere Standzeiten, wenn der Riemen mit dem entsprechenden Öl benetzt wird. Dies schützt vermutlich vor den Umgebungseinflüssen. Ein Zahnriemen aus NBR sollte daher nicht trocken laufen, sondern im Betrieb von dem jeweiligen Medium benetzt sein. Durch eine Steigerung des Acryl-Nitril Anteils lässt sich die Beständigkeit gegenüber Ölen und Kraftstoffen optimieren, jedoch verschlechtern sich dadurch die mechanischen Eigenschaften, weshalb auch hier ein Kompromiss der geforderten Eigenschaften durch einen mittleren Acryl-Nitril-Anteil anzustreben ist. Hohe Temperaturen führen hingegen zu einer vorzeitigen Alterung des Elastomers.

2.4.1.3 HNBR

Vermutlich angetrieben durch den Einsatz im Verbrennungsmotor war für Zahnriemen auch hier die Automobilindustrie der Technologietreiber und forderte, in diesen Anwendungen die Ölbeständigkeit mit hoher thermischer Belastbarkeit zu vereinen, was mit der Einführung von HNBR-Kautschuk (**H**ydrogenated **N**itrile **B**utadiene **R**ubber, bzw. hydrierter Nitril Butadien Kautschuk) auch gelang. HNBR ist seit den 80er-Jahren auf dem Markt [16] und 1985 wurden bei Honda erstmals Motoren mit Riemen aus HNBR ausgerüstet [5]. Die fehlende Doppelbindung, im Vergleich zum NBR, beeinflusst die Reaktivität des Materials und führt zur Temperaturbeständigkeit bis 130 °C und darüber hinaus. Bei ausgewiesenen Sondermischungen wird in [17] eine Temperatureinsatzgrenze von 150 °C genannt. Das Material findet somit auch Einsatz in industriellen Anwendungen, wenn die Kombination von thermischer Belastung in ölhaltiger Umgebung gefordert ist.

2.4.1.4 SBR

Auf der anderen Seite gibt es auch Einsatzfälle, beispielsweise in Tiefkühlhäusern, die extreme Minustemperaturen beinhalten. In derartigen Anwendungen können SBR-Kautschuke (**S**tyrene **B**utadiene **R**ubber, bzw. Styrol-Butadien-Kautschuk) verwendet werden. Ursprünglich wurde dieses Material vielfach zur Herstellung von PKW Reifen verwendet, wird aber auch bei extremen Temperaturbedingungen bis zu −50 °C, bei kurzzeitiger Exposition sogar bis zu −60 °C für Zahnriemen eingesetzt. Die elastischen Eigenschaften sind schlechter im Vergleich zu Chloroprene und bei dynamischer Beanspruchung tritt eine größere innere Erwärmung auf, was jedoch bei den Einsatzfällen in Tiefkühlbereichen eher unbedeutend ist. Allgemein ist die Belastbarkeit aufgrund der geringeren Härte geringer einzustufen als diejenige von Chloroprene-Zahnriemen.

2.4.1.5 EPDM

EPDM (**E**thylen **P**ropylen **D**ien Kautschuk; **M**-Gruppe) ist die jüngste Entwicklung im Bereich der Synthesekautschuke, die in Riementechnologien eingesetzt werden können. EPDM wurde in den 90er Jahren für Vielkeilriemen (Keilrippenriemen) zum Einsatz in Nebenaggregateantrieben in der Automobilindustrie entwickelt und hat sich seit dem für diese Anwendungen durchgesetzt. Maßgebend hierfür ist der weite Temperaturbereich von −45 °C bis +120 °C, der somit im geforderten Bereich für Automobilanwendungen liegt. Inzwischen wurden aber auch Zahnriemen für Industrieanwendungen entwickelt. Grundsätzlich zeichnen sich EPDM-Zahnriemen durch den hohen Temperaturbereich, eine hohe dynamische Festigkeit und sehr gute Beständigkeit gegen eine Vielzahl von Medien aus. Lediglich bei Öleinfluss müssen Abstriche gemacht werden, was aber bei den meisten Industrieanwendungen eher von geringer Bedeutung ist. EPDM ist eine exzellente Alternative zu CR für Industriezahnriemen, auch unter dem Aspekt der Verfügbarkeit und Umweltverträglichkeit.

Je nach Einsatzfall sind die verschiedenen Kautschuk-Typen damit hinsichtlich Medienbeständigeit und Temperaturgrenzen unterschiedlich gut geeignet. Die Angaben in nachstehender Tab. 2.1 sind zum Großteil [18] entnommen. Die aufgeführten Beständigkeitswerte haben lediglich Richtwertcharakter und dienen der allgemeinen Information. Sie sind nicht auf alle Betriebsverhältnisse übertragbar. Die Werte können sich durch Faktoren, wie erhöhte Temperatur, hohe Konzentrationen, Dauer der Aussetzung, hohe mechanische Dauerbelastung, dynamische Beanspruchung, Licht- und Sonneneinwirkung oder zusätzliche Einflüsse wesentlich verändern [18].

Auch wenn das Kautschuk Material hinsichtlich bestimmter Eigenschaften angepasst werden kann, so ist dieser Prozess im Vergleich zum Einsatz von Polyurethan komplex und aufwendig. Zum Teil müssen für eine einsatzfähige Chloroprene-Mischung, je nach Rezeptur, über 50 Einzelkomponenten in entsprechenden Rührwerken bzw. Mischern miteinander kombiniert werden, um ein gebrauchsfertiges Rohprodukt für die Zahnriemenherstellung (s. Abschn. 2.5) zu erhalten. Die elektrische Leitfähigkeit des Materials wird bspw. durch den Zusatz von Ruß erzeugt, weiterhin können Alterungsschutzmittel und Vulkanisationsbeschleuniger zugesetzt werden. Je nach Vernetzung werden

Tab. 2.1 Einsatzbereiche unterschiedlicher Kautschukmaterialien in Anlehnung an [18]

		CR	EPDM	NBR	SBR	HNBR
Ozon		1	1	4	4	4
Öl		2	4	2	5	2
Kraftstoff		6	5	2	6	2
Säure		2	1	4	3	4
Lauge		2	1	4	3	4
Wasser		3	1	1	1	1
Temperatur	min.	−20 °C	−40 °C	−30 °C	−40 °C	−40 °C
	max.	+100 °C	+120 °C	+100 °C	+80 °C	+130 °C

Beständigkeit: 1 = sehr gut, 2 = gut, 3 = befriedigend,
4 = ausreichend, 5 = mangelhaft, 6 = ungenügend

Peroxide oder Schwefel benötigt. Die Härte des Kautschuks wird häufig durch den Zusatz von idealerweise ausgerichteten Baumwoll- oder Aramidfasern zur Erhöhung der Leistungsfähigkeit beeinflusst. Ziel dabei ist es, die Steifigkeit des Materials zu erhöhen, ohne die Biegewilligkeit einzuschränken. So sind zugesetzte Fasern häufig weniger als $0,2$ mm lang, um die Verformungs- und Scherfestigkeit der Verzahnung zu erhöhen, aber anderseits auch keinen Ansatzpunkt für eine mögliche Rissbildung zuzulassen [5]. Rationell lassen sich die Mischungen in der Regel nur in größeren Mengen herstellen und die Haltbarkeit des Rohmaterials vor der Vulkanisation ist begrenzt. Die Flexibilität hinsichtlich der Produktion kleiner Stückzahlen für individuelle Anwendungen ist somit eher eingeschränkt.

2.4.2 Polyurethan

Polyurethan ist ein industriell sehr vielseitig verwendeter Werkstoff. Die Universalität zeigt sich in der Verwendung als Isoliermaterial und Montageschaum in der Baubranche, als abriebfeste Laufrolle an Einkaufswagen und Gabelstaplern oder in aufgeschäumter Form als Matratzenkern oder Polsterschaum in Möbeln und Autositzen sowie zum Schutz empfindlicher Güter als leichte und schwere Schaumverpackungen oder elastische Prallschutzelemente. Die Vielseitigkeit des Materials ergibt sich aus der einzigartigen Eigenschaft, dass Polyurethan sowohl Thermoplast, Elastomer oder auch Duroplast sein kann. Die Bezeichnung des Polyurethans (poly = viel) beinhaltet, dass es aus vielen Urethangruppen besteht, die miteinander als lineare Kette verbunden sein können, bis hin zu verzweigten/vernetzten Polymerstrukturen. Die Art und der Grad der Verzweigungen und die chemische Struktur der eingesetzten Moleküle bestimmen die Eigenschaften des Polyurethans. Polyurethan entsteht durch die Polyadditionsreaktion von Isocyanaten und Polyolen, wobei Polyether- und Polyesterpolyole zum Einsatz kommen können.

Polyetherpolyole haben dabei den Vorteil einer höheren Hydrolysebeständigkeit. Über die chemische Struktur des Polyols werden die Eigenschaften des Endproduktes maßgeblich beeinflusst. Auch Zusatzkomponenten wie Farbe, Katalysatoren, Entschäumungsmittel etc. werden verwendet. Zur Herstellung von geschäumten Produkten kann Wasser gezielt eingesetzt werden, da durch die Reaktion mit der Isocyanatgruppe gasförmiges Kohlendioxid entsteht, was zur Bildung von Gasblasen führt, die beim Erstarren des Materials im Inneren gefangen bleiben und so die Schaumstruktur erzeugen. Für den Einsatz im Zahnriemen wäre dies hinsichtlich der Zahnfestigkeit äußerst nachteilig, weshalb hier bei der Produktion unbedingt jeglicher Kontakt zu Wasser vermieden werden muss. Um den Einfluss möglicher, dennoch vorhandener Restfeuchtigkeit in der Polyolkomponente zu reduzieren, kann der Komponente Zeolith zugefügt werden, eine Substanz mit wasserbindender Eigenschaft.

Ein wesentliches Know-how bei der Herstellung von Polyurethan liegt auch in der Zusammenführung der einzelnen Komponenten, die sich ähnlich wie Wasser und Öl nur schwer vermischen lassen. Isocyanat- sowie Polyolkomponenten sind oftmals bei Raumtemperaturen flüssig bis hochviskos. Einzelne Komponenten können aber auch bei Raumtemperatur fest sein. In diesen Fällen müssen die Komponenten bei einer Temperatur verarbeitet werden, die eine homogene Mischung der Komponenten in flüssiger Form ermöglicht. Erfolgt die Vermischung ungleichmäßig, entsteht ein inhomogenes Produkt mit allgemein schlechtem bis lokal begrenztem ungenügendem Eigenschaftsniveau. Aus diesem Grund ist es erforderlich, die Reaktionspartner durch die gleichmäßige Vermischung in „räumliche Nähe“ zu bringen [19]. Die Verarbeitung von Polyurethan bzw. das Vermischen der Einzelkomponenten erfolgt daher meist in sogenannten Dosieranlagen, in denen die Materialien temperiert in getrennten Behältern vorgehalten werden. Je nach Einsatzfall gibt es Hochdruck- und Niederdruckanlagen. Der in einer Niederdruckanlage erzeugte Druck dient dabei im Wesentlichen der Förderung des flüssigen Polyurethans, weshalb hier Drücke von lediglich ca. 10 bar üblich sind. Die Mischung der Komponenten erfolgt im Mischkopf selbst, meist durch rotierende mechanische Elemente, auch Statikmischer sind aber möglich. In beiden Fällen müssen die Bereiche bzw. Bauteile, die mit dem vermischten Material in Kontakt waren, regelmäßig vor dem Aushärten gereinigt werden. Alternativ können auch Hochdruckanlagen zum Einsatz kommen, die mit Drücken bis zu 200 bar arbeiten. In Hochdruckanlagen findet sich kein mechanisches Mischwerk und die Vermischung der Komponenten erfolgt durch die hohe kinetische Energie mit der die Komponenten in der Mischkammer zusammengeführt werden. In getrennten Kreisläufen zirkulieren die Materialien bis zu einem Mischkopf. Erst wenn aus diesem Mischkopf Material gefördert wird, kommen die Materialien aus den getrennten Kreisläufen zusammen und die Reaktion beginnt. Abhängig von der Temperatur und Zugabe eines Katalysators ergibt sich eine Topfzeit, die zwischen einigen Sekunden und mehreren Minuten betragen kann. Die Zeit für eine sinnvolle Verarbeitung kann über Viskositätsmessungen in sog. Rheometern erfolgen. Das Ergebnis einer solchen Messung ist eine Aussage wie die Zähigkeit der Polyurethanmasse mit der Zeit zunimmt, um das ideale Prozessfenster zu bestimmen. Besteht die Möglichkeit mit einer dritten Komponente, dem sogenannten Kettenverlängerer, zu dosieren, dann resultiert hieraus ein extrem flexibler Herstellprozess, über den die Eigenschaften des Polyurethans in kleinen Mengen gezielt verändert werden können. Die benötigte Rezeptur kann in der Dosieranlage gespeichert werden und vollautomatisch kann die Materialhärte, Farbe und Topfzeit auch für geringste Ausstoßmengen variiert werden.

Die Herstellung des Polyurethans kann mit Dosieranlagen direkt in den Herstellprozess der Zahnriemen integriert werden, wenn Gießpolyurethane verwendet werden. Häufig werden Zahnriemen, insbesondere die offene Zahnriemenmeterware aber auch als extrudierte Riemen hergestellt. In diesem Fall liegt das Polyurethan als thermoplastisches Granulat vor, welches dann für die Herstellung der Riemen in Extruderschnecken plastifiziert wird. Die besonderen Eigenschaften des Polyurethans ermöglichen, wie zuvor beschrieben, die Verarbeitung als Gießpolyurethan oder als thermoplastisches Material welches erneut plastifiziert werden kann.

2.5 Herstellung von Zahnriemen

Je nach Wahl des Elastomers als Basiswerkstoff für den Zahnriemen, erfolgt die Herstellung von Zahnriemen nach dem Vulkanisations-, Gieß- oder Extrusionsverfahren. So werden Zahnriemen aus Chloroprene im Vulkanisationsverfahren gefertigt, während Polyurethan-Zahnriemen im Gieß- und Extrusionsverfahren produziert werden [5]. Nachstehend werden die unterschiedlichen Verfahren näher beschrieben. Ein weiteres mögliches Verfahren ist der Schleuderguss, welches aufgrund seiner geringen Verbreitung hier nicht weiter ausgeführt wird.

2.5.1 Vulkanisationsverfahren

Die Umwandlung von Kautschuk in Gummi, die sogenannte Vulkanisation legte den Grundstein zur Herstellung von Chloroprene-Zahnriemen. Der Begriff der Vulkanisation ist allgemein eng mit dem Namen Charles Goodyear verbunden. Zwar erkannte bereits 1932 der deutsche Chemiker Lüdersdorff, dass man die klebrige Eigenschaft von Naturkautschuk mit einer schwefelhaltigen Lösung reduzieren kann, jedoch erkannte er die damit verbundene chemische Veränderung des Materials nicht [16]. Eher zufällig entdeckte dann Charles Goodyear 1939, dass sich durch Zugabe von Schwefel und Bleiweiß, unter Erwärmung, die Farbe des Kautschuks von grau in schwarz ändert und insbesondere der Kautschuk auch seine Klebrigkeit verliert und unlöslich wird. Er nannte das Verfahren zunächst „metallization“ und reichte das Patent dazu im Jahr 1843 ein. Ebenfalls eng verbunden mit diesem Thema ist der Name des Engländers Thomas Hancock, der systematische Versuche zur Beimengung von Schwefel durchgeführt hat und sich die Ergebnisse im Jahr 1843 patentieren ließ [16]. Wie im Abschn. 1.2.1

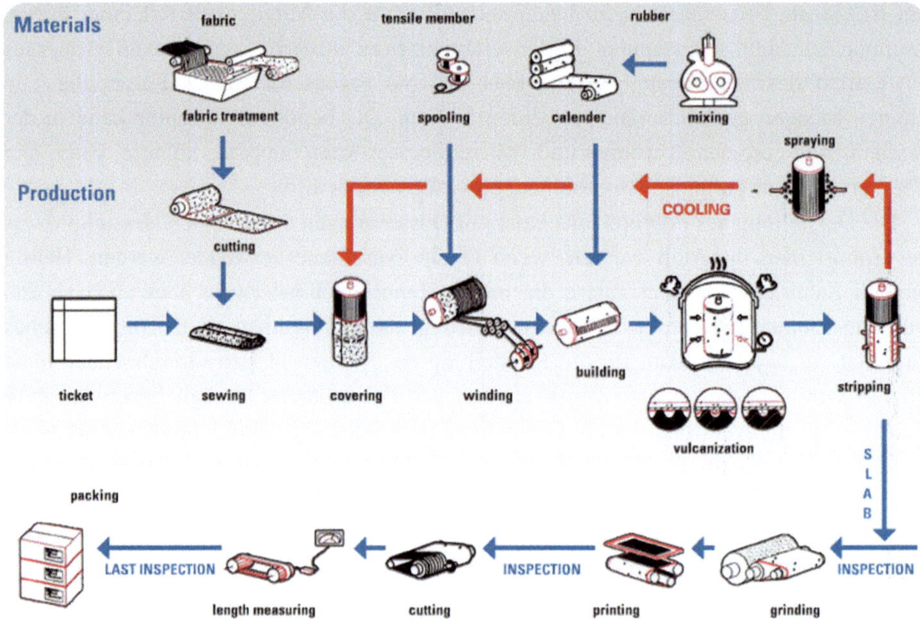

Abb. 2.10 Produktionsprozess von Chloroprene-Zahnriemen. (©Gates Corporation 2022. All Rights Reserved)

beschrieben, wurden die ersten Zahnriemen im Vulkanisationsverfahren von der Fa. US-Rubber entwickelt. Den grundsätzlichen Herstellprozess der Zahnriemen beschreibt die Abb. 2.10.

Die drei wesentlichen Komponenten Gewebe, Zugträger und Kautschuk müssen für eine gute Adhäsion der Materialien zueinander entsprechend vorbehandelt und auch konfektioniert werden. Die eigentliche Herstellung des Riemens erfolgt auf einer Form deren Kern die Zahngeometrie und die Riemenlänge definiert. Ein solcher Kern ist in der Regel deutlich breiter als die späteren Einzelriemen. Jede diskrete Riemenlänge erfordert dabei eine eigene Form. Übliche Breiten der Kerne liegen zwischen etwa 200 mm und 1000 mm. Das vorbehandelte und auf die benötigten Abmaße konfektionierte Gewebe wird im ersten Schritt über den Kern gezogen und im Anschluss werden die Zugträger unter definierter Vorspannung spiralförmig auf das Gewebe über die gesamte Höhe des Kerns gewickelt. Als letztes kommt die noch unvernetzte und daher noch plastisch gut verformbare Kautschuk Schicht über die Zugträger, deren Stärke so bemessen und zuvor kalandriert sein muss, dass die spätere Riemenstärke möglichst exakt erreicht, jedoch nicht unterschritten wird. Unter Einwirkung von Druck und Temperatur erfolgen dann die Ausformung und die Vulkanisation. Übliche Temperaturbereiche für die Vulkanisation liegen dabei zwischen 130 °C und 160 °C. Hierbei finden verschiedene Prozesse statt. Neben der chemischen Umwandlung muss das Kautschuk Material eine Viskosität haben, die es durch den äußeren Druck ermöglicht, das Material zwischen den Zugträgern hindurch zu drücken und die Zähne auszuformen. Das Gewebe muss aus diesem Grund so dicht sein, dass es keine Gummidurchbrüche zulässt. Es muss außerdem in der Umfangsrichtung so elastisch sein, dass es unter Wirkung des Drucks die benötigte Dehnung erfahren kann, um die Lücken auszuformen. Von dem kreisförmigen Umfang des auf den Kern aufgezogenen Gewebes ist bspw. in der Riementeilung HTD 8M eine Dehnung von knapp 50 % erforderlich, um die Zahnkontur abzubilden. Dichtheit des Gewebes bzw. dessen Beschichtung und Viskosität des Elastomers müssen aufeinander abgestimmt sein. Ist die Viskosität zu hoch, kann das Material nicht zwischen den Zugträgern hindurchtreten, ohne die Zugstranglage zu verschieben oder die Verzahnung kann nicht richtig ausgeformt werden. Ist die Viskosität hingegen zu gering, kann das Elastomer die Gewebeschicht durchdringen und es kommt zu unerwünschten Gummidurchbrüchen. Nach etwa 30 Minuten ist die Vulkanisation weitgehend abgeschlossen, das Material ist jetzt elastisch und nicht mehr plastisch verformbar. Der fertige Zahnriemenwickel wird entformt und es erfolgen weitere Prozesse, wie Schleifen des Riemenrückens auf das Fertigmaß, Konfektionieren des Wickels in die benötigten Fertigbreiten, sowie die Bedruckung, Qualitätsprüfung, Längenmessung etc. In begrenztem Maße kann die Länge des fertigen Riemens während der Produktion durch die Vorspannung der Zugträger (sog. Wickelspannung) beim Aufwickeln beeinflusst werden. Eine höhere Wickelspannung führt nach dem Entformen zu einem kürzeren Riemen.

2.5.2 Gießverfahren

Ganz anders und deutlich weniger komplex als das Vulkanisationsverfahren läuft hingegen das übliche Gießverfahren für Formzahnriemen aus Polyurethan ab. Der Prozess findet im sogenannten Verdrängungsguss statt (siehe Abb. 2.11).

Das Verfahren arbeitet drucklos, weshalb kein Gewebe ausgeformt werden kann. Auch in [17] wird beschrieben, dass in diesem Prozess ein zahnseitiges Gewebe technologisch nicht möglich ist. Zahlreiche im zuvor beschriebenen Prozess erforderliche Schritte zur Vorbehandlung des Gewebes, dem Mischen und Kalandrieren des Kautschuks etc. können entfallen. Der Zugträger wird hier direkt auf den verzahnten Formkern gewickelt. Das

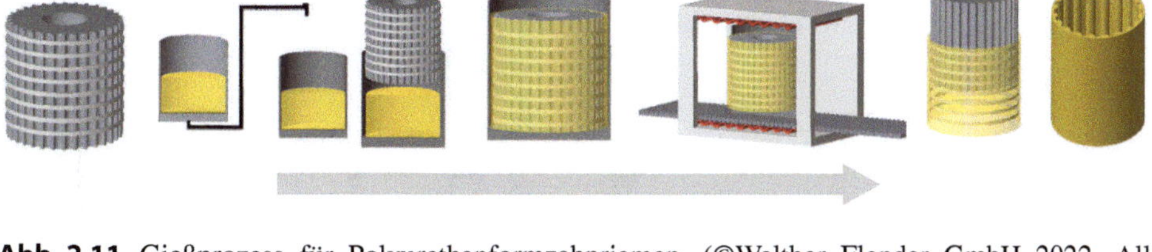

Abb. 2.11 Gießprozess für Polyurethanformzahnriemen. (©Walther Flender GmbH 2022. All Rights Reserved)

Polyurethan wird aus den erforderlichen Komponenten wie im Abschn. 2.4.2 beschrieben in einer Anlage gemischt und die benötigte Menge wird in die Außenform gefüllt. Häufig müssen Formkern und Außenform temperiert werden, damit das ebenfalls unter Temperatur stehende Polyurethan hierbei keine Energie verliert. Durch das Einsetzen des Formkerns in diese Außenform wird das PU verdrängt und steigt in dem entstehenden Ringspalt auf. Hierdurch wird die in der Form enthaltene Luft nach oben gedrückt und Lufteinschlüsse werden weitgehend vermieden. Unterstützt werden kann dies durch Aufbringen eines Vakuums. Die Topfzeit des Materials ist begrenzt; in dieser Zeit muss der Kern vollständig abgesenkt sein, bevor die exotherme Reaktion des Materials zu einer zu hohen Viskosität führt. Durch den Einsatz nicht oder nur gering vorgewärmter Formteile kann die Reaktion abgebrochen werden, was zu schlechten bis unbrauchbaren Materialqualitäten führen kann. Bevor der Kern aus dem ausgehärteten Zahnriemenwickel gezogen werden kann erfolgt ein Temperprozess in Temperöfen über meist mehrere Stunden. Hinsichtlich der Gestaltung der Formen ist zu beachten, dass die Kontur einen möglichen materialabhängigen Schrumpfungsprozess während der Abkühlung berücksichtigt. Als Resultat ergibt sich auch hier ein Zahnriemenwickel, der in beliebige Breiten aufgeschnitten werden kann. Ein Nachteil dieses Verfahrens liegt in der fehlenden Möglichkeit ein Gewebe auf der Zahnseite aufzubringen. Nachträglich ist das nicht mehr möglich, weil dadurch die Zahngeometrie beeinflusst werden würde.

Aufgrund des fehlenden Gewebes würden die Zugträger beim Aufwickeln auf die Form auf den Zahnköpfen des Formkerns aufliegen. Unter die Zugträger könnte dann beim Gießprozess kein PU mehr dringen und die Zugträger würden zwischen den Zähnen des fertigen Riemens komplett frei liegen. Aus diesem Grund trägt die Form zur Aufwicklung der Zugträger sog. „Wickelnasen“(siehe Abb. 2.12).

Diese dünnen Erhöhungen auf den Zähnen sorgen für einen gewissen Abstand der Zugträger zum Kopf der Formverzahnung, so dass Polyurethan darunter fließen und später im Betrieb den direkten Kontakt zwischen Zugträger und Zahnriemenscheibe

Abb. 2.12 Wickelnasen von Formen zur Produktion von Polyurethanzahnriemen

verhindert. Es bleibt aber eine dünne offene Linie jeweils zwischen zwei benachbarten Zähnen durch die Fremdmedien eindringen und zu Schädigungen führen können. Nagel [5] beruft sich auf Vanderbeken [10] und beschreibt, dass sich in diesen Wickelnasen auch abgeriebene und oxidierte Partikel von Zugträgern sammeln können, die durch Biegung der Zahnriemen aus dem Abrieb der Filamente entstehen und im Inneren des Zugträgers durch die immer wiederkehrende Biegung weiterwandern können bis sie sich in den Bereichen der Wickelnasen sammeln. Die Wickelnasen sind auch der Grund weshalb in diesem Herstellprozess vorrangig Stahlzugträger eingesetzt werden. Zur Entformung muss der Kern aus dem Wickel herausgezogen werden. Die empfindlichen Glasfaserfilamente würden dabei unter der zuvor aufgebrachten Wickelspannung über die metallischen Nasen gezogen und die spröden, gegenüber einer solchen Scherbelastung empfindlichen, Fasern würden offensichtlich geschädigt [17].

2.5.3 Hybridverfahren

Lange Zeit waren diese beiden Verfahren die dominierenden Herstellprozesse für geschlossene Antriebsriemen. Mittlerweile gibt es jedoch ein abgewandeltes Verfahren, welches von der Walther Flender GmbH in Düsseldorf entwickelt und patentiert wurde. Das Verfahren kann als Hybridverfahren bezeichnet werden, da es die Vorteile der beiden zuvor beschriebenen Verfahren kombiniert und so auch die Vorteile beider Zahnriementypen in idealer Weise miteinander verbindet. Hinsichtlich der drei Hauptkomponenten bestehen diese Riemen aus Polyurethan, Glasfaserzugträgern und einem Polyamidgewebe auf der Zahnseite, also eine Materialkombination, die bisher als nicht realisierbar galt (Abb. 2.13).

Die Entwicklung des neuartigen Herstellverfahrens ist im Rahmen eines ZIM-Projektes durch das Bundesministerium für Wirtschaft und Energie gefördert worden. Als Re-

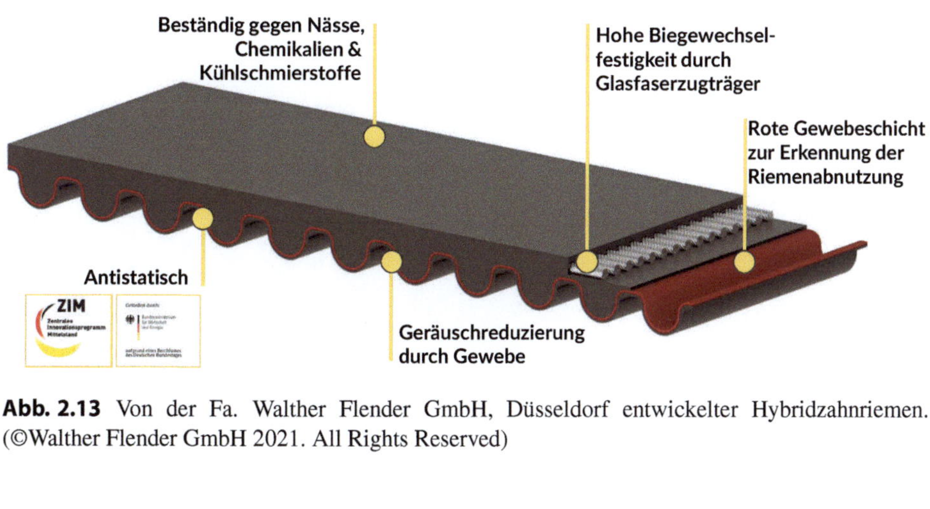

Abb. 2.13 Von der Fa. Walther Flender GmbH, Düsseldorf entwickelter Hybridzahnriemen. (©Walther Flender GmbH 2021. All Rights Reserved)

sultat trägt der Riemen auf der Zahnseite ein dämpfendes und verschleißminderndes Polyamidgewebe. Die Zugträger sind in der Basiskonstruktion aus den bewährten sehr biegewechselfesten Glasfaserzugträgern aufgebaut, jedoch besteht das Elastomer nicht aus Chloroprene oder einem anderen Kautschuk sondern aus Polyurethan, wodurch der Herstellprozess die hohe Flexibilität behält, die aus dem Einsatz von Polyurethan resultiert und im Abschn. 2.4.2 ausführlich beschrieben ist. Auch hinsichtlich der verwendbaren Zugstrangmaterialien ist das Verfahren sehr flexibel einsetzbar. Insbesondere können Glasfaser-, Carbon- aber auch Hybridzugträger variabel verwendet werden. Eine weitere Besonderheit, die in Zahnriemen bislang noch nicht realisiert wurde, ist die optische Verschleißkennzeichnung des Gewebes. Bei einem gewissen Abnutzungsgrad des Gewebes werden in dem ansonsten schwarzen Material rote Bereiche sichtbar, die dann rechtzeitig einen bevorstehenden Wechsel des Riemens anzeigen (siehe Abb. 2.14).

Die Abb. 2.14 zeigt schematisch und real, wie mit stetig fortschreitendem Verschleiß rote Bereiche auf der Zahnflanke sichtbar werden, die einen erforderlichen Zahnriemenwechsel ankündigen.

Die Gegenüberstellung der Vor- und Nachteile der verschiedenen Produktionsverfahren bzw. der mit diesen Verfahren hergestellten Zahnriemen kann sehr übersichtlich in einer sogenannten Value Curve (siehe Abb. 2.15) erfolgen, in der die verschiedenen Eigenschaften der Verfahren bewertet werden. Auf der horizontalen Achse sind dabei die Eigenschaften der Riemenprodukte und der Herstellverfahren aufgelistet und die Kurve ergibt sich aus der Bewertung der jeweiligen Eigenschaft auf der vertikalen Achse. In dieser Darstellung ist zusätzlich eine Unterteilung in technische Eigenschaften enthalten, welche das fertige Produkt betreffen und in Eigenschaften der Produktion, die das Verfahren und die damit verbundenen Aufwände bewerten. Einige der gelisteten Eigenschaften greifen dabei ineinander. So ergibt sich beispielsweise beim Hybridzahnriemen eine sehr gute Adhäsion der Zugträger zum umgebenden Elastomer. Dies wiederum resultiert unter Momentenbelastung auf der Scheibenverzahnung in einer guten Teilungsgenauigkeit, damit geringerem Verschleiß und dadurch wiederum höherer Lebensdauer bei gleicher Belastung. Oder anders ausgedrückt ergibt sich eine vergleichbare Lebensdauer zu anderen Produkten unter Steigerung der Belastung. Auch wenn jedes Verfahren für sich gesehen, in einzelnen Eigenschaften das jeweils beste ist, so scheint insgesamt betrachtet das Hybridverfahren in der Summe der positiven Bewertungen die vorteilhafteste Kurve darzustellen.

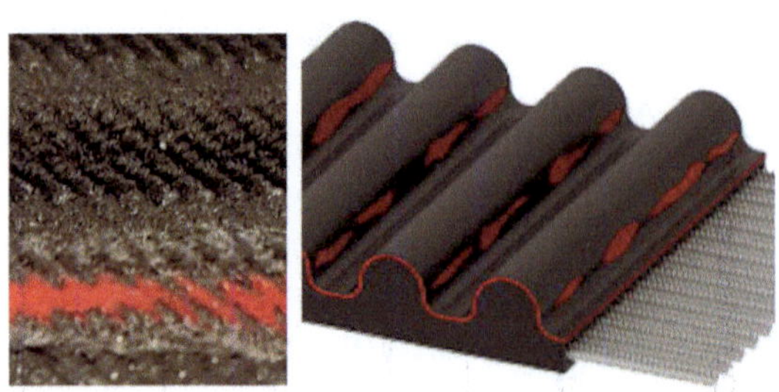

Abb. 2.14 Optische Verschleißanzeige des Hybridriemens. (©Walther Flender GmbH 2021. All Rights Reserved)

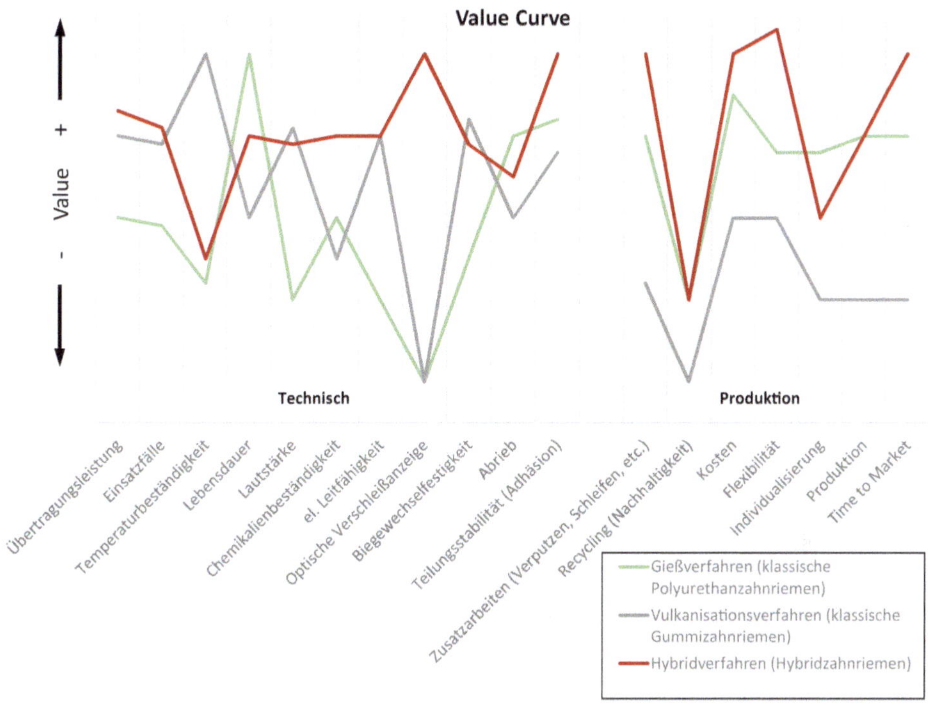

Abb. 2.15 Vergleich der unterschiedlichen Herstellprozesse. (©Andreas Scholzen 2022. All Rights Reserved)

2.5.4 Extrusionsverfahren

Die bisher beschriebenen Produktionsverfahren beziehen sich auf geschlossene Riemen, die als sogenannte Wickel hergestellt und später auf die benötigte Breite konfektioniert werden (vgl. Abschn. 2.5.5). Die im Abschn. 1.8 dargestellten Einsatzfälle erfordern zum Teil aber auch endlich hergestellte Riemen als Meterware, die auch als LongLength-Riemen (LL-Riemen) bezeichnet werden. Die Riemen werden als Rollenware in Standardlängen von bspw. 30 oder 50 Metern bevorratet und gemäß der benötigten Länge bspw. für eine Lineareinheit (s. Abb. 1.9) abgelängt. Die Herstellung dieser Riemen ist in einer geschlossenen Form nicht möglich und erfordert einen anderen offenen Prozess, in dem keine großen Umgebungsdrücke verwendet werden können. An der folgenden Abb. 2.16 soll der Prozess erläutert werden: Im Zentrum der Produktionsanlage steht das Formrad, welches durch seine Breite die Produktionsbreite der Riemen bestimmt und dessen Zahnform das Profil definiert. Das Formrad wird von einem meist metallischen Andruckband über etwa 2/4–3/4 des Umfanges umschlungen. Da es sich um einen kontinuierlich fortlaufenden Prozess handelt, können hier die Zugträger nicht spiralförmig auf die Form gespult werden. Stattdessen wird zu Beginn die entsprechende Anzahl an

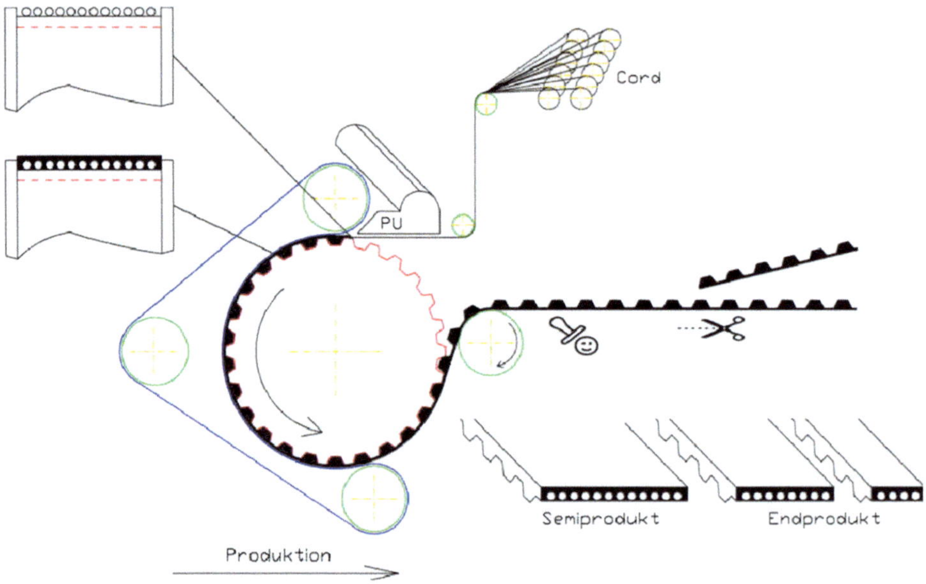

Abb. 2.16 Schematische Darstellung des Extrusionsprozesses. (©ContiTech Antriebssysteme GmbH 2022. All Rights Reserved)

Zugträgern als Zugstranglage kantenparallel in die Anlage eingeführt. Auch hier sollten die Zugträger unter einer gewissen Vorspannung in die Anlage einlaufen, damit die Parallelität erhalten bleibt und die Zugträger sich bei der Bewegung um das Formrad nicht seitlich verschieben können. Diese Vorspannkraft kann zentral für die gesamte Zugstranglage, beispielsweise über gebremste Rollen oder individuell an jedem einzelnen Zugträger, durch einen entsprechenden Widerstand aufgebracht werden. Übliche Herstellbreiten liegen zwischen 100 und 200 mm; der Abstand der Zugträger bei einem T5-Zahnriemen liegt in der Regel unter einem Wert von 1 mm. Das bedeutet, dass zur Produktion eines T5-Zahnriemens in der Breite 150 mm mehr als 150 einzelne Zugträger parallel durch die Anlage geführt werden müssen. Die Führung der Zugträger bis zum Formrad ist in der Abbildung verkürzt dargestellt und kann zahlreiche zusätzliche Rollen, eine Vorwärmung für die Zugträger zum Ausgleich der Temperaturdifferenz von Stahlzugträgern und Elastomer u. ä. umfassen. Am Einlauf in das Formrad wird flüssiges, thermoplastisches Polyurethan zugegeben. Das Material wird meist als Granulat verwendet und in einem Extruder plastifiziert, wodurch das Verfahren seinen Namen erhalten hat. Die Viskosität ist dabei so eingestellt, dass das Polyurethan nicht zu flüssig ist, aber die Zugträger umschließt, bestenfalls noch in diese eindringt und die Formkontur ausfüllt. Während des Umlaufes um das Formrad kühlt das Polyurethan ab und wird durch das Andruckband in die Form gepresst. Zur Beschleunigung des Abkühlprozesses kann das Formrad in den entsprechenden Bereichen aktiv gekühlt sein. Am Ende des Prozesses wird der

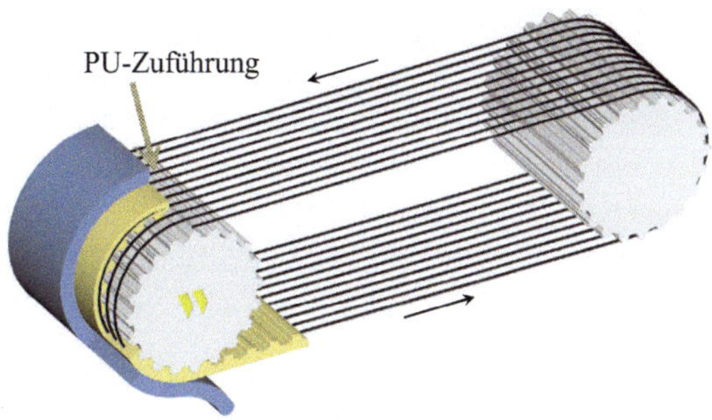

Abb. 2.17 Schematische Darstellung der Produktion von Flex-Zahnriemen. (©Andreas Scholzen 2022. All Rights Reserved)

fertige Riemen auf Rollen oder Haspeln aufgewickelt und je nach Bedarf zuvor noch in die benötigte Breite geschnitten. Hierzu kann der Zugträger in der Schnittebene bereits im Produktionsprozess ausgespart werden, was insbesondere bei Stahlzugträgern den Schneideprozess erleichtert und zu einem saubereren Schnittbild führt. Ebenfalls ist am Ende des Produktionsprozesses das seitliche Besäumen des Riemens erforderlich und bei Bedarf erfolgt eine Beschriftung des Riemens. In dem Prozess ist es außerdem möglich, ein dünnes Polyamidgewebe unter der Zugstranglage in den Ausformprozess einzuführen und so auch als Meterware extrudierte Riemen mit einer zahnseitigen Gewebeauflage zu erhalten. Die maximale Länge in dieser Art hergestellter Riemen ist quasi unbegrenzt. Eine einzelne Zugstrangspule kann mehrere Kilometer Cord enthalten, die theoretisch auch noch mit einer Folgespule verknüpft werden könnten. Meist ist die maximale Länge auf die zuvor genannten Werte begrenzt durch entstehende Probleme bei Transport und Handling. Als Zuträger werden hierbei in aller Regel Stahl- und Aramidcorde verwendet.

Stellt man sich gegenüber des Formrades ein weiteres in gleicher Teilung verzahntes Rad vor (s. Abb. 2.17), so kann man über beide Räder wiederum einen Zugträger spiralförmig aufwickeln und erhält wieder einen geschlossenen Riemen.

Die Zugstrangspannung kann in diesem Fall durch Verstellen eines der beiden Räder erfolgen. Der zuerst produzierte Bereich muss nach einem vollständigen Umlauf erneut in das Formrad einlaufen und verschmilzt mit dem zuletzt gefertigten, was durch die thermoplastischen Eigenschaften möglich ist. Durch das Verschmelzen entstehen Unebenheiten auf dem Riemenrücken, was ein Überschleifen des Riemens erforderlich macht. Der Abstand und der Umfang der Räder bestimmen die Riemenlänge und somit erlaubt dieses Verfahren die Herstellung beliebiger Riemenlängen. Aufgrund dieser Flexibilität werden die in diesem Verfahren produzierten Riemen oft auch als Flex-Riemen bezeichnet. Durchmesser und Abstand der Räder bestimmen auch die mögliche Mindestlänge der Riemen, die häufig zwischen 1200 und 1500 mm liegt. Die maximale Länge beträgt in der Praxis rund 20 Meter, ist jedoch nicht begrenzt durch das Verfahren sondern eher durch die Wirtschaftlichkeit der Anlagen. Riemenlängen über 12 Meter meist auch nur 10 Meter sind in der Praxis eher selten anzutreffen.

2.5.5 Konfektionieren

In den Abschn. 2.5.1, 2.5.2 und 2.5.3 wurde beschrieben, dass die in dem jeweiligen Herstellverfahren produzierten geschlossenen Zahnriemen in aller Regel nicht in der Breite hergestellt werden, in der sie später eingesetzt werden, sondern als deutlich breiterer sogenannter Wickel, der häufig auch als Slab bezeichnet wird. Die Produktionsbreite ist also deutlich größer und bewegt sich je nach Riementyp und -länge zwischen 200 mm und etwa 1000 mm. Bei dem am häufigsten eingesetzten Schneidprozess wird dieser Zahnriemenwickel über zwei Walzen gespannt und rotiert, während an einer Walze ein Kreismesser den Wickel in Einzelriemen auftrennt. Abb. 2.18 zeigt den auf der Schneideanlage aufgespannten Zahnriemenwickel und Abb. 2.19 das in den Riemenrücken eintauchende Kreismesser im Detail.

Insbesondere bei harten Riemenmaterialien muss der Riemen nicht direkt vollständig in einem Schnitt durchtrennt werden, sondern je nach Riemenhärte, -dicke und Anpressdruck des Messers können mehrere Umläufe des Riemens erfolgen, bis er vollständig durchtrennt ist. Durch das spiralförmige Aufwickeln der Zugträger über die Wickelbreite müssen bei kantenparallelem Aufschneiden in Einzelriemen immer auch die Zugträger an den Schnittkanten durchtrennt werden. Bei Riemen mit Glasfaser-, Carbon- oder Aramidzugträgern, bzw. ebenso bei Hybridzugträgern können die Zugträger im selben Schnitt mit durchtrennt werden. Problematischer sind Stahlzugträger, die von den üblichen Kreismessern oft nicht durchtrennt werden können und zu höherem Messerverschleiß führen. Nach dem Aufschneiden der Riemen müssen die Stahlzugträger daher separat, beispielsweise mit einer Zange, abgetrennt werden und insbesondere ein Stück aus der seitlichen Riemenflanke herausgezogen und tiefer abgeschnitten werden. Ansonsten würde an der Flanke der Stahlzugträger direkt an der Oberfläche liegen, was zum einen zu Verletzungen aber auch zum Verhaken der Filamente führen kann. Verhakt sich im Betrieb ein Filament oder

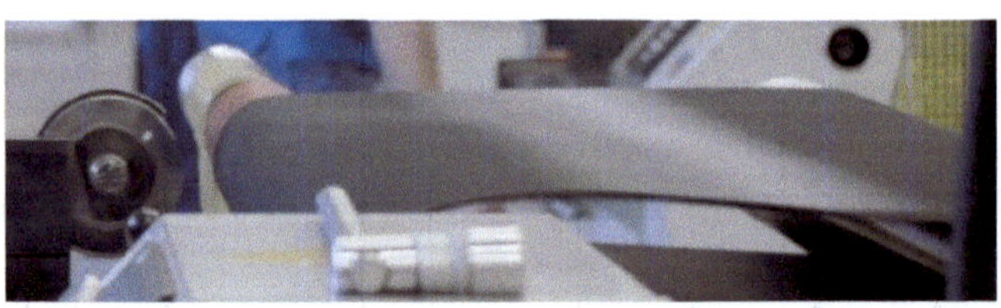

Abb. 2.18 Konfektionieren von Zahnriemen. (©Walther Flender GmbH 2021. All Rights Reserved)

Abb. 2.19 Detailansicht

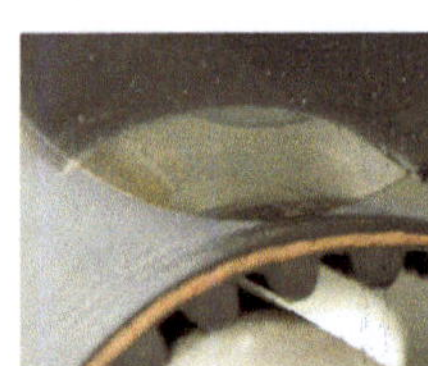

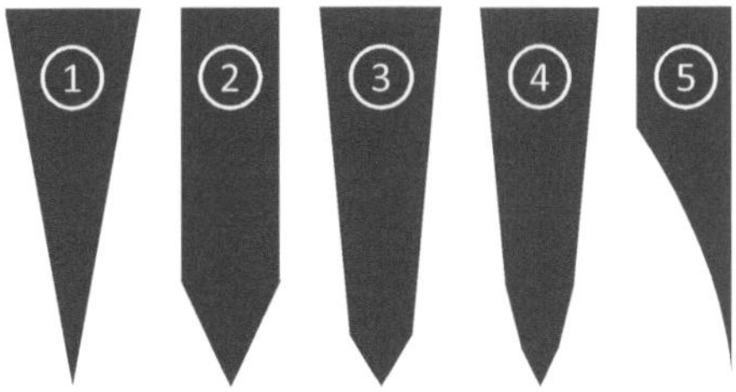

Abb. 2.20 Häufig verwendete Schliffformen für Kreismesser zum Konfektionieren von Zahnriemen

ein ganzer Zugträger an einer Scheibe oder sonstigen Antriebskomponente führt dies zur sofortigen Zerstörung des gesamten Riemens.

Beim Schneiden ist zu beachten, dass bereits die Ausführung der Schneide die Qualität des Schnittes beeinflussen kann. Manche Schliffformen neigen dazu, das Riemenmaterial stärker zur Seite zu drücken, was die Einhaltung von Breitentoleranzen erschwert. Auch die Ausführung der Zugträger kann die Wahl des richtigen Schliffs beeinflussen. Aramid fasert teilweise sehr stark und kann eine anders geschliffene Schneide erfordern als ein Gasfaserzugträger. Einige häufig zum Schneiden von Zahnriemen verwendete Schliffe sind in der Abb. 2.20 beispielhaft dargestellt.

Die am häufigsten eingesetzten Schliffarten sind der Flachschliff (oder auch Keilschliff) ① sowie der Scandischliff (oder auch Nordischer Schliff) ②. Beide haben den Vorteil, dass der Schliff vergleichsweise einfach erzeugt und auch nachgeschliffen werden kann, im Gegensatz zum aufwendigeren Flachschliff mit Sekundärfase ③ oder gar dem Flachschliff mit Primär- und Sekundärfase ④. Sollen sehr dünne Streifen geschnitten werden, ist häufig ein einseitiger Hohlschliff ⑤ vorteilhaft, bei dem natürlich aufgrund der Asymmetrie die Einbaulage des Messers beachtet werden muss.

Der Riemenrücken vulkanisierter Zahnriemen muss meist, bedingt durch den Herstellprozess, geschliffen werden. Gründe dafür können Unebenheiten, Toleranzschwankungen oder das Entfernen von anderen Materialien sein. Manchmal sind auch spezielle Dickentoleranzen gefordert, die im Herstellprozess nicht gewährleistet werden können und die mechanische Nacharbeit erfordern. Der Prozess kann sowohl rationell am gesamten Wickel aber auch am Einzelriemen erfolgen.

Wie bereits im vorangegangenen Abschn. 2.5.4 beschrieben, erfolgt in aller Regel auch bei den extrudierten Flex-Riemen ein Überschleifen des Riemens. Ein nachträgliches Längsschneiden von LongLength-Riemen auf eine andere Breite ist zumindest bei Riemen mit Stahlzugträgern schwierig, denn dazu muss genau die Lücke zwischen jeweils zwei Zugträgern getroffen werden, um einerseits eine Beschädigung der Messer durch den Zugträger zu vermeiden, andererseits aber auch das seitliche Herausragen von Stahlfilamenten zu verhindern, was zu Verletzungsgefahren und Schäden an Anlagen führen kann. Soll auch später noch die Option bestehen, einen bspw. 50 mm breiten Riemen auf 2 × 25 mm aufzuschneiden, kann an genau dieser Stelle der Zugträger bereits bei der Produktion ausgelassen werden.

Literatur

1. Haberhauer H, Bodenstein F (2014) Maschinenelemente: Gestaltung, Berechnung, Anwendung, 17 Auflage. Springer, Berlin/Heidelberg/New York
2. Wittel H, Muhs D, Jannasch D, Voßiek J (2015) Roloff/Matek Maschinenelemente: Normung, Berechnung, Gestaltung, 22 Auflage. Springer, Berlin/Heidelberg
3. Kremer A, Bertsche B, Scholzen A (2018) Statistisch-versuchstechnische Zuverlässigkeitsprognose von Zahnriemenangetrieben unter Berücksichtigung der Prognoseunsicherheit. In: VDI-Fachkonferenz Umschlingungsgetriebe. VDI
4. Verein Deutscher Ingenieure (2001) VDI Richtlinie 2758 – Riemengetriebe
5. Nagel T (2008) Zahnriemengetriebe: Eigenschaften, Normung, Berechnung, Gestaltung. Hanser, München
6. NGF Europe. NGF Brochure Glass Cord – for rubber drive belt reinforcement. Quelle: https://www.ngfeurope.com/~/media/NGF%20Europe/Site%20Content/Glass%20Cord/NGF%20Glass%20Cord.ashx, Zuletzt besucht: 24.09.2021
7. Terschüren W (2005) Erhöhung der Lebensdauer von Zahnriemen durch Verbesserung der Glascordeigenschaften. In: 10. Tagung Zahnriemengetriebe. Institut für Feinwerktechnik und Elektronik-Design, Technische Universität Dresden
8. Internationales Institut für Normung (2012) Synchronous belt drives – automotive belts – determination of physical properties
9. Erickson WD (1987) Belt selection and application for engineers. Marcel Dekker Inc., New York
10. Vanderbeken B (2007) Trends and Developments in Steel Cord for Timing Belts. In: 12. Tagung Zahnriemengetriebe. Institut für Feinwerktechnik und Elektronik-Design, Technische Universität Dresden
11. Itasse S (2007) Gates präsentiert Synchronriemen mit Karbon-Zugstrang. Hannover-Messe. Quelle: https://www.maschinenmarkt.vogel.de/gates-praesentiert-synchronriemen-mit-karbon-zugstrang-a-63838/%, Zuletzt besucht: 31.10.2021
12. Gates Corporation Press Release (2007) Die neue Generation: POLY CHAIN® GT CARBON™. Hannover-Messe
13. Müller P (2012) Einsatz von technischen Textilien im Antriebsriemen. In: 16. Tagung Zahnriemengetriebe. Institut für Feinwerktechnik und Elektronik-Design, Technische Universität Dresden
14. Bell A (2019) Enhancing the performance of transmission belt textiles through material selection & process design. In: VDI-Fachkonferenz Umschlingungsgetriebe. VDI
15. Kft B. bervina-catalog. Quelle: https://bervina.com/wp-content/uploads/2020/07/bervina-catalog-DE.pdf, Zuletzt besucht: 15.11.2021
16. Roethemeyer F, Sommer F (2013) Kautschuk Technologie, 3 Auflage. Carl Hanser Verlag, München
17. Perneder R (2009) Handbuch Zahnriementechnik: Grundlagen, Berechnung, Anwendungen. Springer, Berlin/Heidelberg
18. Mücher Dichtungen GmbH & Co. KG. Kautschuk Elastomere. https://www.muecher.com/de/ueber-muecher/materialspezifikationen/kautschuk-elastomere, [Stand: 04. Februar 2022]
19. Müller M, Bartels O, Michael P (2006) Verarbeitung von Gießharzen auf Basis von Polyurethan. etz (7):2–5

3 Berechnungsgrundlagen von Zahnriemengetrieben

In der Vergangenheit folgte die Dimensionierung von Zahnriemen einer einfachen Vorgehensweise, die in ähnlicher Form für viele Maschinenelemente bis heute üblich ist. Der Hersteller des Maschinenelementes definiert für das jeweilige Maschinenelement eine zulässige Belastung und der Konstrukteur prüft, ob die Belastung des Elementes in seiner Anlage, unter Beachtung eines gewissen Sicherheitsfaktors, diese zulässige Belastung unterschreitet. Ist diese Bedingung erfüllt, kann das Element so verwendet werden. Die Frage nach der resultierenden Lebensdauer des Maschinenelementes und weiteren, diese Lebensdauer beeinflussenden, Faktoren wie beispielsweise der Umgebungstemperatur, chemischen Einflüssen, usw. wurde meist nicht gestellt und falls doch, so konnte der Hersteller diese meist nicht fundiert beantworten und bestenfalls einen groben Einfluss anhand von Erfahrungswerten abschätzen. Bezogen auf Zahnriemen und speziell Linearzahnriemen werden teilweise lediglich zulässige Kräfte angegeben, ohne dass weiter definiert wird, wie sich die Kraft im Betrieb aus bewegten Massen und deren Beschleunigungen zusammensetzt. In diesem Buch wird in Kap. 7 sowohl auf diese traditionelle Auslegung eingegangen als auch eine neue Methode beschrieben, mit der genau diese bislang nicht zu beantwortenden Fragestellungen gelöst werden können.

Dennoch gibt es grundsätzliche Definitionen und Beziehungen, die allgemeingültig und unabhängig von der Auslegungsmethodik gelten, teilweise auch die Basis dafür bilden. Diese allgemeingültigen Grundlagen sollen im folgenden Kapitel zusammengestellt und für die Beschreibung der benötigten Zusammenhänge definiert werden.

A. Kremer et al., *Praktische Ermittlung von Lebensdauer- und Zuverlässigkeitsmodellen für Zahnriemengetriebe*, https://doi.org/10.1007/978-3-662-67345-4_3

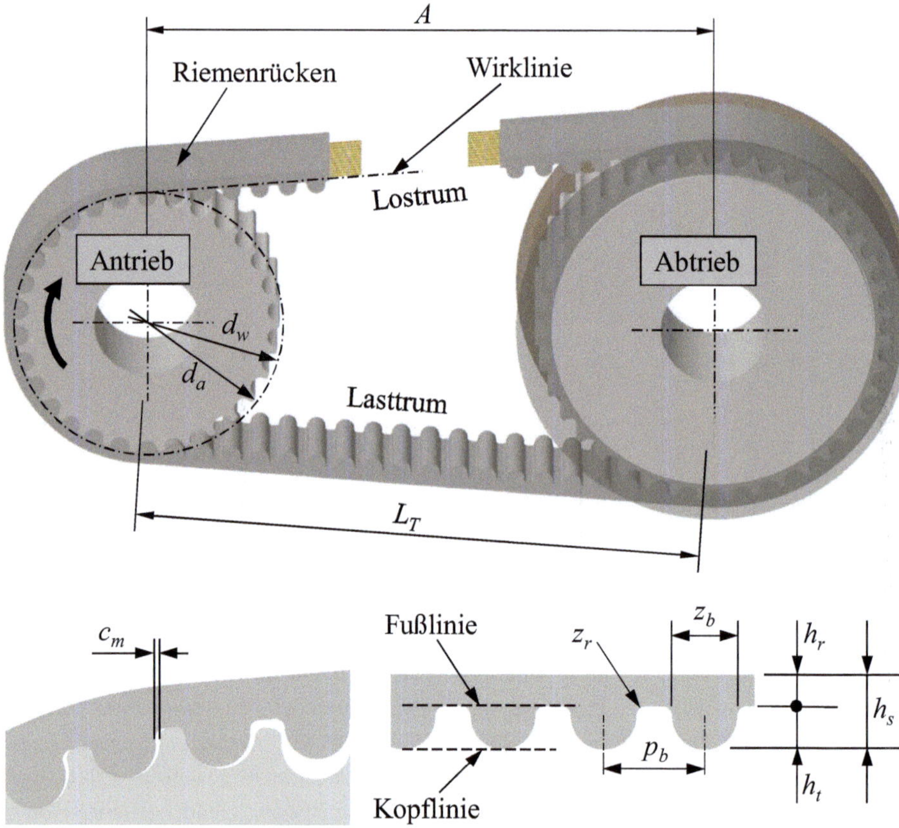

Abb. 3.1 Definition der Begrifflichkeiten in Anlehnung an [1] und [2]

3.1 Geometrische Beziehungen

Bereits in Abschn. 1.1 wurde die Definition der Bezeichnung Zahnriemen bzw. Synchronriemen anhand der VDI Richtlinie 2758 [3] beschrieben. Im Folgenden sollen die zum Verständnis des Inhaltes dieses Buches erforderlichen Begriffe und Definitionen aufgelistet werden. Zur Erläuterung der Begrifflichkeiten dient Abb. 3.1. Weitere Definitionen, die hier nicht benötigt werden, finden sich bspw. in [1], [4] oder [2].

Definitionen für den Riemen:

- Zahnriemen (Synchronriemen): Ein Zahnriemen ist ein Riemen, der über seine gesamte Länge einen rechteckigen Querschnitt aufweist und in gleichmäßigen Abständen mit quer verlaufenden Zähnen versehen ist. Die Zähne können dabei auf einer oder auch auf beiden gegenüberliegenden Seiten des Riemens angeordnet sein. Waren die Zähne ursprünglich immer im rechten Winkel zu den Riemenflanken und damit zur

Laufrichtung orientiert, so gibt es heute Zähne die schräg verlaufen, pfeilförmig oder auch bogenförmig ausgeführt sein können.

- Zahnriemenrücken (Riemenrücken): Als Zahnriemenrücken wird allgemein der durchgehende rechteckige Riemenquerschnitt bezeichnet, auf dem sich die Riemenzähne befinden. Der Riemenrücken hat die Stärke h_r. Wie im Abschn. 2.5 erläutert werden Zähne und Rücken nicht separat hergestellt sondern entweder gemeinsam aus einem mehr oder weniger viskosen Material gegossen oder bei der Vulkanisation mit dem Rücken zusammen ausgeformt. Zähne und Rücken bilden dann später eine Einheit, in welcher die Zugträger eingebettet liegen.
- Riemenzahn (Zahn): Als Riemenzahn bezeichnet man die meist quer (gelegentlich auch schräg, pfeil- oder bogenförmig) auf dem Riemen verlaufenden Elemente, die auf einer oder beiden Seiten des Riemens synchron in die Verzahnung der Riemenscheibe(n) eingreifen. Der Riemenzahn wird dabei wesentlich beschrieben durch folgende Parameter:
  - Zahnriemenhöhe h_s: Die gesamte Zahnriemenhöhe oder Zahnriemendicke setzt sich zusammen aus der Stärke des Riemenrückens und des Riemenzahns.
  - Steg: Der Bereich zwischen zwei Zähnen wird als Steg bezeichnet. Die Rückendicke h_r ist dabei gleichbedeutend mit der Stegstärke.
  - Zahnfuß (Fuß): Als Zahnfuß wird der Übergang des Riemenzahns in den Riemenrücken bezeichnet. In diesem Zusammenhang existiert auch die Bezeichnung Zahngrund. Die sogenannte Fußlinie ist damit die Linie, die den Grund der Zähne eines Riemens verbindet. Die Stärke des Zahns im Bereich des Übergangs ist die Zahnfußbreite z_b. In der Theorie wird dieses Maß für trapezförmige Verzahnungen (vgl. Abschn. 1.2.2) bestimmt durch den linearen Abstand zwischen den Schnittpunkten der verlängerten Zahnflanken mit der Fußlinie des Riemens.
  - Zahnkopf (Kopf): Der Zahnkopf ist demzufolge der Bereich an der Spitze des Riemenzahns. Eine Linie, die alle Kopfflächen eines Riemens verbindet, bezeichnet man als Kopflinie.
  - Zahnhöhe: Die Zahnhöhe h_t ist der Abstand zwischen Steg und Zahnkopf. Damit ergibt sich wie oben beschrieben

$$h_s = h_r + h_t \tag{3.1}$$

  - Zahnflanke (Flanke): Die Verbindung zwischen Zahnfuß und Zahnkopf ist die Zahnflanke. Mit den Flanken des Riemenzahns wird der wesentliche Anteil der Umfangskräfte übertragen. Diejenige Flanke des Riemenzahns, die abhängig von der Drehrichtung die Umfangskraft überträgt, ist jeweils die Arbeitsflanke. Ändert sich die Drehrichtung bzw. die Kraftrichtung, so ändert sich auch die Arbeitsflanke. Der Zahnkopfradius ist der Radius beim Übergang der Flanke in den Zahnkopf. Je nach Zahnform ist die Angabe des Zahnkopfradius mehr oder weniger sinnvoll. Bei trapezförmiger Verzahnung (vgl. Abschn. 1.2.2) ist er jedoch klar definiert.
    Der Zahnfußradius z_r ist der Radius beim Übergang der Flanke in den Zahnfuß.

- Zahnriementeilung p_b: Als Zahnriementeilung ist der lineare Abstand zweier benachbarter Zahnmitten unter der für den jeweiligen Riemen vorgeschriebenen Messlast definiert. Richtwerte für diese Messlast finden sich für einige Profilformen bspw. in der ISO 13050 [5].
- Zähnezahl n_b des Riemens: Aus der Gesamtzahl der auf der Eingriffsseite zur Zahnriemenscheibe gerichteten Seite des Riemens ergibt sich die Zähnezahl des Riemens. Die Wirklänge L_W des Riemens (s. Abschn. 3.1.2) ergibt sich damit auch aus dem Produkt der Teilung und der Zähnezahl zu

$$L_W = p_b \cdot n_b. \tag{3.2}$$

- Zahnfußbreite z_b: Die Zahnfußbreite kennzeichnet die Breite des Riemenzahns am Übergang von Riemenzahn zum Steg. Der Wert beeinflusst unter anderem die Abscherfestigkeit und damit auch die Übertragungsfähigkeit der Riemenzähne.

3.1.1 Zahnriemenbreite

Die Breite B_r eines Zahnriemens ist definiert als das Maß zwischen den beiden seitlichen Riemenflanken quer zur Laufrichtung. Bei geradverzahnten Riemen ist in aller Regel die Zahnbreite und damit die Breite der tragenden Arbeitsflanke des Riemenzahns identisch mit der Zahnriemenbreite. Bei der Berechnung der zulässigen Leistung, die ein Zahnriemen übertragen kann, nutzt man sogenannte Breitenfaktoren. Wie in Abschn. 7.1 noch näher erläutert wird, ist in aller Regel vom Riemenhersteller für eine bestimmte Riemen-Basisbreite eine zulässige Übertragungsleistung oder eine zulässige Kraft definiert. Diese zulässige Übertragungsleistung bzw. Kraft variiert je nach Betriebspunkt (Drehzahl und Scheibengröße). Sind die zulässigen Werte eines Riemens in der Basisbreite nicht ausreichend zur Übertragung der benötigten Leistung oder Kraft, so wird ein breiterer Riemen gewählt und die zusätzlich übertragbare Leistung durch Multiplikation der Werte für die Basisbreite mit einem Breitenfaktor B_f berücksichtigt. Für unterschiedliche Riementypen gibt es dazu verschiedene Definitionen. Der Anwender dieser Berechnungsmethodik impliziert dabei, dass die um den Breitenfaktor erhöhte Leistung von dem breiteren Riemen mit gleicher Sicherheit und auch gleicher Lebensdauererwartung übertragen werden kann, wie der Riemen in Basisbreite die zugehörige Basis-Leistung ohne Breitenfaktor. Untersuchungen der Breitenfaktoren älterer Zahnriemengenerationen unterschiedlicher Riemenhersteller ergeben eine Abhängigkeit der Breitenfaktoren von der Anzahl der im Riemen eingearbeiteten Zugträger. Diese Zahl lässt sich bestimmen, indem ein Riemen quer zur Laufrichtung aufgeschnitten und die Zahl der stirnseitig sichtbaren Zugträger gezählt wird. Da die Zugträger spiralförmig im Riemen verlaufen (vgl. Abschn. 2.1), werden beim Aufschneiden der Riemen aus dem Zahnriemenwickel in die benötigte Breite die Zugträger an den seitlichen Flanken durchtrennt, weshalb diese nicht mitgezählt werden. Da sich dieser Effekt bei geringen Riemenbreiten stärker bemerkbar macht als bei größeren, wo sich die zwei durchtrennten Zugträger an den Flanken prozentual weniger stark auswirken, verhalten sich die Breitenfaktoren bei dieser Betrachtung nicht linear zur Riemenbreite.

Es gibt jedoch auch Riemensysteme, bei denen die Angaben der Riemenhersteller für die Breitenfaktoren linear abhängig sind von der Riemenbreite, d. h. wenn die Riemenbreite verdoppelt wird, so verdoppelt sich auch die vom Riemen übertragbare Leistung. Meist findet man diese Art der Festlegung bei Riemen aus härterem Basismaterial. Hieraus resultiert die Schlussfolgerung, dass bei älteren Riemensystemen aufgrund der hier eingesetzten weicheren Basismaterialien, die Zahnbereiche zwischen den Zugträgern hinsichtlich der Leistungsübertragung vernachlässigt werden. Das Elastomer ist direkt am Zugträger fest mit diesem verbunden, während die Bereiche dazwischen bei Belastung ausweichen können. Härtere Basismaterialien übertragen aufgrund der resultierenden Quersteifigkeit der Zähne die Kräfte stärker in die jeweils benachbarten Zugträger, weshalb dann auch die lineare Betrachtung gerechtfertigt scheint. Zur Veranschaulichung dieser Betrachtung dient Abb. 3.2.

Die Zugträger sind hier schrägverlaufend dargestellt, was der spiralförmigen Aufspulung bei formgebunden hergestellten Endlosriemen geschuldet ist. Für kantenparallel verlaufende Zugträger bei Linearzahnriemen gilt die Betrachtung natürlich analog. Das graue Rechteck stellt schematisch einen Riemenzahn dar, der große Pfeil die gesamte zu übertragende Kraft. Bei einem Riemen aus weichem Elastomer wird die Gesamtkraft diskret vom Riemenzahn an den Stellen übertragen, wo der weiche Zahn durch Zugträger gestützt ist. An einem Riemenzahn aus vergleichsweise hartem Elastomer wirkt die Gesamtkraft eher als gleichmäßige Flächenlast über der Riemenbreite. Untersuchungen zeigen jedoch, dass diese prinzipiellen Modellvorstellungen die Realität nicht immer exakt widerspiegeln. In [6] und [7] wird bspw. beschrieben, dass es in Ergebnissen von praktischen Versuchen zu Abweichungen gegenüber diesen Modellvorstellungen hinsichtlich der Breitenfaktoren gekommen ist. Sofern Lebensdauer- und Zuverlässigkeitsbetrachtungen bei der Riemendimensionierung eine wichtige Rolle spielen, ist damit eine Dimenisonierung mit dem ab Kap. 4 vorgestellten Verfahren sinnvoller.

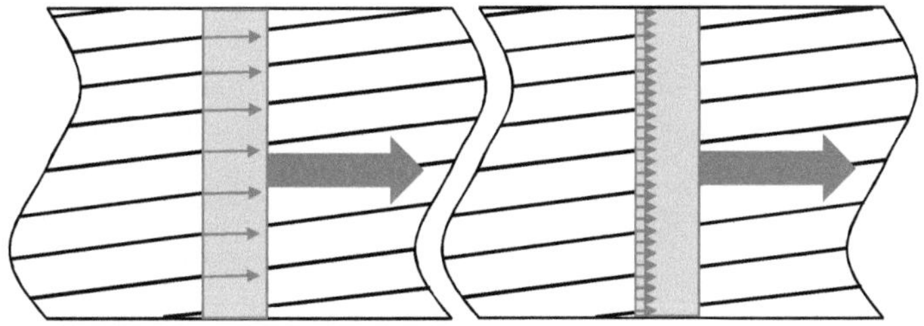

Abb. 3.2 Prinzipdarstellung der Krafteinleitung vom Riemenzahn in die Zugträger für einen Riemen mit weichem Elastomer (links) und hartem Elastomer (rechts). (©Andreas Scholzen 2022. All Rights Reserved)

3.1.2 Riemenlänge

Mit der Zahnriemenlänge wird im allgemeinen die Wirklänge L_W des Zahnriemens bezeichnet (siehe auch Abb. 3.1). Die Wirklinie eines Zahnriemens ist die Linie, die auch bei Krümmung des Riemens Ihre Länge behält. Bezogen auf den Aufbau eines Zahnriemens (vgl. Abschn. 2.1) liegt die Wirklinie in der Mitte und damit in der neutralen Faser des Zugstranges. In der Theorie ist die Wirklänge gleich dem Produkt von Zähnezahl und Teilung. Die Messung der Zahnriemenlänge erfolgt für geschlossene, endlose Zahnriemen üblicherweise mit dem in der ISO 13050 [5] beschriebenen Verfahren. Dabei wird der Riemen, wie in Abb. 3.3 dargestellt, über zwei entsprechende Messscheiben gelegt und mit einer definierten Kraft vorgespannt. Damit sich die Riemenzähne gleichmäßig in die Scheibenverzahnung setzen und um eine gleichmäßige Kraftverteilung in den beiden Trumen zu erzielen, sollte der Riemen mindestens zwei Umdrehungen ausführen. Die Bestimmung der Riemenlänge erfolgt durch Messung des Achsabstandes der beiden Scheiben. Die Addition des zweifachen Achsabstandes und des Wirkumfanges (siehe Abschn. 3.1.3) einer der beiden Scheiben ergibt die Riemenwirklänge

$$L_W = 2 \cdot A + \pi \cdot d_W. \tag{3.3}$$

Die Trumlänge L_T ist die Länge des geraden Riemenabschnittes zwischen den tangentialen Ein- bzw- Ausläufen in die Riemenscheibe. Bei identischen Scheibengrößen in einem Zweischeibenantrieb ist die Trumlänge gleich dem Achsabstand. Die Summe der Trumlängen und Umschlingungsbögen ergibt wiederum die Wirklänge des Riemens. Abhängig von der Belastungsrichtung unterscheidet man in Los- und Lasttrum. Alternativ finden sich gelegentlich auch die Bezeichnungen Zugtrum bzw. Leertrum.

3.1.3 Wirkkreisdurchmesser

Der Wirkkreisdurchmesser oder auch Wirkdurchmesser d_W einer Zahnriemenscheibe liegt immer außerhalb des Kopfkreisdurchmessers bzw. Außendurchmessers d_a der Zahnriemenscheibe. Auf dem Umschlingungsbogen des Riemens um die Scheibe fallen die Wirklinie des Zahnriemens und der Wirkkreis der Riemenscheibe zusammen, weshalb auch auf dem Wirkkreis die Teilung der Riemenscheibe definiert ist. Auf der Wirklinie bleibt die Teilung des Riemens in gekrümmtem und gestrecktem Zustand konstant. Beim

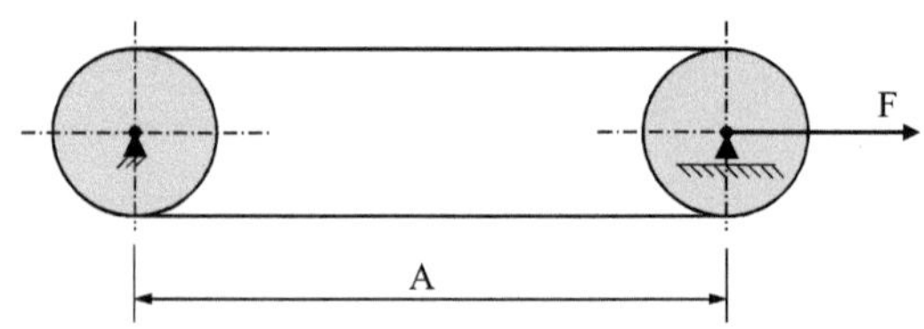

Abb. 3.3 Prinzipdarstellung einer Zahnriemenlängenmessung

Wirkkreisdurchmesser handelt es sich um ein theoretisches und daher toleranzloses Maß, welches messtechnisch nicht direkt zu erfassen ist. Rechnerisch ergeben sich der Umfang des Wirkkreises U_W und der Wirkdurchmesser d_W aus der Teilung p_b des Riemensystems und der Zähnezahl z_S der Riemenscheibe gemäß

$$U_W = p_b \cdot z_S \tag{3.4}$$

$$d_W = \frac{p_b \cdot z_S}{\pi}. \tag{3.5}$$

Die Ermittlung des Wirkdurchmessers erfolgt somit über den Außendurchmesser (Kopfkreisdurchmesser, vgl. 3.1.4) und den sogenannten PLD-Wert (vgl. 3.1.5). Bezogen auf die Riemengeometrie liegt die Wirklinie in der neutralen Faser in der Mitte des Zugträgers.

3.1.4 Kopfkreisdurchmesser

Mit Kopfkreisdurchmesser bezeichnet man auch den Außendurchmesser d_a der Zahnriemenscheibe. Der von diesem Durchmesser definierte Kreis berührt die Köpfe der Scheibenverzahnung. Ist die Lückentiefe der Scheibenverzahnung größer als die Höhe der Riemenzähne wie beispielsweise bei der T Verzahnung (vgl. Abschn. 1.4), so liegen die Köpfe des Riemenzahns nicht in der Scheibenlücke auf und der Riemen trägt im Steg. Die Fußlinie des Riemens liegt auf dem Kopfkreis der Scheibe auf. Ein Teil der Umfangskraft wird dann über die Reibung zwischen Scheibenkopf und Riemensteg übertragen. Eine Steigerung der Vorspannkraft führt auch zu einer Steigerung dieses reibschlüssig übertragenen Kraftanteils. Bei Auftreten von Flankenwechseln durch Änderung der Kraftrichtung besteht dann allerdings auch die Gefahr von erhöhtem Verschleiß in den Riemenstegen, dessen Folgen in Abschn. 3.3.4 erläutert werden. Im umgekehrten Fall, wenn also wie beispielsweise bei der AT Verzahnung (vgl. Abschn. 1.4) die Höhe des Riemenzahns größer ist als die Tiefe der Scheibenlücke, trägt der Riemenzahn mit dem Kopf in der Scheibenlücke, was aufgrund der Kompression und Verdrängung der in der Lücke befindlichen Luft insbesondere bei hohen Riemengeschwindigkeiten und großen Riemenbreiten zu Geräuschentwicklung führen kann. Die Unterschiede im Tragbild der Zähne werden in der Literatur (bspw. [8]) auch mit kopf- bzw. fußabstützenden Riemenprofilen bezeichnet. Es gibt jedoch auch Profilformen wie zum Beispiel das HTD Profil in denen es zu Überschneidungen dieser Tragbilder kommen kann. Abhängig von den jeweiligen Toleranzlagen für Lückentiefe der Scheibe und Zahnhöhe des Riemens, von der Kompression des Riemenkopfes durch die wirkenden Kräfte und auch von der Scheibengröße kann es vorkommen, dass der Riemenzahn an sich in der Scheibenlücke aufliegt, jedoch derart komprimiert wird, dass auch der Riemensteg auf dem Kopf der Scheibenverzahnung aufliegt.

3.1.5 PLD Wert

PLD ist die Abkürzung für **p**itch **l**ine **d**ifferential. In der ISO 5288 [1] ist der PLD-Wert definiert als der radiale Abstand zwischen dem Kopfkreisdurchmesser und dem Wirkkreisdurchmesser. Der Wert ist innerhalb einer Riementeilung für alle Scheibenzähnezahlen derselbe. Bei Riemensystemen in denen der Riemen mit dem Steg auf der Scheibenverzahnung aufliegt, ergibt sich der PLD-Wert damit auch aus dem Maß vom Riemensteg bzw. der Fußlinie bis zur Mittellinie der Zugträger. Für die korrekte Funktion des Riemens auf der Scheibe ist der PLD-Wert von entscheidender Bedeutung und somit auch bereits bei der Riemenproduktion ein wichtiger Parameter. Gemäß Gl. 3.5 gibt es rein mathematisch für eine gewählte Riementeilung einen fest definierten Wert des Wirkdurchmessers für jede diskrete Scheibenzähnezahl. Der PLD-Wert definiert dann den Außendurchmesser der jeweils benötigten Zahnriemenscheibe, damit die Teilung des Riemens auch auf dem Umschlingungsbogen korrekt bleibt. Abb. 3.4 zeigt die Auswirkungen eines zu großen und eines zu geringen PLD-Wertes.

In der Abbildung sind schematisch drei verschiedene Zugstrang-Positionen im Riemen dargestellt. Die mittlere Position (dargestellt als Volllinie) stellt die korrekte Zugträgerlage im Riemen dar, um den korrekten PLD-Wert zu erzielen. Im gestreckten Zustand ist die Teilung unabhängig von der Zugstranglage identisch, wie im linken Bildteil dargestellt. Beim Einlauf in die Scheibe wird der Riemen gebogen und da der Riemenzahn im Vergleich zum Steg ein deutlich höheres Flächenträgheitsmoment hat, findet die Biegung im Wesentlichen im Steg statt. Der Kreis in der Stegmitte in den jeweiligen Zugträgern stellt schematisch den Punkt dar um den die Biegung erfolgt. Es ist leicht erkennbar, dass ein zu großer PLD-Wert (obere Zugträger-Position, gepunktet dargestellt) dazu führt, dass sich die Teilung der Verzahnung beim Umlauf um die Scheibe, um den Wert Δp_b, verkleinert. Betrachtet man den Steg des Riemens als Gelenk, dann verschiebt sich mit dem höheren PLD-Wert der Punkt, um den sich der Zahn dreht, nach oben. Der Hebelarm wird dadurch größer und der Abstand zum benachbarten Zahn in gebogenem Zustand wird kleiner. Der Riemen arbeitet dadurch auf der Scheibe wie ein kürzerer Riemen bzw. ein Riemen mit kleinerer Teilung. Überschreitet die Abweichung, das ohnehin vorhandene

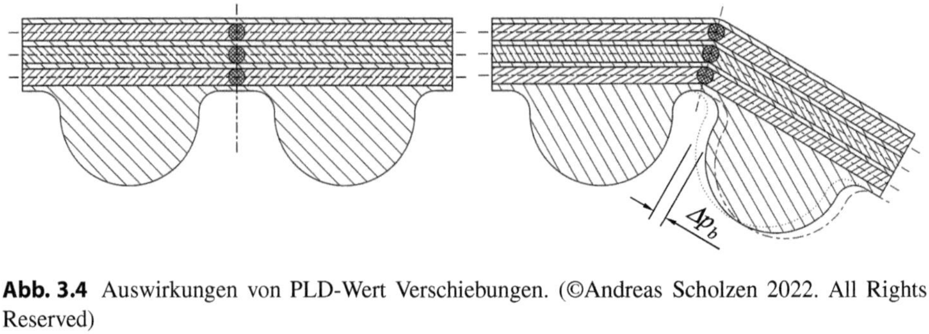

Abb. 3.4 Auswirkungen von PLD-Wert Verschiebungen. (©Andreas Scholzen 2022. All Rights Reserved)

Spiel zwischen Riemenzahn und Lücke kommt es zu Zwangslagen und der Riemen muss gedehnt oder die Zähne verformt werden, damit er in die Scheibe einlaufen kann. In gewissen Grenzen verklemmt sich der Riemen auf der Scheibe und reduziert das Reversierspiel beim Kraftrichtungswechsel. Den identischen Effekt erzielt man wenn trotz korrektem PLD-Wert der Scheibenaußendurchmesser vergrößert wird, was bei nicht formgebundener Herstellung der Scheiben im Abwälzfräsverfahren problemlos möglich ist. Dieser Effekt kann gezielt genutzt werden, um die Genauigkeit von Positionierantrieben zu erhöhen. Aufgrund des resultierenden Teilungsunterschiedes von Riemen und Scheibe liegen die Riemenzähne im Einlauf und Auslauf an der Scheibenverzahnung an. Abb. 3.5 zeigt den Zahneingriff bei perfekter Übereinstimmung der Teilung von Scheibe und Riemen sowie bei einer PLD-Verschiebung über den Sollwert, wenn also auf dem Umschlingungsbogen die Riementeilung kleiner ist als die der Scheibe.

Bei exakter Übereinstimmung der Teilungen sorgt das Lückenspiel (vgl. Abschn. 3.1.8) dafür, dass bei einer Änderung der Kraftrichtung ein Wechsel der Arbeitsflanke erfolgt. Der Riemensteg gleitet gemäß der Höhe des Lückenspiels über die Köpfe der Scheibenverzahnung, was je nach anliegender Kraft und Häufigkeit zu sogenanntem Stegverschleiß führen kann. Aufgrund einer leichten Korrektur liegen, wie im rechten Bildteil dargestellt, sowohl die einlaufende wie auch die auslaufende Riemenflanke an der Scheibenverzahnung an, wodurch das Reversierspiel deutlich reduziert und im Grenzfall sogar ausgeschlossen werden kann. Derartige Korrekturen müssen mit Bedacht ausgeführt werden und erfordern große Erfahrung des Konstrukteurs, da eine übertriebene Korrektur zu deutlichem Verschleiß und damit vorzeitigen Ausfällen führen kann.

Ist der PLD-Wert beispielsweise durch einen zu geringen Zugstrangdurchmesser zu klein, so vergrößert sich im Vergleich zum korrekten PLD-Wert die Riementeilung bei

Abb. 3.5 Auswirkung einer vergrößerten Zahnscheibenteilung (rechts) im Vergleich zu Teilungsgleichheit von Riemen und Scheibe (links). (©Andreas Scholzen 2022. All Rights Reserved)

der Scheibenumschlingung. Damit die Riemenzähne in diesem Zustand noch in die Scheibe eingreifen können, muss der Riemen gestaucht werden, was für die Zugträger im allgemeinen eine sehr ungünstige Belastung darstellt und unbedingt vermieden werden sollte. Analog gilt dies auch wiederum bei einem Riemen mit korrekten PLD-Wert, der auf einer Scheibe mit zu geringem Außendurchmesser eingesetzt wird. Die im Riemen eingesetzten Zugträger würden dadurch eine Wechsellast erfahren zwischen der Stauchung beim Scheibenumlauf und der Zugbelastung zur Kraftübertragung im freien Riementrum, was meist zu vorzeitigem Ausfall der Zugträger führt.

3.1.6 Übersetzungsverhältnis

Mit Zahnriemengetrieben lassen sich Übersetzungen in einem weiten Bereich realisieren. Die Übersetzung i ergibt sich aus dem Verhältnis der Zähnezahlen der getriebenen Scheibe mit der Zähnezahl z_2 und der Drehzahl n_2 zur treibenden Scheibe mit der Zähnezahl z_1 und der Drehzahl n_1

$$i = \frac{z_2}{z_1} = \frac{n_1}{n_2}. \tag{3.6}$$

Ist also i größer als eins, so findet eine Übersetzung der Drehzahl ins Langsame statt, d. h. die Drehzahl der getriebenen Scheibe ist kleiner als die der treibenden. Die Realisierung großer Übersetzungsverhältnisse bei kleinen Achsabständen (s. Abschn. 3.1.7) kann dazu führen, dass an der jeweils kleineren Zahnriemenscheibe wenig Zähne im Eingriff und an der Kraftübertragung beteiligt sind. In solchen Fällen kann der Umschlingungswinkel an der kleinen Scheibe durch den Einsatz einer Umlenkrolle vergrößert werden.

3.1.7 Achsabstand

In einem einfachen Zahnriemengetriebe, das aus lediglich zwei Riemenscheiben und dem Riemen selbst besteht, lässt sich der theoretische Achsabstand A_{th} der beiden Scheiben aus den geometrischen Verhältnissen recht einfach über nachfolgende Gleichung bestimmen:

$$\begin{aligned} A_{th} &= C + \sqrt{C^2 - \frac{(d_{W1} - d_{W2})^2}{8}}, \ mit \\ C &= \frac{L_W}{4} - \frac{\pi}{8} \cdot (d_{W1} + d_{W2}). \end{aligned} \tag{3.7}$$

Oder auch unter Verwendung von Gl. 3.5 ausgedrückt durch die Teilung p_b und die Zähnezahlen z_1 und z_2 der Riemenscheiben:

$$A = \frac{L_W}{4} - \frac{p_b}{8} \cdot (z_1 + z_2) + \frac{1}{4} \cdot \sqrt{\left[L - \frac{p_b}{2} \cdot (z_1 + z_2)\right]^2 - \frac{2}{\pi^2} \cdot p_b^2 \cdot (z_1 - z_2)^2}. \tag{3.8}$$

Für eine Übersetzung von $i = 1$ wird $z_1 = z_2 = z$ und Gl. 3.7 vereinfacht sich in Übereinstimmung mit Gl. 3.3 zu:

$$A = \frac{1}{2} \cdot (L_W - \pi \cdot d_W) = \frac{1}{2} \cdot (L_W - p_b \cdot z). \tag{3.9}$$

Zu beachten ist dabei immer, dass dieser theoretische Wert aufgrund von Fertigungstoleranzen, speziell bei der Herstellung der Riemen, schwanken kann. Richtwerte für die Toleranzen der Riemenlänge sind in der ISO 13050 [5] aufgelistet. Die zulässigen Werte werden mit steigender Riemenlänge größer und liegen bei zwei Metern Riemenlänge in der Größenordnung von $\pm$ 1 mm. Diese Toleranzen können in dem als Beispiel genannten Zweischeibenantrieb nur über eine Verstellung des Achsabstandes ausgeglichen werden. Aus diesem Grund und auch weil der Zahnriemen mit einer bestimmten Vorspannkraft (siehe Abschn. 3.2.2) betrieben werden muss ist es ratsam, bei der Konstruktion eines solchen Antriebs zumindest eine der beiden Riemenscheiben verstellbar auszuführen. Auch hier kann alternativ eine Rückenspannrolle eingesetzt werden, wenn die Positionen der anderen Scheiben nicht verändert werden können.

Es gibt jedoch auch Anwendungen, die völlig ohne Spannmöglichkeit auskommen. Dies ist bspw. bei den sogenannten Skid-Fördersystemen der Fall, die von zahlreichen Anlagenbauern in der Automobilindustrie zum Transport von Motoren, Getrieben und ganzen Karosserien eingesetzt werden. Dabei handelt es sich um modular aufgebaute Systeme, die aus einzelnen Elementen zu langen Förderstrecken von mehreren 100 Metern kombiniert werden können. Jedes dieser Elemente hat dann Förderrollen (meist sechs bis acht) in einem definierten Abstand, die von einem Motor angetrieben werden, dessen Antriebsleistung mit Zahnriemen von Rolle zu Rolle übertragen wird. Über die Förderrollen wird dann der sogenannte Skid als Träger für das Transportgut bewegt. Die Abstände dieser Förderrollen lassen sich sehr gut tolerieren und können während der Konstruktionsphase auch an bestimmte übliche Toleranzlagen der Riemen angepasst werden. Die Drehzahlen sind hier gering, meist kleiner als 200 Umdrehungen pro Minute, daher spielen Geräuschentwicklungen aufgrund von Trumschwingungen, die durch zu geringe Riemenvorpannung begründet sind, keine Rolle. Es haben sich somit für diese Einsatzfälle Systeme entwickelt, die aufeinander abgestimmt sind und daher in vielen Fällen ohne zusätzliche Spannmöglichkeit auskommen.

3.1.8 Lückenspiel

Es wurde bereits angesprochen (vgl. Abschn. 1.2.2 und 3.1.5), dass es in aller Regel vorteilhaft ist, wenn zwischen Riemenzahn und Scheibenlücke ein bestimmtes Spiel vorhanden ist, d. h. wenn der Riemenzahn etwas schmaler ausgeführt ist als die Lückenweite der Scheibe. In [2] wird hier bspw. ein Wert von 5 % der Riementeilung als absolut ausreichend beschrieben. Dieser Wert wird bei den heutigen modernen Profilformen zumeist deutlich unterschritten. Bei Antrieben, die sich nur in einer Drehrichtung bewegen und in denen es keinen Wechsel der Kraftrichtung gibt, ist die Größe dieses sogenannten Lückenspiels c_m von untergeordneter Bedeutung. Unter dem Aspekt der Geräuschentwicklung ist bei hohen Riemengeschwindigkeiten ein größeres Lückenspiel sogar vorteilhaft. Der in die Zahnlücke eingreifende Riemenzahn muss die Luft aus der Lücke verdrängen, was je nach vorhandenem Spiel zu stärkeren Luftgeräuschen führen kann. Je geringer der verbleibende Luftspalt zwischen Riemenzahn und Scheibenlücke ist, umso mehr Luft muss verdrängt werden und umso größer wird damit auch die Geschwindigkeit der verdrängten Luft, was diese Geräuschentwicklung begünstigt. Für Positionieraufgaben hingegen ist es vorteilhaft, das Lückenspiel möglichst gering zu halten. Hier gibt es zum Teil deutliche Unterschiede bei verschiedenen Zahnformen innerhalb einer Teilung und sogar innerhalb eines Riementyps abhängig von der Zähnezahl der Scheibe.

In einigen Riemensystemen (z. B. bei den T-Profilen) gibt es für ein Riemenprofil verschiedene Zahnlückenformen mit unterschiedlichem Lückenspiel. Neben der Standard- oder Normallücke hat sich hier die sog. „0-Lücke“ etabliert, die ein extrem geringes Spiel zwischen Riemenzahn und Scheibenlücke realisiert. Eine weitere Lückengeometrie, die ein reduziertes Spiel aufweist, ist die sog. „SE-Lücke“, deren Abmaße für die T-Profile ebenfalls in der DIN 7721 [9] dargestellt sind. Auch für andere Profilformen gibt es abweichend von den in den Richtlinien dargestellten Formen Sonderprofile, die für bestimmte Anwendungen geeignet sein können. Dabei ist aber immer zu beachten, dass die in den allgemeinen Richtlinien aufgelisteten Profilformen das Ziel haben, anwendungsunabhängig gültig zu sein. Die Funktion von Riemen und Scheibe soll dabei möglichst unabhängig von den anliegenden Kräften und Drehzahlen gewährleistet sein. Dies impliziert im Umkehrschluss, dass es durchaus möglich ist, dieses Zusammenspiel für spezielle Anwendungen zu optimieren. Vorsicht ist dabei aber immer geboten, wenn zum Beispiel eine bewährte Kombination auf andere Anwendungen übertragen werden soll. Hat sich beispielsweise die sog. „0-Lücke“ auf Scheiben mit kleinen Zähnezahlen als positiv herausgestellt, so kann dies nicht ohne Weiteres auf große Riemenscheiben übertragen werden. Die Ursache dafür sind dann meist Toleranzunterschiede bei der Herstellung von Scheiben und Riemen, die sich bei größeren Zähnezahlen sehr ungünstig summieren können. Man spricht in diesem Zusammenhang daher auch vom Summenteilungsfehler, der zu Zwangslagen bei der Scheibenumschlingung führen kann. Sollen trotz großer Scheibendurchmesser Positionieraufgaben realisiert werden, hat sich die weiter oben beschriebene leichte Durchmesservergrößerung der Scheiben als vorteilhaft erwiesen. Auch dies muss jedoch sehr vorsichtig gewählt werden und erfordert einige Erfahrung (vgl. Abschn. 3.1.5). Aus diesem Grund sollte daher für derartige Problemstellungen die Beratungsleistung des Antriebsherstellers in Anspruch genommen werden und es empfiehlt sich, Zahnriemen und Scheiben aus einer Hand zu beziehen, da nur so die Komponenten sinnvoll aufeinander abgestimmt werden können.

3.2 Kräfte am Zahnriemen

In einem Zahnriemengetriebe wirken verschiedene Kräfte, die sich addieren aber auch gegeneinander wirken können. Es lassen sich dabei äußere Kräfte, wie die zur Erfüllung der Antriebsaufgabe erforderliche Umfangskraft und die zur zuverlässigen Übertragung dieser Umfangskraft erforderliche Vorspannkraft sowie innere Kräfte, wie die aus dem Betrieb resultierenden Reibungs- und Fliehkräfte, als auch durch Schwingungserscheinungen hervorgerufene Kräfte unterscheiden. Meist treten die genannten Kräfte in Kombination auf. So erfolgt auch bereits die Übertragung der Umfangskraft über den Lasttrum von der Antriebs- zur Abtriebsscheibe nicht nur durch den Formschluss der Verzahnung an der Arbeitsflanke sondern zu einem Teil auch über Reibung zwischen dem Stegbereich des Riemens und den Köpfen der Scheibenverzahnung oder je nach eingesetztem Profil auch zwischen dem Zahnkopf des Riemens und dem Zahngrund der Scheibe (bspw. bei den AT-Profilen). Die Aufteilung dieser Kraftanteile kann prinzipiell durch Änderungen der Vorspannkraft beeinflusst werden. Primär wird jedoch die Umfangskraft über die Verzahnung übertragen und damit hat die Festigkeit der Zähne den maßgeblichen Einfluss auf die mögliche Übertragungsleistung des Riemens. Wie später noch detailliert beschrieben wird, ist diese mögliche Übertragungsleistung kein fest definierter Wert sondern kann entgegen der bisherigen Darstellung einer zulässigen Leistung in Katalogen in weiten Bereichen variiert werden, wenn man die jeweils erzielbare Lebensdauer mit in die Betrachtung einbezieht. Ein Zahnriemengetriebe unterliegt von der Inbetriebnahme an einem kontinuierlichen Verschleiß, der umso schneller fortschreitet, je höher die Belastung ist und irgendwann zum Ausfall führen wird. Die Frage bei der Dimensionierung ist daher nicht unbedingt, welche Leistung kann das Getriebe übertragen sondern vielmehr welche Lebensdauer soll es unter der jeweiligen Belastung erreichen. Die Vorgehensweise dazu wird in den Kap. 4 und 5 ausführlich dargelegt, hier sollen zunächst die Wirkungen der unterschiedlichen Kräfte beschrieben werden. Ist jedoch nicht mehr ein mehr oder weniger schnell fortschreitender Verschleiß sondern Riemenübersprung, Riemenriss oder ein anderes spontan auftretendes Schadensbild die Ausfallursache, so ist auch bei Einbeziehung der Lebensdauer in die Dimensionierung eine maximale Belastungsgrenze erreicht.

3.2.1 Umfangskraft

Betrachtet man die Übertragung einer bestimmten Antriebsleistung von einer Welle auf eine oder mehrere andere bzw. die Umwandlung einer rotatorischen in eine lineare Bewegung bei Linearantrieben als Hauptaufgabe eines Zahnriemengetriebes, dann stellt die Umfangskraft die dazu entscheidende Kraftwirkung dar.

Rechnerisch lässt sich die Umfangskraft ermitteln aus dem Antriebsmoment bzw. der Antriebsleistung und Drehzahl in Verbindung mit dem Wirkdurchmesser der jeweiligen Scheibe. Auch wenn es systematisch nicht ganz korrekt und prinzipiell veraltet ist, hat es sich in der Zahnriementechnik aus Gründen der Praktikabilität allgemein durchgesetzt,

Tab. 3.1 Übersicht der Formelzeichen zur Berechnung der Umfangskraft

Parameter	Formelzeichen	Einheit	
Umfangskraft	F_U	Newton	[N]
Drehmoment	M	Newtonmeter	[Nm]
Leistung	P	Kilowatt	[kW]
Wirkdurchmesser	d_W	Millimeter	[mm]
Drehzahl	n	Umdrehungen pro Minute	[upm]
Riemengeschwindigkeit	v	Meter pro Sekunde	[m/s]

nicht mit Größengleichungen sondern mit Zahlenwertgleichungen zu arbeiten. Dabei muss jedoch unbedingt darauf geachtet werden, dass diese Gleichungen nur verwendet werden dürfen, wenn die Werte für die jeweiligen Variablen in den korrekten Einheiten angegeben werden. Berücksichtigt man für die Parameter die in der Tab. 3.1 angegebenen Einheiten, dann sind als entsprechende Zahlenwertgleichungen die nachstehenden Formeln 3.10–3.13 zur Berechnung der vorhandenen Umfangskraft bzw. zur Umrechnung zwischen Kraft, Leistung und Drehmoment von Bedeutung. Den praktischen Vorteil dieser Zahlenwertgleichung zeigt bspw. die Konstante 9550 in Gl. 3.11. Dieser Wert enthält die Umrechnung von Minute in Sekunde, Kilowatt in Watt sowie die Drehzahl je Minute in die Kreisfrequenz. Der korrekte resultierende Wert beträgt damit $30.000/(2 \cdot \pi)$ und lässt sich mit absolut hinreichender Genauigkeit auf einen Wert von 9550 runden. Die Abweichung von dem exakten Wert beträgt lediglich ca. 0,007 %. Für die Berechnung der Umfangskraft bei gegebener Leistung und Geschwindigkeit oder Drehmoment und Wirkdurchmesser ergibt sich:

$$F_U = \frac{P \cdot 1000}{v} = \frac{M \cdot 2000}{d_W}, \tag{3.10}$$

außerdem für die Berechnung des Drehmomentes bei bekannter Leistung und Drehzahl oder Umfangskraft und Wirkdurchmesser:

$$M = \frac{P \cdot 9550}{n} = \frac{F_U \cdot d_W}{2000} \tag{3.11}$$

und für die Berechnung der Leistung aus bekanntem Drehmoment und bekannter Drehzahl oder bekannter Umfangskraft und Geschwindigkeit:

$$P = \frac{M \cdot n}{9550} = \frac{F_U \cdot v}{1000}. \tag{3.12}$$

Die Umrechnung von der Geschwindigkeit des Riemens in die Drehzahl erfolgt mit dem Wirkdurchmesser aus:

$$n = \frac{19.100 \cdot v}{d_W}. \tag{3.13}$$

Bezeichnet man mit F_{Last} die Lasttrumkraft und mit F_{Los} die Lostrumkraft, dann resultiert die Höhe der Umfangskraft aus dem Momentengleichgewicht stets aus der Differenz dieser beiden Kräfte

$$F_U = F_{Last} - F_{Los}. \tag{3.14}$$

3.2.2 Vorspannkraft

In der Gruppe der Umschlingungsgetriebe sind die Kettengetriebe sicherlich diejenigen Getriebe, die mit der geringsten bzw. zum Teil sogar ohne Vorspannkraft betrieben werden können. Kraftschlüssige Riemengetriebe müssen mit einer vergleichsweise hohen Kraft vorgespannt werden. Ohne entsprechende Vorspannkraft können kraftschlüssige Antriebe nicht korrekt arbeiten und es kommt zu immer größerem Schlupf und letztlich zum Versagen des Antriebs. Obwohl Zahnriemengetriebe wie die Kettengetriebe formschlüssig arbeiten, ist auch bei den Zahnriemen die Einhaltung einer korrekten Vorspannkraft von großer Bedeutung für die Lebensdauer und das Laufverhalten.

3.2.2.1 Einführung

Der formschlüssige Zahneingriff eines Zahnriemengetriebes soll die synchrone und schlupffreie Kraftübertragung zwischen Riemen und Scheibe gewährleisten. Bei der Einleitung eines Drehmomentes entsteht abhängig von der gewählten Verzahnungsgeometrie eine mehr oder weniger große radiale Kraftkomponente, die versucht, den Riemen aus der Scheibenlücke herauszudrücken (vgl. Abschn. 1.3). Mit größer werdender Umfangskraft steigt zum einen auch der radiale Anteil dieser Kraft, zum anderen wird auch der Lostrum immer weiter entspannt und kann eine Lose bilden, was den Zahnübersprung begünstigt und auch zu größerer Geräuschentwicklung sowie zu allgemein größerem Riemenverschleiß führen kann. Eine zu hohe Vorspannkraft würde hingegen das gesamte Getriebe einschließlich Lagerungen, Wellen etc. unnötig hoch belasten oder aber eine stärkere und damit weniger wirtschaftliche Dimensionierung der beteiligten Maschinenelemente erfordern. Auch geschwindigkeitsabhängige Fliehkräfte können bei sehr hohen Riemengeschwindigkeiten eine Anpassung der Vorspannkraft erfordern. Demzufolge ist es sinnvoll und zweckmäßig, die einzustellende Vorspannkraft an der Antriebsaufgabe und speziell an der zu übertragenden Umfangskraft zu orientieren. Bei der Berechnung der Vorspannkraft ist grundsätzlich zwischen geschlossenen Riemen und Linearantrieben zu unterscheiden. Im ersten Fall ändert sich die Antriebsgeometrie während des Betriebes nicht, beim Linearantrieb ändern sich fortlaufend die Trumlängen und damit die Kraftaufteilung der Umfangskraft in Los- und Lasttrum was erhebliche Auswirkungen auf die einzustellende Vorspannkraft hat [10].

3.2.2.2 Vorspannkraft bei geschlossenen Zahnriemengetrieben

Ein einfaches Zahnriemengetriebe welches gemäß Abschn. 2.1 nur aus zwei Riemenscheiben und dem Riemen selbst besteht, ist durch zwei gleichlange Riementrume gekennzeichnet. Auch wenn ein Zahnriemen möglichst dehnungsarme Zugträger besitzt, sind diese dennoch elastisch und können physikalisch wie eine Feder betrachtet werden. Beide Riementrume haben aufgrund gleichen Dehnungsverhaltens und gleicher Länge die gleiche Federsteifigkeit. Leitet man an der Antriebsscheibe ein Drehmoment M ein, so wird der Lasttrum zusätzlich zur Vorspannkraft F_V mit einem Anteil der Umfangskraft F_U gedehnt, während sich die Kraft im Lostrum reduziert. Da beide Trume dieselbe Federsteifigkeit besitzen, teilt sich die Umfangskraft, wie in Abb. 3.6 dargestellt, unter Vernachlässigung weiterer Einflüsse zur Hälfte in eine Erhöhung der Lasttrumkraft F_{Last} und eine Reduzierung der Lostrumkraft F_{Los} auf.

Berücksichtigt man zur Berechnung der Vorspannkraft zunächst nur die Umfangskraft, dann wäre es somit ausreichend, die Vorspannkraft in der Höhe der halben Umfangskraft festzulegen, um eine vollständige Entlastung und damit einen Durchhang des Lostrums zu vermeiden.

Die Fliehkraft kann, wie bereits beschrieben, bei sehr hohen Geschwindigkeiten ebenfalls eine radiale Kraft bewirken, die den Riemen aus der Scheibe herauszieht (vgl. Abschn. 3.2.3). Berücksichtigt werden kann diese Fliehkraft in dem die Vorspannkraft um deren Wert erhöht wird. In aller Regel ist die Fliehkraft aufgrund der geringen Masse moderner Zahnriemen jedoch kaum von Bedeutung. Frühere Riemensysteme hatten eine deutlich geringere Leistungsdichte, d. h. bezogen auf die Riemenmasse konnten die Riemen weniger Leistung übertragen. Anders ausgedrückt hatten die Riemen zur Übertragung der gleichen Leistung eine größere Masse, weshalb die Fliehkraft bei höheren Geschwindigkeiten ebenfalls einen größeren Anteil hatte. Heutige Zahnriemen aus Polychloroprene mit Hochleistungsprofilen der Teilung 8 Millimeter können in der Breite von 50 Millimetern je nach Hersteller Umfangskräfte von über 5000 Newton übertragen. Das Metergewicht dieser Riemen liegt meist zwischen 200 und 300 Gramm. Bei einer Riemengeschwindigkeit von 10 Metern pro Sekunde (dies entspricht etwa 2200 Umdrehungen pro Minute bei einer 34-zähnigen Zahnriemenscheibe der Teilung 8 Millimeter) ergibt der Fliehkraftanteil einen Wert von lediglich 30 Newton, was im Verhältnis zur übertragbaren Kraft kaum ins Gewicht fällt. Nennenswerte Fliehkraftanteile ergeben sich häufig erst oberhalb von Umfangsgeschwindigkeiten ab etwa 30 Metern pro Sekunde.

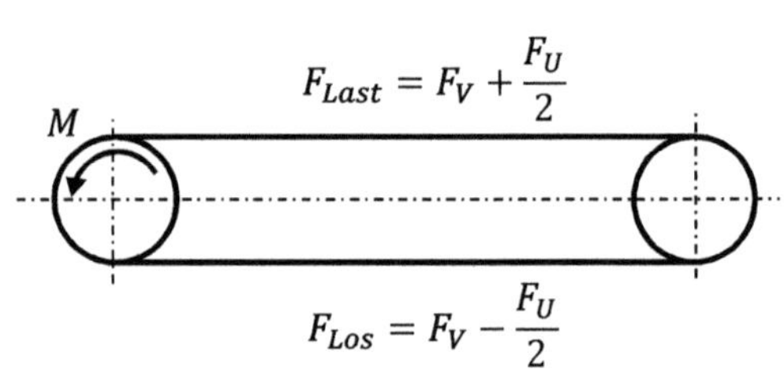

Abb. 3.6 Aufteilung der Umfangskraft in Last- und Lostrum

In einem neu montierten Riemen treten meist in den ersten Betriebsstunden Setzeffekte auf, die ein leichtes Absinken der eingestellten Vorspannkraft bewirken. Ursachen sind hier Effekte, die im Inneren der Zugträger auftreten können (s. Abschn. 3.3.2), aber auch Abflachungen der Gewebefasern etc. Je nach Teilungsabweichung durch die Riemendehnung aufgrund von Herstelltoleranzen und Qualitäten (Tribologie), Belastungsänderungen o. ä. finden an den Flanken der Verzahnung Reibungsvorgänge statt, die ebenfalls eine leichte Vorspannungserhöhung sinnvoll erscheinen lassen. Diese Vorgänge werden in aller Regel nicht im Einzelnen berechnet, sondern finden durch einen pauschalen Faktor zur Erhöhung der Vorspannung Berücksichtigung. Aufgrund der Vielzahl der Einflüsse, die zum Teil auch nicht zeitlich konstant sind, ist es schwierig, eine ideale Vorspannkraft festzulegen. Die Angaben der Riemenhersteller weichen hier zum Teil voneinander ab. *Köster* [11] hat sich intensiv mit dem idealen Spannungsverhältnis von Lasttrum zu Lostrum befasst, das je nach Belastung zu einer sicheren Leistungsübertragung führt. In aller Regel sind die Belastungen, die ein Zahnriemengetriebe übertragen soll, nicht konstant sondern wechselnd, was dann auch wieder zu abweichenden Empfehlungen im Sinne einer idealen Vorspannkraft führt. Vergleicht man diese theoretischen Betrachtungen und die Angaben verschiedener Zahnriemenhersteller miteinander, so zeichnet sich dennoch eine mögliche allgemeine Empfehlung ab, die zu einem möglichst praktikablen Ansatz zur Festlegung der Vorspannkraft führt. Da der Riemen auch im Falle der größten im Betrieb auftretenden Kraft nicht überspringen darf, sollte diese Kraft auch zur Berechnung der Vorspannkraft berücksichtigt werden.

Wählt man bespielsweise für das Verhältnis der Kräfte von Lasttrum zu Lostrum im Betrieb unter maximaler Belastung einen mittleren Wert von 8:1, dann resultiert unter Berücksichtigung der oben beschriebenen Aufteilung der Umfangskraft und unter Vernachlässigung weiterer Einflüsse:

$$\frac{F_{Last}}{F_{Los}} = \frac{F_V + \frac{F_U}{2}}{F_V - \frac{F_U}{2}} = \frac{8}{1} \tag{3.15}$$

und daraus

$$F_V = \frac{9}{14} \cdot F_U \,. \tag{3.16}$$

Kommen maßgebliche Anteile für die Fliehkraft hinzu, sollte die Vorspannkraft gemäß Gl. 3.30 erhöht werden, damit das Spannungsverhältnis erhalten bleibt bzw. die Kraft im Lostrum nicht zu gering wird. Für eine beispielhafte Umfangskraft von 1000 Newton ergäbe sich nach Gl. 3.16 eine erforderliche Vorspannkraft von etwa 643 Newton. Dies führt unter Vernachlässigung von anderen Einflüssen zu einer theoretischen Kraft von 643 N + 1000/2 N = 1143 N im Last- und 143 N im Lostrum. Sollte dies zu einer zu hohen Achslast führen und die zusätzlich in der Vorspannkraft enthaltenen Reserven aufgrund großer Scheibendurchmesser oder kurzer Trumlängen nicht erforderlich sein, kann das Spannungsverhältnis korrigiert werden. So ergibt sich für ein Verhältnis von 10:1:

$$\frac{F_{Last}}{F_{Los}} = \frac{F_V + \frac{F_U}{2}}{F_V - \frac{F_U}{2}} = \frac{10}{1} \Rightarrow F_V = \frac{11}{18} \cdot F_U \,. \tag{3.17}$$

Für die gleiche beispielhafte Umfangskraft von 1000 Newton ergibt sich hier die Vorspannkraft zu 611 Newton und die Kräfte im Lasttrum und Lostrum betragen 1111 Netwon bzw. 111 Newton. Ein größeres gewähltes Spannungsverhältnis reduziert also die verbleibende Kraft im Lostrum und damit auch die insgesamt im Zahnriemengetriebe wirkenden Kräfte.

Andererseits folgt dann umgekehrt auch für beispielsweise ein Spannungsverhältnis von nur 6:1:

$$\frac{F_{Last}}{F_{Los}} = \frac{F_V + \frac{F_U}{2}}{F_V - \frac{F_U}{2}} = \frac{6}{1} \Rightarrow F_V = \frac{7}{10} \cdot F_U \,. \tag{3.18}$$

Wiederum für eine Umfangskraft von 1000 Newton steigert sich jetzt die Vorspannkraft auf 700 Newton mit resultierenden 1200 Newton im Last- und 200 Newton verbleibender Restkraft im Lostrum.

Es lassen sich somit unterschiedliche Spannungsverhältnisse für verschiedene Arten von Antrieben definieren, damit eine ausreichende Vorspannkraft erhalten bleibt. Treten erfahrungsgemäß größere Setzeffekte auf oder sind Stöße im Antrieb zu erwarten, wird man einen kleineren Wert für das Spannungsverhältnis wählen, damit die Restkraft im Lostrum höher bleibt. Ist ein ruhiger harmonischer Lauf ohne Lastspitzen mit geringen Setzeffekten zu erwarten, wird man einen größeren Wert wählen, um die Gesamtkräfte im System geringer zu halten. Sind keine Details über den Antrieb bekannt, hat sich im praktischen Einsatz ein mittlerer Wert gemäß Gl. 3.16 bewährt.

Die komplexen Effekte, die eintreten können wenn die Vorspannkraft zu gering ist, wurden zum Teil bereits erwähnt, sind aber aufgrund ihrer Bedeutung im Abschn. 3.3.4 nochmals zusammengestellt und detaillierter erläutert. Grundsätzlich können die Effekte auch auf die im folgenden Abschnitt betrachteten Linearzahnriemen übertragen werden, wenngleich dort die Fliehkräfte aufgrund der meist deutlich geringeren Drehzahlen und damit Umfangsgeschwindigkeiten noch weniger von Bedeutung sind. Wegen der meist aber dafür deutlich größeren Trumlängen und damit größeren absoluten Riemenlängungen sind Vorspannkraftverluste hingegen dabei wieder von größerer Bedeutung.

3.2.2.3 Vorspannkraft bei Linearzahnriemen

Wie bereits angesprochen unterscheidet sich die Festlegung der Vorspannkraft für Linearantriebe grundsätzlich von derjenigen für geschlossene Zwei-Scheiben-Antriebe, da sich bei Linearantrieben die Längen von Last- und Lostrum und damit deren Federsteifigkeiten mit dem Verfahren der Last kontinuierlich verändern. Im Rahmen dieses Buches sollen einige häufig eingesetzte Bauformen für eine und auch für zwei bewegte Massen vorgestellt werden. Für ausführlichere Darstellungen weiterer Antriebsanordnungen bis zu unendlich vielen Massenwirkungen wird an dieser Stelle auf [10] verwiesen. Die häufigste Aufgabe von Linearzahnriemen ist die Umwandlung einer rotatorischen Antriebsbewegung in eine lineare Abtriebsbewegung, meist zur Bewegung einer Nutzlast in vertikaler oder horizontaler Richtung. Während bei horizontalen Bewegungen die Belastungen der Riemen im Stillstand meist gleich oder nahezu Null sind, bleiben bei vertikalen Antrieben häufig die statischen Massenwirkungen auch im Stillstand im Antriebssystem. Hinweise und Vorschriften wie in derartigen Antrieben unter statischer Last die Vorspannung festgelegt und geprüft werden kann, finden sich in der gängigen Literatur nicht. Die Berechnungen für vertikale und horizontale Antriebe sind identisch, wenn die Richtungen der wirkenden Kräfte korrekt berücksichtigt werden.

Antrieb mit einer Massenwirkung

Ein solcher Antrieb, der häufig als Hubantrieb eingesetzt wird, ist in Abb. 3.7 schematisch dargestellt. Hier wird der Lasttrum mit dem Index 2 und der Lostrum mit dem Index 1 gekennzeichnet. Die Indizierung der Trume mit Ziffern ist aus Gründen der besseren Lesbarkeit der Formeln hier noch nicht unbedingt erforderlich, im nachfolgenden Abschnitt bei der Beschreibung von Antrieben mit mehr als einer Massenwirkung jedoch sinnvoll und wird daher bereits hier eingeführt. Grundsätzlich gelten die nachfolgend dargestellten Zusammenhänge auch für Lineareinheiten, die von zahlreichen Herstellern angeboten und in der Automatisierungstechnik sehr häufig eingesetzt werden.

In der gewählten Darstellung ist der Motor M an der unteren Scheibe angebracht, an der oberen Rolle wird keine Kraft übertragen, sie dient lediglich der Umlenkung des Riemens. Die Nutzlast hat die Masse m_1 und je nachdem, ob der Antrieb statisch oder

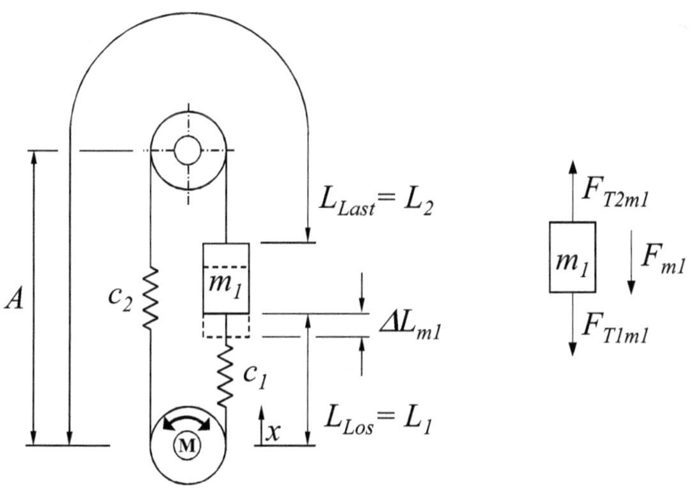

Abb. 3.7 Schematische Darstellung eines einfachen Hubantriebes mit einer Massenwirkung in Anlehnung an [10].

dynamisch betrachtet wird oder eine zusätzliche Reibkraft berücksichtigt werden soll, ist zur Bestimmung der Kraftwirkung F_{m1} in das Zahnriemengetriebe die Kraftursache durch die Erdbeschleunigung $m_1 \cdot g$ zuzüglich einer dynamischen Beschleunigung $m_1 \cdot a$ oder auch der Reibkraft F_r zu berücksichtigen:

$$F_{m1} = m_1 \cdot (g + a) + F_r \tag{3.19}$$

Die Kraft, die sich im Trum 2 (Lasttrum) unter Wirkung der von der Masse m_1 hervorgerufenen Kraft F_{m1} einstellt, wird mit F_{T2m1} bezeichnet. Demnach ist die Bezeichnung der im Lostrum 1 resultierenden Kraft F_{T1m1}. Abhängig von der Richtung der dynamischen Beschleunigung ($\pm a$) erhöht oder reduziert sich die Belastung des Riemens im Vergleich zum statischen Zustand. Der Einfachheit halber wird nachfolgend zunächst die Situation betrachtet, in der die Nutzlast m_1 aus der Abwärtsbewegung abgebremst wird. Reibungseinflüsse werden dabei zunächst vernachlässigt, d. h. $F_r = 0$. Dieser Lastfall in der untersten möglichen Position der Nutzlast stellt häufig auch den für einen möglichen Zahnübersprung kritischen Lastfall dar. Es resultiert aus dieser Situation eine große Lasttrumlänge bei einer sehr kurzen Lostrumlänge. Das prozentuale Dehnungsverhalten beider Trume ist identisch und somit ist die Federsteifigkeit des Lostrums deutlich höher als die des Lasttrums. Häufig wird bei der Festlegung der Vorspannkraft nicht betrachtet, dass an der Masse m_1 ein statisches bzw. dynamisches Gleichgewicht herrschen muss, aus den Zugbelastungen durch die Riementrume und der aus Masse und Beschleunigung hervorgerufenen Kraft. Stellt man sich die Nutzlast zunächst für den statischen Fall als masselos vor (d. h. $m_1 = 0$), dann ist die Kraft im Lostrum und Lasttrum identisch und entspricht der Vorspannkraft F_V. Für eine bestimmte Masse $m_1 > 0$ wird sich der Lasttrum dehnen und der Lostrum um den gleichen Betrag ΔL_{m1} verkürzen. Aufgrund der unterschiedlichen Federsteifigkeiten ruft aber die Verkürzung des Lostrums eine betragsmäßig größere Kraftänderung hervor als die Längung des Lasttrums. Die Zusammenhänge stellt die nachfolgende Abb. 3.8 dar (vgl. [12]).

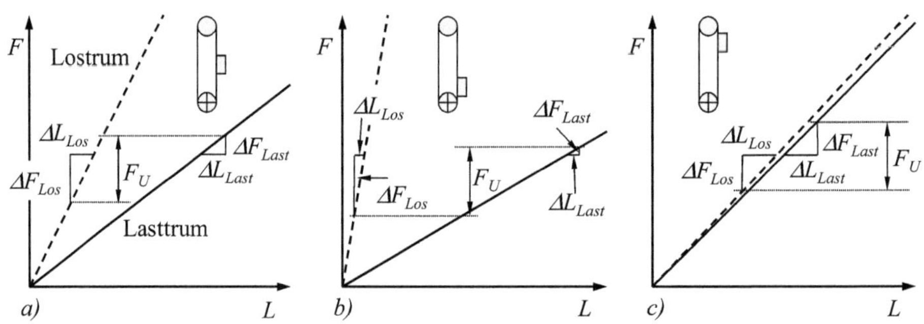

Abb. 3.8 Federsteifigkeiten der Trume abhängig von der Last-Position in Anlehnung an [12]. (©Andreas Scholzen 2022. All Rights Reserved)

Die Federsteifigkeit des Lasttrums ist dabei als Volllinie dargestellt, die des Lostrums gestrichelt. Abb. 3.8a zeigt qualitativ eine Situation in der die Nutzlast etwa auf halber Höhe des Achsabstandes steht. Die Steifigkeit des Lostrums ist größer als die des Lasttrums. Durch den geschlossenen Riemenverlauf muss die durch die Umfangskraft hervorgerufene Längenänderung ΔL_{Los} im Lostrum den selben Betrag haben wie die Längenänderung ΔL_{Last} im Lasttrum. Es ist dabei unerheblich, ob die Umfangskraft nur aus der statischen Gewichtskraft oder zusätzlich aus der dynamischen Belastung oder auch der Reibkraft resultiert. Dadurch ändern sich die absoluten Werte, nicht aber das grundsätzliche Verhalten. Leicht erkennbar ist, dass die betragsmäßig gleiche Längenänderung in Los- und Lasttrum jeweils eine andere Kraftänderung ΔF_{Los} bzw. ΔF_{Last} in den Trumen hervorruft. Abb. 3.8b zeigt, dass die identische Umfangskraft in der untersten Last-Position aufgrund der hohen Steifigkeit des Lostrums hier nur zu einem sehr geringen Absenken der Last führt und sich die Umfangskraft nahezu vollständig aus einer Reduktion der Lostrumkraft ergibt. Daher ist dies der entscheidende Lastfall zur Festlegung der Vorspannkraft. Abb. 3.8c zeigt den Antrieb in oberer Position der Nutzlast bzw. bei nahezu Längengleichheit und damit nahezu gleichen Federsteifigkeiten der beiden Trume. Erkennbar ist weiterhin, dass hier bei wiederum identischer Umfangskraft die größten Längenänderungen resultieren, weshalb die Positioniergenauigkeit hier am schlechtesten ist. Mit den in Abb. 3.7 definierten Variablen und der an der Masse m_1 angreifenden Kraft F_{m1} beträgt die Absenkung der Last:

$$\Delta L_{Los} = \Delta L_{Last} = \Delta L_{m1} = \frac{F_{m1}}{c_1 + c_2} \tag{3.20}$$

Die Kraft F_{m1} kann dabei auch hier gemäß Gl. 3.19 statisch oder dynamisch sein. Ebenso können Reibungseinflüsse Berücksichtigung finden. Aus dem oben beschriebenen Grund der nachfolgend noch betrachteten Antriebe mit zwei Massen wurde hier die Umfangskraft F_U durch F_{m1} ersetzt, beide Bezeichnungen wären in dieser Betrachtung mit lediglich einer Masse aber synonym zu verwenden. Die Ableitung von Gl. 3.20 und der nachstehenden Gleichungen zur Bestimmung der Trumkräfte ist in [10] ausführlich beschrieben. Abhängig von der vorhandenen Vorspannkraft F_V ergeben sich dann folgende Gleichungen für die Berechnung der Kraft im Lostrum F_{T1m1} und im Lasttrum F_{T2m1}:

$$F_{T1m1} = F_V - F_{m1} \cdot \frac{c_1}{c_1 + c_2} = F_V - F_{m1} \cdot \frac{L_2}{L_1 + L_2}, \tag{3.21}$$

$$F_{T2m1} = F_V + F_{m1} \cdot \frac{c_2}{c_1 + c_2} = F_V + F_{m1} \cdot \frac{L_1}{L_1 + L_2}. \tag{3.22}$$

Da sich die Federsteifigkeiten umgekehrt proportional zu den Riemenlängen verhalten, ist die Darstellung in den Gleichungen wahlweise durch die Federsteifigkeiten oder die

Längenverhältnisse möglich. Fordert man, dass die Lostrumkraft mit einem gewissen Sicherheitsabstand F_S immer größer als null sein muss, so lässt sich aus Gl. 3.21 eine Vorschrift für die Festlegung der Vorspannkraft ableiten:

$$F_V = F_S + F_{m1} \cdot \frac{L_2}{L_1 + L_2}. \tag{3.23}$$

Einzusetzen sind die Werte für die Trumlängen und die Kraft in der kritischen Antriebs-Position. Existieren im Antrieb mehrere mögliche Last-Positionen und es ist nicht von vornherein erkennbar, welche die kritische Last-Position für die Vorspannkraft ist, so müssen alle fraglichen Positionen geprüft und dann letztlich die größte aus dieser Betrachtung resultierende Vorspannkraft eingestellt werden. Der Parameter F_S stellt dabei einen Sicherheitswert dar, mit dem das Setzverhalten des Antriebs und weitere Einflüsse, abhängig davon wie kritisch ein Zahnübersprung sein würde, berücksichtigt werden können. Weiterhin wird man bei sehr großen Achsabständen einen höheren Wert wählen als bei geringen. Auch wenn die Betrachtung der Trumkräfte in den Gl. 3.21 und 3.22 zunächst für den Fall des Abbremsens der sich abwärts bewegenden Last erfolgte, bei der Erdbeschleunigung g und dynamische Beschleunigung bzw. Verzögerung a gleichgerichtet sind, ist leicht erkennbar, dass die Gleichungen ebenso Verwendung finden können wenn a und g entgegen gerichtet sind und zusätzlich eine Reibkraft berücksichtigt werden soll. Die Richtung der Beschleunigung und der Reibkraft muss dann allerdings in Gl. 3.19 mit dem entsprechenden Vorzeichen berücksichtigt werden. Solange unter Vernachlässigung der Reibung dabei betragsmäßig $a < g$ gilt, wirkt die resultierende Kraft F_{m1} weiterhin in Richtung der Antriebsscheibe, also in der Darstellung gem. Abb. 3.7 nach unten. Würde in dieser Darstellung die Nutzlast mit einer Beschleunigung, die größer als die Erdbeschleunigung ist, nach unten beschleunigt, wird der Trum 1 nicht mehr entlastet sondern erfährt eine Kraftsteigerung, während Trum 2 entlastet wird. Aufgrund der geschilderten Zusammenhänge der Federsteifigkeiten und der Trumlänge L_2, die immer größer als der Achsabstand sein muss, ist dieser Lastfall für die Festlegung der Vorspannkraft meist jedoch ohne Bedeutung. Nachstehende Tabelle (Tab. 3.2) zeigt die Ergebnisse für ein Zahlenbeispiel in dem eine Nutzlast von $m_1 = 10$ kg bei einer Trumlänge $L_1 = 1000$ mm und $L_2 = 5000$ mm mit den Beschleunigungen von 5 m/s^2 und 20 m/s^2 vertikal nach oben bzw. unten bewegt wird. Die Vorspannkraft wird mit $F_V = 300$ N eingestellt. Für die Reibung gilt auch hier wieder $F_r = 0$.

Tab. 3.2 Zahlenbeispiel zu resultierenden Trumkräften bei unterschiedlichen Beschleunigungsrichtungen und -beträgen

a	5 m/s^2	−5 m/s^2	20 m/s^2	−20 m/s^2
F_{T1m1}	176 N	259 N	51 N	385 N
F_{T2m1}	324 N	308 N	349 N	283 N

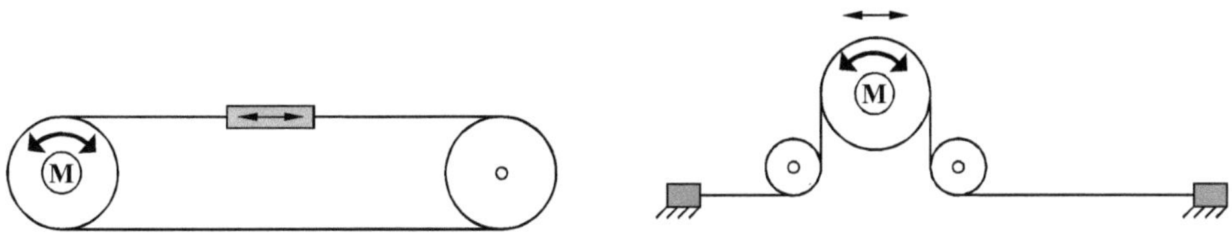

a) Linearschlitten b) Linearlaufkatze

Abb. 3.9 Horizontale Antriebsanordnungen in Anlehnung an [10]

Wie zuvor beschrieben, reduziert sich die Kraft im Trum 1 in allen Lastfällen außer für den Fall der entgegen gerichteten Beschleunigungen, wenn die dynamische Beschleunigung betragsmäßig größer als die Erdbeschleunigung ist. Analog erfolgt nur in diesem Fall ein Kraftabfall im Trum 2. Die hier am Beispiel eines Hubantriebs mit unten angeordnetem Antrieb dargestellten Zusammenhänge gelten analog für die Antriebs-Position an der oberen Scheibe, wenn beachtet wird, wo sich jeweils abhängig von der Bewegungsrichtung der Los- und Lasttrum einstellt.

Ebenso gibt es eine Vielzahl horizontaler Antriebe (siehe Abb. 3.9) für die dies dann ebenso gilt. Die statische Wirkung der Schwerkraft fällt dann natürlich weg, jedoch sind hierbei dann häufig Reibungseinflüsse zu berücksichtigen. Grundsätzlich können die Kräfte in allen Linearantrieben damit bestimmt werden, in denen lediglich eine bewegte Masse bzw. eine Massenwirkung vorhanden ist. Bedeutung erhalten die Gleichungen auch dann, wenn an einem bestehenden Antrieb mit angehängter Last die Vorspannkraft überprüft werden soll. Früher hat man dazu den gesamten Antrieb entlastet und die Antriebsscheibe musste zur Messung frei drehbar sein, damit wieder im gesamten Antriebsstrang eine einheitliche Kraft vorliegt. Mit den Gl. 3.21 und 3.22 kann die statische Kraft bestimmt werden, die jeweils in Los- oder Lasttrum vorhanden sein muss, wenn der Antrieb einfach kurz angehalten wird. Über die in diesem Punkt resultierenden Trumlängen und unter Berücksichtigung der rein statischen Last kann die erforderliche Kraft in den Trumen bestimmt werden. Als Messmethode empfiehlt sich das in 3.2.2.4 dargestellte Verfahren. Auch die Positioniergenauigkeit horizontaler Antriebe abhängig von der vorhandenen Reibung kann ermittelt werden indem dann als verbleibende Kraft im Antrieb lediglich die Reibkraft herangezogen wird.

Antrieb mit zwei Massenwirkung

Die Festlegung der erforderlichen Vorspannkraft bei zwei Massenwirkungen ist ebenfalls in der Praxis von großer Bedeutung. Beispiele dazu sind Hubantriebe mit einer Nutzlast und zusätzlichem Gegengewicht zur Entlastung des Antriebs oder die Antriebe automatischer Türsysteme (siehe Abb. 3.10) bei denen häufig die beiden Türflügel von den jeweils gegenüberliegenden Trumen bewegt werden. Über die Umlenkscheibe wird der Richtungswechsel erzeugt, der die beiden Türflügel jeweils in entgegengesetzte Richtungen fahren lässt. Derartige Antriebe finden sich häufig in Kaufhäusern oder bei Aufzugstüren. Auch bei Antrieben mit sehr hohen Beschleunigungen kann die Umlenkscheibe eine weitere

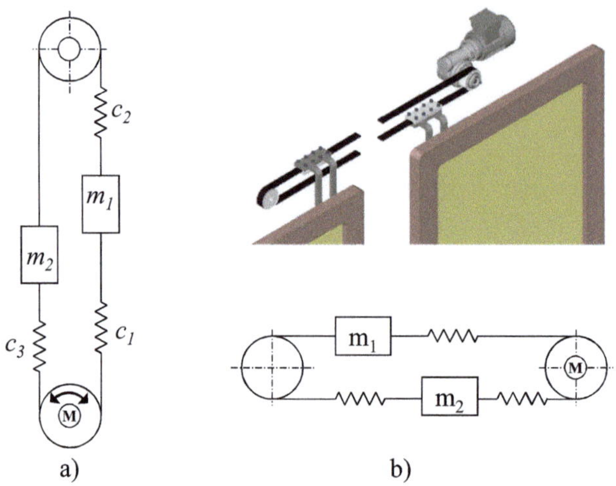

Abb. 3.10 Schematische Darstellung eines Hubantriebs (**a**) und eines Türantriebs (**b**) gemäß [10] und [12] als Beispiel für typische Antriebe mit zwei bewegten Massen. (©Andreas Scholzen 2022. All Rights Reserved)

Trägheits- und damit Massenwirkung im Antrieb darstellen. Die Herangehensweise über das Modell der Federsteifigkeiten der Trume lässt sich ebenfalls auf derartige Antriebe übertragen, jedoch ergeben sich hier nun drei Trume und dementsprechend müssen drei Riemenabschnitte mit unterschiedlichen Federsteifigkeiten berücksichtigt werden. Bei dem Beispiel des Hubantriebes mit zwei Massen und Gegengewicht und dem des Türantriebs erfahren die Trume zwischen den Massen und der Antriebsscheibe beim Verfahren jeweils eine Längenänderung während der Trum, der die beiden Massen verbindet, in der Länge und damit auch der Federsteifigkeit konstant bleibt. Auch für solche Antriebe gibt es kaum Möglichkeiten, ohne entsprechende Simulationsprogramme (bspw. SimulationX [13]) die in den Trumen resultierenden Kräfte analytisch zu bestimmen, was jedoch von entscheidender Bedeutung für die Festlegung der Vorspannkraft und auch der Bruchsicherheiten in den Riemen ist. Die erforderlichen Zusammenhänge sollen für einen Hubantrieb mit Gegengewicht anhand der Abb. 3.10a in Anlehnung an [12] zusammengestellt werden. Durch die Berücksichtigung von drei Trumen und zwei Massenwirkungen wird das entstehende Gleichungssystem verglichen mit dem zuvor beschriebenen Antrieb mit nur einer Massenwirkung ungleich komplexer. Die Ableitung der Gleichungen ist in [10] ausführlich beschrieben. Die Definition der Trumkräfte erfolgt unter Angabe des Trums und der Massenwirkungen wie in Abb. 3.10a definiert. So wird mit F_{T1m12} die Kraft im Trum 1 also der Riemenabschnitt zwischen Masse m_1 und Antriebsscheibe unter Wirkung der beiden Massen m_1 und m_2 bezeichnet. Analog erfolgt die Bezeichnung der Kräfte in den Trumen 2 und 3 als F_{T2m12} und F_{T3m12}. Es wird zunächst weiterhin davon ausgegangen, dass der Wert der dynamischen Beschleunigung der Massen kleiner als die Erdbeschleunigung ist, da dieser Fall bei derartigen Antrieben in der Praxis bei Weitem überwiegt. Durch die Masse m_1 wird dann der Trum 1 entlastet und wird sich etwas verkürzen während die Trume 2 und 3 gedehnt und stärker belastet werden. Die Masse m_2 verursacht hingegen eine Verkürzung des Trums 3 und einen Kraftanstieg und damit eine Dehnung in den Trumen 1 und 2. Reibungseinflüsse werden hier nicht betrachtet, somit ergibt sich die an der Masse 1 wirkende Kraft $F_{m1} = m_1 \cdot (g \pm a)$ aus der Überlagerung der dynamischen Beschleunigung und der Erdbeschleunigung, analog gilt dies für die Kraft F_{m2} an der Masse 2. Mit diesen Voraussetzungen ergeben sich folgende Gleichungen zur Berechnung der resultierenden statischen bzw. dynamischen Trumkräfte:

$$F_{T1m12} = F_V + \frac{c_2 \cdot c_3}{c_2 + c_3} \cdot \frac{F_{m1}}{\frac{c_2 \cdot c_3}{c_2 + c_3} + c_1} - c_3 \cdot \frac{F_{m2}}{\frac{c_1 \cdot c_2}{c_1 + c_2} + c_3} + F_{m2} - F_{m1}, \tag{3.24}$$

$$F_{T2m12} = F_V + \frac{c_2 \cdot c_3}{c_2 + c_3} \cdot \frac{F_{m1}}{\frac{c_2 \cdot c_3}{c_2 + c_3} + c_1} - c_3 \cdot \frac{F_{m2}}{\frac{c_1 \cdot c_2}{c_1 + c_2} + c_3} + F_{m2} \tag{3.25}$$

und

$$F_{T3m12} = F_V + \frac{c_2 \cdot c_3}{c_2 + c_3} \cdot \frac{F_{m1}}{\frac{c_2 \cdot c_3}{c_2 + c_3} + c_1} - c_3 \cdot \frac{F_{m2}}{\frac{c_1 \cdot c_2}{c_1 + c_2} + c_3}. \tag{3.26}$$

Auch hier kann wiederum unter Einhaltung eines wählbaren Sicherheitswertes von F_{T1S} im Trum 1 durch Umformung eine Mindestvorspannkraft bestimmt werden, die ein vollständiges Entlasten des Trums 1 verhindert.

$$F_{Vmin} = F_{T1S} - \frac{c_2 \cdot c_3}{c_2 + c_3} \cdot \frac{F_{m1}}{\frac{c_2 \cdot c_3}{c_2 + c_3} + c_1} + c_3 \cdot \frac{F_{m2}}{\frac{c_1 \cdot c_2}{c_1 + c_2} + c_3} - F_{m2} + F_{m1}. \tag{3.27}$$

Für Trum 3 kann dies analog abgeleitet werden, sofern sich hier aufgrund des Zusammenspiels von Massen, Beschleunigungen und Trumkräften der kritische Wert für die Vorspannkraft einstellen sollte. Zur Bestimmung der Vorspannkraft sind in Gl. 3.27 natürlich die dynamischen Werte für die an den Massen angreifenden Kräfte zu verwenden und die Federsteifigkeiten der Trume in der kritischen Last-Position. Die Gl. 3.24–3.26 können verwendet werden, um die maximal im Riementrum auftretende Zugbelastung zu bestimmen, die etwa zur Beurteilung einer Bruchsicherheit erforderlich ist, hierzu müssen dann natürlich ebenfalls die dynamischen Kräfte verwendet werden. Meist dürfte dazu die Betrachtung der Kraft im Trum 2 ausreichend sein. Ebenso kann aber auch in beliebigen Positionen der Last die Federsteifigkeit der Trume anhand den aus der Last-Position resultierenden Trumlängen ermittelt und unter Einsatz der statischen Last die im Trum erforderliche Vorspannung berechnet werden. Die Kraft kann in jedem Trum berechnet und damit auch gemessen werden, je nach Zugänglichkeit des Antriebs. Die in den Gl. 3.21 und 3.22 durchgeführte Umformung auf die Trumlängen ist hier nicht sinnvoll, denn nicht selten wird für den unteren Riemen, der die Umfangskraft überträgt, ein anderer Riementyp gewählt als für den oberen, der im Wesentlichen die hohen Lasten tragen muss. Da dann auch das grundsätzliche Dehnungsverhalten beider Riemen unterschiedlich ist, ist die Umformung so nicht möglich. Grundsätzlich kann für den oberen Riemen auch ein Flachriemen Verwendung finden, da dieser Riemen lediglich an der oberen Rolle umgelenkt wird und keine Umfangskraft übertragen muss. Folgendes Zahlenbeispiel soll die Zusammenhänge erläutern:

Betrachtet wird ein Hubantrieb in der Ausführung gemäß Abb. 3.10a, die Masse m_1 soll die aus Lastaufnahmemittel und Nutzlast bestehende Gesamtmasse von $m_1 = 250$ kg haben, das Gegengewicht wird mit $m_2 = 100$ kg definiert. In Tab. 3.3 sind in der Spalte „Trumlängen“ die aus der Antriebsgeometrie resultierenden Trumlängen angegeben. Betrachtet werden zwei Lastfälle, in dem die Masse m_1 aus der Abwärtsbewegung mit einer Verzögerung von 5 $\mathrm{m/s^2}$ abgebremst wird. Die Position für den ersten Lastfall soll zugleich die tiefste mögliche Last-Position mit der größten Verzögerung und damit der größten auftretenden Umfangskraft sein. Im Lastfall zwei wird die Last mit der identischen Verzögerung ebenfalls aus der Abwärtsbewegung auf der halben Hubhöhe abgebremst. Für den oberen und unteren Riemen soll der gleiche Zahnriementyp in der Riementeilung 8 mm bei einer Riemenbreite von 50 mm verwendet werden. Der Riemen hat ein Dehnungsverhalten von 0, 1 % Dehnung bei einer anliegenden Kraft von 3000 N. Hieraus resultieren die in der Spalte „Federsteifigkeit c“ eingetragenen Werte. Für die Restkraft F_S, die auch im kritischen Lastfall immer im Lostrum vorhanden sein soll, wird ein Wert von 500 N festgelegt. Mit diesen aus der Anwendung vorgegebenen Werten wird mit Gl. 3.27 eine erforderliche Vorspannkraft von $F_V = 3715$ N berechnet. Anschaulich betrachtet, müsste diese Kraft nun in jedem Trum anliegen, wenn beide Massenwirkungen mit $m_1 = m_2 = 0$ N wirken würden. Real ist dies jedoch nicht möglich, weshalb die oben genannten Gl. 3.24 bis 3.26 oder unterstützende numerische Simulationsprogramme erforderlich sind, um die Kräfte in den Trumen unter Last zu

Tab. 3.3 Zahlenbeispiel zu resultierenden statischen und dynamischen Trumkräften für einen Hubantrieb mit Nutzlast und Gegengewicht (Werte ganzzahlig gerundet)

Last-position	Trum	Trumlänge L [mm]	Federsteifigkeit c [N/mm]	Vorspannkraft F_V [N]	Trumkraft statisch $F_{statisch}$ [N]	Trumkraft dynamisch $F_{dynamisch}$ [N]
Pos. 1	1	1000	3000	3715	1893	500
	2	6500	462	3715	4346	4203
	3	6500	462	3715	3365	3722
Pos. 2	1	3500	857	3715	2156	1076
	2	6500	462	3715	4608	4778
	3	4000	750	3715	3627	4297

berechnen. Die Kräfte, die aus diesem theoretischen Fall ohne Trägheitswirkung in der Realität mit Wirkung der angehängten Lasten statisch in der gewählten Position resultieren, sind in der Spalte „$F_{statisch}$“ angegeben. Die Kräfte, die sich im dynamischen Fall bei der Bremsverzögerung von 5 m/s^2 ergeben, in der Spalte „$F_{dynamisch}$“.

Position 1 ist dabei die untere Last-Position der Masse m_1, Position 2 die Position auf halber Hubhöhe wie aus den Trumlängen ersichtlich ist. Als verbleibende Kraft in Trum 1 muss sich hier natürlich die zuvor festgelegte Restkraft bzw. Sicherheitskraft von $F_S = 500$ N ergeben. Betont werden soll an dieser Stelle, dass die identische Verzögerung abhängig von der Position in der diese erfolgt zu unterschiedlichen Kräften in den Trumen führt. Für das gewählte Beispiel ist die Kraft in Trum 1 unter gleichen Bedingungen in Position 2 mehr als doppelt so hoch wie in Position 1. Ebenso ändern sich die Kräfte in den Riemen allein dadurch, dass die Lasten verfahren werden. Sofern einzelne Komponenten hinsichtlich der auftretenden Kräfte knapp dimensioniert sind, sollte diese Kraftänderung berücksichtigt werden. Als Differenz an der unten liegenden Antriebsscheibe also die Differenz der Kräfte von Trum 3 zu Trum 1 ergibt sich in beiden Lastfällen statisch wie auch dynamisch die Umfangskraft, die zwischen Riemen und Scheibe übertragen werden muss. Gemäß Gl. 3.14 ist in diesem Fall also Trum 1 der Lostrum und Trum 3 der Lasttrum. Für einen solchen Hubantrieb mit Last und Gegengewicht ergibt sich die Umfangskraft auch direkt aus der Gleichung:

$$F_U = m_1 \cdot (g + a) - m_2 \cdot (g - a). \tag{3.28}$$

Wird $m_2 = 0$ N gewählt, ergibt sich die Umfangskraft für den Hubantrieb mit nur einer Masse ohne Gegengewicht. Im Gegensatz zu den absoluten Trumkräften ist die Umfangskraft in allen Last-Positionen identisch. Die absoluten Trumkräfte sind von Bedeutung wenn Bruchsicherheiten nachgewiesen werden müssen oder aber die übrigen Komponenten des Antriebs hinsichtlich der auftretenden Belastungen dimensioniert werden müssen. Die Umfangskraft gibt die erforderliche Vorspannung und auch das Antriebsmoment vor. Weiterhin bestimmt sich aus der Umfangskraft die erforderliche Zahnfestigkeit und wie später noch gezeigt werden wird, letztlich die Lebensdauer des Zahnriemengetriebes. Abhängig von der Last-Position, in der aufgrund der Zugänglichkeit zu den Antrieben, die Messung der Vorspannkraft am einfachsten möglich ist, können so einfach die Trumkräfte berechnet werden, die statisch vorhanden sein müssen, damit die gewählte Sicherheitskraft im dynamischen Fall gewährleistet ist. Nur für den ruhenden Antrieb können die Trumkräfte einfach messtechnisch bestimmt werden, wie im folgenden Abschn. 3.2.2.4 erläutert wird. Beachtet man die Richtungen der Kräfte und nimmt auch die Reibkräfte beim Verfahren der Massen mit in die Berechnung, so können die Gleichungen in entsprechender Analogie auch auf horizontale Antriebe mit 2 Massenwirkungen übertragen werden [10]. Bei sehr großen Hubhöhen können als weitere Massenwirkungen zusätzlich die Eigengewichte der Riemen deutlich über 100 kg erreichen und ebenfalls mit in die Berechnung als separate Kraftwirkung einbezogen werden. Hierzu ist in [10] die erforderliche Vorgehensweise für theoretisch unendlich viele Massenwirkungen aufgezeigt.

3.2.2.4 Messung der Vorspannkraft

Noch bis in die neunziger Jahre konnte die Vorspannkraft von Zahnriemen bzw. Antriebsriemen im allgemeinen lediglich anhand von verschiedenen Vorschriften grob bestimmt werden. Dazu wurde für Linearzahnriemen bspw. bei bekanntem Dehnungsverhalten die elastische Riemendehnung verwendet. Markiert man im ungespannten Zustand eine definierte Strecke von genau einem Meter mit zwei Strichen dann wird sich der Abstand dieser beiden Striche unter Wirkung der Vorspannkraft entsprechend dem Dehnungsverhalten vergrößern. Die Dehnungen sind bei den benötigten Kräften meist sehr gering, weshalb das Messen des Abstandes in der Praxis recht ungenau ist. Auch lässt sich auf diese Weise keine Prüfung der Vorspannkraft bei Wartungsarbeiten etc. realisieren, ohne den Riemen jedesmal dazu zu entspannen und neu zu markieren. Andere Vorschriften zur Einstellung der Vorspannkraft basierten auf der erforderlichen Kraft zur Torsion des Riemens um seine Längsachse. Das am häufigsten verwendete Verfahren bis zur Entwicklung elektronischer Messgeräte war die Durchbiegemethode. Dabei wurde die resultierende Durchbiegung des Riemens unter einer Krafteinwirkung im Ruhezustand gemessen (siehe Abb. 3.11).

Der Riemen wurde dabei mit einer definierten Prüfkraft F_P auf der halben Trumlänge L_T eingedrückt und der Betrag der Durchbiegung d stellte einen Richtwert für die vorhandene Vorspannkraft dar. Diese Methode war in einigen Fällen geeignet, um grobe Richtwerte einzustellen, vielfach aber auch nur sehr schwer oder gar nicht nutzbar. Bei sehr kurzen Riemen ergeben sich sehr kleine Durchbiegungen, die kaum messbar sind aber auch bei sehr großen Längen ist es schwer, die Durchbiegung zu bestimmen. Die Last kann bspw. bei horizontal liegenden Trumen durch einfache Gewichtsbelastung sehr definiert aufgebracht werden, nicht aber bei senkrechten Trumen. Basierend auf dieser Methode wurden verschiedene Hilfsmittel entwickelt die z. T. integrierte Federn zur Kraftmessung hatten oder wie das sog. Krikit auf einen Druckpunkt reagieren. Insgesamt ist die Durchbiegemethode aber verglichen mit den heutigen modernen Methoden sehr ungenau und das Ergebnis teilweise auch abhängig von der Erfahrung des Anwenders. In [8] sind hier Abweichungen vom Sollwert im praktischen Einsatz von ±25 % genannt und selbst unter Laborbedingungen liegen die erwarteten Abweichungen noch über 10 %.

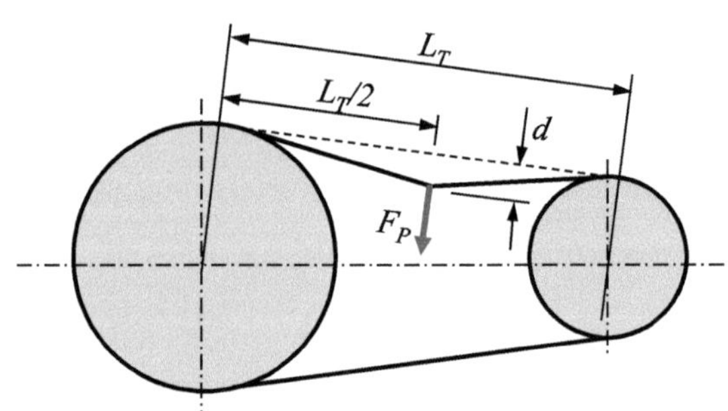

Abb. 3.11 Durchbiegemethode zur Messung der Vorspannkraft

Viel genauer und eindeutiger ist die Messung der Eigenfrequenz des gespannten Riemens. Basierend auf dem Prinzip der erzwungenen Saitenschwingung ist die transversale Eigenfrequenz des Riemens abhängig von der eingestellten Vorspannkraft. Auch wenn sich ein Zahnriemen geometrisch wesentlich von einer dünnen zylindrischen Saite unterscheidet, so ist der Riemen biegeweich und hat einen geringen Querschnitt im Verhältnis zu seiner Länge. Wird ein gespannter Riemen durch eine äußere Anregung (bspw. durch anschlagen oder anzupfen) in Schwingungen versetzt, so schwingt er mit seiner Eigenfrequenz bis die Schwingung aufgrund der riemenspezifischen Dämpfung abklingt. Diese Eigenfrequenz wiederum ist abhängig von der anliegenden Vorspannkraft, dem Metergewicht sowie der frei schwingenden Trumlänge. Da die Trumlänge L_T und das Metergewicht m konstant sind, ergibt sich die Eigenfrequenz f als direkter Messwert für die Vorspannkraft F_V. Die Berechnung erfolgt gemäß nachstehender Gleichung:

$$f = \frac{1}{2 \cdot L_T} \cdot \sqrt{\frac{F_V}{m}}. \tag{3.29}$$

In dieser Gleichung ergibt sich die Frequenz in Hertz wenn die Vorspannkraft in Newton, die Trumlänge in Metern und das Metergewicht in Kilogramm je Meter Riemenlänge eingegeben wird. Zur Messung der Eigenfrequenz gibt es wiederum verschiedene Messgeräte die optisch, akustisch oder induktiv arbeiten können. Bei den optischen Geräten wird auf dem Riemenrücken ein Lichtpunkt erzeugt, dessen Frequenz dann von dem Messgerät erfasst wird. Wenn der Riemen schwingt, wird die Luft um ihn herum ebenfalls in Schwingung versetzt; diese Luftschallschwingung kann von entsprechenden Mikrofonen in den akustisch arbeitenden Geräten erfasst werden. Für bestimmte Anwendungen kann diese Frequenz mittlerweile sogar mit den Mikrofonen von Smartphones ermittelt werden. Teilweise liegen die Frequenzen aber in Bereichen, die von einfachen Mikrofonen nicht oder nur unzuverlässig erfasst werden können. Dazu gibt es von verschiedenen Herstellern entsprechende Messgeräte, welche für diese Frequenzbereiche speziell optimiert wurden. Die Untergrenze der Frequenz, die mit den Geräten noch sinnvoll erfassbar ist, liegt dabei meistens bei etwa 10 Hertz. Während die optisch arbeitenden Geräte gelegentlich zu Fehlmessungen bei starkem Lichteinfall führen können, reagieren die akustischen Geräte trotz entsprechender Filter zum Teil empfindlich auf Fremdgeräusche, insbesondere wenn es sich dabei um monotone Geräusche im üblichen Messbereich handelt. Seltener finden sich induktiv arbeitende Messgeräte, da diese bei Zahnriemen, die keine Stahlzugträger haben, nur eingesetzt werden können, wenn man den Riemen zuvor mit einer Metallfolie o. ä. ausrüstet. Für die meisten Messungen muss das entsprechende Gerät einen Abstand von etwa 10 Millimetern zum Riemenrücken haben. Die Messgeräte ermöglichen teilweise die Eingabe von Riementyp und Trumlänge und können dann mit entsprechend im Gerät hinterlegten Metergewichten der Riemen auch direkt die Kraft als Ausgabewert anzeigen. Einfachere Geräte zeigen nur die Frequenz an und die Kraft muss dann noch aus Gl. 3.29 ermittelt werden.

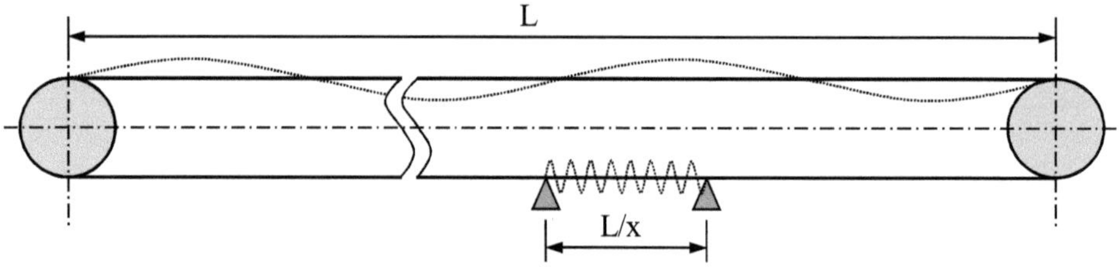

Abb. 3.12 Erhöhung der Riemeneigenfrequenz durch Abstützung des Riementrums. (©Andreas Scholzen 2022. All Rights Reserved)

Sehr lange und schwere Trume, die bspw. bei breiten Transportriemen resultieren können, ergeben häufig Frequenzen von deutlich weniger als 10 Hertz, die dann nicht mehr ohne weiteres messbar sind. Zum einen liegen die Frequenzen dann deutlich außerhalb der Messbereiche, zum anderen ist dann die Amplitude der Schwingung zu hoch, um den Messkopf in dem erforderlichen Abstand von 10 Millimetern zum Riemenrücken zu platzieren. In diesen Fällen kann man die Schwingungslänge zur Messung verkürzen indem man einen Bereich des Riemens über zwei Stützstellen eingrenzt (vgl. Abb. 3.12). Hierbei ist darauf zu achten, dass der Riemen nicht ausgelenkt wird, da sich dadurch eine höhere Kraft im Riemen ergeben würde als ohne die Abstützung. Der Riemen schwingt dann bei entsprechender Anregung lediglich innerhalb des abgestützten Bereiches und die Eigenfrequenz wird wieder in einen messbaren Bereich verschoben. Dazu ist dann in Gl. 3.29 nur der Abstand zwischen den Stützstellen einzusetzen. Um Fehlmessungen auszuschließen, empfiehlt es sich, immer mehrere Messungen durchzuführen. Insbesondere bei kurzen Trumlängen und großen Riemensteifigkeiten können sich Schwankungen der Riemenspannung bspw. durch Rundlauftoleranzen der Scheiben ergeben. Die Mehrfachmessung sollte deshalb immer mit einem schrittweise Rotieren des Antriebs erfolgen. Auch sollte aus praktischen Gründen für den Monteur kein einzelner fester Frequenzwert sondern ein sinnvoller Bereich definiert werden in dem die Frequenz liegen darf.

3.2.3 Fliehkraft

Ohne Wirkung eines Antriebsmomentes wirkt am stillstehenden Antrieb lediglich die Vorspannkraft F_V im Zahnriemen, in gleicher Höhe in beiden Trumen. Wird ein Drehmoment übertragen, so kommt die Umfangskraft F_U hinzu, durch welche sich die Kraft im Lasttrum F_{Last} erhöht und im Lostrum F_{Los} reduziert. Mit steigender Riemengeschwindigkeit nimmt theoretisch der Anteil der Fliehkraft (Zentrifugalkraft) zu, die versucht, den Riemen radial aus der Scheibe herauszubewegen. Im Riemen entsteht dadurch eine zusätzliche Zugbelastung, die sog. Riemenfliehkraft F_{Rf}. Im Vergleich zur synchronen Kraftübertragung durch Zahnriemen ist dieser Einfluss bei kraftschlüssig arbeitenden Riemen bedeutender, da hierdurch direkt die Reibung zwischen Riemen und Scheibe reduziert und der Kraftübertragungsmechanismus negativ beeinflusst werden kann, wenn er nicht durch höhere Vorspannkräfte oder Spannsysteme kompensiert wird. Auch ist das Metergewicht von bspw. Keilriemen häufig höher als das von Zahnriemen, weshalb der Einfluss dann auch schneller signifikante Werte erreicht. Dennoch kann in einigen Einsatzfällen bei sehr hohen Riemengeschwindigkeiten auch bei Zahnriemen die Fliehkraft eine Rolle spielen, da sich dadurch auch die gesamte Zugbelastung im Riemen erhöht. In der Theorie findet dadurch eine zusätzliche Dehnung und auch eine Teilungsvergrößerung statt. Auch wenn diese Fälle eher selten auftreten, soll die Wirkung der Fliehkraft nachstehend kurz erläutert werden:

Stellt man sich den Riemen aus einzelnen kleinen Masseelementen bestehend vor, dann wirkt die Fliehkraft wie in Abb. 3.13 schematisch dargestellt auf jedes dieser einzelnen Elemente mit der Kraft ΔF_{Zf} und summiert sich zur gesamten Fliehkraft.

Die Abhängigkeit der hierdurch im Riemen entstehenden Riemenfliehkraft vom Metergewicht m des Riemens und der Riemengeschwindigkeit v wird beschrieben durch die Gleichung

$$F_{Rf} = m \cdot v^2. \tag{3.30}$$

Die Riemenfliehkraft resultiert letztlich zu einer zusätzlichen Zugbelastung im Zahnriemen. Die Durchmesser der Riemenscheiben und die Umschlingungswinkel beeinflussen gemäß Gl. 3.30 ihren Wert nicht. Anzumerken ist außerdem, dass die Höhe der Fliehkraft keine Auswirkung auf die Umfangskraft hat. Die Fliehkraft vergrößert die Zugbelastung in beiden Trumen gleichermaßen, beeinflusst damit aber nicht die Differenz beider Trumkräfte (s. Abb. 3.13). Addiert man in Gl. 3.14 zu den Trumkräften jeweils die Riemenfliehkraft hinzu, dann ergibt sich:

$$F_U = (F_{Last} + F_{Rf}) - (F_{Los} + F_{Rf}) = F_{Last} + F_{Rf} - F_{Los} - F_{Rf} = F_{Last} - F_{Los} \tag{3.31}$$

und somit bleibt die Umfangskraft identisch.

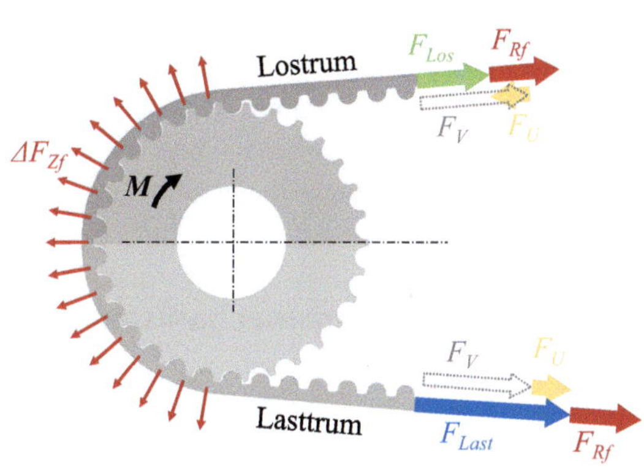

Abb. 3.13 Fliehkraftwirkung am Zahnriemen (schematisch). (©Andreas Scholzen 2022. All Rights Reserved)

3.2.4 Reibkraft

Betrachtet man die zwischen den Zahnflanken der Riemenscheiben und den Flanken der Riemenzähne übertragene Umfangskraft als dominierende Kraftwirkung, so wird bei der Betrachtung dieses Kraftübertragungsmechanismusses meist das Augenmerk allein auf die zwischen den Kontaktflächen wirkende Normalkraft gelegt. Häufig führt aber gerade der Verschleiß zwischen Riemen und Scheibenverzahnung irgendwann zum Ausfall der Zahnriemen, weshalb an dieser Stelle auch die immer vorhandenen Reibungseinflüsse genauer betrachtet werden sollen. Grundsätzlich entsteht an den Kontaktflächen zwischen Riemen und Scheibe eine Reibkraft die unterschieden werden kann in die sogenannte Zahnflankenreibung und – abhängig davon ob es sich um kopf- oder fußabstützende Profile handelt – in eine Zahnkopf- oder Zahnfußreibung. Im Folgenden soll dies zur Vereinfachung mit Zahnkopfreibung beschrieben werden, die Auswirkung der Zahnfußreibung ist analog zu betrachten. Die tangentialen Anteile von Zahnflankenreibkraft und Zahnkopfreibkraft addieren sich zusammen mit denen der Normalkraft zur Umfangskraft. Je besser und gleichmäßiger die Riemenzähne in die Scheibenverzahnung eingreifen, um so besser verteilen sich auch die Reibkräfte auf die einzelnen Zähne. Anhand von Abb. 3.5 ist gut vorstellbar, dass im theoretischen Fall der Teilungsgleichheit (Darstellung links) an allen Zahnflanken die identischen Kräfte wirken, nicht aber wenn wie im rechten Teil dargestellt, lediglich der jeweils erste eingreifende Zahn aufgrund der Teilungsabweichung eine höhere Belastung erfährt als die übrigen Zähne. Da sowohl der Riemenzahn als auch der Zugträger elastisch sind, ist die Darstellung so nicht direkt auf die Realität zu übertragen und dient hier lediglich zur Erläuterung des Prinzips. Weitere Details hierzu finden sich in Abschn. 3.3. Die Höhe der Reibkräfte ist somit abhängig vom Zusammenspiel der Teilungen von Zahnriemen und Scheibe. Während die Scheibenteilung als konstant angesehen werden kann, hängt die Teilung des Riemens von der jeweils konkret vorhandenen Zugbelastung im Riemen, bestehend aus Vorspannkraft und Umfangskraft (in extremen Fällen zusätzlich aus der Fliehkraft) und der Steifigkeit des Riemens sowie der Verzahnung ab. Bei der Herstellung der Riemenscheiben ist darüber hinaus auf eine entsprechende Oberflächengüte zu achten, da hierdurch ebenfalls die Höhe der Reibkräfte beeinflusst wird. Letzlich fließen diese Auswirkungen in eine Riemenerwärmung und damit auch in Verlustleistungen bzw. den Wirkungsgrad des Getriebes ein. Versuche unter gleichen Einsatzbedingungen haben gezeigt, dass die Differenz zwischen Zahnriemen- und Umgebungstemperatur im Wesentlichen konstant bleibt wenn die Umgebungstemperatur variiert wird.

3.3 Kraftwirkungsmechanismus

Geht man im vorgespannten Zustand von einer Teilungsgleichheit zwischen Riemen- und Scheibenverzahnung aus, so erscheint dieser theoretische Fall auf den ersten Blick als idealer anzustrebender Zustand, um eine möglichst hohe Leistung über einen möglichst langen Zeitraum mit einem Zahnriemengetriebe übertragen zu können, bzw. um eine möglichst gleichmäßige Belastung auf alle Riemenzähne zu erhalten, damit letztlich der Verschleiß minimiert und die Lebensdauer maximiert wird. Die Elastizität des Zahnriemens führt jedoch dazu, dass dies in der Praxis nicht möglich ist. In Los- und Lasttrum liegen bei der Übertragung eines Drehmomentes immer unterschiedliche Kräfte vor, die zu einer abweichenden Teilung beider Trume führen. Betrachtet man den in die getriebene Scheibe einlaufenden Lostrum, dann wird die gesamte Zugbelastung im Riemen über den Umlauf um die Scheibe zunehmen, bis Sie die Kraft im Lasttrum erreicht. Über den Umlauf um die Scheibe ändert sich also die Zugbelastung im Riemen und damit aufgrund der Elastizität auch die Teilung was zu einer nicht gleichmäßigen bzw. konstanten Kraft auf die einzelnen Zähne führt. In [11] ist sowohl theoretisch wie auch praktisch belegt, dass die Teilungsgleichheit zwischen Riemen und Scheibe nicht den Zustand der größten Kraftübertragungsfähigkeit eines Zahnriemengetriebes darstellt.

3.3.1 Zahntragfähigkeit

Im Gegensatz zum Zahnriemen kann die Riemenscheibe bei korrekter Herstellung als fester Körper mit konstanter Teilung betrachtet werden. Der Zahnriemen hingegen ist in mehrfacher Hinsicht elastisch. Die Zugträger haben eine bestimmte Elastizität, die sich zwar in einem gewissen Rahmen durch Materialauswahl, Stärke, Aufbau oder Verzwirnung beeinflussen, jedoch nicht ausschließen lässt. Ebenso verformen sich die Riemenzähne unter Last in Abhängigkeit des verwendeten Elastomers. Nicht vergessen werden darf dabei, dass der Verbund von Zugträger zum Elastomer ebenfalls eine große Rolle spielt. Hier werden teilweise stark unterschiedliche Materialien wie bspw. Stahl und Polyurethan oder Glasfaser und Polychloroprene dauerhaft miteinander verbunden, was große Anforderungen an den Herstellprozess stellt. Folgt man dem Verlauf des Lasttrums in die Antriebsscheibe, dann wird in aller Regel der erste in die Scheibe einlaufende Zahn einen Anteil ΔF_U der Umfangskraft übertragen. Dieser wiederum setzt sich gem. Abschn. 3.2.4 aus den tangentialen Anteilen von Zahnkopfreibkraft und Zahnflankenreibkraft sowie der Zahnflankennormalkraft zusammen. Die am Zahn belastete Flanke ist diejenige, die der Bewegungsrichtung entgegen gewandt ist, in Abb. 3.13 also, vom Riemenrücken her betrachtet, die rechte Flanke des auf der Lasttrumseite in die Scheibe einlaufenden Zahnes. Der Kraftanteil ΔF_U führt einerseits zu einer Deformation des Zahns und außerdem gemeinsam mit der Vorspannkraft durch Zugstrangdehnung zu einer Teilungsvergrößerung zum benachbarten Riemenzahn. Die Deformation schreitet fort, bis der nächste Zahn in Kontakt mit der ihm zugehörigen Flanke kommt usw. Die Reibungs- und Normalkräfte auf den Zahn reduzieren sich nun ausgehend von der Lasttrumkraft, während sich der Zahn um die Scheibe herum bewegt, solange bis er die Lostrumkraft erreicht. Auf dem Umschlingungsbogen, insbesondere am Einlauf in die Scheiben, trägt jeder Zahn eine andere Belastung, bis er schließlich die Kraft des in Drehrichtung folgenden Trums erreicht. Insgesamt überträgt der Riemen an der Scheibe gemäß Gl. 3.10

Tab. 3.4 Typische Werte des Zahneingriffsfaktors für Chloroprenezahnriemen

Zähne im Eingriff	≥ 6	5	4	3	2
Zahneingriffsfaktor	1	0,8	0,6	0,4	0,2

die Umfangskraft F_U. Damit kann gemäß [11] die Umfangskraft auch beschrieben werden als die Summe der Zugkraftänderungen an allen im Eingriff befindlichen Zähnen.

Die Berechnungsvorschriften der Riemenhersteller gehen zur Festlegung der zulässigen Belastungen der Riemen dabei verschiedene Wege. Bei den Chloroprenzahnriemen ist es üblich, in den Katalogen für einen bestimmten Betriebspunkt eine zulässige Übertragungsleistung anzugeben. Der jeweilige Betriebspunkt wird dabei für ein Zweischeibengetriebe aus der Dreh- und Zähnezahl der kleineren Scheibe definiert (vgl. Abschn. 7.1). Diese zulässige Übertragungsleistung gilt üblicherweise, wenn mindestens sechs Zähne an der kleineren Scheibe an der Kraftübertragung beteiligt bzw. im Eingriff sind. Unterhalb dieser Zähnezahl wird die zulässige Leistung des Getriebes reduziert. Der dazu definierte sogenannte Zahneingriffsfaktor ist herstellerübergreifend und für verschiedenste Materialqualitäten sowohl bezüglich der Zugträger als auch der verwendeten Elastomere (z. B. mit und ohne Faserverstärkung) identisch. Tab. 3.4 zeigt typische Werte für diesen Zahneingriffsfaktor.

Das bedeutet also, dass mit Anwendung dieser Faktoren ein Zahnriemengetriebe, bei dem nur 3 Zähne an der Kraftübertragung beteiligt sind, lediglich 40 % der maximal möglichen Leistung übertragen kann. Die meisten Hersteller von Polyurethanzahnriemen gehen hingegen einen ganz anderen Weg. Abhängig von der Drehzahl der Riemenscheibe wird meist eine spezifische tangentiale Kraft F_{tspez} angegeben, die auf eine bestimmte Nennbreite eines einzelnen Zahnes bezogen ist. Die vom Getriebe übertragbare Tangentialkraft F_t ergibt sich dann gemäß

$$F_t = F_{tspez} \cdot B_r \cdot z_e \tag{3.32}$$

aus der Multiplikation der spezifischen Tangentialkraft F_{tspez} mit der Riemenbreite B_r und der Anzahl der im Eingriff befindlichen Zähne z_e. Die spezifische Tangentialkraft ist dabei meist bezogen auf einen Zentimeter oder einen Millimeter Riemenbreite. Demnach muss dann natürlich auch die Riemenbreite in der identischen Einheit in Gl. 3.32 verwendet werden. Für die meisten Riementypen ist die maximale Anzahl der dabei zu berücksichtigenden Zähne auf $z_{emax} = 12$ begrenzt. Für einige Riementypen wird aber auch ein Wert von $z_{emax} = 15$ definiert. Die größere Härte des Elastomers (Polyurethan gegenüber Chloroprene) zumindest bei den nicht fasergefüllten Chloroprenmischungen und die höhere Steifigkeit der Zugträger (Stahl gegenüber Glasfaser) erscheint als Grund dafür, dass hier mehr Zähne für die rechnerische Ableitung der Übertragungsleistung berücksichtigt werden, plausibel. Bei den speziellen Poly Chain Carbon (bzw. Poly Chain Carbon™ Volt) Hochleistungszahnriemen, sowie den Nachfolgeprodukten Synchrochain Carbon und DELTA Chain sind jedoch ebenfalls sehr dehnungsarme Zugträger aus Carbonfasern, sowie ein nochmals härteres Polyurethan eingesetzt. Dennoch wird hier wiederum, ebenfalls herstellerübergreifend, mit den identischen Zahneingriffsfaktoren gem. Tab. 3.4 bei den Berechnungsvorschriften gearbeitet wie bei Chloroprene-Zahnriemen. Der in diesem Buch vorgestellte neue Berechnungsweg umgeht die Festlegung derartiger Zahneingriffsfaktoren indem die resultierenden Lebensdauermodelle bereits die Scheibengrößen und Anzahlen eingreifender Zähne beinhalten. Die empirische Ermittlung der Kraftverteilung auf die Zähne entlang des Umschlingungsbogens ist damit nicht erforderlich.

Unabhängig von der Festlegung der Anzahl tragender Zähne gilt natürlich die Überlegung, dass die Verteilung der Umfangskraft auf eine möglichst große Anzahl tragender Zähne, die Belastung je Zahn reduziert. Wie bereits angedeutet, ist dabei auch die Adhäsion des Elastomers zum Zugträger von großer Bedeutung. Es sollte stets das Ziel sein, diese Verbindung so stabil und dauerhaft wie möglich zu gestalten. Eine Verbesserung der Tragfähigkeit der Zähne durch Wahl eines härteren Elastomers hilft der Leistungsfähigkeit des Zahnriemens nicht, wenn dadurch die Adhäsion zum Zugträger reduziert wird. Bildlich betrachtet kann sich der Riemenzahn dann auf dem Zugträger verschieben, wodurch sich trotz extrem hartem Zahnmaterial und dehnungsarmer Zugträger, Teilungsänderungen ergeben würden. Die Konstruktion des gesamten Zahnriemens muss daher aufeinander abgestimmt sein.

Wie zuvor beschrieben, übt die Antriebsscheibe auf den im Lasttrum einlaufenden Riemenzahn auf die der Bewegungsrichtung entgegen zeigende Flanke einen Anteil der Umfangskraft aus und verformt den Zahn dadurch in Bewegungsrichtung. Die Kraftrichtung auf den Zahn ist an der Abtriebsscheibe genau entgegengerichtet, wodurch jeder Riemenzahn einer ständigen Wechselbiegung unterliegt. Trägt der Riemenzahn ein zahnseitiges Gewebe so wird damit auch dieses Gewebe kontinuierlich gedehnt und gestaucht, was mit der Zeit zu Rissen im Gewebe und später auch im Elastomer im Bereich des Zahnfußes führen kann (vgl. auch Abb. 3.17 in Abschn. 3.3.4). Zeigt ein Riemen derartige Schäden, sollte er umgehend ersetzt werden, da ein zeitnaher Ausfall durch Zahnabscherung zu befürchten ist. In der Praxis werden eher diese Schadensbilder oder ein sukzessiv fortschreitender Verschleiß der Zahnflanken oder zunächst, sofern vorhanden, des Gewebes sein. Die Abscherung einzelner oder weniger benachbarter Zähne bei ansonsten intaktem Zahnriemen ist in aller Regel die Folge einer lokalen häufig auch stoßartigen Überlastung des Zahnriemens. Analog gilt dies auch für einen spontanen Zahnriemenriss, für den allerdings auch noch andere Ursachen wie bspw. Vorschädigung in Frage kommen.

3.3.2 Biegespannungen

Es wurde bereits beschrieben (vgl. Abschn. 3.1.3), dass die Wirklinie des Zahnriemens idealerweise die neutrale Faser des Zahnriemens darstellt, wenn dieser aus dem gestreckten Zustand um eine Riemenscheibe herum gebogen wird. Dies beinhaltet für den vorgespannten Riemen, dass die Bereiche außerhalb der Wirkebene zum Riemenrücken hin gerichtet eine zusätzliche Dehnung erfahren und sich in den ausgehend von der Wirkebene zur Scheibe zeigenden Bereichen die Spannung reduzieren muss. Das gilt sowohl für die Querschnittsfläche des Zugstranges, als auch für das den Zugträger umgebende Elastomer. Die Zugträger sollen dabei ihrer Bezeichnung entsprechend die Zugbelastung im Riemen möglichst dehnungsarm übertragen, woraus die Forderung nach einem hohen Elastizitätsmodul (E-Modul) der Zugträger resultiert. Da der E-Modul des umgebenden und mit dem Zugträger möglichst fest verbundenen Elastomers um mehrere Zehnerpotenzen geringer ist als der des Zugträgers [4], sind die im Elastomer auftretenden Biegespannung in aller Regel von untergeordneter Bedeutung. Risse in dem durch die höhere Spannung beaufschlagten Riemenrücken treten selten, meist nur in Verbindung mit einer Versprödung des Elastomers aufgrund chemischer Einflüsse, direkter Sonneneinstrahlung o. ä. bei zusätzlich kleinem Scheibendurchmesser und hohen Drehzahlen auf. Der Zugträger jedoch muss die Überlagerung von Zug- und Biegespannungen bzw. die daraus resultierenden Dehnungen in seinem Querschnitt tolerieren.

Betrachtet man den Zugträger vereinfacht über seinen kreisförmigen Querschnitt A_{quer} als homogenen, linear-elastischen Körper, dann beträgt bei reiner Zugbelastung dieses Körpers gemäß des hookeschen Gesetzes die aufgrund der Zugkraft F_{Zug} resultierende Spannung σ_{Zug}:

$$\sigma_{Zug} = \frac{F_{Zug}}{A_{quer}}. \tag{3.33}$$

Der Körper der Ursprungslänge L_0 wird sich um den Betrag ΔL_{Zug} dehnen was zur Dehnung ε_{Zug}:

$$\varepsilon_{Zug} = \frac{\Delta L_{Zug}}{L_0} \tag{3.34}$$

führt. Der Zusammenhang zwischen der Dehnung und der dadurch hervorgerufenen Spannung ist ebenfalls gegeben durch die Proportionalitätskonstante E, dem Elastizitätsmodul des gedehnten Körpers zu:

$$\varepsilon_{Zug} = \frac{\sigma_{Zug}}{E} \tag{3.35}$$

und die erforderliche Kraft zur Dehnung der Länge L_0 um den Betrag ΔL_{Zug} ergibt sich damit aus:

$$F_{Zug} = E \cdot A_{quer} \cdot \frac{\Delta L_{Zug}}{L_0}. \tag{3.36}$$

Betrachtet man nun zunächst unabhängig von der Zugbelastung den Zugträger mit dem Radius r unter reiner Biegung um eine Zahnriemenscheibe mit dem Wirkdurchmesser d_W, dann beträgt der Umfang auf der Wirklinie $U_W = d_W \cdot \pi$ und der Umfang auf der äußeren Umfangslinie des Zugträgers (vgl. Abb. 3.14) beträgt $U_a = (d_W + 2 \cdot r) \cdot \pi$, woraus eine Dehnung der äußeren Faser des Zugträgers von:

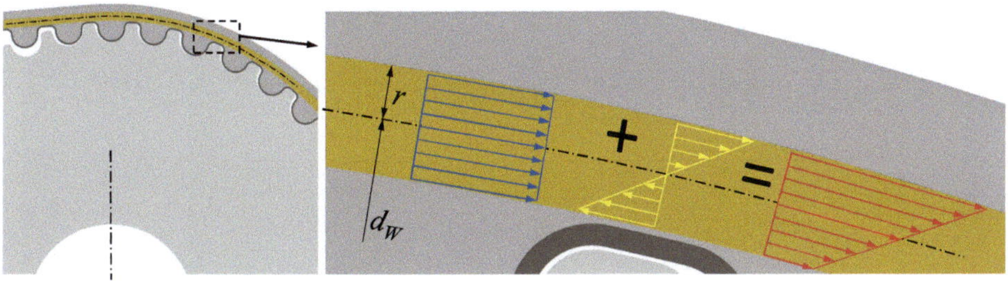

Abb. 3.14 Zug- und Biegespannungen im Zugträger bei korrekter Vorspannung (schematisch). (©Andreas Scholzen 2022. All Rights Reserved)

$$\varepsilon_{Biegungaußen} = \frac{\Delta L_{Biegungaußen}}{L_0} = \frac{2 \cdot r}{d_W} \tag{3.37}$$

resultiert. Für die innenliegenden Fasern wird die Länge der Umfangslinie kleiner als die Wirklinie und die resultierende Dehnung damit negativ:

$$\varepsilon_{Biegunginnen} = \frac{\Delta L_{Biegunginnen}}{L_0} = -\frac{2 \cdot r}{d_W}. \tag{3.38}$$

Die Dehnung aufgrund der Biegung in den Randfasern der Zugträger ist damit abhängig vom Durchmesser der jeweiligen Riemenscheibe und dem Zugträgerdurchmesser. Da die Dehnungen aufgrund von Zug und Biegung unabhängig voneinander wirken [14], ergibt sich die Gesamtdehnung der äußeren Zugträgerbereiche aus der Addition der Gl. 3.35 und 3.37 zu:

$$\varepsilon_{gesamt} = \varepsilon_{Zug} + \varepsilon_{Biegung}. \tag{3.39}$$

Zur Veranschaulichung der Auswirkung auf die Zugträger dient Abb. 3.14.

Blau dargestellt sind hier Dehnungen, die sich aus gleichmäßig im Zugträgerquerschnitt wirkenden Spannungen ergeben, wie die Vorspannung oder die aus der Umfangskraft resultierende Spannung im Zugträger. Anders hingegen die aus der Biegung resultierenden Spannungen, die sich nicht gleichmäßig über den Querschnitt verteilen, sondern aufgrund der neutralen Faser in Zugträgermitte zu einem Spannungsanstieg in den äußeren Randfasern und einem Spannungabfall bzw. Druckspannungen in den inneren Randfasern führen. Der in Abb. 3.14 dargestellte Zustand zeigt eine korrekte bzw. für den Lastfall ausreichende Vorspannkraft, da sich durch die Überlagerung der Zugbelastung (blau) und der aufgrund der Biegespannung theoretisch ergebenden Druckspannung (gelb) noch immer eine ausreichende Restkraft in den unteren Randfasern des Zugträgers ergibt. Die Überlagerung ist hier rot dargestellt.

Eine zu geringe Vorspannung oder aber zu hohe Biegebelastung der Zugträger durch zu kleine Scheibendurchmesser oder aber zu großen Zugträgerdurchmesser kann, wie in

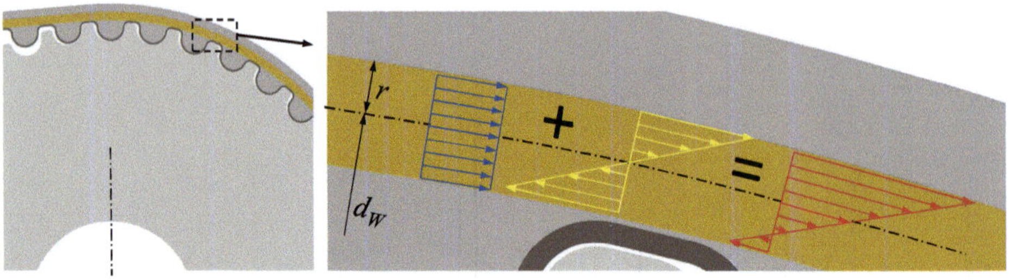

Abb. 3.15 Zug- und Biegespannungen im Zugträger bei zu geringer Vorspannung (schematisch). (©Andreas Scholzen 2022. All Rights Reserved)

Abb. 3.15 dargestellt, dazu führen, dass in den unteren Fasern Druckkräfte im Zugträger entstehen, was unbedingt vermieden werden sollte. In den Vorspannungsempfehlungen der Riemenhersteller ist dies meistens bereits durch einen entsprechenden Zuschlag berücksichtigt (vgl. Abschn. 3.2.2.1).

In der Praxis ist meistens der Zahnverschleiß das dominierende Ausfallmerkmal, welches die Lebensdauer eines Zahnriemens begrenzt. Die Biegewechselfestigkeit der Zugträger ist üblicherweise ausreichend hoch, kann aber in Einzelfällen insbesondere beim Zusammentreffen mehrerer ungünstiger Einflüsse wie kleine Scheibendurchmesser in Verbindung mit sehr hohen Drehzahlen ebenfalls ein Grund für Zahnriemenausfälle darstellen. Die Bedeutung der Teilungsgenauigkeit wurde bereits erwähnt; beachtet man dazu, dass die Riementeilung bei korrekter Vorspannung gut mit der Scheibenteilung zusammenarbeitet, dann kann es aufgrund des zuvor geschilderten Dehnungsverhalten zu einer Stauchung der innenliegenden Zugträgerfasern kommen, was in der Folge auch zum Bruch einzelner Filamente des Zugträgers führen kann. Die resultierenden Kräfte wirken dann auf einen geringeren tragenden Zugstrangquerschnitt und führen zu einer größeren Dehnung mit entsprechend größerer Teilungsbweichung, was wiederum den ursprünglich guten Zahneingriff negativ beeinflusst. Dieser Effekt kann bei Einsatz einer Rückenspannrolle verstärkt werden, insbesondere dann, wenn deren Durchmesser zu klein bzw. kleiner als derjenige der Zahnscheibe gewählt wurde. Unter Umständen findet dann an der Umlenkscheibe eine größere Schädigung des Zugträgers statt als bei der Umlenkung um die Riemenscheibe. Unter Berücksichtigung dieser Wirkungsweise kann eine höher eingestellte Vorspannkraft die Lebensdauer eines Zahnriemengetriebes positiv beeinflussen. Die Ursache eines Zahnriemenausfalles sollte daher stets genau analysiert werden. Ist der hier geschilderte Ablauf der Ausfallgrund, so könnte dies bspw. durch eine einfache Untersuchung der Restbruchkraft des Riemens identifiziert werden, die dann über den gesamten Riemenumfang deutlich reduziert sein müsste. Dem entgegen steht eine Vorschädigung des Riemens durch beispielsweise einen Knickbruch. Auch dies führt zum Versagen des Zugträgers, zeigt aber keine reduzierte Bruchlast im Rest des Riemens sondern wirkt sich allein an der Knickstelle aus. Die zuvor dargestellten Dehnungen und Spannungen betrachten den Zugträger eher makroskopisch. Analysiert man den Aufbau und die Wirkungsweisen im Zugträger detaillierter, dann ergeben sich weitere Effekte, die sich auf die Ermüdung auswirken können. So besteht der Zugträger, wie im Abschn. 2.2 beschrieben, aus spiralförmig gezwirnten Filamenten, die aufgrund der Zwirnung unterschiedliche Längen haben. Ein Filament das eher in der Zugstrangmitte verläuft, hat eine geringere Länge als ein außen liegendes. Damit sind die Dehnungen bzw. Spannungen, die sich in diesen Filamenten ergeben, zueinander unterschiedlich. Auch sind die Spannungsverläufe in den Abb. 3.14 und 3.15 schematisch linear dargestellt, real sind die Verläufe abhängig von verschiedenen Faktoren nicht linear. Es gibt zahlreiche Untersuchungen, die sich mit dem Einfluss reiner Dehnung aufgrund von Zug oder Biegung befassen, die kombinierte Belastung aus Zug und Biegung ist jedoch kaum beschrieben worden. Einen Beitrag dazu leistet [14], worin dies für Carbonzugträger untersucht wurde. Grundsätzlich können die dort gewonnen Erkenntnisse auch auf Glasfaserzugträger übertragen werden, sollen hier aber nicht weiter beschrieben werden.

3.3.3 Kraftverlauf

In der Vergangenheit wurde mehrfach der Versuch unternommen, den Kraftverlauf im Zahnriemen beim Umlauf um die Riemenscheiben abhängig von den anliegenden Kräften und Materialeigenschaften in einer geschlossenen Gleichung zu beschreiben. Erstmals, allerdings lediglich mit Vereinfachungen für einen Sonderfall, erfolgte dies wohl 1978 durch Gerbert et al. [15]. Aufbauend darauf fanden im Jahr 1981 dazu in deutlich größerem Umfang Untersuchungen von Köster [11] statt, der verschiedene Abhängigkeiten in seine Gleichungen mit einbezog und deren Gültigkeit experimentell bestätigen konnte. Die Messungen waren so präzise, dass sogar die Auswirkungen des Einlaufkeils (s. Abschn. 3.3.4.2) in den Messwerten sichtbar waren. Ein nochmals verbessertes Modell wurde 1989 von Peeken et al. [16] veröffentlicht.

Die bisherigen Ausführungen in diesem Kapitel zu den verschiedenen Kräften führen bei einem vollständigen Umlauf eines Riemens zu verschiedenartigen Belastungen, deren Maximum in der Regel bestimmend für die größten die Lebensdauer beeinflussenden Auswirkungen ist. Am folgenden Beispiel eines einfachen Zwei-Scheibenantriebs (s. Abb. 3.16) soll dies erläutert werden.

Der Antrieb soll korrekt vorgespannt sein und mit einer definierten Drehzahl betrieben werden. Beide Scheiben haben unterschiedliche Zähnezahlen. Im Leerlauf, ohne weitere Kraftwirkung, stellt die rote Linie die wie beschrieben geringe und meist vernachlässigbare Kraftwirkung der Fliehkraft dar. Unter Wirkung eines Drehmomentes stellt sich nun eine Lastrumkraft (blaue Volllinie) und eine Lostrumkraft (grüne Volllinie) ein. Beginnend im Lasttrum mit Punkt A, läuft der Riemen in Drehrichtung im Punkt B in die kleinere Antriebsscheibe ein. Die plötzlich auftretende Biegung erzeugt in den äußeren Randfasern der Zugträger einen sprunghaften Spannungsanstieg, der auf dem gesamten Umschlingungsbogen erhalten bleibt, wohingegen die aus der Umfangskraft

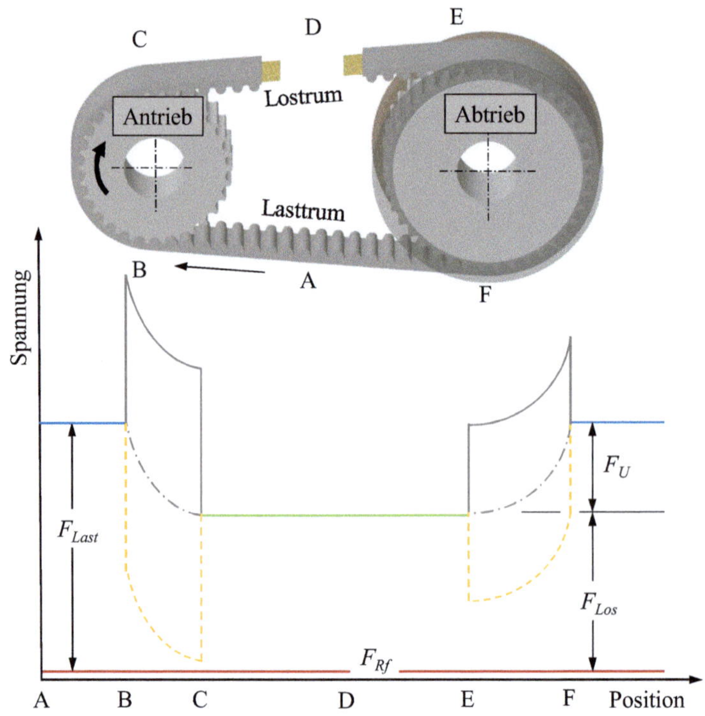

Abb. 3.16 Spannungsverlauf im Riemen über einen vollständigen Riemenumlauf beim Zwei-Scheiben-Antrieb in Anlehnung an [17]. (©Andreas Scholzen 2022. All Rights Reserved)

resultierende Spannung mit jedem Zahn, der an der Kraftübertragung beteiligt ist, weiter abfällt. Im Punkt C läuft der Riemen tangential aus der Scheibe heraus, die Biegespannung fällt schlagartig weg und der Zugträger hat über den gesamten Querschnitt die Lostrumkraft erreicht. Der zugehörige Spannungsverlauf in der neutralen Faser ist als graue strichpunktierte Linie dargestellt, derjenige der äußeren Randfaser als graue Volllinie. Im Lostrum D bleibt dann die Spannung im Zugträger bis zum Einlauf in die Abtriebsscheibe im Punkt E konstant. Die Abtriebsscheibe ist größer, die Biegespannung damit geringer und daher erfolgt hier wiederum ein sprunghafter Spannungsanstieg, der etwas geringer ist als bei der kleineren Antriebsscheibe. Der Weg bis zum Aufbau der Spannung auf das Lasttrumniveau ist hier länger, der Spannungsanstieg erfolgt daher über einen längeren Zeitraum als der Abfall zwischen B und C. Ergänzend als orangefarbene gestrichelte Linie ist der Spannungsverlauf in der innenliegenden Randfaser der Zugträger dargestellt. Die Spannung hier reduziert sich durch die Biegung und es sollte immer eine gewisse Restspannung vorhanden bleiben, damit die Glasfasern in diesem Bereich nicht gestaucht werden. Die Form des Übergangs zwischen den Punkten B und C bzw. E und F ist hier lediglich beispielhaft zu betrachten. Abhängig von Teilungsunterschieden, Kraft- und Reibungsverhältnissen sowie Materialeigenschaften kann dieser Übergang auch spiegelbildlich S-förmig, konkav oder konvex erfolgen. Die Einflüsse und deren Auswirkungen sind in [11] ausführlich mathematisch beschrieben, mit Ausnahme der Auswirkungen des Einlaufkeils der sich in den Gleichungen noch nicht darstellen lässt. Für die Belastung der Zugträger stellt daher in diesem Fall der Einlauf in die Antriebsscheibe die größte Belastung dar, was an der höchsten Spannungsspitze ablesbar ist. Meist aber sind die Sicherheiten der Zugträger ausreichend hoch, so dass dieser Effekt nicht der lebensdauerbegrenzende Einfluss ist, wenn die Mindestzähnezahlen, die der Riemenhersteller für die jeweiligen Riemen vorschreibt, eingehalten werden. Auch für die ausreichende Einstellung der Vorspannung ist die kleine Scheibe entscheidend, da hier in den inneren Randfasern auch die größte Entspannung durch die Biegung stattfindet. Unter anderem aus diesen Gründen ist die Mindestzähnezahl für einen bestimmten Riementyp begrenzt und sollte nicht unterschritten werden.

3.3.4 Gefahren in der Praxis

Speziell bezogen auf die besonderen Eigenschaften der Zahnriemenantriebe gibt es einige Effekte, die in der Praxis zu beachten sind, um einen langfristigen und zuverlässigen Betrieb des Antriebs zu gewährleisten. Nachstehend sollen einige dieser Effekte beschrieben werden.

3.3.4.1 Unzureichende Vorspannkraft

Wie vorangehend ausgeführt kann eine zu geringe Vorspannkraft die Lebensdauer von Zahnriemengetrieben deutlich reduzieren. Eine zu geringe Vorspannkraft ist dabei meist schädlicher als eine zu hohe. Im letzteren Fall erhöht sich zunächst die Gesamtkraft im System, damit die Reibung und auch die Geräuschentwicklung wird voraussichtlich etwas ansteigen. Eine zu geringe Vorspannkraft führt jedoch dazu, dass der Riemenzahn am Scheibenzahn aufsteigen kann, wie in Abb. 3.17 in Anlehnung an [17] dargestellt.

Die resultierende Umfangskraft F_U greift dann nicht mehr kurz unter der Wirklinie bzw. unterhalb des Zugträgers im Riemen am Zahn an, sondern deutlich weiter vom Zugträger entfernt. Der vergrößerte Hebelarm H übt ein Biegemoment auf den Zahn aus, welches mit der Zeit zu Rissen im Zahnfuß, die immer weiter fortschreiten und letztlich zum Abriss der Riemenzähne führt.

Es wurde bereits beschrieben, dass Riemengetriebe grundsätzlich ab dem Zeitpunkt der Inbetriebnahme einem kontinuierlichen Verschleiß unterliegen. Dies führt u. a. auch dazu, dass im Zugträger Setzprozesse stattfinden, wodurch sich im Betrieb die Vorspannkraft reduzieren kann. Ein ähnlicher Effekt entsteht durch Verschleiß des zahnseitigen Gewebes, sofern vorhanden, und Abrieb im Allgemeinen. In aller Regel ist dies unkritisch, da es bei der Festlegung der Vorspannkraft berücksichtigt werden kann. Häufig stellt sich nach einer Einlaufphase eine nahezu konstante Riemenspannung ein, die dann über lange Zeit erhalten bleibt. Die Höhe dieser sich einstellenden Kraft ist antriebsspezifisch und oft

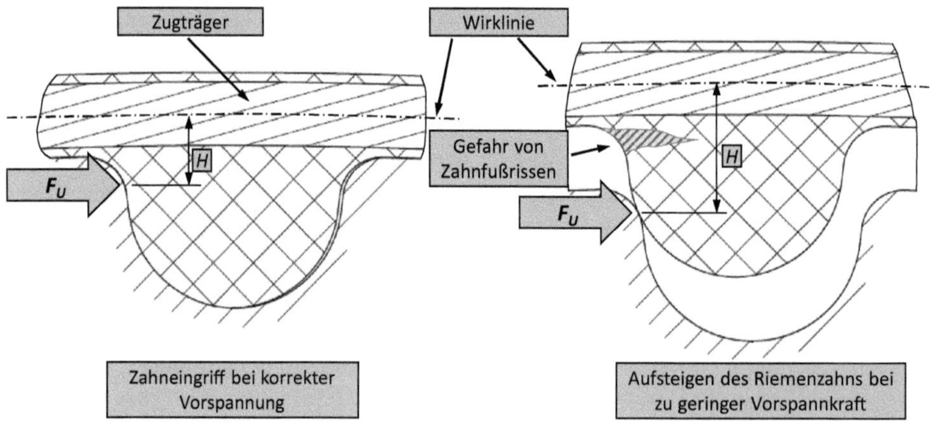

Abb. 3.17 Resultierender Hebelarm beim Aufsteigen der Riemenverzahnung aufgrund zu geringer Vorspannkraft. (©Andreas Scholzen 2022. All Rights Reserved)

nicht abhängig von der ursprünglich eingestellten Vorspannkraft. Es sollte keinesfalls versucht werden, die durch Setzprozesse im normalen Rahmen reduzierte Kraft durch wiederholtes Nachspannen aufrecht zu erhalten. Die Kraft wird immer wieder auf den Wert abfallen, der sich auch zuvor eingestellt hatte. Ein solches wiederholtes Nachspannen kann sich sehr negativ auf die Lebensdauer auswirken, da bei jedem Nachspannvorgang die Riementeilung geringfügig vergrößert wird. Erfolgt dann ein Spannungsverlust durch Setzvorgänge im Zugträger, bleibt diese vergrößerte Teilung bestehen. Wiederholt man den Prozess mehrfach erreicht die Teilung des Riemens unzulässig hohe Werte, was das Zahneingriffsverhalten verschlechtert und den Verschleiß an den Zahnflanken begünstigt. Allgemein empfehlen die Riemenhersteller lediglich ein einmaliges Nachspannen des Riemens. Sollte zu Wartungszwecken die Demontage eines Riemens erforderlich werden, dann sollte der Riemen aus dem gleichen Grund auch nicht nach erneuter Montage mit den Werten eines neuen Riemens montiert werden. Es empfiehlt sich vielmehr, die vorhandene Vorspannkraft des gelaufenen Riemens vor der Demontage zu messen und den Riemen dann bei der späteren Montage mit genau dieser Kraft wieder zu spannen.

3.3.4.2 Einlaufkeil

In den vorangegangenen Abschnitten wurde die Ermittlung der Vorspannkraft in Abhängigkeit der jeweiligen Einsatzfälle erläutert. Unter idealisierten Bedingungen reicht es bspw. aus, den Riemen in einem einfachen Zwei-Scheibenantrieb mit der Hälfte der im Betrieb auftretenden Umfangskraft vorzuspannen. Tatsächlich ergeben sich aus den Vorschriften aber immer etwas höhere Werte, die im Betrieb auch nachweislich erforderlich sind. Ein Effekt, der auftritt wenn man einen Riemen bei zunächst korrekter Vorspannung ohne zusätzliche Sicherheit immer stärker belastet, ist der sog. Einlaufkeil, der in Abb. 3.18 bildlich dargestellt ist. Köster fand in seinen Untersuchungen Abweichungen zwischen dem theoretisch abgeleiteten und messtechnisch ermittelten Verhalten des Riemens beim

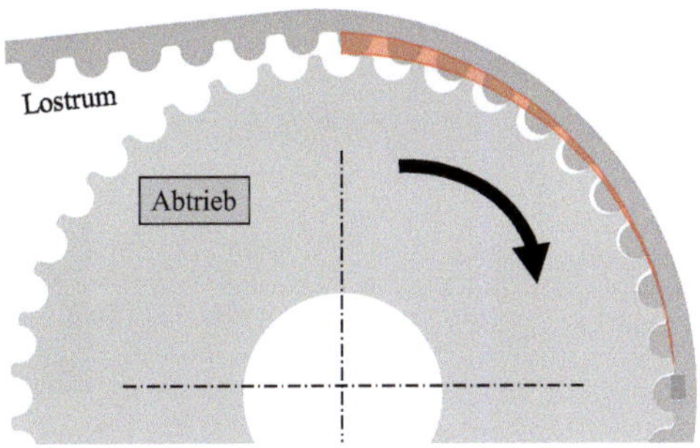

Abb. 3.18 Schematische Darstellung des Einlaufkeils. (©Andreas Scholzen 2022. All Rights Reserved)

Einlauf in die getriebene Scheibe. Durch optische Kontrolle des Einlaufverhaltens mittels eines Stroboskops fand er heraus, dass der Riemen hier trotz eigentlich ausreichender Vorspannkraft nicht geradlinig in die Scheibe einläuft, sondern sich erst allmählich mit dem Stegbereich den Köpfen der Scheibenverzahnung nähert [11]. Der auf diese Weise entstehende keilförmige Einlauf resultiert, wenn die in radialer Richtung wirkende Komponente der Zugkraft im Riemen am Einlauf in die getriebene Scheibe nicht ausreicht, um den Riemenzahn gegen den Widerstand der Flankenreibung und der Zahnverformung in die Scheibenlücke hineinzuziehen. Erst wenn die radiale Komponente der Zugkraft entlang des Umschlingungsbogens größer wird, kann der Widerstand allmählich überwunden werden, bis der Riemensteg vollständig auf den Köpfen der Scheibenverzahnung aufliegt. Hieraus folgt direkt, dass die Ausbildung des Keils bzw. die Höhe und Länge des Keils unter anderem auch von der Teilungsgenauigkeit zwischen Riemen und Scheibe in genau diesem Punkt abhängt. Je stärker hier der Einlaufkeil ausgeprägt ist, um so eher kann der Riemen letztlich vollständig aus der Lücke herausgleiten und überspringen. Zusätzlich spielen die Profilform, das tribologische Verhalten und insb. auch das Verhältnis zwischen der Lostrumkraft und der Umfangskraft eine Rolle. Nagel beschreibt, dass die Höhe des Einlaufkeils mittels Laser Triangulationssensoren messtechnisch erfasst werden kann [8], um die Wirkung geänderter Vorspannkräfte oder anderer Maßnahmen zu bestimmen. Da sich die Umfangskraft aus der Antriebsaufgabe des jeweiligen Antriebs ergibt und somit nicht veränderbar ist, kann der Effekt also durch eine Erhöhung der Vorspannkraft beeinflusst werden, die gem. Abschn. 3.2.2.2 damit bei ansonsten konstanter Umfangskraft auch direkt zu einer Erhöhung der Lostrumkraft führt. Diese Erhöhung der Vorspannkraft zur Reduzierung des Einlaufkeils führt jedoch zu einer höheren Gesamtbelastung im Antrieb. Da die Höhe der Flankenreibung aber auch von der Tribologie zwischen Riemenzahn und Kontaktflanke in der Scheibenlücke abhängt, ist eine reibungsarme Gestaltung dieses Kontaktes vorteilhaft. Im Vergleich zur Vorspannkraftsteigerung führt diese Maßnahme nicht zu einer Erhöhung der Gesamtbelastung. Nachträglich kann dies relativ einfach erfolgen, indem die Riemenoberfläche mit Schmiermitteln benetzt wird, die in der Umgebung des Antriebs zulässig sind und das Elastomer bzw. den gesamten Riemenverbund nicht schädigen. Im Gegensatz zu anderen Riemenarten, wie Flach- oder Keilriemen, lässt sich so beim Zahnriemen durch den Einsatz von Schmiermitteln

Abb. 3.19 Welligkeit der Zahnscheibenoberfläche

die Übertragungsleistung in bestimmten Einsatzfällen steigern. Vorteilhafter ist es jedoch, direkt bei der Riemenauswahl bspw. ein Riemensystem mit einem reibungsarmen Polyamidgewebe auf der Zahnoberfläche zu wählen. Scheibenseitig sollte auf eine entsprechende Oberflächengüte geachtet werden. Industriell eingesetzte Riemenscheiben werden meist im Abwälzfräsverfahren hergestellt. Ein scharfes Schneidwerkzeug erzeugt dabei eine sehr glatte Oberfläche. Die Oberflächengüte der Scheibe darf dabei nicht mit der durch den Fräservorschub entstehenden Welligkeit verwechselt werden. Die Welligkeit ist in axialer Richtung der Scheibenverzahnung sichtbar und die Erhebungen laufen um den Scheibenumfang herum (siehe Abb. 3.19).

Besonders bei scharfen Schneidwerkzeugen sind die Wellen gut sichtbar, der Abstand der Erhebungen entspricht bei einem eingängigen Fräswerkzeug dem Vorschub des Fräsers beim Verzahnen je Scheibenumdrehung. Auf die Flankenreibung beim Zahneingriff hat dies in aller Regel keinen signifikanten Einfluss, denn es entstehen zwar Wellen, deren Oberfläche aber glatt ist. Im Gegensatz dazu kann die Oberflächenrauigkeit der Zahnflanken sehr wohl den Zahneingriff beeinflussen. Ist bspw. das Schneidwerkzeug abgenutzt, so entstehen feine Riefen in axialer Richtung der Scheibe, wodurch die Gleitbewegung des eingreifenden Riemenzahns entlang der Flanke der Scheibenverzahnung gestört wird. In der ISO 254 [18] wird für industrielle Anwendungen ein Grenzwert für die Oberflächenrauigkeit der Zahnflanken von $R_a = 3,2$ genannt. Auf einen möglichen Einfluss der herstellungsbedingten Welligkeit der Zahnscheiben auf die Lebensdauer der Zahnriemen wird im Abschn. 4.5.4 noch detaillierter eingegangen. Zusätzlich lässt sich die Kontaktfläche durch entsprechende Oberflächenbehandlungen der Scheibenverzahnung sehr reibungsarm ausführen. Dabei ist darauf zu achten, dass sich die Profilkontur nicht verändert, eine möglicherweise verwendete Beschichtung also nicht aufträgt.

Bei kurzen Achsabständen und damit kleinen Trumlängen ist bezogen auf das Dehnungsverhalten die Federsteifigkeit der Trume relativ hoch und die Übersprungefahr aufgrund der Ausbildung des Einlaufkeils gering. Sind die Trumlängen jedoch ausreichend groß und das Antriebsmoment wird über einen kritischen Bereich hinaus gesteigert, dann wird die Teilung des in die getriebene Scheibe einlaufenden Lostrums kleiner und damit kann der Riemen an der Scheibenflanke soweit aufsteigen und in dem Lostrum eine so hohe absolute Längung erzeugen, dass der Riemenzahn vollständig überspringen kann. Der schlagartige Wiedereingriff ist dabei meist lautstark von einem peitschenartigen

Geräusch begleitet. Die Folgen davon können vielfältig sein und reichen von einmaligem möglicherweise sogar unbemerktem Übersprung bis zu sehr starken Kraftanstiegen im Riemen, die zu Zugträgerbruch oder in extremen Fällen zu Wellenbruch führen können. Häufig wird ein geringfügig ausgeprägter Einlaufkeil in der Praxis nicht bemerkt, da sich zwischen der ansteigenden Kraft im Lostrum und der Zahnflankenreibung ein Gleichgewicht einstellt. Der Verschleiß der Zähne nimmt hierdurch jedoch zu, weil die Umfangskraft aufgrund der geringeren, an der Kraftübertragung beteiligten Fläche, zu einer höheren Flächenpessung der Riemenverzahnung führt. Auch die im vorangehenden Abschn. 3.3.4.1 beschriebenen Zahnfußrisse können frühzeitig entstehen. In der Theorie kann diesem Effekt durch eine leichte Duchmesserreduzierung der getriebenen Scheibe entgegengewirkt werden. An der treibenden Scheibe tritt der entgegengesetzte Effekt auf. Hier steht allerdings der einlaufende Lasttrum unter erhöhter Spannung, was zur Dehnung des Riemens, also zu einer Teilungsvergrößerung führt. Prinzipiell vorteilhafter wäre es dann, den Durchmesser dieser Scheibe leicht zu vergrößern. Da man bei der Scheibenproduktion jedoch in der Regel nicht weiß, welche Scheibe als Antriebs- und welche als Abtriebsscheibe eingesetzt wird, schließt der allgemeinen Trend zu Standardisierungen ein solches Vorgehen aus bzw. schränkt es ein, da man hierzu dann je nach Einsatzfall die doppelte Anzahl an Standardscheiben bevorraten müsste. Das radiale Aufsteigen der Riemenverzahnung aus der Scheibenlücke wird in [17] auch als „ramp effect“ beschrieben, durch den der Zahnriemen in gewissem Maße seine Spannung selbst erzeugt. Abb. 3.20 zeigt das grundsätzliche Verhalten der Trumkräfte eines einfachen Zwei-Scheibenantriebs wenn bei einer definierten Vospannkraft die Umfangskraft bzw. das Antriebsmoment gesteigert wird.

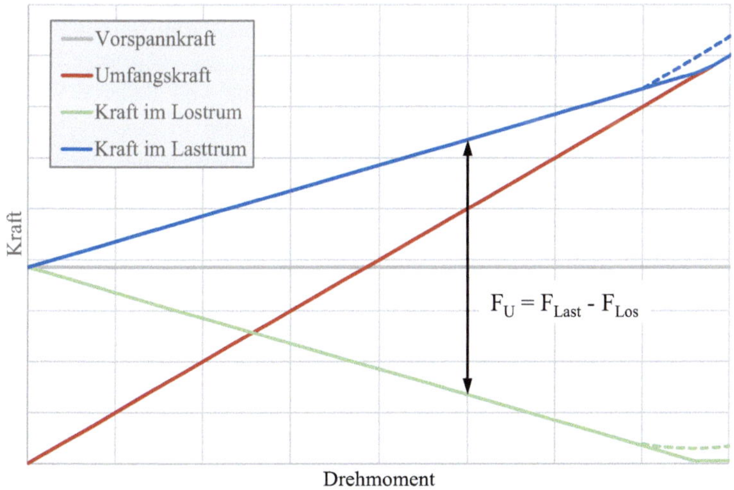

Abb. 3.20 Los- und Lasttrumkraft in Abhängigkeit von Vorspannkraft und Belastung. (©Andreas Scholzen 2022. All Rights Reserved)

Bei geringer Belastung des Antriebs ergibt sich die Kraft in Last- und Lostrum gemäß Abb. 3.6 indem zur Vorspannkraft jeweils die Hälfte der Umfangskraft hinzugerechnet oder davon abgezogen wird. Die Differenz der beiden Linien für Last- und Lostrumkraft ergibt die Umfangskraft. Ohne Reibungseinflüsse würde die Darstellung der Lasttrumkraft ab einem bestimmten Punkt, wenn die Lostrumkraft den Wert Null erreicht hat, einen Knick bekommen und steiler verlaufen. Ab diesem Punkt kann keine Aufteilung der Umfangskraft mehr erfolgen, da ein Riemen nur Zug- aber keine Druckkräfte übertragen kann. Jede weitere Steigerung der Umfangskraft erhöht ab hier die Lasttrumkraft gleichermaßen. In der Realität kommt es vor Erreichen dieses Punktes zu einer stärkeren Auswirkung der Reibung an den Zahnflanken. Der Riemen steigt etwas auf und es ergibt sich eine gewisse Erhöhung der Trumkräfte durch die zuvor beschriebenen Effekte. Dennoch ist dieser Bereich zu vermeiden und würde auch bei weiterer Steigerung irgendwann zum Zahnübersprung oder Ausfall des Antriebs führen.

3.3.4.3 Nachspannen des Getriebes

Die im Abschn. 3.3.2 dargestellten Zusammenhänge verdeutlichen was geschieht, wenn das Zahnriemengetriebe hinsichtlich Riemenaufbau und hier insb. dem Zugträger- und Scheibendurchmesser sowie den einwirkenden Kräften nicht richtig aufeinander abgestimmt ist. Eine mögliche Auswirkung der in Abb. 3.15 dargestellten Situation ist, dass im Zugträger die unteren Randfasern mit der Zeit brechen und keine Zugbelastungen mehr übertragen können. Wenn dieser Bereich, dann aus der Scheibe ausgelaufen ist, dann tragen in dem verbleibenden Zugträger-Querschnitt weniger Filamente. Die kraftübertragende Querschnittsfläche des Zugträgers wird kleiner, wodurch trotz gleichbleibender Antriebsgeometrie (Scheibenabstand) die Vorspannkraft abfallen würde. In der Theorie wandert dadurch auch die neutrale Faser geringfügig weiter nach außen. Würde man jetzt den Riemen nachspannen, würde sich der Effekt wiederholen. Hinzu kommt, dass sich durch das erneute Nachspannen die Teilung geringfügig vergrößert. Ein einmaliges Nachspannen ist in aller Regel unkritisch und erlaubt, weil dadurch andere Effekte wie beispielsweise auch ein Abflachen der Gewebefasern in den ersten Laufstunden ausgeglichen werden kann. Spannt man jedoch wiederholt immer wieder nach, dann wird die Riementeilung aus den beschriebenen Effekten immer größer, und es kommt zu einem verstärkten Verschleiß der Zahnflanken, weil der Zahneingriff aufgrund der Teilungsabweichung nicht mehr zur Scheibenteilung passt. Dauerhaft wird der Riemen außerdem immer elastischer und die Bruchkraft wird reduziert.

3.3.4.4 Einfluss von Temperaturschwankung

Wie alle Komponenten eines Antriebs unterliegt auch der Zahnriemen einer Dimensionsänderung bei Temperaturschwankungen. Im Allgemeinen wirkt sich dies kaum negativ auf das Laufverhalten des Riemens aus, kann aber in Ausnahmefällen zu Problemen führen und sollte bei der Antriebsdimensionierung im Vorfeld betrachtet werden, um spätere Probleme zu vermeiden. Werden Riemen mit Stahlzugträgern auf Stahlscheiben eingesetzt, so kompensieren sich die Wärmedehnungen von Riemen und Scheiben nahezu. Auch der Temperaturdehnungskoeffizient von Glasfasern liegt zumindest in einer ähnlichen Größenordnung wie der von Stahl. Wie in Abschn. 2.2.4 bereits beschrieben ist aber der TemperaturdehnungsKoeffizient von Aramid negativ, d. h. im Gegensatz zu allen anderen Komponenten des Antriebs dehnt sich der Riemen bei Temperaturanstieg nicht aus sondern zieht sich zusammen. Bei starken Temperaturänderungen und dem Einsatz von schweren Riemen sollte dies daher insbesondere dann betrachtet werden, wenn sich auch die tragende Konstruktion des Antriebs mit erwärmt, der Achsabstand also ansteigt.

Hierzu soll ein Antrieb mit einem Zahnriemen mit Aramidzugträgern beispielhaft betrachtet werden. Für den thermischen Ausdehnungskoeffizienten von Aramid finden sich in der Literatur verschiedene Angaben, hier soll beispielhaft mit einem Wert von $\alpha_{Aramid} = -2,5 \cdot 10^{-6}\ \mathrm{K}^{-1}$ gerechnet werden. Die weiteren technischen Angaben sind in Tab. 3.5 aufgelistet.

Es wird vorausgesetzt, dass der Antrieb in kaltem Zustand bspw. bei 20 °C montiert und korrekt vorgespannt wird. Beim Betrieb des Antriebs soll auch die gesamte tragende Konstruktion des Riementriebs mit erwärmt werden und sich entsprechend ausdehnen können. Die Berechnung der einzelnen Längenänderungen erfolgt gemäß:

$$\Delta L_i = \alpha_i \cdot L_i \cdot \Delta T. \qquad (3.40)$$

Für eine Temperaturdifferenz zwischen dem Zustand bei Montage und dem stationären Betrieb von $\Delta T = 30$ K resultieren hieraus eine theoretische Längenänderung des Achsabstandes von 0, 151 mm, eine Vergrößerung des Umfangs der Riemenscheiben von 0, 202 mm und eine Verkürzung des Riemens um −0, 105 mm. Setzt man eine Kraft von 5500 N für eine Dehnung des Riemens um 0, 1 % voraus, dann ergibt sich mit diesen Werten ein Anstieg der Achskraft aufgrund der thermischen Längenänderungen um $\Delta F_{Ath} = 4785$ N. Die aus dem normalen Betrieb des Antriebs resultierende Achslast

Tab. 3.5 Rechenbeispiel zum Einfluss von Wärmedehnung

Zahnriementeilung	p_B	=	14 mm
Zähnezahl der Riemenscheiben (Material: Stahl)	z	=	40
Zahnriemenwirklänge	L_W	=	1400 mm
Resultierender Achsabstand	A	=	420 mm
Antriebsdrehzahl	n	=	1450 upm
Antriebsdrehmoment	M	=	750 Nm
Benötigte Zahnriemenbreite	B	=	68 mm
Thermischer Ausdehnungskoeffizient Aramid	α_{Aramid}	=	$-2,5 \cdot 10^{-6}\ \mathrm{K}^{-1}$
Thermischer Ausdehnungskoeffizient Stahl	α_{Stahl}	=	$12 \cdot 10^{-6}\ \mathrm{K}^{-1}$
Resultierende Umfangskraft	F_U	=	8415 N
Erforderliche Vorspannkraft	F_V	=	5400 N
Resultierende mittlere theoretische Achskraft	F_A	=	10800 N

steigt damit theoretisch um etwa 44 % an. Bei solchen Verhältnissen sollte somit vorab geprüft werden, ob sich Riemenscheiben und Tragkonstruktion in der hier vorausgesetzten Weise erwärmen können. Ggf. sind dann von vornherein Abhilfemaßnahmen einzuplanen. So kann bspw. der Riemen mit geringerer Vorspannung montiert werden und der Antrieb langsam unter geringer Last auf Betriebstemperatur gefahren werden, bei der sich dann eine korrekte Riemenspannung und damit auch Achslast einstellen kann. Zum Vergleich: Setzt man für die Glasfasern einen thermischen Ausdehnungskoeffizienten von $\alpha_{Glas} = 5 \cdot 10^{-6}\ \mathrm{K}^{-1}$ an, dann ergibt sich bei einem üblichen Riemen in der Teilung 14 mm mit Glasfaserzugträgern in gleicher Riemenbreite eine zusätzliche Achslast von lediglich etwa 700 N. Das liegt zum einen an dem positiven thermischen Ausdehungskoeffizient der Glasfaser und zum anderen an der höheren Elastizität bei gleicher Krafteinwirkung. Hierbei ist jedoch anzumerken, dass dieser Riemen in gleicher Breite auch eine geringere Übertragungsleistung hätte.

Das beschriebene Beispiel stellt eine Antriebsausführung dar, in der verschiedene negative Einflüsse zusammenkommen und trifft nicht auf alle Antriebe zu, die einer Wärmeeinwirkung unterliegen. Auch wenn es sicher die Ausnahme ist, wird jedoch in extremen Fälle sogar von Wellenbrüchen berichtet, wobei der Nachweis, dass ein solcher Wellenbruch auf dem beschriebenen Mechanismus basiert, im Nachhinein schwer zu führen ist. Auch wenn die Auswirkungen in aller Regel nicht so drastisch sind, zeigt diese Betrachtung, dass sich auch die Teilungen von Riemen und Scheiben unter Erwärmung ändern und außerdem andere Vorspannkräfte resultieren. Beides zusammen kann zu erhöhtem Verschleiß und somit reduzierter Riemenlebensdauer führen. Dies zeigt einmal mehr, dass die bloße Riemendimensionierung anhand von Leistungswerten hier unzureichend ist und die in diesem Buch beschriebene Systematik unter Einbeziehung verschiedener Einflussfaktoren und damit verbunden die Riemenauslegung im Hinblick auf die erzielbare bzw. benötigte Lebensdauer des Antriebs erhebliche Vorteile hat.

Literatur

1. Internationales Institut für Normung (2017) Synchronriementriebe-Vokabular
2. Krause W (1988) Zahnriemengetriebe. Dr. Alfred Hüthig Verlag, Heidelberg
3. Verein Deutscher Ingenieure (2001) VDI Richtlinie 2758 – Riemengetriebe
4. Perneder R (2009) Handbuch Zahnriementechnik: Grundlagen, Berechnung, Anwendungen. Springer, Berlin/Heidelberg
5. Internationales Institut für Normung (2014) Synchronous belt drives – Metric pitch, curvilinear profile systems G, H, R and S,belts and pulleys
6. Kremer A, Bertsche B, Scholzen A (2019) Verbesserte Auslegung industrieller Zahnriemenantriebe durch Berücksichtigung von Breitenfaktoren und der Alterung. In: Schlecht B (ed) Dresdner Maschinenelemente Kolloquium DMK 2019. sierke VERLAG – Internationaler Wissenschaftsverlag, Göttingen
7. Kremer A, Bertsche B, Scholzen A (2019) Experimentelle Untersuchungen von Breitenfaktoren und der Alterung zur Verbesserung der Auslegung von industriellen Zahnriemenantrieben. In: VDI-Fachkonferenz Umschlingungsgetriebe. VDI

8. Nagel T (2008) Zahnriemengetriebe: Eigenschaften, Normung, Berechnung, Gestaltung. Hanser, München
9. Deutsches Institut für Normung (1989) Synchronriementriebe, metrische Teilung, Teil 1: Synchronriemen, Teil 2: Zahnlückenprofil für Synchronscheiben
10. Scholzen A (2014) Untersuchungen zu den Kraftverhältnissen in Zahnriemenantrieben in der Linear-technik. Dissertation, Bergische Universität Wuppertal
11. Köster L (1981) Untersuchung der Kraftverhältnisse in Zahnriemenantrieben. Dissertation, Hochschule der Bundeswehr Hamburg
12. Scholzen A, Gust P (2012) Analyse der Kraftverhältnisse in linearen Zahnriemenantrieben. In: KISSsoft AG (ed) SMK 2012. TUD Press
13. esi (2021) SimulationX. Quelle: https://www.esi-group.com/products/system-simulation, Zuletzt besucht: 05.07.2021
14. Tashiro R, Yonezawa S, Stevens CA (2017) Rubber reinforcing carbon fibre cord under tension and bending part 1 – stress analysis. In: Proceedings of the European Conference on Constructive Models for Rubbers X, 08/28/2017 – 08/31/2017. CRC Press, S 1–6
15. Gerbert G, Jönsson H, Persson U, Stensson G (1978) Load distribution in timing belts. J Mech Des ASME Publ 2(100):208–215
16. Peeken H, Fischer F, Frenken E (1989) Kraftübertragung in Zahnriemengetrieben. Konstruktion (41):183–190
17. Erickson WD (1987) Belt Selection and Application for Engineers. Marcel Dekker Inc., New York
18. Internationales Institut für Normung (1998) Belt drives – pulleys – quality, finish and balance

4 Lebensdauer- und Zuverlässigkeitsbetrachtung von Zahnriemengetrieben

Lange Lebensdauer technischer Produkte ist in heutiger Gesellschaft kein Wunschkriterium mehr, nach dem sich der Kunde beim Kauf eines Produkts orientiert sondern ein Musskriterium. Als Reaktion auf den technologischen Fortschritt und die ständig steigenden Anforderungen der Verbraucher, kommen in immer kürzerer Zeit neue Produkte auf den Markt. Die Produkte werden immer komplexer, und die Kunden benötigen eine größere Sicherheit, dass das Produkt über einen längeren Zeitraum zuverlässig funktioniert. Eine Möglichkeit, diese Sicherheit zu bieten, sind Garantien und diese werden immer länger [1].

Wartungsarme Zahnriemengetriebe, die explizit für die Kundenanwendung ausgelegt sind und eine ausreichend hohe Lebensdauer und Zuverlässigkeit aufweisen, klingt vielversprechend. Aber das Verständnis darüber, wie Zahnriemengetriebe ausfallen und wie lange sie halten, kann eine Herausforderung sein. Viel wichtiger an der Stelle ist jedoch, sich klar zu machen, was sich hinter dem „wie lange“ verbirgt. Darunter lässt sich sowohl die Lebensdauer in der Einheit h oder Anzahl an Lastwechsel verstehen ebenso wie die Zuverlässigkeit in %. Alle diese Angaben haben jedoch eine unterschiedliche Bedeutung. Da diese Angaben fester Bestandteil eines Zuverlässigkeitsprozesses in jedem Pflichtenheft verankert sind oder zumindest sein sollten, ist es essenziell sich mit diesen Unterschieden zu beschäftigen. Und auch wenn der Aufbau eines Zuverlässigkeitsprozesses im Unternehmen auf den ersten Blick mit einem gewissen finanziellen Aufwand einhergeht, ist eine unzureichende Zuverlässigkeit kostspieliger, da sie negative Folgen wie höhere Garantiekosten, größere Kundenunzufriedenheit und Umsatzeinbußen nach sich zieht.

In diesem Kapitel werden alle für die Lebensdauerbewertung von Zahnriemengetrieben relevanten Grundlagen vorgestellt und anhand von Beispielen veranschaulicht.

A. Kremer et al., *Praktische Ermittlung von Lebensdauer- und Zuverlässigkeitsmodellen für Zahnriemengetriebe*, https://doi.org/10.1007/978-3-662-67345-4_4

4.1 Grundlagen der Lebensdauer- und Zuverlässigkeitsbetrachtung

Dieser Abschnitt beinhaltet die grundlegende Klärung relevanter Begriffe sowie die Vorstellung statistischer Maßzahlen und Kenngrößen der Zuverlässigkeitstechnik. Des Weiteren werden die für eine Lebensdauer- und Zuverlässigkeitsbetrachtung von Zahnriemengetrieben relevanten statistische Verteilungen vorgestellt und aufgezeigt, wie sich die unbekannten Verteilungsparameter ermitteln lassen. Den Abschluss bildet ein kurzer Exkurs in die Berechnung von Konfidenzintervallen.

4.1.1 Was ist Streuung und warum streuen Messwerte?

Eine Streuung ist im Bereich der beschreibenden (deskriptiven) Statistik ein Maß dafür, wie die vorliegenden Werte verteilt und wie weit diese Werte innerhalb des Datensatzes von den anderen Werten entfernt sind. In technischen Anwendungen wirkt sich die Streuung in Form einer Abweichung eines technischen Merkmals, bedingt durch äußere Einflüsse, aus. Derartige Einflüsse können beispielsweise das Lagerspiel oder der Werkzeugverschleiß bei Fräsmaschinen sein, fertigungsbedingte Schwankungen in der Härte des Materials, Wartung von Fertigungsanlagen oder auch fachliche Expertise des Personals. Aus diesem Grund wird es einem niemals gelingen, selbst unter vergleichbaren Versuchsbedingungen, identische Versuchsergebnisse zu erzielen, unabhängig davon, wie oft dieser Versuch wiederholt wird. Die Ergebnisse werden sich von Prüfling zu Prüfling unterscheiden, was in einer Streuung resultiert. Dieser Effekt wird auch als „unit to unit variation“ bezeichnet [2].

Diese Streuung kann zufälliger oder auch systematischer Natur sein. Während zufällige Streuungseinflüsse im Sinne der Prognose unkalkulierbar sind, lassen sich systematische Einflüsse wie der Werkzeugveschleiß oder auch ein allmählicher Temperaturanstieg im Prüfstand kontrollieren. Derartige Schwankungen können dazu führen, dass die durch den Auslegungsprozess geplante, ideale Produktzuverlässigkeit von der realen abweicht.

Die in das Produkt „hinein konstruierte“. Zuverlässigkeit, die in diesem Buch als produktinhärente Zuverlässigkeit bezeichnet wird, ist von der Zuverlässigkeit einzelner, in der Konstruktionsphase festgelegten, Komponenten abhängig.

Die Bewertung der inhärenten Produktzuverlässigkeit vor der Markteinführung erfolgt üblicherweise mit einer stark limitierten Produktzahl. Wie oben beschrieben, kann diese Zuverlässigkeit aufgrund von Qualitätsschwankungen bei der Herstellung von der Idealen abweichen. Umso wichtiger ist es, die aktuelle Zuverlässigkeit im Rahmen des Entwicklungsprozesses mit derjenigen im Feld abzugleichen.

4.1.2 Begriffe

Um Missverständnisse in der Kommunikation zu vermeiden, ist es jedoch wichtig, ein einheitliches Rahmenwerk mit Begriffen zu schaffen. Die für das Buch relevanten Begriffe werden im Folgenden erläutert.

4.1.2.1 Definition: Ausfall

Nach VDI 4001 [3] wird die Beendigung der Fähigkeit einer Einheit, eine geforderte Funktion zu erfüllen, als Ausfall definiert. Dabei bezieht sich die Funktion auf die Hauptfunktion des betrachteten Systems. Wird also die entsprechende Hauptfunktion nicht mehr ausgeführt, so liegt laut Definition ein (totaler) Ausfall vor. Allerdings kann in der Praxis auch der Fall eintreten, dass die Hauptfunktion nur bedingt zur Verfügung steht. Unter diesen Umständen kann nicht von einem Ausfall gesprochen werden. Daher wird im Allgemeinen zwischen zwei verschiedenen Ausfallarten unterschieden: Einem weichen und einem harten Ausfall. Von einem weichen Ausfall ist dann die Rede, wenn die Funktion eines Produkts beeinträchtigt wird. Liegt dagegen ein Totalausfall vor, handelt es sich hierbei um einen harten Ausfall.

4.1.2.2 Ausfallverhalten

Darunter wird der Ausfall-Prozess eines vor dem Betrieb intakten Produkts verstanden. Das intakte System unterliegt in der Regel im Betrieb einer bestimmten äußeren Belastung, die im System eine zeitabhängige Schädigung induziert. Ist diese Schädigung zu groß, führt es zum Ausfall eines Systems. Dieser Ausfall äußert sich in der Form, dass die Hauptfunktion des Systems nicht mehr gewährleistet wird. Im Falle eines harten Ausfalls, wird das Ausfallverhalten durch Ausfalldaten charakterisiert. Diese Ausfalldaten werden zur systematischen Ermittlung und Analyse des Ausfallmechanismus, der Ausfallursache und der Ausfallwirkung des Ausfalls, herangezogen.

4.1.2.3 Ausfallmechanismus

Physikalischer, chemischer oder sonstiger Prozess, der zu einem Ausfall führt (z. B. Verschleiß, Korrosion, Rost, etc.).

4.1.2.4 Ausfallursache

Umstand während der Entwurfs-, der Fertigungs- oder der Nutzungsphase einer Einheit, die zu einem Ausfall geführt haben.

4.1.2.5 Lebensdauer-Ende (engl. EoL)-Kriterium

Eine quantitative Zielgröße, die das Lebensdauerende (= Funktionsverlust des Gesamtsystems) charakterisiert, beispielsweise Lebensdauer in h, Anzahl an Lastwechsel, etc.

4.1.2.6 Dichtefunktion

Üblicherweise stehen nach einem erfolgreich durchgeführten Lebensdauertests Ausfallzeiten der geprüften Stichprobe zur Verfügung, die darauf warten, statistisch analysiert zu werden. Das Ziel der Analyse liegt vor allem in der Gewinnung von Aussagen über das zugrundeliegende Ausfallverhalten der Prüflinge. Eine Möglichkeit der statistischen Analysen bieten die sogenannten Histogramme an. Histogramme stellen hierbei einen bestimmten Diagrammtyp dar, das Balkendiagramm. Derartige Diagramme geben an, wie oft eine bestimmte Ausprägung eines Datensatzes auftritt. Dazu werden die Daten, beispielsweise Ausfallzeiten, zu Gruppen (sog. Klassen) zusammengefasst und die Gruppenhäufigkeiten angegeben. Die Häufigkeiten lassen sich als absolute oder relative Häufigkeiten aufführen. Wie der Begriff schon sagt, sind absolute Häufigkeiten das Ergebnis einer einfachen Zählung von Ausprägungen in der jeweiligen Klasse. Bei relativen Häufigkeiten wird der Anteil der Ausprägungen, der in einer bestimmten Klasse auftritt, bezogen auf die Gesamtmenge angegeben. Die graphische Darstellung dieser Häufigkeiten resultiert in dem oben erwähnten Histogramm, bei dem auf der Abszisse die Klassen und auf der Ordinate die Häufigkeiten aufgetragen sind. Zusätzlich werden vertikale Balken gezeichnet, die flächenproportional zur Anzahl an Beobachtungen sind. Die Balkenbreite entspricht dabei der Klassenbreite und hängt ausschließlich von der Anzahl der Datenwerte ab. Tendenziell gilt: Je größer die Datenbasis, desto kleiner ist auch die Balkenbreite. Werden die Balkenmitten mit Geraden stückweise miteinander verbunden, liefert dies die sog. empirische Dichtefunktion f^* (vgl. Abb. 4.1).

Ein Histogramm eignet sich für eine erste Charakterisierung der vorliegenden Daten. So lässt sich anhand eines Histogramms erkennen, ob die Daten gleichmäßig verteilt sind und ob das Histogramm symmetrisch verläuft. Gerade bei der Symmetrie lassen sich erste Vermutung bzgl. der zugrunde liegenden Verteilung anstellen. Sind die Daten symmetrisch, was auf die im Alltag am häufigsten eingesetzte Normalverteilung zutrifft, fallen der Median und der arithmetische Mittelwert (siehe Abschn. 4.1.3) zusammen. Liegen Ausreißer am oberen Ende der Werteskala, so ist der Mittelwert stets größer als der Median und das Histogramm ist **rechtsschief** (siehe Abb. 4.1). Weist der Datensatz am unteren Ende der Werteskala Ausreißer auf, dreht sich das Phänomen um: Der Mittelwert ist kleiner als der Median. In diesem Fall wird von einem **linksschiefen** Histogramm gesprochen (Abb. 4.1).

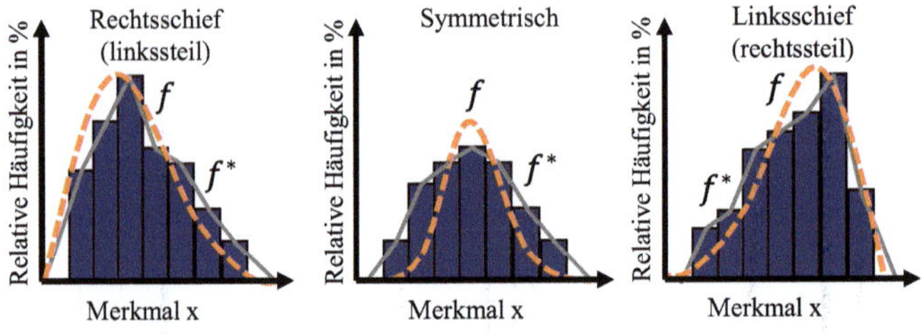

Abb. 4.1 Unterschied zwischen einer linksschiefen und rechtsschiefen Verteilung

Ein großer Nachteil bei der Verwendung von Histogrammen ist, dass das Erscheinungsbild der empirischen Dichtefunktion stark durch die Klassenbreite und folglich auch durch die Stichprobengröße beeinflusst wird. Außerdem lässt sich die Form der Verteilung der Daten nicht ohne Weiteres festlegen. Das heißt: Hier lässt sich keine Entscheidung darüber treffen, ob die Daten beispielsweise durch eine Normalverteilung beschrieben werden können oder nicht. Aus diesen Gründen kommt die Dichtefunktion zum Einsatz. Die eigentliche Dichtefunktion f ergibt sich dabei im Grenzfall für $n \rightarrow \infty$ durch Annäherung der empirischen Dichtefunktion f^* an eine glatte, stetige Kurve, wenn die Stichprobengröße n sehr groß wird.

In der Zuverlässigkeitstechnik beschreibt die Dichtefunktion $f(t)$ (engl. probability density function, pdf) die Verteilung der Ausfallzeiten im gesamten Zeitintervall und repräsentiert die absolute Ausfallgeschwindigkeit. Je größer der Wert von $f(t)$, umso mehr Ausfälle treten innerhalb kurzer Zeitspannen auf dem Intervall $[0, t]$ auf. Damit gibt die Dichtefunktion die Ausfallhäufigkeit eines Produkts zu einem Zeitpunkt t an. Mathematisch entspricht sie der Ableitung der Ausfallwahrscheinlichkeit $F(t)$ und lässt sich nach folgender Beziehung rechnerisch bestimmen [4]:

$$f(t) = \frac{dF(t)}{dt}. \tag{4.1}$$

Mit Hilfe der Dichtefunktion können nun Aussagen darüber gemacht werden welche Lebensdauern am häufigsten auftreten.

4.1.2.7 Ausfallwahrscheinlichkeit

Die Ausfallwahrscheinlichkeit (engl. cumulative distribution function, cdf) $F(t)$ gibt an, mit welcher Wahrscheinlichkeit ein Produkt innerhalb einer gewissen Zeit im Intervall $[0, t]$ ausfällt [5]:

$$F(t) = P(\tau \leq t). \tag{4.2}$$

$P(\tau \leq t)$ legt dabei die Wahrscheinlichkeit fest, mit der die Lebensdauer τ eines Produkts die vorgegebene Zeit t unterschreitet. In der Lebensdauererprobung ist die Zufallsgröße τ stets positiv, da in der Realität keine negative Ausfalldaten existieren. Aus diesem Grund werden zur Charakterisierung des Ausfallverhaltens technischer Systeme die logarithmische Normalverteilung oder die Weibullverteilung verwendet (siehe Abschn. 4.1.4) und nicht beispielsweise die Normalverteilung.

Man kann leicht zeigen, dass die Ausfallwahrscheinlichkeit, ausgehend von $t = 0$ monoton steigt, bis sie einen Wert von 100 % erreicht. Damit nimmt die Ausfallwahrscheinlichkeit Werte zwischen 0 % und 100 % (bzw. Werte zwischen null und eins) an. Im neuwertigen Zustand ($t = 0$) unterliegt das Produkt keinerlei äußeren Belastungen. Infolge dessen liegt die Wahrscheinlichkeit zum nächsten Zeitpunkt auszufallen bei 0 %. Dementsprechend erfüllt das Produkt bei einer Ausfallwahrscheinlichkeit $F(t) = 100\,\%$ seine Funktion nicht mehr und gilt als ausgefallen.

4.1.2.8 Zuverlässigkeit

Die Zuverlässigkeit (engl. reliability) ist die Wahrscheinlichkeit dafür, dass ein Produkt während einer definierten Zeiteinheit, unter vordefinierten Funktions- und Umgebungsbedingungen nicht ausfällt [6]:

$$R(t) = P\left(\tau > t\right). \tag{4.3}$$

Ist die Ausfallwahrscheinlichkeit $F(t)$ zu einem Betrachtungszeitpunkt bekannt, so lässt sich die Zuverlässigkeit als Komplement der Ausfallwahrscheinlichkeit wie folgt ermitteln:

$$R(t) = 1 - F\left(t\right). \tag{4.4}$$

4.1.2.9 Ausfallrate

Die Ausfallrate (engl. hazard function oder hazard rate) setzt die Ausfälle zum Zeitpunkt t nicht in Relation zu der Gesamtzahl der Ausfälle, wie die Dichtefunktion sondern bezieht diese auf die Summe der noch intakten Einheiten. Sie berechnet sich als Quotient aus der Dichtefunktion und Zuverlässigkeitsfunktion mit Hilfe folgender Gleichung [6]:

$$\lambda = \frac{\text{Ausfälle pro Zeit-/Weg-Einheit}}{\text{Summe noch intakter Einheiten}} = \frac{f(t)}{R(t)}. \tag{4.5}$$

Damit lässt sich die Ausfallrate als Risiko dafür interpretieren, dass eine, zum gegenwärtigen Zeitpunkt, noch nicht ausgefallene Einheit, im nächsten Zeitintervall ausfällt [6]. Gerade in der Zuverlässigkeitstechnik wird das Ausfallverhalten technischer Produkte, auf Basis der Ausfallrate, oft grafisch über eine sog. Badewannenkurve veranschaulicht (vgl. Abb. 4.2). Diese gliedert sich in drei Bereiche, wobei der erste Bereich durch eine abfallende Ausfallrate charakterisiert ist. Hier finden sich die unerwünschten Frühausfälle (umgangssprachlich auch unter dem Namen „Kinderkrankheiten“ bekannt) wieder, die sich z. B. auf eine falsche Materialauswahl, auf Konstruktionsfehler oder auch auf Montage- und Fertigungsfehler zurückführen lassen. Unerwünscht ist dieser Bereich deswegen, da hier eine beträchtliche Anzahl an Produkten innerhalb eines relativ kurzen Zeitraums ausfällt. Das führt zwangsläufig zu einer erhöhten Kundenunzufriedenheit und höheren Garantiekosten. Der zweite Bereich entspricht der eigentlichen Nutzungsdauer des Produkts. Dieser ist durch eine niedrige, relativ konstante Ausfallrate gekennzeichnet. Werden die Ausfälle über einen langen Zeitraum gemessen, treten diese aus theoretischer Sicht zufällig auf, jedoch mit einer verhältnismäßig konstanten Ausfallrate. Da dieser Bereich die Garantie- und Kulanzkosten beeinflusst, ist es erstrebenswert, die Ausfallrate weitgehendst herabzusetzen und gleichzeitig den Nutzungsbereich möglichst weit in Richtung höherer Lebensdauern zu verschieben. Verschleiß- oder Ermüdungsausfälle innerhalb der Nutzungsdauer sollten daher vermieden werden. Der dritte und letzte Bereich der Badewannenkurve beschreibt Verschleiß- und Ermüdungsausfälle. An der

Abb. 4.2 Badewannenkurve in Anlehnung an [6]

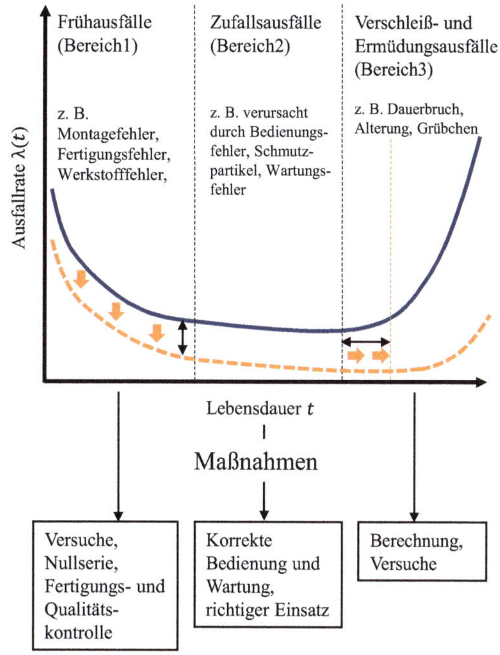

Stelle sei erwähnt, dass die Zeiträume für den jeweiligen Bereich der Badewannenkurve stark variieren können. Frühausfälle beispielsweise müssen nicht zwangsläufig innerhalb der ersten zwei Wochen auftreten. Die alleinige Kennung derartiger Ausfälle ist der Verlauf der Ausfallrate. Genauer gesagt, ist es der Zeitraum, innerhalb dem die Ausfallrate rasant abnimmt und dies kann Wochen, Monate oder gar Jahre dauern. Die Ausfallrate ist also eine zeitabhängige Größe, welche die Anzahl an Ausfällen pro Zeiteinheit (Stunden, Wochen, Monaten, etc.) angibt. Sind beispielsweise zehn von 1,000 Geräten, die insgesamt 1,0000 Stunden lang betrieben wurden ausgefallen, führt dies bei einer Gesamtlaufzeit von 10 Millionen Stunden zu einer Ausfallrate von $1 \cdot 10^{-6}$ Ausfälle pro Stunde bzw. 1 ppm pro Stunde. Folglich sind Angaben wie z. B. 1 ppm keine Ausfallraten.

4.1.2.10 Prognose und Prognosegüte: Was sind die Unterschiede?

Prognosen stellen Aussagen über gewisse Ereignisse dar, die in der Zukunft liegen. Die Erstellung von Prognosen bedarf komplexer Berechnungsmodelle, die auf Basis historischer Daten und unter Berücksichtigung äußerer Einflussfaktoren mögliche Szenarien schätzen. Prognosen begegnen uns ständig im Alltag: Der Wetterbericht, Aktienverläufe und Umweltkatastrophen sind nur ein paar nennenswerte Beispiele. Prognosen sind von zahlreichen Einflussgrößen (Faktoren) und deren Wechselwirkungen bestimmt. Viele von ihnen lassen sich nur schwer identifizieren, was die Erstellung aussagekräftiger Prognosen zum Teil erschwert.

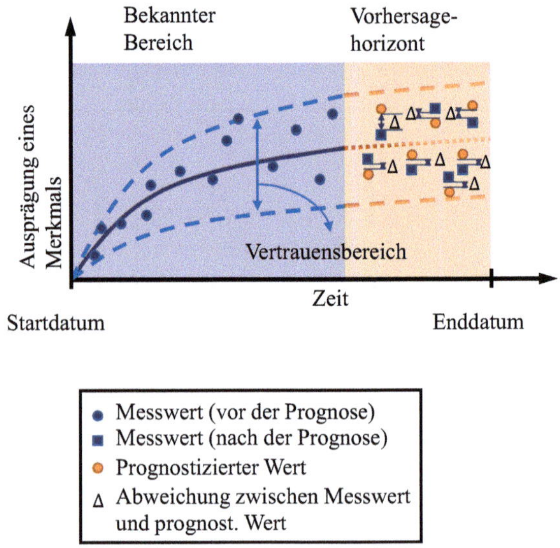

Abb. 4.3 Prognose und Prognosegüte. (©Alexander Kremer 2022. All Rights Reserved)

Allerdings sollten die Prognosemodelle sehr bedacht gewählt werden. Vor ihrer Nutzung sollte zunächst für einen Validierungszeitraum anhand einer Stichprobe überprüft werden, wie gut das Modell wirklich für jeweilige Prognose geeignet ist. Um die Modellqualität zu bewerten, kommen Gütemaße, wie beispielsweise das prognostizierte Bestimmtheitsmaß R^2_{prog} oder die mittlere quadratische Abweichung (engl. Mean Square Error, MSE) zum Einsatz und werden im Laufe des Kapitels näher beleuchtet. In der Regel werden alle Gütemaße in % angegeben und nehmen Werte zwischen 0 % und 100 % an, wobei die Prognosegüte umso besser ist je größer der Zahlenwert ist. Damit beschreibt die Prognosegüte, die Fähigkeit eines Modells, vertrauenswürdige Aussagen über unbekannte Ereignisse zu machen. Je geringer die Abweichung des prognostizierten Wertes vom tatsächlichen Wert ist, umso genauer ist die Prognose und umso besser ist auch die Prognosegüte (vgl. Abb. 4.3). In Abb. 4.3 ist die Prognose eines fiktiven Merkmalswertes durchaus positiv zu bewerten, da die Abweichung Δ zwischen den vorhergesagten Werten (repräsentiert durch die orangenen Punkte) und den realen Werten (repräsentiert durch blaue Quadrate) qualitativ gering ist. Je größer dieses Delta ist, desto schlechter ist auch die Prognose.

4.1.3 Statistische Maßzahlen und Kenngrößen der Zuverlässigkeitstechnik

4.1.3.1 Arithmetischer Mittelwert μ bzw. x_m

Der arithmetische Mittelwert wird oft einfach als Mittelwert bezeichnet. Er ist eine der am häufigsten eingesetzten statistischen Kenngrößen und gibt an, wo sich ungefähr die „Mitte“

eines Datensatzes befindet. Damit entspricht er einem sogenannten Lageparameter und lässt sich aus dem Quotient der einzelnen Beobachtungen x_i und deren Gesamtzahl n [5] berechnen:

$$\mu = x_m = \frac{1}{n} \cdot \sum_{i=1}^{n} x_i. \tag{4.6}$$

Im Alltag wird der arithmetische Mittelwert als „Durchschnittswert" verwendet, beispielsweise zur Erstellung von statistischen Analysen für das Durchschnittseinkommen oder für Temperatur- und Niederschlagsentwicklung. Trotz der häufigen Anwendung des Mittelwerts zur Charakterisierung eines Datensatzes sind sich viele Anwender über die Tücken des Lageparameters nicht bewusst. Ein entscheidender Nachteil dieser Kenngröße liegt in ihrer Empfindlichkeit gegenüber Messwerten, die nicht zu den übrigen Messwerten passen. Diese Messwerte werden in der Statistik als „Ausreißer" bezeichnet. Im Allgemeinen handelt es sich dabei um einen besonders großen oder kleinen Messwert. Ausreißer wirken sich stark auf den arithmetischen Mittelwert aber auch auf einige Streuungsmaße, wie beispielsweise die Varianz (siehe unten) aus und können vor allem bei der Modellierung zu falschen Aussagen führen. Liegt die Vermutung nahe, dass es sich bei dem vorliegenden Messwert um einen Ausreißer handeln könnte, kann dies mit Hilfe statistischer Verfahren untersucht werden.

Diese Empfindlichkeit des Mittelwertes gegenüber Ausreißern lässt sich am einfachsten anhand des folgenden Beispiels verdeutlichen: Abb. 4.4 veranschaulicht exemplarisch den Aufbau eines Kugellagers. Im Wesentlichen besteht jedes Wälzlager aus den Wälzkörpern, wie zum Beispiel Kugeln, Nadeln oder Kegelrollen, die in einem Käfig geführt werden. Neben Dichtungen und dem Schmierstoff, besitzt jedes Wälzlager einen Innen- und einen Außenring mit den Wälzkörperlaufbahnen. Über die Wälzkörperlaufbahnen rollen die Wälzkörper zwischen dem Innen- und Außenring ab und übertragen so die Drehbewegung

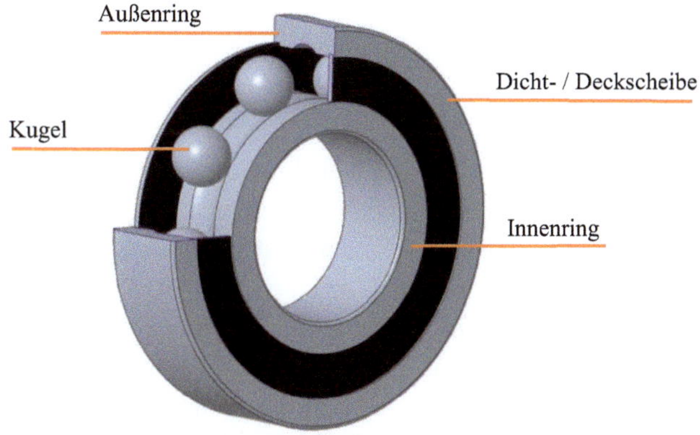

Abb. 4.4 Komponenten eines Kugellagers

Tab. 4.1 Lagerdurchmesser für den Außenring in mm

Durchmesser für den Lageraußenring in mm									
20,16	20,05	19,89	20,03	19,91	20,00	20,10	19,93	20,07	19,96

und leiten die Kräfte weiter. Bei der Herstellung des Kugellagers muss zunächst der Außenring auf den gewünschten Durchmesser gedreht werden. Damit die Funktion des Lagers im späteren Betrieb auch über einen längeren Zeitraum hinweg gewährleistet wird, muss der gesamte Fertigungsprozess eines Kugellagers eine entsprechende Qualität aufweisen. Zur Überprüfung der Fertigungsqualität wird in diesem Zusammenhang oft von einer sogenannten Messsystemanalyse (MSA) Gebrauch gemacht. Im Wesentlichen werden dabei Teile aus der laufenden Produktion entnommen und das gewünschte Kriterium vermessen und statistisch ausgewertet. Für das Kugellagerbeispiel werden nun zehn Außenringe nach einander vermessen und die Ergebnisse dokumentiert. Tab. 4.1 fasst die fiktiven Ergebnisse einer Messung des Lageraußenrings zusammen. Für die Berechnung des arithmetischen Mittelwertes werden zunächst alle vorliegenden Messergebnisse aufaddiert und durch die Gesamtzahl n der Messergebnisse dividiert:

$$x_m = \frac{1}{10} \cdot 200{,}1 = 20{,}01 \text{ mm}. \tag{4.7}$$

Damit wird bei der Herstellung des Außenrings im Durchschnitt ein Durchmesser von 20,01 mm erreicht. Warum ist aber der arithmetische Mittelwert im Allgemein nicht die beste Wahl, Daten zu beschreiben? Wird nun beispielsweise der letzte Wert für den Außendurchmesser aus Tab. 4.1 durch den Wert 199,6 mm ersetzt, so ändert sich die Summe aller Messergebnisse von 20,01 zu 37,974 mm. Das führt dazu, dass sich der Mittelwert x_m ebenfalls ändert. Aus ursprünglichen 20,01 mm werden nun 37,974 mm. Damit sind die Ergebnisse völlig unterschiedlich und in diesem Beispiel scheint der arithmetische Mittelwert keine geeignete Kennzahl zur Beurteilung der Fertigungsqualität zu sein.

4.1.3.2 Median x_{median}

Ein weiterer Lageparameter ist der Median, der den Datensatz in zwei Hälften teilt. Damit vernachlässigt er aber die Größe der einzelnen Beobachtungen, was ihn (im Gegensatz zum Mittelwert) völlig unempfindlich gegen Ausreißer macht. In der Zuverlässigkeitstechnik entspricht der Median somit derjenigen Ausfallzeit, unterhalb und oberhalb derer genau die Hälfte der Ausfälle liegen [6].

Am Beispiel des Kugellagers würde der Median damit demjenigen Messwert entsprechen, der den geordneten Datensatz in zwei gleich große Mengen teilt. Um den Median zu ermitteln, muss also der Datensatz aus Tab. 4.1 sortiert werden: 19,89 mm 19,91 mm 19,93 mm 19,96 mm 20,00 mm 20,03 mm 20,05 mm 20,07 mm 20,10 mm 20,16 mm. Da der Datensatz eine gerade Anzahl an Messwerten enthält, wird aus den beiden in der Mitte liegenden Werten der Mittelwert ermittelt. Dieser Wert bildet den gesuchten Median. Im Beispiel sind die beiden mittleren Werte, die Messergebnisse an der Position fünf und sechs im Datensatz, also 20,00 mm und 20,03 mm. Der Mittelwert aus den beiden Werten ist $(20{,}00 + 20{,}03)/2 = 20{,}015$ mm. Sollte der Datensatz eine ungerade Anzahl an Messwerten besitzen, so entspricht der Median dem Wert, der genau in der Mitte liegt. Wird nun erneut das Vorhandensein eines Ausreißers simuliert, indem der letzte Messwert durch den Wert 199,6 mm ersetzt, führt dies zu einer neuen Messreihe. Um den Median zu ermitteln, wird die Testreihe der Größe nach sortiert: 19,89 mm; 19,91 mm; 19,93 mm; 20,00 mm; 20,03 mm; 20,05 mm; 20,07 mm; 20,10 mm; 20,16 mm; 199,6 mm und der Mittelwert aus den beiden mittleren Messwerten ermittelt: $(20{,}03 + 20{,}05)/2 = 20{,}04$ mm. Damit liegt eine relative Abweichung von ca. 0,12 % vor, die vernachlässigbar klein ist. Dieses Beispiel zeigt, dass der Mittelwert stark von Ausreißern beeinflusst wird. Der Wert des Medians hingegen ändert sich trotz Ausreißern nicht.

Am einfachsten lässt sich der Median über die Ausfallwahrscheinlichkeit berechnen [6]:

$$F\left(t_{median}\right) = 0{,}5. \tag{4.8}$$

Gemäß der Definition der Ausfallwahrscheinlichkeit besagt Gl. 4.8 nichts anderes als, dass der Median demjenigen Wert entspricht, der die Fläche unterhalb der Dichtefunktion $f(t)$ exakt halbiert.

4.1.3.3 Varianz σ^2 und Standardabweichung s

Die Varianz σ^2 charakterisiert die mittlere Abweichung vom arithmetischen Mittelwert und ist damit ein Maß für die Streuung der Beobachtungen um den Mittelwert:

$$\sigma^2 = \frac{1}{n-1} \cdot \sum_{i=1}^{n} (x_i - x_m)^2 . \tag{4.9}$$

Obige Gleichung besagt, dass sich die Varianz aus der Summe quadratischer Abstände der Beobachtungen von deren Mittelwert berechnet. Damit sich die positiven und negativen Abweichungen nicht gegenseitig aufheben, werden die Abweichungen quadriert [6].

Die Standardabweichung s ergibt sich nach folgender Gleichung zu [6]:

$$s = \sqrt{\sigma^2}. \tag{4.10}$$

Die Varianz und Standardabweichung gehören zu den sogenannten Streuungsparametern. In der Zuverlässigkeitstechnik werden zur eindeutigen Charakterisierung von Lebensdauerdaten weitere Kenngrößen verwendet. Die am häufigsten verwendete Kenngröße ist die sogenannte B_q-Lebensdauer.

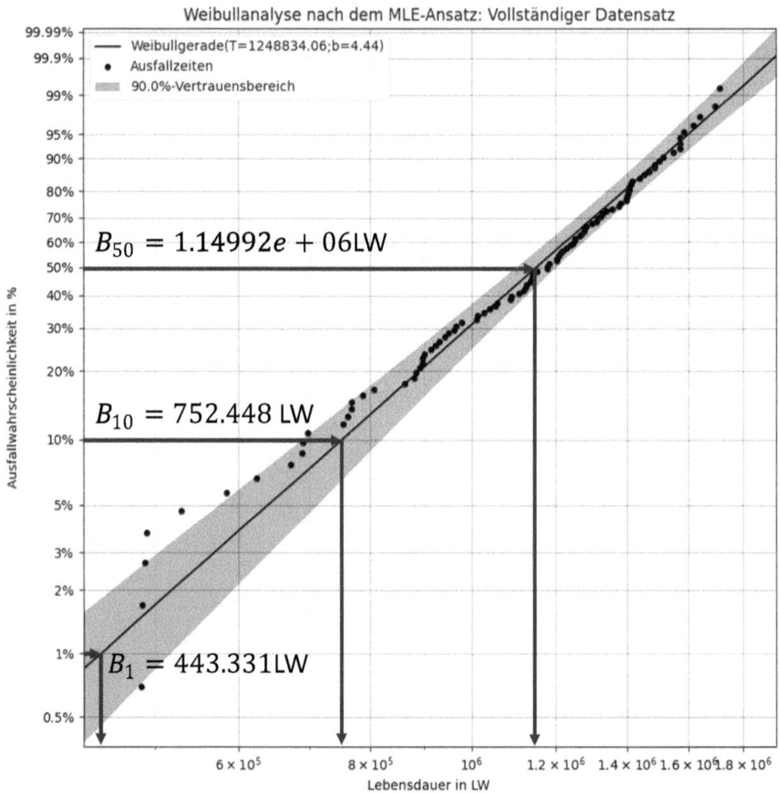

Abb. 4.5 Veranschaulichung der B_q-Lebensdauer anhand eines fiktiven Beispiels

4.1.3.4 B_q-Lebensdauer

Die B_q-Lebensdauer legt dabei den Zeitpunkt fest, bei dem bereits ein Anteil von $q\%$ der gesamten Einheiten ausgefallen ist [6]. In der Praxis wird oft der Nachweis einer B_q-Lebensdauer als Maß für die Zuverlässigkeit eines Produkts gefordert. Liegt beispielsweise eine B_1-Lebensdauer von 2 Mio. Lastwechsel vor, so bedeutet es, dass zum Zeitpunkt von 2 Mio. Lastwechsel 1 % der gesamten Teile bereits ausgefallen sind. Wie in Abb. 4.5 zu erkennen ist, bezieht sich die B_q-Lebensdauer immer auf den Medianwert. Im Falle einer zweiparametrischen Weibullverteilung entspricht das dem Wert, der sich aus dem Schnittpunkt der Horizontalen bei $q\%$ und der Weibullgerade ergibt.

4.1.4 Wichtigste Lebensdauerverteilungen und deren Charakteristika

Zur mathematischen Darstellung des zeitlichen Verlaufs von Ausfällen, werden Verteilungsfunktionen verwendet. Dabei wird angestrebt, das Ausfallverhalten der zu untersuchenden Einheiten möglichst genau abzubilden. In der Zuverlässigkeitstechnik kann das Ausfallverhalten mittels Verteilungsfunktionen (kurz: Verteilungen) mathematisch beschrieben werden. Im Folgenden werden die beiden wichtigsten Lebensdauerverteilungen vorgestellt: die Logarithmische Normalverteilung und die Weibullverteilung.

4.1.4.1 Logarithmische Normalverteilung

Eine positive Zufallsgröße X ist dann logarithmisch normalverteilt falls $\ln(X) \sim N\left(\mu, \sigma^2\right)$ gilt. Ist also der natürliche Logarithmus einer Zufallsgröße X annähernd normalverteilt, mit den Parametern μ und σ^2, so unterliegt diese Zufallsgröße einer logarithmischen Normalverteilung. Mathematisch formuliert bedeutet es Folgendes:

$$X \sim \ln\left(\mu, \sigma^2\right) \Leftrightarrow \ln(X) \sim \mathrm{N}\left(\mu, \sigma^2\right). \tag{4.11}$$

Auch wenn der obere mathematische Ausdruck auf den ersten Blick kompliziert und nur schwer zugänglich erscheint, so fasst er lediglich die obere Beschreibung der logarithmischen Normalverteilung, die auch als Lognormalverteilung bezeichnet wird, kurz und übersichtlich zusammen. Bei den beiden Verteilungsparametern handelt es sich um die bereits eingeführten Lageparameter μ und dem Streuungsparameter σ^2 der Normalverteilung.

Die Ausfallwahrscheinlichkeit $F(t)$ der logarithmischen Normalverteilung lässt sich nach [7] wie folgt berechnen:

$$F(t) = \int_o^t \frac{1}{\tau \cdot \sqrt{2 \cdot \pi}} \exp - \frac{(\ln(\tau) - \mu)^2}{2 \cdot \sigma^2} d\tau. \tag{4.12}$$

Aus der Ausfallwahrscheinlichkeitsfunktion lässt sich die Ausfalldichte $f(t)$ bestimmen [7]:

$$f(t) = \frac{1}{t \cdot \sigma\sqrt{2 \cdot \pi}} \exp - \frac{(\ln(t) - \mu)^2}{2 \cdot \sigma^2}. \tag{4.13}$$

Die Ausfallrate ergibt sich durch den Quotient aus der Dichtefunktion und der Zuverlässigkeitsfunktion $\lambda = \frac{f(t)}{R(t)} = \frac{f(t)}{1-F(t)}$. Auf eine geschlossene Form soll hier verzichtet werden. Die Verteilungsfunktionen sind in Abb. 4.6 visualisiert.

4.1.4.2 Weibullverteilung

Die am häufigsten eingesetzte Verteilungsform in der Zuverlässigkeitstechnik ist die sogenannte Weibullverteilung. Sie erlaubt eine realitätsnahe Beschreibung von unterschiedlichem Ausfallverhalten. Ihre Entwicklung geht auf den schwedischen Forscher W. Weibull (1887–1979) zurück und wurde erstmalig für den Schadensmechanismus „Werkstoffermüdung" angewandt [5]. Mittels der Weibullverteilung ist es möglich Lebensdauerverteilungen mit monoton fallender, konstanter und monoton wachsender Ausfallrate zu beschreiben, die im Falle der Früh-, der Zufalls- und der Verschleiß- und

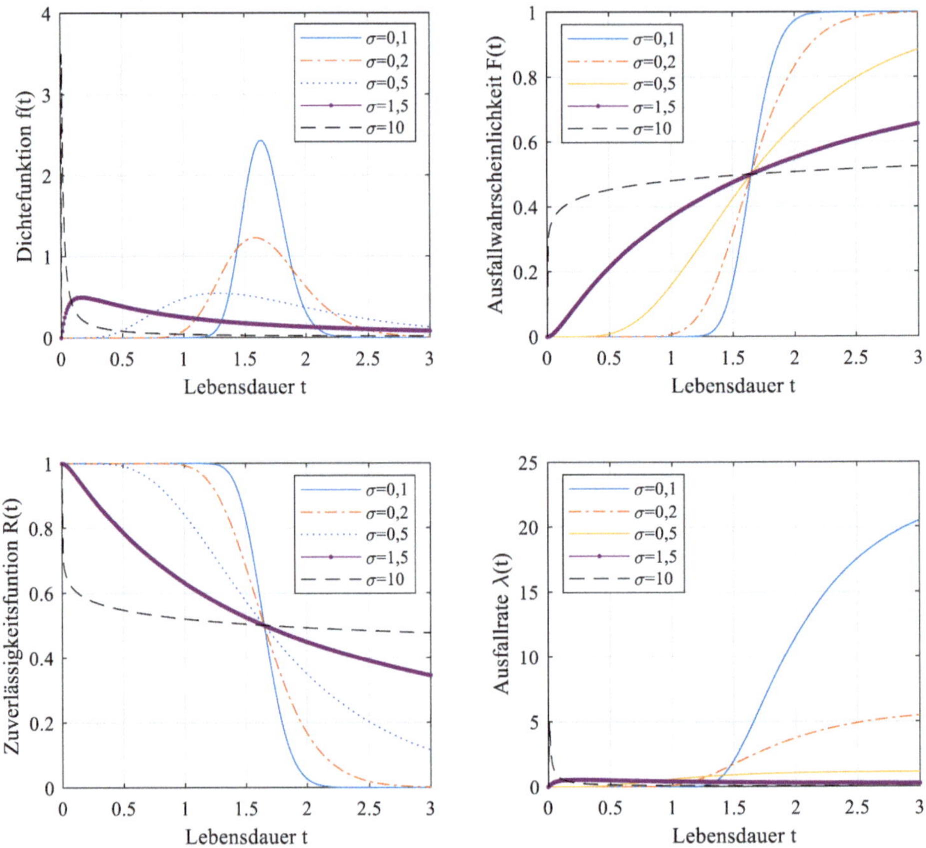

Abb. 4.6 Funktionen der logarithmischen Normalverteilung

Ermüdungsausfälle vorliegen. Aufgrund der Flexibilität der Weibullverteilung, wird sie häufig zur Charakterisierung der Lebensdauer mechanischer Bauteile angewendet [7]. Die Weibullverteilung existiert als zweiparametrische oder dreiparametrische Verteilung. Die Verläufe der Verteilungsfunktion sind dabei von bis zu drei Parametern abhängig. Im Falle der zweiparametrischen Weibullverteilung zählen dazu der Formparameter b, als Maß für die Streuung der Ausfallzeiten, der auch als Ausfallsteilheit bzw. Streuparameter bezeichnet wird und die charakteristische Lebensdauer T zur Definition der Lage der Verteilung [6].

Bei der dreiparametrischen Verteilung muss zusätzlich die sogenannte ausfallfreie Zeit t_0 berücksichtigt werden, die auf dem Intervall $(0, t_0]$ definiert ist. Dieser Parameter legt den Zeitpunkt fest, ab dem die Ausfälle beginnen. Damit bewirkt der Parameter t_0 eine Verschiebung der Verteilung längs der Zeitachse. Bei der zweiparametrischen Weibullverteilung werden die Ausfälle stets ab dem Zeitpunkt $t_0 = 0$ beschrieben [6].

In diesem Buch soll lediglich die zweiparametrische Weibullverteilung zum Einsatz kommen. Auf die ausführliche Erklärung der dreiparametrischen Weibullverteiung wird an dieser Stelle verzichtet. Die entsprechenden Funktionen der Weibullverteilung lassen sich gemäß den Gl. 4.14 bis 4.17 für die zweiparametrische Verteilung berechnen.

Die Zuverlässigkeitsfunktion einer zweiparametrischen Weibullverteilung ist wie folgt definiert [6]:

$$R(t) = e^{-\left(\frac{t}{T}\right)^b}. \tag{4.14}$$

Die Ausfallwahrscheinlichkeit $F(t)$, die auch als Verteilungsfunktion bezeichnet wird, ist das Komplement der Zuverlässigkeit $R(t)$. Diese berechnet sich zu [6]:

$$F(t) = 1 - e^{-\left(\frac{t}{T}\right)^b}. \tag{4.15}$$

Die Dichtefunktion $f(t)$ ist definitionsgemäß die zeitliche Ableitung der Verteilungsfunktion $F(t)$ [6]:

$$f(t) = \frac{dF}{dt} = \frac{b}{T} \cdot \left(\frac{t}{T}\right)^{b-1} \cdot e^{-\left(\frac{t}{T}\right)^b}. \tag{4.16}$$

Vereinfacht gesagt, gibt die Dichtefunktion Auskunft darüber, wie die vorliegenden Daten verteilt sind und in welchem Bereich die meisten Werte liegen. Am Beispiel der Abb. 4.7 lässt sich so unter anderem erkennen, dass für die zweiparametrische Weibullverteilung mit dem Formparameter $b = 2{,}5$ die Lebensdauer von ca. $t = 2$ am häufigsten auftritt und dass die restlichen Lebensdauern zwischen $t = 0$ und $t = 5$ streuen.

Eine weitere statistische Kenngröße ist die Ausfallrate. Diese ergibt sich nach [6] als Quotient aus Dichte- und Zuverlässigkeitsfunktion zu:

$$\lambda(t) = \frac{f(t)}{R(t)} = \frac{b}{T} \cdot \left(\frac{t}{T}\right)^{b-1}. \tag{4.17}$$

In Abb. 4.7 sind die Funktionen der zweiparametrischen Weibullverteilung mit $T = 1$ für diverse Formparameter b dargestellt. Die Ausfallwahrscheinlichkeiten $F(t)$ (siehe Abb. 4.7) sind für $b > 1$ durch einen s-förmigen Kurvenverlauf gekennzeichnet. Die grafische Darstellung dieser Verläufe lässt sich mittels dem sogenannten Weibull-Wahrscheinlichkeitspapier realisieren und so das Ausfallverhalten auf eine einfache grafische Weise darstellen. Das Weibull-Wahrscheinlichkeitsnetz besteht aus zwei unterschiedlich skalierten Achsen. Dabei ist die Abszisse logarithmisch geteilt, während die Ordinate eine doppellogarithmische Skalierung aufweist. Diese unterschiedliche Skalenteilung bewirkt die Umwandlung der Kurven der Ausfallwahrscheinlichkeiten $F(t)$ in Geraden (für Details, siehe [6]).

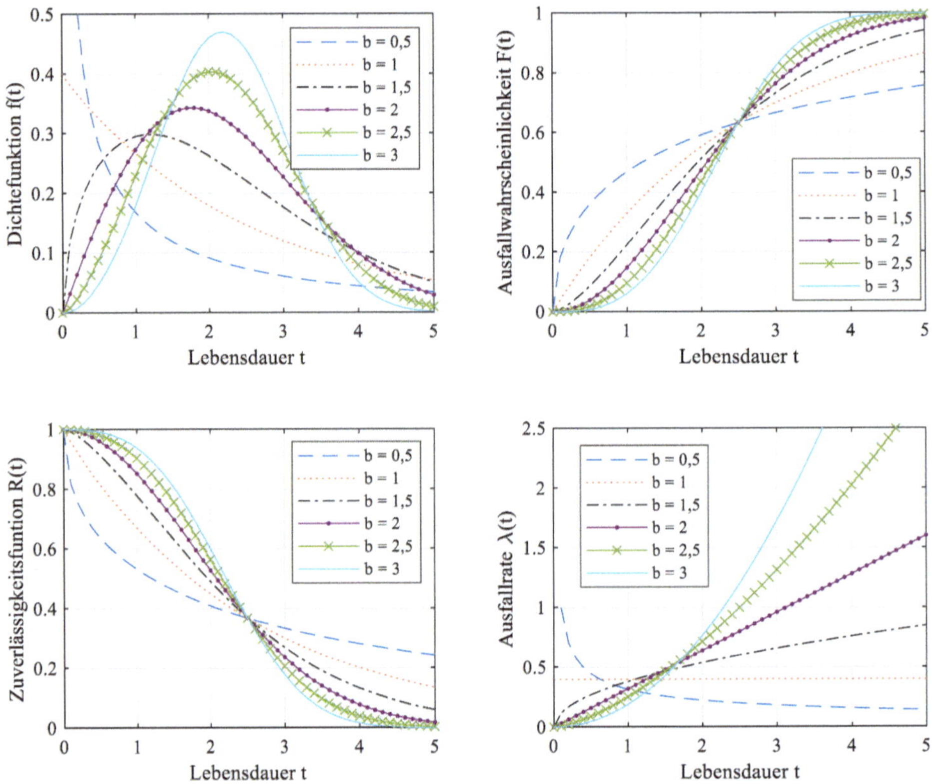

Abb. 4.7 Funktionen der zweiparametrischen Weibullverteilung

4.1.5 Parameterbestimmung

4.1.5.1 Methode der kleinsten Fehlerquadrate

Die Methode der kleinsten Fehlerquadrate (engl. Least Square Estimation) wurde von Carl Friedrich Gauß entwickelt und bildet die Grundlage der Regressionsrechnung. Dabei wird zu einer Menge von Datenpunkten eine mathematische Funktion derart bestimmt, dass diese möglichst nahe an den Datenpunkten liegt und sich damit ideal den Daten anpasst (siehe Abb. 4.8). Damit wird die Abhängigkeit einer Variablen y, die auch als Zielvariable oder auch als Regressant bezeichnet wird, von einer Variablen x, dem Regressor mathematisch beschrieben. Wobei x auch ein Vektor sein kann. Diese Abhängigkeit ist dann durch die xy-Regressionsfunktion gegeben, die sich inklusive der Datenpunkte (x_i, y_i) in einem xy-Koordinatensystem als Streudiagramm darstellen lässt [5, 6, 8]. In der Zuverlässigkeitstechnik repräsentieren die Datenpunkte Ausfallzeiten t_i mit den zugehörigen Ausfallwahrscheinlichkeiten $F(t_i)$. Werden diese Wertepaare $(t_i, F(t_i))$ in einem

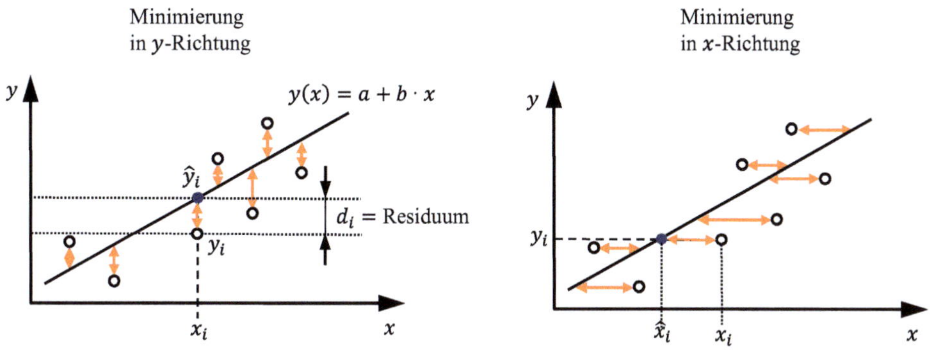

Abb. 4.8 Veranschaulichung der Methode der kleinsten Fehlerquardate. (©Alexander Kremer 2022. All Rights Reserved)

Diagramm eingetragen, führt dies ebenso zu einer Punktewolke. Liegt beispielsweise eine zweiparametrische Weibullverteilung vor, dann werden die unbekannten Parameter b und T entsprechend so geschätzt, dass die Abweichung zwischen der Weibullgeraden und den eigentlichen Datenwerten minimal ist.

Generell wird dann von einer linearen Regression gesprochen, sofern eine optimale Anpassung der Punktewolke durch eine Regressionsgerade, also einem Polynom erster Ordnung, $\hat{y} = \hat{a} + \hat{b} \cdot x$ realisierbar ist. Andernfalls spricht man von einer nicht-linearen Regression. Hierbei wird die Abweichung, also die Differenz d_i zwischen den beobachteten Merkmalen y_i und der durch das Regressionsmodell geschätzten Merkmale $\hat{y}_i$ als Residuum bezeichnet (linke Grafik in Abb. 4.8). Dabei sei gesagt, dass es sich bei dem hier beschriebenen Fall um eine Minimierung des Fehlers in y-Richtung handelt. Es ist ebenso möglich, den Fehler in x-Richtung zu minimieren (vgl. rechte Grafik in Abb. 4.8) [5].

Wie bereits oben erwähnt, ist eine gute Anpassung der Ausgleichskurve an die vorliegenden Wertepaare dann gegeben, wenn die Summe der quadratischen Abweichungen SSE (engl. sum of squared errors) minimal wird. Für die Minimierung von SSE in y-Richtung gilt [8]:

$$SSE\,(a,b) = \sum_{i=1}^{n} d_i^2 = \sum_{i=1}^{n} \left(y_i - \hat{y}_i\right)^2 . \tag{4.18}$$

Das Einsetzen der Regressionsgerade $\hat{y} = \hat{a} + \hat{b} \cdot x$ in Gl. 4.18 liefert:

$$SSE\,(a,b) = \sum_{i=1}^{n} (y_i - (a + b \cdot x_i))^2 \overset{!}{=} \min_{a,b} SSE\,(a,b) . \tag{4.19}$$

Um nun SSE (linker Ausdruck in Gl. 4.19) zu minimieren, muss die Funktion $SSE(a, b)$ nach den Parametern a und b partiell abgeleitet und die partiellen Ableitungen zu Null gleich gesetzt werden. Daraus resultiert ein lineares Gleichungssystem. Nach [5,8] gilt:

$$\hat{a} = \bar{y} - \hat{b} \cdot \bar{x} \tag{4.20}$$

und

$$\hat{b} = \frac{\sum_{i=1}^{n} (x_i - \bar{x}) \cdot (y_i - \bar{y})}{\sum_{i=1}^{n} (x_i - \bar{x})^2} = \frac{\sum_{i=1}^{n} x_i \cdot y_i - n \cdot \bar{x} \cdot \bar{y}}{\sum_{i=1}^{n} x_i^2 - n \cdot \bar{x}^2}. \tag{4.21}$$

Die Minimierung von SSE in x-Richtung erfolgt analog der oberen Berechnung. Dazu muss lediglich in Gl. 4.18 bis 4.21 y durch x getauscht werden.

4.1.5.2 Maximum-Likelihood-Schätzung

Eine weitere Möglichkeit die unbekannten Verteilungsparameter zu ermitteln ist die auf Sir. Ronald Fisher zurückgehende Methode: Maximum-Likelihood-Schätzung (engl. Maximum Likelihood Estimation, MLE). Der Kerngedanke des Ansatzes lässt sich wie folgt erläutern: Ausgehend von einer Stichprobe wird die Verteilung der Daten angenommen. Nun werden die Parameter der Schätzfunktion so gewählt, dass die Wahrscheinlichkeit, genau die beobachteten Werte zu erhalten, maximal ist. Im übertragenen Sinn wird also das Maximum einer Funktion gesucht, die sich auf diese Wahrscheinlichkeit bezieht, daher auch der Name Maximum-Likelihood.

Mathematisch wird also die Wahrscheinlichkeit der Realisierungen $t_1, \ldots, t_n$ einer Stichprobe bestimmt, die durch die sogenannte Likelihoodfunktion L, mit den unbekannten Parametern $\theta^k = (\theta_1, \ldots, \theta_k)$ gegeben ist [5,6]:

$$L\left(t_1, \ldots, t_n \mid \theta^k\right) = \prod_{i=1}^{n} f\left(t_i \mid \theta^k\right). \tag{4.22}$$

Dabei stellt θ^k einen unbekannten Parametervektor einer Wahrscheinlichkeitsdichtefunktion $f(t)$ dar. Die Grundidee ist nun, für eine gegebene Verteilung $f\left(t_i \mid \theta^k\right)$ die wahrscheinlichsten Werte der Parameter zu erhalten, welche die Daten aus der Stichprobe am Besten beschreiben. Zur Vereinfachung der Berechnung, wird oft die Likelihoodfunktion L logarithmiert [5,6,9]:

$$\Lambda := \ln\left[L\left(t_1, \ldots, t_n \mid \theta^k\right)\right] = \sum_{i=1}^{n} \ln\left[f\left(t_i \mid \theta^k\right)\right]. \tag{4.23}$$

Analog zum LS-Ansatz, erfolgt im nächsten Schritt die Maximierung der Likelihood- bzw. logarithmischen Likelihoodfunktion, indem diese nach jedem der unbekannten

Parameter partiell differenziert wird und diese partiellen Ableitungen gleich Null gesetzt werden [5, 6]:

$$\frac{\partial \ln \left[L\left(t_1, ..., t_n \mid \theta^k\right)\right]}{\partial \theta} = \sum_{i=1}^{n} \frac{\partial \ln \left[f\left(t_i \mid \theta^k\right)\right]}{\partial \theta_i} \stackrel{!}{=} 0, \ \forall i = 1, ..., k. \tag{4.24}$$

An der Stelle sei darauf hingewiesen, dass in der Praxis die bereits mehrmals erwähnten Wertepaare (also die Wahrscheinlichkeitspunkte) in Wahrscheinlichkeitsdiagrammen anhand von Medianrängen dargestellt werden, während die Wahrscheinlichkeitsfunktion selbst gemäß dem jeweiligen Verfahren (also beispielsweise MLE, siehe dazu beispielsweise [10]). Wie die obigen Gleichungen zeigen, ist das MLE-Verfahren unabhängig von Rangzahlen. Aus diesem Grund scheint die MLE-Lösung den Daten im Wahrscheinlichkeitsnetz häufig nicht zu folgen. Dies ist vollkommen akzeptabel, da die beiden Methoden unabhängig voneinander arbeiten. Es ist kein Indiz dafür, dass die Lösung für die geschätzten Parameter falsch ist.

In der Praxis können jedoch folgende Probleme auftreten:

1. Die Likelihood-Funktion kann mehrere lokale Maxima haben. Durch den Ansatz allein ist nicht sichergestellt, dass tatsächlich das absolute (globale) Maximum gefunden wird.
2. Manchmal hat (bei gegebenen Daten) die Likelihood-Funktion tatsächlich kein Maximum und die (iterative) Schätzung konvergiert nicht.

Für vollständige Datensätze liefern sowohl die LSE-Methode als auch die MLE-Methode vergleichbare Ergebnisse. Typischerweise weisen viele Zuverlässigkeitsanwendungen zensierte Datensätze kleinerer oder mittlerer Größenordnung auf. Umfassende Simulationsstudien zeigen, dass der MLE-Ansatz bei kleinen Stichproben, in denen nur wenige Ausfälle auftreten, gegenüber der LS-Methode zu bevorzugen ist [11–13]. Dies liegt darin begründet, dass die Streuungsparameter durch die fehlenden Informationen durch die Zensierung bei der Ermittlung mit LS insgesamt unterschätzt werden, was zu deutlich pessimistischeren Zuverlässigkeitsprognosen führt. Einer der großen Vorteile von MLE ist, dass die Schätzungen mit zunehmendem Stichprobenumfang gegen die richtigen Werte konvergieren. In der Statistik wird hier von einem konsistenten Schätzer gesprochen [14]. Hinzu kommt, dass MLE für große Stichproben die genauesten Schätzungen liefert (asymptotische Effizienz) [15]. Außerdem folgen die geschätzten Parameter bei großen Stichproben einer Normalverteilung, was die Grundlage für ein Fisher-Vertrauensintervall ist (vgl. Abschn. „Das Fisher-Vertrauensintervall“). Damit ist MLE gerade bei großen Stichproben ggü. dem LS-Ansatz unschlagbar [11]. Bei kleinen Stichproben kann MLE dagegen stark verzerrte Schätzungen liefern. Beispielsweise ist bei der Weibullverteilung bekannt, dass die Schätzung des Formparameters bei kleinen Stichproben stark verzerrt sein kann. Dieser Effekt kann je nach Zensierungsgrad verstärkt werden [16, 17]. Nichts desto trotz, ist diese Verzerrung unter Umständen sehr gering und verschwindet, sobald der Stichprobenumfang steigt [18].

Beispiel Nr. 1: Parameterschätzung einer zweiparametrischen Weibullverteilung nach dem Maximum-Likelihood-Ansatz
Mit der Dichtefunktion einer zweiparametrischen Weibullverteilung, lässt sich die Likelihoodfunktion L entwickeln:

$$f(t) = \frac{b}{T} \cdot \left(\frac{t}{T}\right)^{b-1} \cdot e^{-\left(\frac{t}{T}\right)^b}. \tag{4.25}$$

Die Anwendung von Gl. 4.22 führt zu:

$$L(T, b, t_i) = \prod_{i=1}^{n} \frac{b}{T} \cdot \left(\frac{t_i}{T}\right)^{b-1} \cdot e^{-\left(\frac{t_i}{T}\right)^b}. \tag{4.26}$$

Die Maximierung der Likelihoodfunktion $L(T, b)$ ist äquivalent zur Maximierung der logarithmischen Likelihoodfunktion $\Lambda(T, b) = \ln(L(T, b))$:

$$\Lambda(T, b, t_i) = \sum_{i=1}^{n} \ln\left[\frac{b}{T} \cdot \left(\frac{t_i}{T}\right)^{b-1} \cdot e^{-\left(\frac{t_i}{T}\right)^b}\right]$$

$$= \sum_{i=1}^{n} \left[\ln(b) - \ln(T) + (b-1) \cdot \ln(t_i) - (b-1) \cdot \ln(T) - \left(\frac{t_i}{T}\right)^b\right]$$

$$= \sum_{i=1}^{n} \left[\ln(b) + (b-1) \cdot \ln(t_i) - b \cdot \ln(T) - \left(\frac{t_i}{T}\right)^b\right]$$

$$= \ln(b) - b \cdot \ln(T) + (b-1) \cdot \sum_{i=1}^{n} \ln(t_i) - \sum_{i=1}^{n} \left(\frac{t_i}{T}\right)^b \tag{4.27}$$

Um die log. Likelihood in Gl. 4.27 zu maximieren, werden partielle Ableitungen erster Ordnung gebildet:

$$\frac{\partial \Lambda(T, b, t_i)}{\partial T} \sum_{i=n}^{n} \left[-\frac{(b-1)}{(t_i)} + \left(\frac{b}{T}\right) \cdot \left(\frac{t_i}{T}\right)^{b-1}\right] \stackrel{!}{=} 0 \tag{4.28}$$

$$\frac{\partial \Lambda(T, b, t_i)}{\partial b} \sum_{i=n}^{n} \left[-\frac{b}{T} + \left(\frac{b}{T}\right) \cdot \left(\frac{t_i}{T}\right)^{b}\right] \stackrel{!}{=} 0 \tag{4.29}$$

Die Schätzwerte $\hat{T}$ und $\hat{b}$ können durch das Lösen der Gleichungen 4.28 und 4.29 mit Hilfe numerischer Verfahren ermittelt werden (für Details, siehe z. B. [9, 19]).

4.1.6 Konfidenzintervalle

4.1.6.1 Einführung in die Vertrauensintervalle

Ein Konfidenzintervall, auch als Vertrauensintervall bezeichnet, wird immer im Zusammenhang mit einer Zufallsgröße gesehen und charakterisiert die Genauigkeit der geschätzten Zufallsgröße. Er gibt an, in welchem Zahlenbereich sich der „wahre“ Wert einer Zufallsgröße mit einer gewissen Wahrscheinlichkeit befindet, wenn unendlich viele Stichproben untersucht werden. Typischerweise wird der Vertrauensbereich in Form einer Wahrscheinlichkeit P_A angegeben. Dieser Wert entspricht der statistischen Sicherheit und wird als Aussagewahrscheinlichkeit bezeichnet [7, 20]. Werden beispielsweise die unbekannten Parameter b und T einer zweiparametrischen Weibullverteilung geschätzt, so sagt ein 95 %-Konfidenzintervall für jeden der beiden Parameter Folgendes aus: Mit einer Wahrscheinlichkeit von 95 % liegen die „wahren“ Parameter innerhalb des ermittelten Intervalls. Allerdings besteht immer noch ein Restrisiko von 5 %, bei dem die „wahren“ Parameter außerhalb des Konfidenzintervalls liegen können. Dieses Restrisiko wird in der Statistik als Irrtumswahrscheinlichkeit α bezeichnet. Analog dazu würde ein Konfidenzintervall von 100 % die absolute Sicherheit dafür ergeben, dass der unbekannte „wahre“ Wert der beiden Verteilungsparameter sich innerhalb des Intervalls befindet. Das muss auch so sein, denn in diesem Fall enthält das Konfidenzintervall alle möglichen Werte der Zufallsvariablen.

Um das Verständnis hinsichtlich eines Konfidenzintervalls zu verstärken, stelle man sich folgendes Gedankenexperiment vor: Ein Ingenieur möchte wissen, wie gut das von ihm entwickelte Zahnriemengetriebe ist. Er plant nach den Aspekten der Zuverlässigkeitstechnik einen Lebensdauerversuch mit einer Stichprobe von $n = 10$ Zahnriemengetrieben und wertet die Versuchsergebnisse aus. Das Ergebnis ist eine Weibullgerade (siehe Abb. 4.9a). Das Problem an der Auswertung ist jedoch, dass diese eine Weibullgerade eben die eine getestete Stichprobe von zehn Zahnriemengetrieben repräsentiert. Nicht mehr und nicht weniger. Wird nun der Versuch mit zehn weiteren, vergleichbaren Zahriemengetrieben, unter vergleichbaren Versuchsbedingungen wiederholt, resultiert daraus ein weiterer Datensatz. Dieser wird sich von dem vorherigen unterscheiden, was in einer etwas anderen Weibullgerade resultiert. Eine entsprechende Wiederholung dieses Szenarios mündet in einer Kurvenscharr an Weibullgeraden (Abb. 4.9b). Wird nun die Lebensdauerachse diskretisiert, lässt sich zu jedem Diskretisierungszeitpunkt eine Dichtefunktion $f(F(t = const.))$ definieren (siehe Abb. 4.9b). Die Auswertung der Quantile dieser Verteilungen liefert so die (Median-)Weibullgerade inkl. der oberen und unteren Vertrauensgrenze (Abb. 4.9c).

Ein Konfidenzintervall berücksichtigt damit die stichprobenbedingten Abweichungen und gibt Hinweise darauf, wie hoch diese Abweichungen zu erwarten sind. Mit anderen Worten: Solange ein Vertrauensintervall nicht berücksichtigt wird, gelten alle statistischen Analysen und daraus getroffenen Schlussfolgerungen für die untersuchte Stichprobe. Um diese Aussage von der Stichprobe auf die Grundgesamtheit zu übertragen, ist ein Konfidenzintervall essentiell.

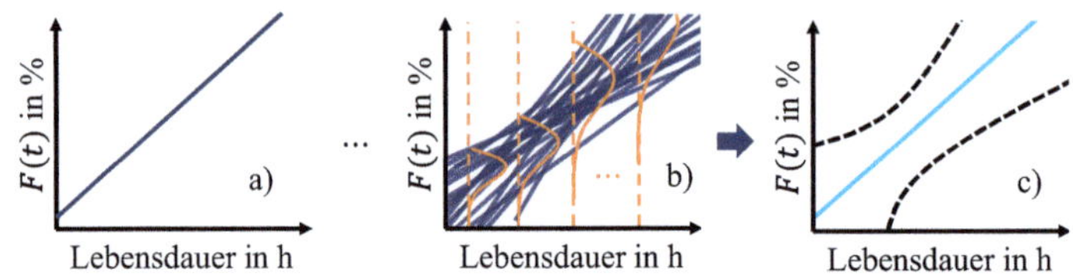

Abb. 4.9 Übertragung der Ergebnisse auf die Grundgesamtheit: Der Vertrauensbereich. (©Alexander Kremer 2022. All Rights Reserved)

Die Breite eines Konfidenzintervalls gibt Aufschlüsse über die Höhe dieser Abweichungen. Im Allgemeinen haben alle Konfidenzintervalle unterschiedliche Breiten, die in Abhängigkeit des eingesetzten Verfahrens und der Stichprobengröße, stark variieren können. Breite Konfidenzintervalle implizieren eine hohe Unsicherheit bei der Schätzung einer „wahren" statistischen Größe und sind daher auch ungünstig für Lebensdauerprognosen.

In der Zuverlässigkeitstechnik werden Konfidenzintervalle oft für Zuverlässigkeitskenngrößen, wie der B_q-Lebensdauer oder für ganze Zuverlässigkeitsfunktionen $R(t)$ angegeben. Dabei ist es gar nicht einmal so selten, dass der Vertrauensbereich beispielsweise für die geschätzten Modellparameter oder für die Ausfallwahrscheinlichkeitsfunktion $F(t)$ auf einer kleinen Stichprobe beruht. Gerade wenn die Schätzung der Ausfallwahrscheinlichkeit auf Grundlage einer kleinen Datenbasis erfolgt, könnte man die Relevanz eines Vertrauensintervalls in Frage stellen. Warum ein Vertrauensbereich dennoch nicht vernachlässigt werden darf, wird weiter unten anhand von zwei Beispielen geklärt.

Im Allgemeinen wird zwischen einem einseitigen und einem zweiseitigen Vertrauensintervall unterschieden, je nach dem, ob eine untere bzw. eine obere Grenze oder beide Grenzen benötigt werden (siehe Abb. 4.10). Mathematisch lässt sich die Wahrscheinlichkeit dafür, dass eine durch die Dichtefunktion $f(x)$ definierte Zufallsgröße X innerhalb eines Intervalls $[x_u, x_o]$ liegt, durch $P(x_u \leq X \leq x_o)$ beschreiben [20]. Vereinfacht ausgedrückt, kann ein Vertrauensintervall für die Ausfallwahrscheinlichkeit als der Flächeninhalt unterhalb der Dichtefunktion über der Ausfallwahrscheinlichkeit berechnet werden (vgl. Abb. 4.10).

4.1.6.2 Mathematischen Grundlagen zur Ermittlung von Vertrauensintervallen

Nach [21] sind nicht zuletzt folgende Ansätze zur Berechnung von Vertrauensintervallen zu nennen: Vertrauensbereich nach Fisher, Beta-Binomial-Vertrauensbereich, Likelihood-Ratio-Vertrauensbereich, der Bayes-Vertrauensbereich sowie der Vertrauensbereich nach der Monte-Carlo-Methode und nach dem Bootstrapping-Ansatz. Diese Ansätze lassen sich in analytische, approximierte und simulative Methoden einteilen [4, 19, 21]. Die beiden populärsten Ansätze, nämlich der Fisher-Vertrauensbereich sowie das Bootstrapping-Vertrauensintervall, werden im Weiteren näher erläutert.

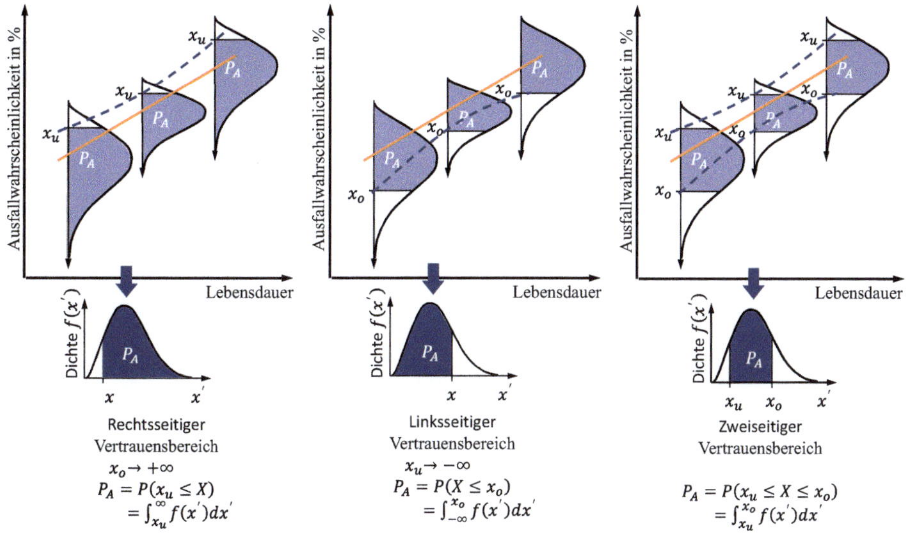

Abb. 4.10 Linksseitiger, rechtsseitiger und beidseitiger Vertrauensbereich

Das Fisher-Vertrauensintervall

Die Grundlage eines Fisher-Vertrauensintervalls bildet die Berechnung aller partiellen Ableitungen zweiter Ordnung der logarithmischen Likelihoodfunktion der Stichprobe in Bezug auf die Modellparameter [4]. Danach folgt die Erstellung einer symmetrischen Matrix der negativen partiellen Ableitungen:

$$I := \begin{pmatrix} -\frac{\partial^2 \Lambda}{\partial \theta_1^2} & -\frac{\partial^2 \Lambda}{\partial \theta_1 \partial \theta_2} & \cdots & -\frac{\partial^2 \Lambda}{\partial \theta_1 \partial \theta_k} \\ -\frac{\partial^2 \Lambda}{\partial \theta_2 \partial \theta_1} & -\frac{\partial^2 \Lambda}{\partial \theta_2^2} & \cdots & -\frac{\partial^2 \Lambda}{\partial \theta_2 \partial \theta_k} \\ \vdots & \vdots & \ddots & \vdots \\ -\frac{\partial^2 \Lambda}{\partial \theta_k \partial \theta_1} & -\frac{\partial^2 \Lambda}{\partial \theta_k \partial \theta_2} & \cdots & -\frac{\partial^2 \Lambda}{\partial \theta_k^2} \end{pmatrix}, \quad (4.30)$$

mit der Fisher Informations-Matrix I und der logarithmischen Likelihoodfunktion Λ. Die Auswertung der Matrix in Gl. 4.30 an den Stellen $\theta_i = \hat{\theta}_i$ $(i = 1, 2, ..., k)$, die mit dem MLE-Verfahren geschätzt sind, liefert den lokalen Schätzer der Fisher-Infomations-Matrix. Diese wird dann korrekterweise mit $\hat{I}$ deklariert. Wird im Anschluss die lokale Fisher-Informationsmatrix $\hat{I}$ zu $\hat{I}^{-1}$ invertiert, kann die Varianz für $\hat{\theta}_i$ $(i = 1, 2, ..., k)$ nach folgender Beziehung geschätzt werden:

$$\hat{\sum} = \begin{pmatrix} \hat{Var}\left(\hat{\theta}_1\right) & \hat{Cov}\left(\hat{\theta}_1, \hat{\theta}_2\right) & \ldots & \hat{Cov}\left(\hat{\theta}_1, \hat{\theta}_k\right) \\ \hat{Cov}\left(\hat{\theta}_2, \hat{\theta}_1\right) & \hat{Var}\left(\hat{\theta}_2\right) & \ldots & \hat{Cov}\left(\hat{\theta}_2, \hat{\theta}_k\right) \\ \vdots & \vdots & \ddots & \vdots \\ \hat{Cov}\left(\hat{\theta}_k, \hat{\theta}_1\right) & \hat{Cov}\left(\hat{\theta}_k, \hat{\theta}_2\right) & \ldots & \hat{Var}\left(\hat{\theta}_k\right) \end{pmatrix} = \hat{I}^{-1} \tag{4.31}$$

Der zweiseitige $100 \cdot (1-\alpha)$ %-Vertrauensbereich für die Modellparameter θ_i ergibt sich zu [4]:

$$[\theta_{i,u}, \theta_{i,o}] = \hat{\theta}_i \pm Z_{1-\alpha/2} \cdot \sqrt{\hat{Var}\left(\hat{\theta}_i\right)}, i = 1, 2, ..., k, \tag{4.32}$$

θ_i, u und θ_i, o sind dabei die untere bzw. obere Vertrauensgrenze des Parameters θ und $z_{1-\alpha/2}$ ist das $100 \cdot (1-\alpha/2)$-Quantil der Standard-Normalverteilung [4]. Der Wert $\sqrt{\hat{Var}\left(\hat{\theta}_i\right)}$ entspricht dabei dem Standardfehler SE. Dieser ist ein Streumaß für eine Schätzfunktion $\hat{\theta}$ für einen unbekannten Parameter θ der Grundgesamtheit. Der Standardfehler kann als eine Art Maß für die Güte des geschätzten Parameters interpretiert werden. Der Standardfehler ist zum einen von der Stichprobengröße abhängig. Je größer die Stichprobe ist, desto kleiner ist der Standardfehler. Zum anderen hängt er davon ab, wie weit die Messwerte in der Grundgesamtheit streuen. Je höher diese Streuung ist, desto größer ist auch der Standardfehler.

Neben dem Vertrauensbereich der geschätzten Modellparameter wird in der Praxis vor allem das Vertrauensintervall für die Ausfallwahrscheinlichkeit $F(t)$, für die Zuverlässigkeit $R(t)$ oder für eine andere Kenngröße $g = g(\theta_1, \theta_2, \ldots, \theta_k)$ als Funktion der Modellparameter $\theta_1, \theta_2, \ldots, \theta_k$ gesucht. In diesem Fall ist nach der Berechnung von $\hat{\sum}$ die Varianz für $\hat{g}$ erforderlich. Diese wird wie folgt geschätzt [4]:

$$\hat{Var}(\hat{g}) \approx \sum_{i=1}^{k} \left(\frac{\partial g}{\partial \theta_i}^2\right) \hat{Var}\left(\hat{\theta}_i\right) + \sum_{i=1}^{k} \sum_{\substack{j=1 \\ i \neq j}}^{k} \left(\frac{\partial g}{\partial \theta_i}\right) \left(\frac{\partial g}{\partial \theta_j}\right) \hat{Cov}\left(\hat{\theta}_i, \hat{\theta}_j\right). \tag{4.33}$$

Die partiellen Ableitungen $\frac{\partial g}{\partial \theta_i}$ werden dabei für die geschätzten Modellparameter $\hat{\theta}_1, \hat{\theta}_2, \ldots, \hat{\theta}_k$ ausgewertet. Der Vertrauensbereich für Funktionen von Modellparametern ergibt sich dann nach [4] zu:

$$[g_u, g_o] = \hat{g} \pm Z_{1-\alpha/2} \cdot \sqrt{\hat{Var}(\hat{g})}. \tag{4.34}$$

Im Falle einer zweiparametrischen Weibullverteilung, mit der Zuverlässigkeitsfunktion $R(t) = e^{-\left(\frac{t}{T}\right)^b}$ lässt sich der Fisher-Vertrauensbereich durch Anwendung der

Formeln 4.30 bis 4.34 herleiten. Um die Berechnung zu vereinfachen, wird die Zuverlässigkeitsfunktion zunächst linearisiert und substituiert:

$$\ln(R(t)) = -\left(\frac{t}{T}\right)^b$$

$$-\ln(R(t)) = \left(\frac{t}{T}\right)^b$$

$$\ln(-\ln(R(t))) = b \cdot \left(\ln\left(\frac{t}{T}\right)\right)$$

$$\ln(-\ln(R(t))) = b \cdot (\ln(t) - \ln(T)), \tag{4.35}$$

wobei der Ausdruck $b \cdot (\ln(t) - \ln(T))$ gleich $\tilde{R}(t)$ gesetzt wird. Damit gilt:

$$\tilde{R}(t) = b \cdot (\ln(t) - \ln(T)). \tag{4.36}$$

Damit lässt sich nun das Vertrauensintervall für $\tilde{R}$ bestimmen:

$$\left[\tilde{R}_u, \tilde{R}_o\right] = \hat{\tilde{R}} \pm Z_{1-\alpha/2} \cdot \sqrt{\hat{Var}\left(\hat{\tilde{R}}\right)}. \tag{4.37}$$

Um den Stardardfehler $\sqrt{\hat{Var}\left(\hat{\tilde{R}}\right)}$ zu berechnen, wird Gl. 4.33 angewandt, indem $\tilde{R}$ nach jeder der Konstanten partiell differenziert wird:

$$\begin{aligned} Var\left(\tilde{R}\right) &= \left(\frac{\partial \tilde{R}}{\partial b}\right)^2 Var(b) + \left(\frac{\partial \tilde{R}}{\partial T}\right)^2 Var(T) + 2 \cdot \left(\frac{\partial \tilde{R}}{\partial b}\right)\left(\frac{\partial \tilde{R}}{\partial T}\right) Cov(T, b) \\ &= (\ln(t) - \ln(T))^2\, Var(b) + \left(-\frac{b}{T}\right)^2 Var(T) + \\ &\quad + 2(\ln(t) - \ln(T))\left(-\frac{b}{T}\right) Cov(T, b). \end{aligned} \tag{4.38}$$

Die untere bzw. obere Vertrauensgrenze R_u bzw. R_o für die Zuverlässigkeit $R(t)$ ergibt sich dann zu:

$$R_u = \exp\left(-\exp\left(\tilde{R}_u\right)\right) \tag{4.39}$$

$$R_o = \exp\left(-\exp\left(\tilde{R}_o\right)\right) \tag{4.40}$$

Das Bootstrap-Vertrauensintervall

Das Bootstrapping ist ein simulationsbasiertes Verfahren, dass ähnlich wie die Monte-Carlo-Methode zu den sogenannten Resampling-Ansätzen zählt [22]. Angewandt wird das Verfahren vor allem dann, wenn Datensätze vorliegen, deren „Verteilungseigenschaften unbekannt oder nur schwer ermittelbar sind“ [21]. Mittlerweile existieren unterschiedliche Ausprägungen des unrsprünglichen Bootstrappings, die sich ganz grob in zwei Gruppen klassifizieren lassen: Parametrischer und nicht-parameterischer Bootstrap [19]. Die grundlegende Idee des Bootstrappings liegt darin, auf Basis einer vorliegenden Stichprobe, die auch als Originalstichprobe bezeichnet wird, oder auf Basis einer Verteilung alle potentiellen Zustände zu simulieren. Dazu werden nach einem bestimmten Algorithmus sogenannten Bootstrap-Stichproben (auch Realisierungen genannt) erzeugt, mit denen sich statistische Kenngrößen ermitteln lassen. Je nach dem, wie diese Bootstrap-Stichproben generiert werden, handelt es sich um ein nicht-parametrisches oder um ein parametrisches Verfahren.

Beim **nicht-parametrischen Bootstrap** werden die Bootstrap-Stichproben direkt aus der vorliegenden Originalstichprobe erzeugt. Dazu wird nach einer entsprechenden Logik B-mal ein Element t_i mit Zurücklegen gezogen und so B-Bootstrap-Stichproben t_B^* generiert, mit denen der unbekannte Parametervektor θ geschätzt werden kann. Das Resultat besteht aus einem Schätzwert $\hat{\theta}$ der Originalstichprobe sowie B-mal Schätzparameter $\hat{\theta}_B^*$ der Bootstrap-Stichproben. Eine anschließende statistische Auswertung der geschätzten Parameter der Bootstrap-Replikationen liefert schließlich ein gewünschtes Vertrauensintervall zum Parameter der Verteilung der Originalstichprobe (siehe Abb. 4.11) [19,21].

Beim **parametrischen Bootstrap** werden die Bootstrap-Stichproben hingegen auf Basis einer Verteilungsfuktion $F\left(t,\hat{\theta}\right)$ der Originalstichprobe generiert und für jede der B-Bootstrap-Stichproben der unbekannte Schätzparameter $\hat{\theta}_B^*$ ermittelt (siehe Abb. 4.11) [19,21].

Bei der Differenzierung zwischen den parametrischen und nicht-parametrischen Methoden, lassen sich die Ansätze noch feingranularer unterscheiden, ja nach dem wie die statistische Auswertung der Bootstrap-Stichproben erfolgt. Der wesentliche Vorteil des Bootstrappings liegt vor allem darin, dass keine komplexe Mathematik benötigt wird. Neben der Standard-Bootstrap-Methode, finden sich die Bootstrap-Perzentil-Methode, die Bootstrap-t- oder auch die BCα-Bootstrap-Methode in der Praxis wieder. Eine der Annahmen beim Standard-Bootstrap-Vertrauensintervall ist die annähernd Normalverteilung der Bootstrap-Realisierungen. Das bedeutet, dass die Vertrauensdichte über eine Standardnormalverteilung beschreibbar ist [19, 22–24].

Die Vertrauensgrenzen des **Standard-Bootstrap-Vertrauensintervalls** lassen sich nach [22] wie folgt berechnen:

$$[\theta_u, \theta_o] = [\hat{\theta} - Z_\alpha \cdot sd\left(\hat{\theta}\right), \hat{\theta} + Z_\alpha \cdot sd\left(\hat{\theta}\right)], \tag{4.41}$$

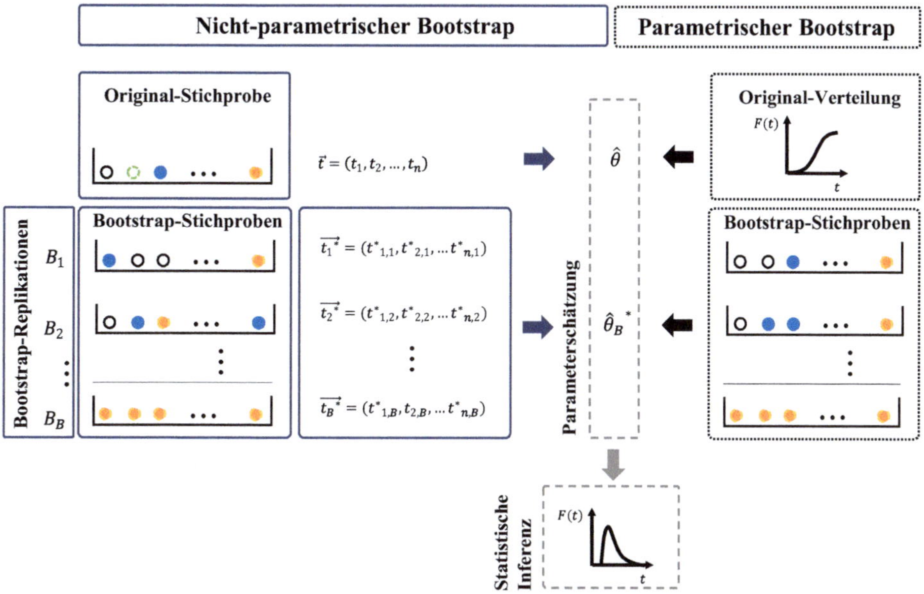

Abb. 4.11 Unterschied zwischen einem parametrischen und einem nicht-parametrischen Bootstrapping, in Anlehnung an [21]

hierbei ist $\hat{\theta}$ der arithmische Mittelwert der B-Bootstrap-Realisierungen, $sd\left(\hat{\theta}\right)$ die zugehörige Standardabweichung und Z_α das obere α-Quantil der Standardnormalverteilung.

Zur Ermittlung eines $100\cdot(1-\alpha)$-**Bootstrap-Perzentil-Vertrauensintervalls**, werden die $B\cdot(\alpha/2)$- und $B\cdot(1-\alpha/2)$-Werte der empirischen Bootstrap-Verteilung als Endpunkte verwendet [4, 19]:

$$[\theta_u, \theta_o] = \left[\hat{\theta}^*_{[u]}, \hat{\theta}^*_{[o]}, \right], \tag{4.42}$$

mit $u = B \cdot (\alpha/2)$ und $o = B \cdot (1-\alpha/2)$.

Wird bei der Lebensdauer- und Zuverlässigkeitsberechnung die Unsicherheit infolge eines begrenzten Stichprobenumfangs nicht berücksichtigt, kann es schwerwiegende Folgen haben, wie das nachfolgende Beispiel Nr 4.1 in Abb. 4.12 zeigt.

Beispiel Vertrauensbereich Nr. 4.1: Vergleich zweier Produktvarianten

Im Rahmen der Produktentwicklung werden von einem Konstrukteur zwei Produktvarianten ausgearbeitet und im Anschluss unter vergleichbaren Bedingungen einer Dauerlauferprobung unterzogen. Der Versuchsingenieur hat nun die Aufgabe diese beiden Varianten zu bewerten und sich für die qualitativ bessere der beiden zu entscheiden, bevor mit dieser eine Felderprobung durchgeführt wird. Die Auswertung der Versuchsergebnisse liefert unter anderem eine Lebensdaueranalyse, die in Form einer Weibullauswertung vorliegt.

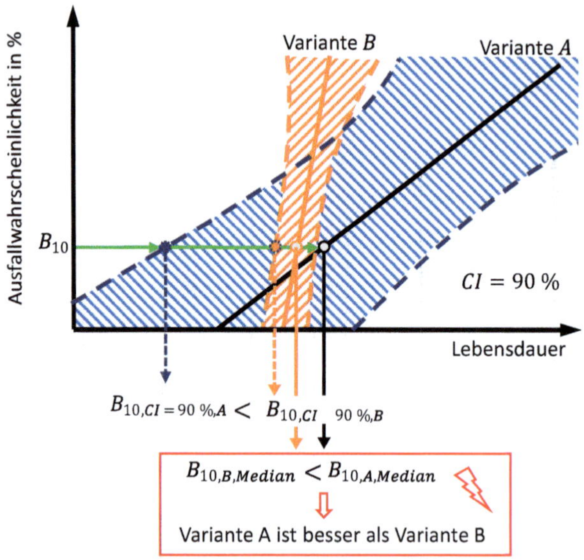

Abb. 4.12 Relevanz des Vertrauensbereichs Beispiel Nr 4.1 (©Alexander Kremer 2022. All Rights Reserved)

Tab. 4.2 Ergebnisse zum Variantenvergleich – Teil 2

Variante	Variante A	Variante B
B_{10} (Median)	800 h	700 h

Als Maß für den Vergleich der beiden Varianten wird der B_{10}-Wert herangezogen (vgl. Tab. 4.2). Da die Produktvariante A gegenüber der Produktvariante B eine um 100 h höhere B_{10}-Lebensdauer aufweist, entscheidet sich der Versuchsingenieur für die Variante A. Immerhin ist die Lebensdauer bei gleicher Zuverlässigkeit signifikant höher. Trotz der eindeutigen Dauerlaufergebnisse, kommt es vermehrt zu Ausfällen im Feld.

Was ist hier passiert? Nun, um die Frage zu beantworten, muss nochmal ein Blick auf die Ergebnisse in Tab. 4.2 geworfen werden. Auffällig ist, dass sich die Angaben der Lebensdauer auf einen Medianwert (also auf ein Vertrauensniveau von 50 %) beziehen. Dieser Wert entspricht also dabei dem Schnittpunkt der Horizontalen bei 10 % Ausfallwahrscheinlichkeit mit der Weibullgeraden. Bedingt durch die Streuung der Lebensdauerdaten der beiden Produktvarianten, ergab die Produktvariante A zufällig einen höheren Medianwert als die Produktvariante B (vgl. Abb. 4.12). Hätte man den Vertrauensbereich berücksichtigt, wäre die falsche Schlussfolgerung vermieden worden und der Versuchsingenieur hätte sich korrekterweise für die richtige Produktvariante entschieden. Abb. 4.12 und Tab. 4.3 fassen die Ergebnisse nochmal zusammen.

Tab. 4.3 Ergebnisse zum Variantenvergleich – Teil 2

Variante	Variante A	Variante B
B_{10} bei $P_A = 90\,\%$	500 h	600 h

Tab. 4.4 Ergebnisse zur Lieferantenqualifizierung – Teil 1

Lieferant	Lieferant A	Lieferant B
Zuverlässigkeit $R(t)$	98,2 % h	94,6 % h

Beispiel Vertrauensbereich Nr. 4.2: Qualifizierung eines neuen Lieferanten

Ein ähnliches Problem könnte entstehen, wenn ein neuer Lieferant qualifiziert werden soll, um beispielsweise die Ersatzteillieferkette sicherzustellen, das am folgenden Beispiel erläutert werden soll.

Ein mittelständisches Maschnenbauunternehmen möchte einen neuen Lieferanten für Zugfedern qualifizieren, um auch in kritischen Situationen die Lieferketten sicherzustellen. Zur Auswahl stehen zwei potentielle Zulieferer A und B. Aus Kostengründen wird auf eine interne Prüfung verzichtet. Statt dessen soll die Anforderung in das Pflichtenheft aufgenommen werden, die der Zulieferer nachzuweisen hat. Bei der Anforderung orientiert man sich am Lieferant, mit dem man bereits positive Erfahrungen gemacht hatte. Hierbei muss der neue Lieferant dieselbe Lebensdaueranforderung der Zugfedern erfüllen, wie der Hauptlieferant auch, nämlich 10.000 Zyklen. Die Anzahl an Zyklen selbst, sollen im Rahmen einer Ermüdungsprüfung auf einer servohydraulischen Federprüfmaschine nachgewiesen werden. Zusätzlich zu der Lebensdaueranforderung wurden beide Lieferanten gebeten, die Zuverlässigkeit bei der Lebensdauer von 10.000 Zyklen zu quantifizieren. Weiteres wird seitens des Unternehmens nicht gefordert. Die Ergebnisse sind in Tab. 4.4 zusammengefasst.

Aufgrund der höheren Zuverlässigkeit, entscheidet sich das Unternehmen für den Zulieferer A. Trotz der eindeutigen Ergebnisse fallen die Teile des Lieferanten A durch frühzeitige Ausfälle negativ auf. Eine akribische Untersuchung ergibt, dass sich die in Tab. 4.4 zusammenstellten Daten auf einen Medianwert beziehen. In dem Fall lässt sich keinem der beiden Lieferanten etwas unterstellen, immerhin waren die Anforderungen formuliert und von beiden Seiten so akzeptiert. Beide Lieferanten haben einen Nachweis der Lebensdauer geliefert, mit Angabe der Zuverlässigkeit. Auf Nachfragen der exakten Berechnung des Zuverlässigkeitsnachweises, teilte Lieferant A mit, für den Nachweis drei Zugfedern geprüft zu haben. Der Lieferant B hingegen, prüfte 20 Zugfedern. Aufgrund der kleinen Stichprobenmenge des Lieferanten A, wurde rein zufällig eine höhere Median-Zuverlässigkeit erzielt, als beim Lieferant B. Die Folge: Eine Fehlentscheidung, die aufgrund der niedrigeren Qualität, unter Umständen, nicht nur finanziell sondern auch rufschädigend sein kann. Hätte das Unternehmen die Anforderung durch ein höheres Vertrauensniveau verschärft, z. B. von $P_A = 50\,\%$ auf $P_A = 95\,\%$, wäre der Ausgang, korrekterweise, ein Anderer (vgl. Tab. 4.5): Lieferant A wäre als der schlechtere von den beiden erkannt worden und die Lieferkette zuverlässig sichergestellt.

Tab. 4.5 Ergebnisse zur Lieferantenqualifizierung – Teil 2

Lieferant	Lieferant A	Lieferant B
$R(t)$ bei einer Aussagewahrscheinlichkeit von $P_A = 95\,\%$	67,3 % h	91,7 % h

4.2 Grundlagen der statistischen Versuchsplanung

4.2.1 Ausgewählte Begriffe

Die generelle Idee der statistischen Versuchsplanung (engl. Design of Experiments, DoE) besteht darin, den Zusammenhang zwischen einer **Zielgröße** $y = f(x_i, z)$ und deren **Einflussgrößen** (x_i, z) mathematisch zu beschreiben (vgl. Abb. 4.13). Im Fokus steht dabei das System, das über die Systemgrenze von seiner Umgebung getrennt ist. Die Systemgrenze hat in diesem Zusammenhang lediglich einen visuellen Charakter und verdeutlicht den Gegenstand der Betrachtung. Auf dieses System wirken von außen die **Einflussgrößen** ein, die sowohl alleine als auch in Interaktion mit anderen Größen eine Änderung der Zielgröße bewirken. Diese Änderung wird im DoE als **Effekt** bezeichnet [8, 25].

In der Praxis entspricht die Zielgröße einer qualitativen oder quantitativen Größe, die das Ergebnis eines zuvor durchgeführten Versuchs darstellt. Damit der zu untersuchende Zusammenhang zwischen den Einflussgrößen und der definierten Zielgröße sinnvoll modelliert werden kann, sollte die Zielgröße stets quantitativ und messtechnisch erfassbar sein. Die Einflussgrößen lassen sich nach Kleppmann [25] in **Steuergrößen** und **Störgrößen** unterscheiden. Wie der Name bereits sagt, lassen sich **Steuergrößen** gezielt auf einen Wert einstellen und damit steuern. Die **Störgrößen** beeinflussen zwar ebenfalls die Zielgröße, können jedoch nicht bewusst manipuliert werden [8]. Alle für die Versuchsplanung ausgewählten Steuergrößen heißen **Faktoren**. Jeder der untersuchten Faktoren wird während der Versuchsdurchführung auf einen bestimmten Wert eingestellt, der sogenannten **Faktorstufe**. Die Anzahl dieser Faktorstufen bestimmt die Form des späteren Prognosemodells und hängt von der Zielsetzung des Versuchs ab. Die Mindestanzahl an Faktorstufen beträgt zwei. Damit lassen sich lineare Zusammenhänge zwischen

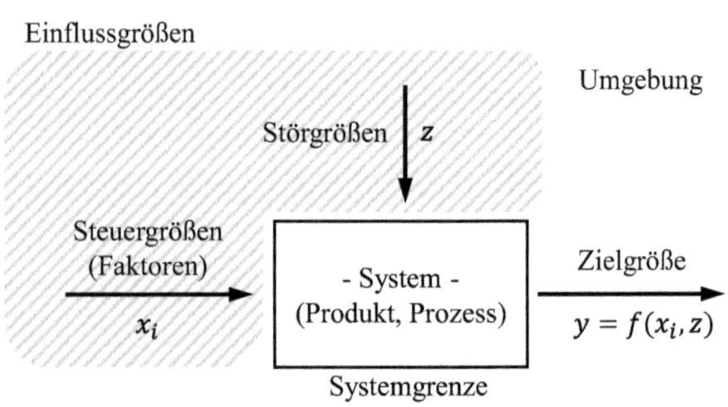

Abb. 4.13 Systemgedanke als Black-Box

den Einflussgrößen und der Zielgröße abbilden. Für nicht-lineare Zusammenhänge sind mindestens fünf Faktorstufen erfoderlich. Im Allgemeinenen gilt: Je mehr Faktorstufen, umso genauer das Modell und umso höher der Erprobungsaufwand. Analog zur Zielgröße können die Faktoren sowohl qualitativ als auch quantitativ sein. So kann es in manchen Fällen durchaus interessant sein, qualitative Faktoren zu untersuchen. Während quantitative Einflussgrößen auf nahezu jeden beliebigen Wert einstellbar sind, ist es bei qualitativen Einflussgrößen nicht ohne Weiteres sinnvoll. Beispielsweise könnte die Frage aufkommen, welche der beiden vorliegenden Webmaschinen zur Herstellung von Geweben am Besten geeignet ist. Der Faktor „Webmaschine" nimmt in diesem Fall genau zwei Faktorstufen ein: Webmaschine Nr. 1 und Webmaschine Nr. 2. Es ist leicht ersichtlich, dass die Faktorstufen mit den zur Verfügung stehenden Webmaschinen einhergehen. Da es in diesem Fall keine Webmaschine zwischen den beiden vorhandenen existiert, macht eine Interpolation der Ergebnisse keinen Sinn. Im Gegensatz dazu lassen sich quantitative Faktoren, wie beispielsweise die Beschleunigung der Laufkatze eines Krans oder die Drehzahl der Motorspindel einer Werkzeugmaschine, problemlos nutzen, um zwischen gegebenen Werten zu interpolieren.

Eine Abschätzung der potentiellen Zielgröße für den ungetesteten Versuchsraum wird als Extrapolation bezeichnet. Auch wenn es für praktische Anwendungen charmant und möglicherweise auf den ersten Blick nicht als falsch erscheint, so ist es ohne Weiteres nicht ratsam, auf Basis vorliegender Versuchsergebnisse auf einen unbekannten Bereich zu extrapolieren. Der Grund dafür liegt klar auf der Hand: So lange keine Daten vorliegen, ist ein Restrisiko vorhanden, ungenaue oder möglicherweise falsche physikalische, in der Zukunft liegende, Phänomene abzubilden. Dieses Risiko ist umso höher, je komplexer der abzubildende Sachverhalt. Gerade in der Lebensdauererprobung können Extrapolationen schwerwiegende Folgen mit sich ziehen. Wie man sich dem Problem widmen kann, wird im Verlauf des Kapitels vorgestellt. Auch wenn zahlreiche Anwendungen aufgrund fehlender Ressourcen auf eine Extrapolation der Versuchsergebnisse kaum verzichten können, sollten Extrapolationen immer validiert werden.

Die Darstellung der Versuchspläne in DoE erfolgt über geometrische Formen, wie beispielsweise Dreiecke oder Quadrate. Klassische faktorielle Versuchspläne (vgl. Abschn. 4.2.2) verwenden eine quadratische Form, um den gesamten Versuchsbereich zu visualisieren. Zur Vereinfachung lässt sich gedanklich ein kartesisches Koordinatensystem mit den Achsen x, y und z (alternativ auch: x_1, x_2 und x_3) einführen und jeder dieser Achsen jeweils einen Faktor zuordnen (siehe Abb. 4.14). Die Faktorstufen werden in der Regel mit der entsprechenden Zahl neben der Beschriftung gekennzeichnet. Um die Aussagekraft der geschätzten Effekte sicherzustellen, erfolgt eine Normierung der Faktorstufen zwischen -1 und $+1$. So wird beispielsweise der Faktor x_1 zwischen -1 und $+1$ variiert. Die Kombination von Faktorstufen mehrerer Faktoren heißt **Faktorstufenkombination** und wird durch Kreise abgebildet. Jeder dieser Kreise entspricht damit einem Versuch. Alle Versuche lassen sich gemeinsam auch in einer Tabelle darstellen, der **Versuchsmatrix**. Sie repräsentiert den Versuchsplan. Damit entspricht jede Zeile einem Versuch, die auch als Versuchsreihe bekannt ist [8, 25].

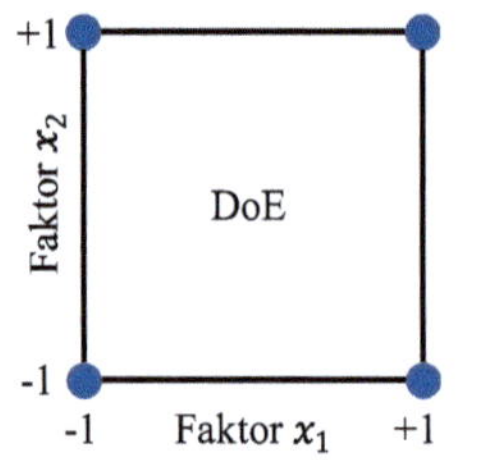

Faktor x_1	Faktor x_2
-1	-1
+1	-1
-1	+1
+1	+1

Abb. 4.14 Versuchsmatrix in DoE

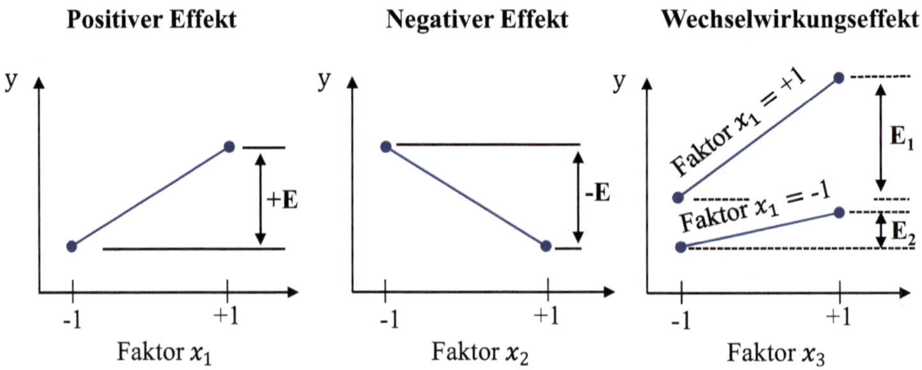

Abb. 4.15 Darstellung von Haupt- und Wechselwirkungseffekten, in Anlehnung an [26]

Ist im Falle einer Änderung eines Faktors, von einer Faktorstufe auf die andere, ein Unterschied in der gemessenen Zielgröße zu beobachten, so wird dieser Effekt dem veränderten Faktor zugeschrieben. Da alleine der Faktor für den Zielgrößenunterschied verantwortlich ist, nennt sich der Effekt **Haupteffekt** (**HE**) [8]. Von einem **Wechselwirkungseffekt** (**WWE**) ist die Rede, wenn mehrere Faktoren gemeinsam zur Änderung der Zielgröße beitragen [8]. Mit anderen Worten: Eine Wechselwirkung zwischen zwei Faktoren liegt dann vor, wenn der Effekt des einen Faktors davon abhängt, auf welcher Faktorstufe sich der andere Faktor befindet. Haupt- und Wechselwirkungseffekte lassen sich ebenfalls grafisch mit Hilfe sogenannter Effektdiagrammen veranschaulichen. Abb. 4.15 zeigt am Beispiel von drei Faktoren x_1, x_2 und x_3 auf, wie derartige Effektdiagramme aussehen könnten. Dabei können nicht nur positive sondern auch negative Effekte (E) visualisiert werden. In der linken Grafik der Abbildung ist beispielsweise ein positiver Effekt (+E) dargestellt. Dieser ergibt sich, wenn der Faktor x_1 von der niedrigsten (-1) auf die höchste $(+1)$ Einstellstufe verändert wird. Der negative Effekt, in der mittleren Grafik der Abb. 4.15, ist analog zu interpretieren. Bei der Darstellung von Wechselwirkungseffekten ist darauf zu achten, dass jeweils ein Faktor auf einer Faktorstufe konstant gehalten und der zweite Faktor variiert wird. Im Beispiel aus Abb. 4.15 (rechte Grafik) wird der Faktor x_3 verändert, während der Faktor x_1 unverändert bleibt. Es ist zu erkennen, dass eine Erhöhung des Faktors x_3 eine größere Änderung der Zielgröße verursacht wenn der Faktor x_1 auf der hohen Einstellstufe konstant gehalten wird als auf der niedrigen. Dieser Wechselwirkungseffekt ist umso höher, je größer die Differenz der „Teiländerungen“ (E_1 und E_2) ist. Der Wechselwirkungseffekt lässt sich grafisch an der Parallelität der beiden Geraden messen. Je mehr die Geraden von der Parallelität abweichen, desto höher ist auch der Wechselwirkungseffekt. Verlaufen die Geraden nahezu parallel zueinander, so ist der Wechselwirkungseffekt vernachlässigbar klein.

4.2.2 Versuchspläne für lineare und nicht-lineare Zusammenhänge

Seit der Entwicklung und erfolgreichen Anwendung der statistischen Versuchsplanung für landwirtschaftliche Problemstellungen in den 1930er-Jahren von Sir. Ronald Fisher, ist das Forschungsfeld um DoE enorm gewachsen. Fisher prägte die moderne Erprobung wie kein zweiter. So geht sowohl das Konzept der Varianzanalyse (engl. Analysis of Variance, ANOVA) als auch die Entwicklung der klassischen faktoriellen Versuchsplanung auf ihn zurück [27]. Darauf aufbauend wurden zahlreiche Teststrategien und neue Versuchspläne entwickelt: Über die Ansätze nach Tagushi und Shainin bis hin zu Wirkungsflächen (engl. Response Surface Design) und definitiven Versuchsplänen, stets mit dem Ziel einer steigenden Effizienz. Die Wahl eines Versuchsplans hängt im Wesentlichen davon ab, welches Ziel mit der Erprobung verfolgt wird und von der Ressourcenkapazität.

4.2.2.1 Vollfaktorielle Versuchspläne

Den Ursprung der Versuchsplanung bilden die sogenannten vollfaktoriellen Versuchspläne. Wie der Name schon sagt, werden alle möglichen Kombinationen der k Faktoren getestet. Für den einfachsten Fall, dass die Erprobung der Faktoren auf zwei Stufen erfolgt, lässt sich der gesamte Versuchsaufwand N wie folgt ermitteln [8, 25]:

$$N = 2^k. \tag{4.43}$$

Soll auf drei oder mehr Stufen getestet werden, so ist die Faktorstufenzahl mit der Anzahl der Faktoren zu potenzieren. Drei Stufen führen damit zu ingesamt $N = 3^k$ Versuchen. In der Regel wird ein Versuchsplan in Form einer Matrix bzw. Tabelle dargestellt. Wie so ein Versuchsplan aussehen könnte, zeigt die Tab. 4.6. Zu sehen ist ein vollfaktorieller Versuchsplan für die zwei Faktoren x_1 und x_2 mit normierten Faktorstufen -1 und $+1$. Für diesen Fall lässt sich mit Gl. 4.43 der Versuchsaufwand berechnen zu: $N = 2^2 = 4$. Die Anzahl an Versuchen ist ebenfalls in der Versuchsmatrix ersichtlich. Die einzelnen Versuche werden im Versuchsplan durchnummeriert, um eine eindeutige Zuordung der Versuchsreihen mit der jeweiligen Zielgröße sicherzustellen (Tab. 4.6). Damit entsprechen die vier nummerierten Zeilen der Tab. 4.6 dem Versuchsplan, der aus eben diesen vier Faktorstufenkombinationen besteht. Neben der Versuchsnummer ist für jeden Haupteffekt und für jeden Wechselwirkungseffekt jeweils eine Spalte vorgesehen. Die Spaltenbelegung für die Wechselwirkungen resultieren dabei aus einer einfachen

Tab. 4.6 Exemplarischer 2^k Versuchsplan für zwei Faktoren

Versuchsnummer Nr.	x_1	x_2	$x_1 \cdot x_2$	Zielgröße y
1	-1	-1	$+1$	y_1
2	$+1$	-1	-1	y_2
3	-1	$+1$	-1	y_3
4	$+1$	$+1$	$+1$	y_4

Multiplikation der Spalten für die entsprechenden Haupteffekte. Beispielsweise ergibt sich der erste Eintrag in der $x_1 \cdot x_2$-Spalte, für den ersten Versuch, auf die Weise, indem die Einträge von x_1 und x_2 multipliziert werden. Also: $(-1) \cdot (-1) = +1$. Für drei Faktoren sind entsprechend $2^3 = 8$ Versuche notwendig.

Die Berechtigung vollfaktorieller Versuchspläne liegt vor allem in der Erkennung aller potentieller Haupt- und Wechselwirkungseffekte aufgrund der vollständigen Abdeckung des Versuchsraums, was jedoch mit einem zunehmenden Versuchsaufwand einhergeht. Die Mindesanzahl an Versuchen wächst dabei exponentiell mit der Anzahl der Faktoren. Eine Möglichkeit den Versuchsaufwand zu reduzieren ist das gezielte Weglassen einzelner Versuchsspuren. Das führt zu einem neuen Versuchsplantyp, den teilfaktoriellen Versuchsplänen.

4.2.2.2 Teilfaktorielle Versuchspläne

Teilfaktorielle Versuchspläne verfolgen das Ziel, aus einer Fülle potentieller Faktoren diejenigen auszuwählen, die einen Einfluss auf die Zielgröße haben. Weil bei den teilfaktoriellen Versuchsplänen im Vergleich zu den vollfaktoriellen Versuchsplänen auf einen Teil (Fraktion) der ursprünglichen Versuche verzichtet wird, werden die Versuchspläne oft auch als fraktionelle Versuchspläne bezeichnet (vgl. Abb. 4.16) [25]. Auch wenn der Anschein erweckt wird, dass bei teilfaktoriellen Versuchsplänen die Versuche ohne jeglicher Struktur weggelassen werden, erfolgt dies tatsächlich wohl durchdacht. Werden beispielsweise die unteren oder oberen Versuchsreihen in der rechten Grafik der Abb. 4.16 entfernt, so fehlen jegliche Informationen über den Faktor x_1. Die Auswirkungen des Faktors x_2 auf der unteren Stufe ist ebenfalls nicht bekannt, was eine sinnvolle Effektschätzung verhindert.

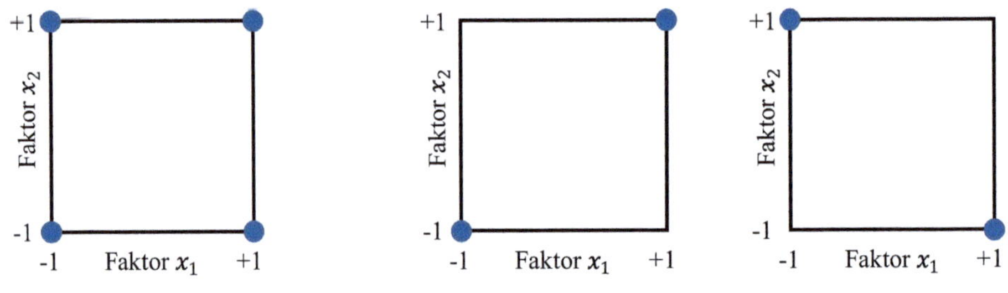

Abb. 4.16 Unterschied: Voll- und teilfaktorieller Versuchsplan

Es existieren auch hier eine Unmenge unterschiedlicher teilfaktorieller Versuchspläne. Neben den „klassischen“ teilfaktoriellen Versuchsplänen, finden vor allem die nach Plackett und Burmann abgeleiteten Versuchspläne sowie die sogenannten Definitive-Screening-Versuchspläne Anwendung [8, 25]. Die Einsparung von Versuchen bringt jedoch die sogenannte **Vermengung** als einen entscheidenden Nachteil mit sich, der sich am einfachsten anhand eines fiktiven Beispiels erklären lässt.

Ein vollfaktorieller Versuchsplan für drei Faktoren, die jeweils auf zwei Faktorstufen getestet werden, bildet die Ausgangsbasis des Beispiels (siehe Tab. 4.7). Für diesen Fall kann man insgesamt acht Versuchsreihen und sieben orthogonale Spalten identifizieren. An dieser Stelle sei erwähnt, dass der Begriff der Orthogonalität im darauf folgenden Abschnitt im Detail erklärt wird und für dieses Beispiel keine nennenswerte Bedeutung besitzt. In diesem Zusammenhang genügt es vollkommen, zu verstehen, dass mit der Orthogonalität zweier Vektoren ausgesagt wird, ob diese senkrecht zueinander stehen.

Beim betrachteten Versuchsplan, sind die ersten drei Spalten durch die Haupteffekte x_1, x_2 und x_3 belegt. Die letzten fünf Spalten lassen sich den Einfachwechselwirkungen $x_1 \cdot x_2$, $x_1 \cdot x_3$, $x_2 \cdot x_3$ sowie der Zweifachwechselwirkung $x_1 \cdot x_2 \cdot x_3$ zuordnen. Für die Zielgröße y steht die letzte Spalte des Versuchsplans zur Verfügung. Im Falle einer vernachlässigbar geringen Zweifachwechselwirkung $x_1 \cdot x_2 \cdot x_3$ kann deren Spaltenbelegung für einen weiteren Faktor x_4 genutzt werden (siehe Tab. 4.8).

Tab. 4.7 Exemplarischer vollfaktorieller Versuchsplan für $k = 3$

Versuchsnummer Nr.	x_1	x_2	x_3	$x_1 \cdot x_2$	$x_1 \cdot x_3$	$x_2 \cdot x_3$	$x_1 \cdot x_2 \cdot x_3$	Zielgröße y
1	−1	−1	−1	+1	+1	+1	−1	y_1
2	+1	−1	−1	−1	−1	+1	+1	y_2
3	−1	+1	−1	−1	+1	−1	+1	y_3
4	+1	+1	−1	+1	−1	−1	−1	y_4
5	−1	−1	+1	+1	−1	−1	+1	y_5
6	+1	−1	+1	−1	+1	−1	−1	y_6
7	−1	+1	+1	−1	−1	+1	−1	y_7
8	+1	+1	+1	+1	+1	+1	+1	y_8

Tab. 4.8 Teilfaktorieller 2^{4-1}-Versuchsplan

Versuchsnummer Nr.	x_1	x_2	x_3	x_4	Zielgröße y
1	−1	−1	−1	−1	y_1
2	+1	−1	−1	+1	y_2
3	−1	+1	−1	+1	y_3
4	+1	+1	−1	−1	y_4
5	−1	−1	+1	+1	y_5
6	+1	−1	+1	−1	y_6
7	−1	+1	+1	−1	y_7
8	+1	+1	+1	+1	y_8

Der in Tab. 4.8 dargestellte Versuchsplan ergibt sich dadurch, indem die Hälfte eines vollfaktoriellen 2^3-Versuchsplans ausgewählt wird. Dieser Versuchsplan ist auch unter der Kurzbezeichnung 2^{4-1}-Versuchsplan bekannt [25]. Durch die Multiplikation der entsprechenden Spalten lässt sich zeigen, dass die Spaltenbelegung einiger Haupteffekte mit denen der Zweifach-Wechselwirkungseffekte identisch ist (siehe Tab. 4.9). Ebenso stimmen die Spaltenbelegungen, wie beispielsweise $x_1 \cdot x_2$ und $x_3 \cdot x_4$, einiger Einfachwechselwirkungen überein. Das hat den großen Nachteil, dass nicht zwischen den Effekten der jeweiligen Zweiergruppen unterschieden werden kann. Es kann damit nicht eindeutig zugeordnet werden, ob zum Beispiel der in der Zielgröße resultierende Effekt der Wechselwirkung $x_1 \cdot x_2$ oder $x_3 \cdot x_4$ zugeordnet werden soll. Die Effekte sind damit vermengt. Wird beispielsweise der Effekt x_2 ermittelt, so handelt es sich dabei um die Summe aus dem Haupteffekt x_2 und der Zweifachwechselwirkung $x_1 \cdot x_3 \cdot x_4$. Eine „saubere" Trennung dieser beiden Effekte ist nicht möglich [25, 28]. Der Begriff „Vermengung" wird auch oft mit „Alias"gleichgesetzt.

Der kritische Grad der Vermengung von Effekten lässt sich anhand der sogenannten Auflösung (engl. resolution) beurteilen, die sich nach der ungünstigsten Vermengung des Versuchsplans richtet. Die Auflösung gliedert sich in vier Klassen auf, von denen die erste gleichzeitig die kritischste Klasse darstellt (Tab. 4.10).

Tab. 4.9 Exemplarischer, teilfaktorieller Versuchsplan für vier Faktoren, in Anlehnung an [26]

	x_1	x_2	x_3	$x_1 \cdot x_2$	$x_1 \cdot x_3$	$x_2 \cdot x_3$	$x_1 \cdot x_2 \cdot x_3$	
Versuchs-Nr.	$x_2 \cdot x_3 \cdot x_4$	$x_1 \cdot x_3 \cdot x_4$	$x_1 \cdot x_2 \cdot x_4$	$x_3 \cdot x_4$	$x_2 \cdot x_4$	$x_1 \cdot x_4$	x_4	Zielgröße y
1	−1	−1	−1	+1	+1	+1	−1	y_1
2	+1	−1	−1	−1	−1	+1	+1	y_2
3	−1	+1	−1	−1	+1	−1	+1	y_3
4	+1	+1	−1	+1	−1	−1	−1	y_4
5	−1	−1	+1	+1	−1	−1	+1	y_5
6	+1	−1	+1	−1	+1	−1	−1	y_6
7	−1	+1	+1	−1	−1	+1	−1	y_7
8	+1	+1	+1	+1	+1	+1	+1	y_8

Tab. 4.10 Auflösungstabelle eines Versuchsplans in Anlehnung an [25]

Auflösung	Vermengung	Bewertung
III	HE mit 2FWW	kritisch
IV	HE mit 3FWW 2FWW mit 2FWW	weniger kritisch
V	GE mit 4FWW 2FWW mit 3FWW	unkritisch
VI	HE mit 5FWW 2FWW mit 4FWW 3FWW mit 3FWW	unkritisch

Alle Versuschspläne, die in diese Klasse fallen weisen einen **Auflösungsgrad III** auf. Derartige Versuchspläne zeichnen sich durch die Vermengung der Haupteffekte (HE) mit Zweifaktorwechselwirkungen (2FWW) aus. Hier ist das Risiko einer Fehlinterprätation aufgrund einer Vermengung maximal. Aus diesem Grund sind Versuchspläne vom Auflösungsgrad III sehr kritisch und sollten stets vermieden werden. Bei Versuchsplänen vom **Auflösungsgrad IV** sind überwiegend Haupteffekte mit Wechselwirkungen höherer Ordnung vermengt, die in der Regel vernachlässigbar sind. Daher sind diese Versuchspläne unkritisch in der Anwendung (vgl. Tab. 4.10).

4.2.2.3 Wirkungsflächenversuchspläne

Die oben beschriebenen Versuchspläne erlauben die mathematische Abbildung von linearen Zusammenhängen, da die untersuchten Faktoren im Versuch lediglich auf zwei Faktorstufen variiert werden. Eine Modellierung komplexerer Effekte ist mit diesen Versuchsplänen nicht möglich. Dazu fehlen schlichtweg die notwendigen Stützstellen, die über weitere Faktorstufen realisiert werden. Zur Modellierung nicht-linearer Effekte sind andere Versuchspläne von Nöten, die sogenannten Wirkungsflächenversuchspläne.

Während die voll- und teilfaktoriellen Versuchspläne meist in der Screeningphase eingesetzt werden und das Ziel verfolgen, aus einer Menge potentieller Faktoren diejenigen mit dem größten Einfluss auf die Zielgröße zu identifizieren, fokussieren sich die Wirkungsflächenversuchspläne auf die Entwicklung eines mathematischen Modells [8]. Dieses Modell soll den Zusammenhang zwischen den Faktoren und der Zielgröße quantitativ beschreiben. Mit dem entwickelten Modell lassen sich Optimierungen vornehmen, bei denen die ausgewählten Modellparameter, je nach Optimierungsziel, eingestellt werden. In der Praxis kommen die Wirkungsversuchspläne, die auch unter dem Synonym Response-Surface-Versuchspläne bekannt sind, vor allem für die Optimierung von Produktionsprozessen und Produktgeometrien zum Einsatz [25].

Im Allgemeinen wird zwischen zwei grundlegenden Typen von Wirkungsflächenversuchsplänen unterschieden: Die zentral-zusammengesetzten Versuchspläne und die Box-Behnken-Versuchspläne (für Details, siehe [8, 29]). Zentral-zusammen-gesetzte Versuchspläne **(engl. Central Composite Design, CCD)** sind in der Praxis am häufigsten vorzufinden. Dieser Typ von Versuchsplan eignet sich, um ein vollständig quadratisches Modell anzupassen [8, 25]. Bei genauer Betrachtung, stellen zentral-zusammengesetzte Versuchspläne faktorielle Versuchspläne dar, die um sogenannte **Sternpunkte** (engl. star points) und Zentralpunkte (engl. center points) erweitert werden (vgl. Abb. 4.17). Von einem teilfaktoriellen Versuchsplan mit zwei Stufen ausgehend, lassen sich bereits in einem Schritt die Auswirkung der Haupteffekte auf die Zielgröße quantifizieren. Der Zentralpunkt im „Schwerpunkt“ des in Form eines Würfels visualisierten Versuchsplans dient dazu, nicht-lineare Effekte aufzudecken. Je mehr Versuchspunkte vorliegen, desto höher ist auch die Auflösung des Modells in diesem Bereich. Es ist daher empfehlenswert, mindestens zwei Zentralpunkte zu realisieren. Dadurch ist das Modell im Zentrum genauer, was einer potentiellen Modelloptimierung zugutekommt. Sollten zusätzliche Wechselwirkungen benötigt werden, so kann der generierte Versuchsplan durch das

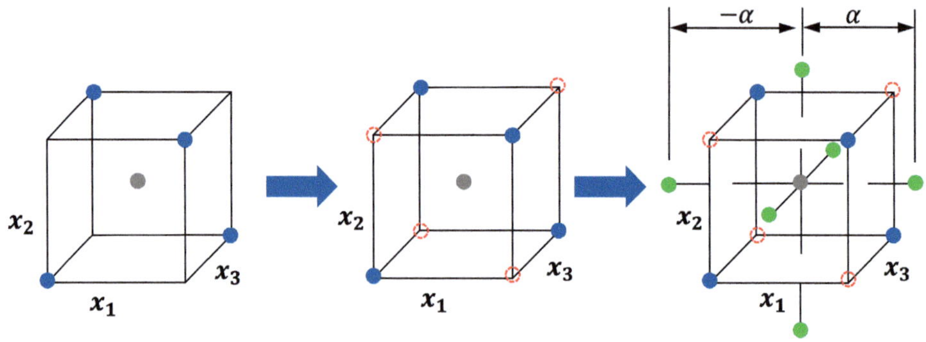

Abb. 4.17 Konstuktion eines CCD nach [26]

Hinzufügen fehlender Versuchspunkte (mittlere Grafik in Abb. 4.17) zu einem vollfaktoriellen Versuchsplan erweitert werden [25]. Falls der Hypothesentest auf nicht-lineare Effekte positiv ausfällt, sind zu den bisherigen Versuchen lediglich die Sternpunkte (die aus dem Würfel nach außen ragenden Punkte in der rechten Grafik, in Abb. 4.17) hinzuzufügen. Jeder der Sternpunkte besitzt den Abstand $|\alpha|$ vom Zentralpunkt (ZP).

4.2.3 Die Erfolgskriterien der statistischen Versuchsplanung

Abgesehen von dem Konzept der klassischen Versuchsplanung, war es ebenfalls Fisher, der die drei Begriffe eingeführt hat: Randomisierung, Replikation und Blockbildung. Diese Begriffe sind wohl die wichtigsten Kriterien der statistischen Versuchsplanung, die über den Erfolg und Misserfolg von DoE entscheiden. Sie werden zurecht auch als Erfolgskriterien bezeichnet [8, 25].

4.2.3.1 Erfolgskriterium Nr. I-Blockbildung

Das Basiskonzept der Blockbildung besteht darin, die Versuchsreihen in homogene Gruppen (sogenannte Blöcke) einzuteilen, in denen die Störgrößen konstant gehalten werden und lediglich der interessierende Faktor variiert wird. Generell sind alle Experimente in praktischen Anwendungen mit Störgrößen behaftet. Im Grunde genommen sind Störgrößen Faktoren, welche die Zielgröße beeinflussen können, aber nicht von primärem Interesse des Untersuchungsgegenstandes sind. Je nach Zielsetzung müssen daher die Störgrößen immer wieder erneut festgelegt werden. Es liegt im Anliegen des Versuchsingenieurs, zu entscheiden, welche der potentiellen Störgrößen relevant sind, um diese während der gesamten Erprobung zu beobachten und möglichst zu kontrollieren. Sind beispielsweise zehn „konstruktionsgleiche“ Prüfstände vorhanden, an denen die Versuche durchgeführt werden sollen, so ist stets auf eine Vergleichbarkeit der Prüfstände zu untersuchen. Hierbei wird der *Prüfstand* als Blockfaktor eingeführt, wohl wissend, dass dieser die Versuchsergebnisse beeinflussen und damit als Störfaktor aufgefasst werden kann. Dieser Schritt sollte frühstmöglich erfolgen, idealerweise noch vor der eigentlichen Versuchsplanung und -durchführung. Bei Vernachlässigung dieser Untersuchung wäre zwar eine Erprobung auf jedem der einzelnen Prüfstände möglich, jedoch könnten sich trotz identischer Betriebsbedingungen signifikant unterschiedliche Versuchsergebnisse ergeben. Gerade bei der Lebensdauererprobung, bei der die aus durchgeführten Versuchen gewonnenen Daten für Lebensdauerprognosen verwendet werden, ist mit einer entsprechenden Diskrepanz in den prognostizierten Lebensdauern und damit unter Umständen mit erhöhten Garantie- und Kulanzkosten zu rechnen.

Am obigen Beispiel von zehn Prüfständen, würden so für jeden Prüfstand Versuche mit gleichen Faktorstufenkombinationen geplant und durchgeführt. Das führt zu zehn homogenen Blöcken. Innerhalb jeden Blocks wird in der Signifikanzanalyse die Auswirkung der untersuchten Faktoren auf die Zielgröße bewertet, ohne sich direkt um den Effekt infolge des Blockfaktors *Prüfstand* kümmern zu müssen. Sollten die Störgrößen kontrollierbar sein, dann bietet die Blockbildung eine Möglichkeit, die Zufallsstreuung zu minimieren und damit den durch Störgrößen verursachten Versuchsfehler zu reduzieren. Ein weiteres klassisches Beispiel für Blockbildung ist der Fall, wenn nicht alle Versuchsreihen an einem Tag durchgeführt werden können. Hier empfiehlt es sich den „Wochentag" als Blockfaktor einzuführen. Die Versuche, die an einem Tag durchgeführt wurden, lassen sich so zu einem Block zusammenfassen. Sämtliche Änderungen in der Zielgröße, die beispielsweise auf Werkzeugverschleiß oder einen Bedienerwechsel zurückzuführen sind, können im Anschluss festgestellt und herausgerechnet werden [25]. Auch wenn dem Anschein nach mit Hilfe der Blockbildung der menschliche Verstand bei der statistischen Analyse ausgeschaltet werden kann, ist hier Vorsicht geboten. Denn die Blockbildung kann zwar ohne zusätzlichen Aufwand die Effekte potentieller Störgrößen bewerten, eine sinnvolle mathematische Modellierung ist damit nicht ohne Weiteres möglich. Im Besten Fall zeigt die Analyse des Blockfaktors keinen signifikanten Effekt auf die gemessene Zielgröße. Die generierten Versuchsergebnisse sind demnach, aus statistischer Sicht, vergleichbar und können für weitere Untersuchungen gleichermaßen herangezogen werden. Allerdings ist in der Praxis auch der „Worst Case" nicht auszuschließen, dass beispielsweise jeder der zehn zur Verfügung stehenden Prüfstände unterschiedliche Resultate liefert. Das muss nicht zwangsläufig an den Fertigungs- oder Montageprozessen liegen. Oft sind es äußere Bedingungen, wie beispielsweise benachbarte Maschinen und Anlagen, welche die Prüfstände ungewollt beeinflussen und damit zu signifikant unterschiedlichen Versuchsergebnissen führen können. In jedem Fall ist die Ursache für die unterschiedlichen Ergebnisse herauszufinden und zu eliminieren, bevor Versuchsdaten für die Modellierung generiert werden.

4.2.3.2 Erfolgskriterium Nr. II-Randomisierung

In zahlreichen praktischen Anwendungen können sich ändernde und unkontrollierbare Störgrößen, wie beispielsweise Umgebungstemperatur, Luftfeuchtigkeit oder der Bediener einer Anlage, die Messergebnisse ungeplant beeinflussen. Bei der Randomisierung wird die Reihenfolge, in der die Versuche durchgeführt werden, mit Hilfe eines

Zufallsgenerators zufällig verändert (randomisiert). Diese zufällige Durchführung der Versuche minimiert die Wahrscheinlichkeit dafür, dass Unterschiede in den Betriebsbedingungen die Versuchsergebnisse stark verzerren. Durch die Randomisierung werden zwar die Faktoren nach wie vor durch die Störgrößen verfälscht, allerdings sorgt dieses Erfolgskriterium dafür, dass alle Effekte gleichermaßen „verfälscht" werden [25].

4.2.3.3 Erfolgskriterium Nr. III-Ausgewogenheit

Um sicherzustellen, dass ein bestimmter Faktor nicht bevorzugt behandelt und Effekte sicher erkannt werden, sollten die konstruierten Versuchspläne ausgewogen sein. Ein Versuchsplan ist dann ausgewogen, wenn jede Faktorstufe eines Faktors gleich oft auftritt. In der Regel erfüllen alle standardisierten Versuchspläne diese Bedingung [28].

4.2.3.4 Erfolgskriterium Nr. IV-Orthogonalität

Bevor jedoch der konstruierte Versuchsplan abgearbeitet und die einzelnen Versuche durchgeführt und ausgewertet werden, ist der Versuchsplan immer auf Orthogonalität zu analysieren. Die Orthogonalität prüft, in wie weit die untersuchten Faktoren linear unabhängig sind. Das ist wichtig, weil nur so lassen sich die Effekte und somit die unbekannten Regressionskoeffizienten eindeutig ermitteln. Die Orthogonalitätsbedingung kann anhand der Korrelationsmatrix überprüft werden, die aus Korrelationskoeffizienten der Faktoren besteht. In einer „idealen " Korrelationsmatrix korrelieren die Faktoren nur mit sich selbst sowie mit der Zielgröße. Folglich sollten alle Matrixeinträge den Wert „0" haben. Eine Ausnahme bilden die Diagonalelemente. Hier ergibt sich, bei einer idealen Korrelation der Faktoren mit sich selbst, der Wert „1" (vgl. Tab. 4.11).

Die Tab. 4.11 zeigt exemplarisch eine solche Korrelationsmatrix für drei Faktoren A, B und C auf. Die Korrelationswerte $r = 0$ deuten an, dass die Faktoren A, B und C nicht untereinander korrelieren. Da die Faktoren mit sich selbst korrelieren, steht in der Hauptdiagonalen der Wert $r = 1$. Außerdem korrelieren die Faktoren mit der Zielgröße Y.

Eine weitere Möglichkeit die Orthogonalität zu überprüfen ist die Bildung des Skalarprodukts. Da jeder Versuchsraum vektoriell beschrieben werden kann, lässt sich das Skalarprodukt der Vektoren bilden. Ist das Skalarprodukt „null", so sind die Vektoren orthogonal (auch senkrecht genannt) zueinander und damit linear unabhängig. Dazu wird eine Wechselwirkungsspalte gebildet, indem die Spalteneinträge komponentenweise multipliziert und die Ergebnisse der Spalte aufsummiert werden.

Tab. 4.11 Korrelationsmatrix am Beispiel von drei Faktoren A, B und C

	Faktor A	Faktor B	Faktor C	Zielgröße Y
Faktor A	1	0	0	0,742
Faktor B	0	1	0	0,374
Faktor C	0	0	1	−0,576
Zielgröße Y	0,742	0,374	−0,576	1

In der Praxis ist ein ideal-orthogonaler Versuchsplan oft nicht so einfach realisierbar, weil sich die Faktoren nicht immer exakt auf einen bestimmten Wert einstellen lassen. Um die Orthogonalitätsbedingung dennoch sicherzustellen, zeigt Kleppmann [25] eine Möglichkeit auf, den Abstand vom Zentralpunkt und Sternpunkten entsprechend anzupassen. Dieser Abstand setzt sich aus der Anzahl an Einzelversuchen im Würfelblock und aus der Anzahl an Einzelversuchen im Sternblock zusammen (vgl. [25]).

4.2.4 Mathematische Grundlagen

4.2.4.1 Effektberechnung

Die Effekte lassen sich berechnen, indem die (Mittelwerte der) Versuchsergebnisse y_i mit den jeweiligen Vorzeichen der kodierten Faktorstufen multipliziert und dann aufaddiert werden [25]. Das Ergebnis wird durch die Anzahl m der Faktorstufenkombinationen dividiert. Wird ein Versuch mehrmals durchgeführt, so wird für die Berechnung des Effekts der Versuchsmittelwert $\bar{y}_i$ ermittelt. Allgemein lässt sich ein Effekt wie folgt berechnen [25,30]:

$$\text{Effekt E} = \frac{2}{m} \cdot \sum_{i=1}^{m} (\text{Vorzeichen} \cdot \bar{y}_i) \,. \tag{4.44}$$

4.2.4.2 Statistische Modellbildung

Die mathematische Beschreibung des Zusammenhangs zwischen der Zielgröße und den Faktoren wird als Regressionsanalyse bezeichnet. Mit Hilfe mathematischer Verfahren wird ein Modell gesucht, dass vorhandene Daten bestmöglich wiedergibt und damit die beste Anpassungsgüte liefert. Für die Anpassung muss die mathematische Form des Zusammenhangs, also das Modell, bekannt sein. Die unbekannten Parameter des Modells, welche die mathematische Form eindeutig charakterisieren, werden dann so angepasst, dass die Abweichung zwischen experimentellen Daten und dem Modell minimal ist. Die einfachste mathematische Form, um diesen Zusammenhang zwischen den Faktoren und der Zielgröße zu quantifizieren ist ein lineares Modell [8,25,26].

Im Falle einer einzigen Zielgröße y und einer Einflussgröße x, lässt sich das zugehörige lineare Modell wie folgt formulieren:

$$y = f(x) = \underbrace{\alpha_0}_{Konstante} + \underbrace{\alpha_1 \cdot x_1}_{\substack{linearer\\Anteil}} + \underbrace{\epsilon}_{Fehlerterm} \,. \tag{4.45}$$

Dabei sind α_i die unbekannten Modellparameter bzw. Koeffizienten und ϵ der Fehlerterm. Mit Gl. 4.45 ist es möglich, lineare Effekte zwischen der Zielgröße und einer Einflussgröße zu beschreiben. In der Regel sind diese Zusammenhänge in der Praxis nicht-linear. Die Verwendung eines linearen Modells zur Modellierung eines nicht-linearen Zusammenhangs resultiert in einer ungenauen Abbildung der Messwerte. Um dem entgegenzuwirken, müssen auch nicht-lineare Effekte systematisch berücksichtigt werden. Dazu lässt sich Gl. 4.45 für beliebig viele Faktoren erweitern. So führt die Anwendung von Gl. 4.45 auf ein vollständiges lineares Modell für drei Faktoren x_1, x_2 und x_3 zu [26]:

$$\begin{aligned} y = & \underbrace{\alpha_0}_{Konstante} + \underbrace{\alpha_1 \cdot x_1 + \alpha_2 \cdot x_2 + \alpha_3 \cdot x_3}_{\substack{linearer \\ Anteil}} + \\ & + \underbrace{\alpha_{12} \cdot x_1 \cdot x_2 + \alpha_{13} \cdot x_1 \cdot x_3 + \alpha_{23} \cdot x_2 \cdot x_3}_{\substack{zweifaktorieller \\ Wechselwirkungsanteil}} + \\ & + \underbrace{\alpha_{123} \cdot x_1 \cdot x_2 \cdot x_3}_{\substack{dreifaktorieller \\ Wechselwirkungsanteil}} + \underbrace{\alpha_{11} \cdot {x_1}^2 + \alpha_{22} \cdot {x_2}^2 + \alpha_{33} \cdot {x_3}^2}_{\substack{quadratischer \\ Anteil}} + \underbrace{\epsilon}_{Fehlerterm} . \end{aligned} \tag{4.46}$$

An der Stelle sei erwähnt, dass die Faktoren mit ihren Faktorstufen x_i in Gl. 4.45 und 4.46 bekannte Größen darstellen, die nicht von den Koeffizienten α_i abhängen.

Das Modell in Gl. 4.46 kann durch die Substitution von $x_4 = x_1 \cdot x_2$, $x_5 = x_1 \cdot x_3$, $x_6 = x_2 \cdot x_3, x_7 = x_1 \cdot x_2 \cdot x_3, x_8 = {x_1}^2, x_9 = {x_2}^2, x_{10} = {x_3}^2, \alpha_4 = \alpha_{12}, \alpha_5 = \alpha_{13}, \alpha_6 = \alpha_{23}$, $\alpha_7 = \alpha_{123}$, $\alpha_8 = \alpha_{11}$, $\alpha_9 = \alpha_{22}$ und $\alpha_{10} = \alpha_{33}$ zu einem linearen Regressionsmodell vereinfacht werden [26]:

$$\begin{aligned} y = f(x_i) = \alpha_0 + \alpha_1 \cdot x_1 + \alpha_2 \cdot x_2 + \alpha_3 \cdot x_3 + \alpha_4 \cdot x_4 + \alpha_5 \cdot x_5 + \alpha_6 \cdot x_6 + \\ + \alpha_7 \cdot x_7 + \alpha_8 \cdot x_8 + \alpha_9 \cdot x_9 + \alpha_{10} \cdot x_{10} + \epsilon. \end{aligned} \tag{4.47}$$

Generell zählt jedes Modell, das bezüglich seiner Regressionsparameter α_i linear ist, zur Gruppe linearer Regressionsmodelle, unabhägig davon, welche Form das Modell beschreibt [8]. Wird Gl. 4.47 zu Grunde gelegt, lässt sich ein lineares Regressionsmodell für k-Faktoren allgemein wie folgt formulieren:

$$y = \alpha_0 + \alpha_1 \cdot x_1 + \alpha_2 \cdot x_2 + \alpha_3 \cdot x_3 + ... + \alpha_k \cdot x_k \tag{4.48}$$

bzw. für die einzelnen Beobachtungen y_i:

$$y_i = \alpha_0 + \alpha_1 \cdot x_{1i} + \alpha_2 \cdot x_{2i} + \alpha_3 \cdot x_{3i} + ... + \alpha_k \cdot x_{ki} + \epsilon_i . \tag{4.49}$$

Gl. 4.49 kann man auch in Matrix-Schreibweise formulieren:

$$y = \begin{pmatrix} y_1 \\ y_2 \\ y_3 \\ \vdots \\ y_i \end{pmatrix} = \underbrace{\begin{pmatrix} 1 & x_{11} & x_{21} & \dots & x_{k1} \\ 1 & x_{12} & x_{22} & \dots & x_{k2} \\ 1 & x_{13} & x_{23} & \dots & x_{k3} \\ \vdots & \vdots & \vdots & \ddots & \vdots \\ 1 & x_{1n} & x_{2n} & \dots & x_{kn} \end{pmatrix}}_{X} \cdot \underbrace{\begin{pmatrix} \alpha_0 \\ \alpha_1 \\ \alpha_2 \\ \vdots \\ \alpha_k \end{pmatrix}}_{\alpha} + \underbrace{\begin{pmatrix} \epsilon_1 \\ \epsilon_2 \\ \epsilon_3 \\ \vdots \\ \epsilon_n \end{pmatrix}}_{\epsilon}. \tag{4.50}$$

Das führt zu einem Gleichungssystem in der Form $y = X \cdot \alpha + \epsilon$. Der Vorteil von Gl. 4.50 besteht darin, dass die gesuchte Lösung in Form von Koeffizienten einfacher gefunden werden kann. Die Ermittlung unbekannter Parameter kann entweder mit Hilfe der Methode der kleinsten Fehlerquadrate oder alternativ auch mit der Maximum-Likelihood-Methode erfolgen. Die Koeffizienten entsprechen den jeweiligen Haupt- und Wechselwirkungseffekten. Folglich lassen sich Koeffizieten direkt aus den Effekten ermitteln [8, 26].

4.2.4.3 Bewertung des entwickelten Modells

Zur Beurteilung der Modellqualität existieren verschiedene Kennzahlen. Die einfachste Kennzahl ist das Bestimmtheitsmaß R^2. Nach [31] berechnet sich R^2 wie folgt:

$$\begin{aligned} R^2 = \frac{\text{erklärte Streuung}}{\text{Gesamtstreuung}} &= 1 - \frac{\text{nicht erklärte Streuung}}{\text{Gesamtstreuung}} \\ &= \frac{\sum_{i=1}^{n} (\hat{y}_i - \bar{y})^2}{\sum_{i=1}^{n} (y_i - \bar{y})^2} = \frac{SQE}{SQT}. \end{aligned} \tag{4.51}$$

Dabei handelt es sich bei SQT um den Anteil des Regressionsmodells an der Gesamtstreuung (engl. sum of squares total). SQE entspricht dem Anteil an der unsystematischen, zufälligen (residuenbedingten) Streuung. Unter der Gesamtstreuung versteht man im Allgemeinen die Streuung der Messwerte, die sich aus der Streuung der Schätzungen und der Streuung der Residuen zusammensetzt. Dabei entspricht die Streuung der Schätzungen der durch das Regressionsmodell erklärbaren Streuung. Der nicht durch das Modell erklärbare Anteil ist die Streuung der Residuen. Mit anderen Worten, setzt sich die gesamte Streuung aus der erklärten und der nicht erklärten Streuung zusammen. In der Regel nimmt das Bestimmtheitsmaß Werte zwischen null und eins an. Dabei ist R^2 umso größer, je höher der Anteil der erklärten Streuung an der Gesamtstreuung ist [31]. Alternativ dazu, lässt sich R^2 auch durch die Substraktion des Verhältnisses der nicht erklärten Streuung zur Gesamtstreuung vom Maximalwert „1" ermitteln:

$$R^2 = 1 - \frac{\sum_{i=1}^{n} \left(y_i - \hat{y}_i\right)^2}{\sum_{i=1}^{n} \left(y_i - \bar{y}\right)^2} = \frac{SQR}{SQT} = 1 - \frac{\text{nicht erklärte Streuung}}{\text{Gesamtstreuung}}. \tag{4.52}$$

Auch wenn das Bestimmtheitsmaß relativ einfach erklärbar ist, hat es einen entscheidenden Nachteil: Es wird durch die Zahl der Regressoren beeinflusst. Sein Wert kann mit der Aufnahme von „statistisch unwichtigen" Regressoren in die Modellgleichung zu-, jedoch nicht abnehmen. Dadurch sind Fehlinterprätationen bei der Bewertung der Modellgüte möglich. Damit ist ein Modell mit dem größten Wert R^2 nicht immer jenes, das die Streuung in den Daten am Besten erklärt [31].

Eine Kenngröße, die diesen Nachteil nicht besitzt, ist das korrigierte Bestimmtheitsmaß R^2_{korr}. Die auch als adjustiertes oder angepasstes Bestimmtheitsmaß bezeichnete Kenngröße berechnet sich wie folgt [31]:

$$R^2{}_{\text{korr}} = 1 - \left(1 - R^2\right) \cdot \frac{n-1}{n-k-1}. \tag{4.53}$$

Dabei ist n die Anzahl der Beobachtungen und k die Anzahl an unabhängigen Variablen. Beim genaueren Hinschauen wird deutlich, dass das korrigierte Bestimmtheitsmaß aus dem R^2-Wert besteht, der mit jeder neu hinzugekommenen unabhängigen Variable mit einem „Strafterm" belegt wird. Auf die Weise soll die Komplexität des Modells ausgeglichen werden. Nimmt die Stichprobengröße n zu, nähert sich der Quotient $\frac{n-1}{n-k-1}$ dem Wert „1" , so dass sich R^2_{korr} immer weniger von R^2 unterscheidet [31].

4.2.4.4 Grundlagen von statistischen Hypothesentests

In der Regel werden Daten aus Experimenten gewonnen. Diese Daten dienen als Grundlage für eine Aussage darüber, ob beispielsweise neue Designänderungen zu einer höheren Leistungsfähigkeit eines Produkts geführt haben. Vor allem in der Absicherung der Lebensdauer und Zuverlässigkeit von Produkten, steht das Ausfallverhalten des betrachteten technischen Systems im Fokus. Dabei stellt sich oft die Frage, ob eine umgesetzte Maßnahme zu einer höheren Lebensdauer und Zuverlässigkeit geführt hat oder nicht. Dazu wird eine Behauptung, die in der Statistik als Hypothese bezeichnet wird, aufgestellt. Diese Behauptung wird anschließend mit Hilfe statistischer Verfahren, den sogenannten Hypothesentests (auch als statistische Tests bezeichnet) untersucht. Wichtig an der Stelle ist zu verstehen, dass ein statistischer Test eine Hypothese nicht nachweisen kann. Es wird daher immer, ausgehend von einer sogenannten Nullhypothese H_0 („es gibt keinen Effekt"), das „zu zeigende" Ergebnis als Alternativhypothese H_1 zu „0" angenommen. Das Ergebnis eines Hypothesentests liefert damit lediglich eine Aussage darüber, ob die aufgestellte Hypothese plausibel ist oder nicht. Dafür wird im Rahmen eines Hypothesentests entschieden, ob die Nullhypothese angenommen oder verworfen werden kann [25,26,32–38].

In der Praxis unterliegen die Ergebnisse zufälligen Einflüssen, was in einer gewissen Streuung resultiert. Diese Ergebnisse werden zur Berechnung von Effekten herangezogen, weshalb auch diese mit einer Streuung behaftet sind. Die Folge: Die aus Versuchsergebnissen ermittelten Effekte weichen zufällig von den wahren, unbekannten Effekten ab. Damit überprüft werden kann, ob es sich bei einem Effekt um einen wahren Effekt handelt, kommt die Signifikanzanalyse zu Tragen. Bei der Analyse wird untersucht, ob der ermittelte Effekt größer ist als die Zufallsstreuung. In dem Fall spricht man von einem statistisch signifikanten Effekt. Ist der Effekt selbst kleiner als die Zufallsstreuung, ist dieser statistisch nicht signifikant. Als Maß für die Entscheidungsgrundlage einer statistischen Signifikanz wird der p-Wert (engl. p-value) herangezogen. Dieser Wert gibt die Wahrscheinlichkeit an, dass unter der Annahme der Nullhypothese der wahre Effekt mindestenst so groß ist, wie der Beobachtete. Im Allgemeinen kann die Vorgehensweise eines Hypothesentests wie folgt zusammenfasst werden: Zunächst wird die zu prüfende Aussage (Nullhypothese) formuliert und das Signifikanzniveau definiert. Anschließend erfolgen die Ermittlung des p-Wertes sowie die Durchführung der Signifikanzanalyse. Dazu wird der p-Wert mit dem festgelegten Signifikanzniveau verglichen [8, 26, 39–41].

Da jeder Hypothesentest mit Unsicherheiten behaftet ist, birgt es das Risiko falsche Entscheidungen zu treffen. Die Grundlage falscher Entscheidungen sind zwei Fehlerarten, die während des Tests auftreten: Der Fehler erster und zweiter Art. Abb. 4.18 veranschaulicht den Grundgedanken eines Hypothesentests. Dabei wird die Wahrscheinlichkeit, mit der die Nullhypothese fälschlicherweise abgelehnt wird, durch das Signifikanzniveau α charakterisiert. Das Signifikanzniveau wird auch als Irrtumswahrscheinlichkeit bezeichnet und entspricht dem Fehler erster Art. Wird die Nullhypothese beibehalten, obwohl diese in Wirklichkeit nicht zutrifft, liegt ein Fehler zweiter Art vor. Dieser Fehler wird durch das β-Risiko repräsentiert. Die Folge ist, dass ein tatsächlich vorhandener Effekt nicht erkannt wird. Das Komplement dazu bildet die sogenannte $power = 1 - \beta$. Sie beschreibt die Wahrscheinlichkeit dafür, wahre Effekte zu erkennen. Ist der p-Wert signifikant größer als α, ist der Effekt statistisch nicht signifikant und kann damit für die Modellbildung vernachlässigt werden. Ist dagegen der p-Wert deutlich kleiner als α, ist die Wahrscheinlichkeit sehr klein, dass es sich bei dem beobachteten Effekt um

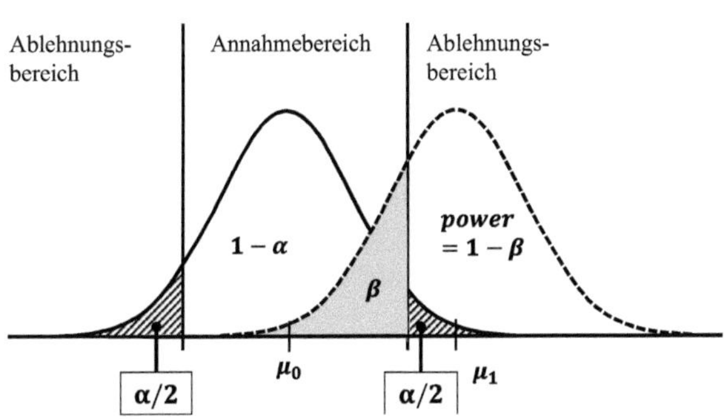

Abb. 4.18 Fehler erster und zweiter Art, in Anlehnung an [26]

einen zufälligen Effekt handelt. Der Effekt ist damit statistisch hoch signifikant und sollte in das Modell mit aufgenommen werden. Zur Veranschaulichung des Zusammenhangs zwischen den beiden Fehlerarten, wird in Abb. 4.18 die für eine Grundgesamtheit als richtig angenommene Verteilung (durchgezogener Verlauf) mit dem Parameter μ_o charakterisiert. Die tatsächliche, unbekannte Verteilung (gestrichelter Verlauf) ist durch den realen Parameter μ_1 gekennzeichnet. Die Nullhypothese geht von der angenommenen Verteilung aus. Sie wird dann abgelehnt, sobald das Stichprobenergebnis den kritischen Wert überschreitet, sich aber innerhalb des rechten, schraffierten Bereichs befindet (Fehler erster Art). Demgegenüber liegt der mit β charakterisierte Bereich der realen Verteilung. Dieser ist der Fehler zweiter Art. Wie der Abb. 4.18 entnommen werden kann, hängen beide Fehlerarten voneinander ab und keine der beiden lässt sich minimieren, ohne dass die jeweils andere vergrößert wird [8, 26, 40, 40, 41].

4.2.4.5 Varianzanalyse (ANOVA)

Ziel der Varianzanalyse (engl. Analysis of Variance, ANOVA) besteht darin, zu untersuchen, ob sich die Mittelwerte mehrerer unabhängiger Gruppen oder Stichproben (hier: Faktoren auf ihren Faktorstufen) statistisch signifikant voneinander unterscheiden oder nicht. Das Prinzip der ANOVA basiert auf dem des *t-Tests*, einem weiteren Hypothesentest, bei dem lediglich zwei Gruppen miteinander verglichen werden können. Die Variananalyse ermöglicht dagegen einen Vergleich von mehr als zwei Gruppen. Dabei wird die gesamte Varianz (also Streuung) in zwei Teile zerlegt: In die Varianz zwischen den Gruppen und die Varianz innerhalb der Gruppen. Die Varianz zwischen den Gruppen wird durch die Effekte der Faktoren erklärt, während die restliche Varianz (Varianz innerhalb der Gruppen) einem Zufallsprozess unterliegt. Damit lässt mit der Varianzanalyse beurteilen, welcher Anteil der Gesamtstreuung in der Zielgröße durch das Modell erklärbar ist. Sollten also Effekte fälschlicherweise als statistisch signifikant deklariert werden, ist die Wahrscheinlichkeit für ein unzuverlässiges Modell hoch [26, 42].

Im Folgenden soll die ANOVA anhand eines fiktiven Beispiels erklärt werden (vgl. Abb. 4.19).

Abb. 4.19 zeigt die Ergebnisse einer fiktiven Erprobung für drei Gruppen. Das Ergebnis ist allgemein als Zielgröße aufgetragen, wobei für jede Gruppe jeweils sechs Prüflinge getestet wurden. Die Frage nach einem Unterschied zwischen den drei vorliegenden Gruppen lässt sich mit Hilfe der Varianzzerlegung beantworten. Dieser potentielle Unterschied lässt sich rein optisch bereits erahnen. Damit der Unterschied auf Signifikanz untersucht werden kann, wird die gesamte Streuung in den Daten in zwei Teile zerlegt. Das ist der einzige Weg, um Unterschiede zwischen den beobachteten Werten, wie beispielsweise dem Messwert des sechsten Prüflings aus Gruppe 2 und dem Gesamtmittelwert der Stichprobe zu erklären. Der Messwert des sechsten Prüflings aus Gruppe 2 entspricht dabei dem zu erklärenden Anteil. Bei dem Gesamtmittelwert handelt es sich um den Mittelwert über alle Stichprobenergebnisse. Die Differenz zwischen dem Gruppenmittelwert und dem Gesamtmittelwert beschreibt den Effekt, der auf die entsprechende Gruppe zurückzufüh-

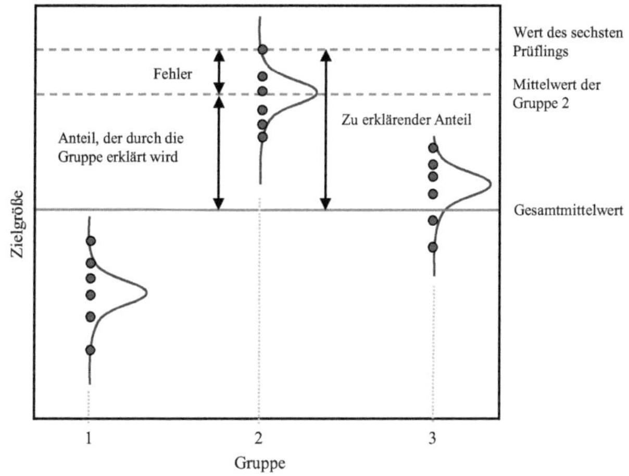

Abb. 4.19 Varianzzerlegung anhand eines fiktiven Beispiels, in Anlehnung an [26]

ren ist. In der Praxis lässt sich in der Regel nicht die gesamte Streuung erklären. Es bleibt immer ein unerklärbarer Anteil übrig, die sogenannte „Reststreuung", die durch den Fehlerterm charakterisiert wird [26].

Die Gesamtvarianz lässt sich mathematisch über die Gesamtquadratsumme (engl. Sum of Squares) SS_{gesamt} als Maß für die zu erklärende Abweichungen aller Messwerte beschreiben [8]. Dazu werden alle individuellen Abweichungen vom Gesamtmittelwert quadriert und aufsummiert [8]. Bei der Varianzzerlegung wird die Gesamtquadratsumme in zwei Teile aufgeteilt: Der erste Teil entspricht der Varianz, die durch die Gruppenzugehörigkeit erklärt werden kann ($SS_{zwischen}$) und der zweite Teil entspricht dem unerklärbaren Anteil $SS_{innerhalb}$. Mit dem j-te Messwert y_{ij} der i-ten Stichprobe und dem Gesamtmittelwert $\bar{y}$, lässt sich die Gesamtquadratsumme nach folgender Gleichung ermitteln [8]:

$$SS_{gesamt} = SS_{zwischen} + SS_{innerhalb} = \sum_{i=1}^{a} \sum_{j=1}^{n} \left(y_{ij} - \bar{y}\right)^2 . \tag{4.54}$$

Die Indizes i bzw. j in Gl. 4.54 entsprechen den Laufindizes der Gruppe bzw. der einzelnen Messwerte innerhalb der Gruppe, wobei a die Anzahl der Gruppen repräsentiert und n die Anzahl der Messwerte in der jeweiligen Gruppe.

Die Quadratsumme zwischen den Gruppen $SS_{zwischen}$ beruht auf dem Unterschied zwischen den Gruppenmittelwerten $\bar{y}_i$ und dem Gesamtmittelwert [8]:

$$SS_{zwischen} = \sum_{i=1}^{a} n \cdot (\bar{y}_i - \bar{y})^2 . \tag{4.55}$$

Die Quadratsumme innerhalb der Gruppe $SS_{innerhalb}$ ergibt sich zu:

$$SS_{innerhalb} = \sum_{i=1}^{a} \sum_{j=1}^{n} \left(y_{ij} - \bar{y}_i\right)^2. \tag{4.56}$$

Mit Gl. 4.54 bis 4.56 lässt sich zeigen: Je mehr Streuung durch die Gruppen und damit durch das Modell erklärt werden kann, desto größer ist die Streuung zwischen den Gruppen und desto geringer variieren die Ergebnisse innerhalb der Gruppe [26].

Der Signifikanzprüfung wird der F-Test zu Grunde gelegt, für den die F-Teststatistik berechnet wird. Dabei werden basierend auf den Quadratsummen die um die Freiheitsgrade df normierten mittleren Quadratsummen MS (engl. Mean Square) ermittelt [8]:

$$\begin{aligned} MS_{gesamt} &= \frac{SS_{gesamt}}{df_{gesamt}} = \frac{SS_{gesamt}}{N-1} \\ MS_{zwischen} &= \frac{SS_{zwischen}}{df_{zwischen}} = \frac{SS_{zwischen}}{a-1} \\ MS_{innerhalb} &= \frac{SS_{innerhalb}}{df_{innerhalb}} = \frac{SS_{innerhalb}}{N-a}. \end{aligned} \tag{4.57}$$

Dabei entspricht $N = a \cdot n$ der Anzahl aller Messwerte. Abschließend wird die F-Teststatistik ermittelt und mit dem kritischen Wert der F-Verteilung verglichen, der durch die Freiheitsgrade $df_{zwischen}$ und $df_{innerhalb}$ charakterisiert ist. Die F-Teststatistik berechnet sich zu:

$$F_{empirisch} = \frac{MS_{zwischen}}{MS_{innerhalb}}. \tag{4.58}$$

Der $F_{empirisch}$-Wert fällt umso höher aus, je mehr Streuung durch den Unterschied in den Gruppen erklärt werden kann. Ist $F_{empirisch}$ höher als der kritische Wert, so liegt ein statistisch signifikanter Unterschied zwischen den untersuchten Gruppen vor [26].

Da die oben beschriebene ANOVA den Einfluss eines einzelnen Faktors auf die Zielgröße untersucht, wird diese als einfache oder auch als einfaktorielle ANOVA bezeichnet [8]. Im Gegensatz dazu analysiert die mehrfaktorielle ANOVA, ob sich die Mittelwerte mehrerer Gruppen bzw. Faktoren unterscheiden. Auch hier liegt eine Varianzzerlegung zugrunde. Der wesentlich Unterschied zwischen den beiden ANOVA-Typen besteht darin, dass bei der einfachen ANOVA die Gesamtvarianz aus der Varianz zwischen der Gruppen und der Varianz innerhalb der Gruppen zusammensetzt und bei der mehrfaktoriellen ANOVA die Varianz zwischen den Gruppen weiter aufgeteilt wird. Diese Aufteilung erfolgt in die Varianz der Haupteffekte und in die Varianz der Wechselwirkungen. Hierbei wird jedem Faktor und jeder Wechselwirkung ein Anteil zugeordnet. Liegen beispielsweise zwei Faktoren A und B vor, lässt sich die Gesamtstreuung wie folgt berechnen [8]:

$$\begin{aligned} SS_{gesamt} &= SS_{zwischen} + SS_{innerhalb} \\ &= \underbrace{SS_A + SS_B + SS_{A \cdot B}}_{SS_{zwischen}} + SS_{innerhalb}. \end{aligned} \tag{4.59}$$

Für die Berechnung der Gesamtquadratsumme gilt dann:

$$SS_{gesamt} = \sum_{i=1}^{a_A} \sum_{l=1}^{a_B} \sum_{j=1}^{n} \left(y_{ilj} - \bar{y}\right)^2, \tag{4.60}$$

wobei a_A die Anzahl der Faktorstufen des Faktors A repräsentiert und i die jeweiligen Faktorstufe des Faktors A. Außerdem wird der Faktor B auf den Stufen l variiert und weist insgesamt a_B Faktorstufen auf. Der Stichprobenumfang wird durch den Parameter n gekennzeichnet. Damit werden mit der Gl. 4.60 die Abweichungen zwischen dem Messwert y_{ilj} des j-ten Prüflings in den Faktorstufen i und l sowie dem Gesamtmittelwert $\bar{y}$ berechnet, quadariert und aufsummiert. Liegen mehr als zwei Faktoren vor, so ist die Formel entsprechend zu erweitern (siehe beispielsweise [8]). Der Einfluss des Faktors A kann nach folgender Formel ermittelt werden [8]:

$$SS_A = a_B \cdot n \sum_{i=1}^{a_A} (\bar{y}_i - \bar{y})^2, \tag{4.61}$$

wobei $\bar{y}_i$ den Mittelwert der Faktorstufe i des Faktors A darstellt. Der Einfluss des Faktors B lässt sich nach [8] wie folgt berechnen:

$$SS_A = a_A \cdot n \sum_{l=1}^{a_B} (\bar{y}_l - \bar{y})^2, \tag{4.62}$$

$\bar{y}_l$ entspricht dabei dem Mittelwert der Faktorstufe l des Faktors B. Die Varianz, die auf den Wechselwirkungseffekt der beiden Faktoren zurückgeht, ergibt sich zu [8]:

$$SS_{A \cdot B} = n \cdot \sum_{i=1}^{a_A} \sum_{l=1}^{a_B} \left(\bar{y}_{il} - \hat{y}_{il}\right)^2, \tag{4.63}$$

$\bar{y}_{il}$ stellt den Mittelwert der Faktorstufen i und l dar, während $\hat{y}_{il}$ der Schätzwert für den Mittelwert der beiden Faktorstufen ist, unter der Annahme, dass keine Wechselwirkung der beiden Faktoren vorliegt. Dieser Schätzwert kann wie folgt berechnet werden [26]:

$$\hat{y}_{il} = \bar{y}_i + \bar{y}_l - \bar{y}. \tag{4.64}$$

Die Summe der Abweichungsquadrate der Messwerte vom jeweiligen Gruppenmittelwert ermittelt sich wie folgt [26]:

$$SS_{gesamt} = \sum_{i=1}^{a_A} \sum_{l=1}^{a_B} \sum_{j=1}^{n} \left(y_{ilj} - \bar{y}_{il}\right)^2 . \tag{4.65}$$

Die Berechnung der F-Teststatistik erfordert, analog zur einfaktoriellen ANOVA, die mittleren Quadratsummen $MS_{zwischen}$ und $MS_{innerhalb}$. Hierfür werden die Quadratsummen durch die entsprechenden Freiheitsgrade dividiert [8]:

$$\begin{aligned} MS_{zwischen} &= \frac{SS_{zwischen}}{df_{zwischen}} = \frac{SS_{zwischen}}{a-1} \\ MS_{innerhalb} &= \frac{SS_{innerhalb}}{df_{innerhalb}} = \frac{SS_{innerhalb}}{N-a} \\ MS_A &= \frac{SS_A}{df_A} = \frac{SS_A}{a_A - 1} \\ MS_B &= \frac{SS_B}{df_B} = \frac{SS_B}{a_B - 1} \\ MS_{A \cdot B} &= \frac{SS_{A \cdot B}}{df_{A \cdot B}} = \frac{SS_{A \cdot B}}{(a_A - 1) \cdot (a_B - 1)} . \end{aligned} \tag{4.66}$$

Im letzen Schritt werden die Teststatistiken F_x für das Gesamtmodell, den Faktor A, den Faktor B sowie für die Wechselwirkung $A \cdot B$ berechnet (siehe oben) und mit den kritischen Werten der F-Verteilung verglichen [8,26]:

$$\begin{aligned} F_{Modell} &= \frac{MS_{zwischen}}{MS_{innerhalb}} \\ F_A &= \frac{MS_A}{MS_{innerhalb}} \\ F_B &= \frac{MS_B}{MS_{innerhalb}} \\ F_{A \cdot B} &= \frac{MS_{A \cdot B}}{MS_{innerhalb}} . \end{aligned} \tag{4.67}$$

Der Wert der F-Teststatistik ist umso höher, je mehr Streuung durch das Modell bzw. durch die beiden Faktoren A und B oder durch die Wechselwirkung erklärt wird.

Die Ergebnisse der ANOVA finden sich in einer sogenannten ANOVA-Tabelle wieder. Wie eine solche ANOVA-Tabelle aussehen kann, zeigt die folgende Tabelle Tab. 4.12.

Generell ist die ANOVA-Tabelle aus zwei Teilen aufgebaut. Im oberen Teil sind in der Regel Angaben zu den wichtigsten Größen der Varianzzerlegung vorzufinden.

Tab. 4.12 Exemplarische ANOVA-Tabelle für zwei Faktoren [26]

Quelle	dF	SS	MS	F	p
A	2	1918,50	959,250	9,25	0,015
B	1	21,33	21,333	0,21	0,666
$A \cdot B$	2	561,17	280,583	2,71	0,145
Fehler	6	622,00	103,667		
Gesamt	11	3123,00			
Zusammenfassung des Modells					
$S = 10{,}18$	$R\text{-}Sq = 80{,}08\,\%$			$R\text{-}Sq(adj) = 63{,}49\,\%$	

Das beinhaltet die einzelnen „Streuungsquellen", wie zum Beispiel die Faktoren A, B, die Wechselwirkung $A \cdot B$ sowie den Fehlerterm (siehe erste Spalte der Tab. 4.12). Hinzu kommt die Spalte für die Freiheitsgrade, die Spalte zu den Fehlerquatratsummen bzw. der mittleren Quadratsummen. Die beiden letzten Spalten sind Platzhalter für die oben erklärte F-Teststatistik und für den ermittelten p-Wert. Diese Werte dienen der anschließenden Bewertung, in wie weit ein statistisch signifikanter Anteil der Streuung durch den entsprechenden Faktor bzw. durch die Wechselwirkung erklärbar ist. Bei einer exemplarischen Irrtumswahrscheinlichkeit von $\alpha = 5\,\%$ wäre der Faktor A statistisch signifikant, wohingegen sowohl der Faktor B als auch die Wechselwirkung $A \cdot B$ die Streuung in den Daten nicht erklären. Die Effekte, welche die Streuung im Modell nicht erklären, können aus dem Modell entfernt werden. In diesem Fall wäre es der Faktor B und die Wechselwirkung $A \cdot B$.

Im unteren Teil der Tabelle werden meist Ergebnisse für das Modell zusammengefasst. Darin enthalten sind statistische Kennzahlen zur Beurteilung der Anpassungsgüte des Modells. Für das vorliegende Beispiel aus Tab. 4.12 erklärt das Modell 80,08 % der Streuung in der Zielgröße. Der Parameter S repräsentiert die Standardabweichung zwischen den Datenpunkten und den angepassten Werten.

4.2.4.6 Likekihood-Ratio-Test

Während die ANOVA für normalverteilte Daten eingesetzt wird, ist der Likelihood-Ratio-Test ein Hypothesentest, der für nicht-normalverteilte Daten Anwendung findet. Es handelt sich dabei um ein allgemeingültiges Verfahren, das auf der Maximum-Likelihood-Methode beruht. Der Kerngedanke hinter dem Verfahren ist, ein Ausgangsmodell (auch als unrestringiertes Modell bezeichnet) mit einem so genannten restringierten Modell zu vergleichen. Das Ausgangsmodell besteht dabei aus allen potentiellen Modellparametern, während beim restringierten Modell einem oder mehreren Modellparametern des Ausgangsmodells Restriktionen auferlegt werden. Das erfolgt auf die Weise, indem jeweils ein Modellparameter zu „0" gesetzt und die Teststatistik ermittelt wird [19, 26, 37]:

$$LR = -2 \ln \left[\frac{L(\theta_{-i})}{L(\theta)} \right] \tag{4.68}$$

$L(\theta_{-i})$ stellt dabei das restringierte Modell dar und $L(\theta)$ das unrestringierte Modell. Die Nullhypothese lautet demnach $H_0 : \theta^k{}_i = 0$. Ist der jeweilige Faktor statistisch nicht signifikant, wird der Zähler wenig vom Nenner abweichen und der Quotient wird gegen den Wert „1“ streben. Im Falle einer statistischen Signifikanz ($p < \alpha$), kann die Nullhypothese zum Signifikanzniveau α verworfen werden, da der Parameter $\theta^k{}_i$ statistisch nicht signifikant ist. Die Teststatistik LR folgt dabei einer χ^2-Verteilung [19, 26]. Die Überprüfung auf Signifikanz erfolgt anhand des p-Wertes, der sich nach [19, 36] wie folgt berechnen lässt:

$$p = 1 - P\left(\chi^2{}_{1,\alpha} < \mathrm{LR}\right) \tag{4.69}$$

Der Vergleich der beiden Modelle liefert eine Aussage darüber, ob das unrestringierte Modell eine bessere Modellanpassung an die Daten liefert als das restringierte Modell. Bei einer schlechteren Anpassung, wird das restringierte Modell dem unrestringierten Modell vorgezogen. Das liegt darin begründet, dass das restringierte Modell trotz vereinfachter mathematischer Form dieselbe Anpassungsgüte besitzt wie das komplexere Modell [43].

4.3 Zahnriemenantrieb als Black-Box

Zur systematischen Analyse komplexe Systeme hat sich der Black-Box-Ansatz durchgesetzt. Ursprünglich stammt die Black-Box-Methode aus der Regelungstechnik und dient dazu, komplexe Systeme mit zunächst unbekannter innerer Struktur grob zu strukturieren. Zunächst werden nur die Ein- und Ausgangsgrößen untersucht, die zugleich die sogenannte äußere Struktur des Systems bilden. Die innere Struktur wird durch einen schwarzen Kasten (engl. Black Box) festgelegt und bleibt vorerst unberücksichtigt. Erst wenn ein Überblick über die äußere Struktur verschafft wurde, wird die unbekannte innere Struktur betrachtet und dabei stufenweise aufgelöst. Das alleinige Ziel besteht darin festzustellen, wie das System an seinem Ausgang (unter definierten Randbedingungen) reagiert, wenn am Eingang eine Variation der Werte einer oder mehrerer Eingangsgrößen vorgenommen wird [44–46].

Die Analyse von Zahnriemengetrieben hinsichtlich des Ausfallverhaltens lässt sich ebenfalls mit Hilfe des Black-Box-Ansatzes unterstützen und beruht auf dem klassischen Systemgedanken (siehe Abb. 4.20). Der Begriff „System“ wird in den verschiedensten Zusammenhängen verwendet. Der Systemgedanke besteht darin, in einer bestimmten Art und Weise, reale und ideale Zusammenhänge zu sehen, zu strukturieren und zu verarbeiten. Der Systemansatz ist somit als ein Strukturierungshilfsmittel zu verstehen, das dem Anwender dieser Methode die Realität in einer bestimmten Struktur erscheinen lässt [44–46].

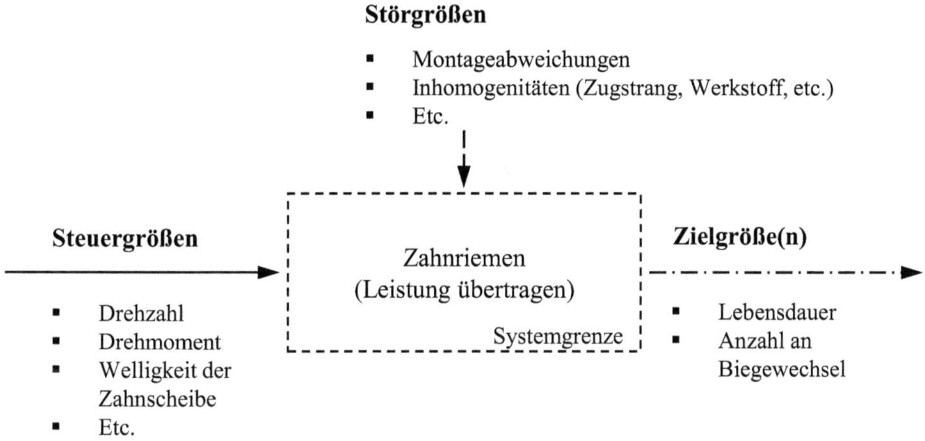

Abb. 4.20 Black-Box: Zahnriemen

Ein wesentliches Merkmal dieses Vorgehens ist die systematische Zerlegung eines Gesamtsystems in Teilsysteme. Diese Zerlegung dient dazu, den Fokus schrittweise zu verlagern und unterstützt damit das Vorgehensprinzip: vom „Groben ins Detail".

Hierzu wird zunächst die Systemgrenze definiert, um das zu untersuchende Zahnriemensystem von seiner Umgebung zu trennen. Bei der Definition der Systemgrenze ist darauf zu achten, alle Größen zu erfassen, die das Ausfallverhalten beeinflussen. Beispielsweise sollten bei Endlosriemen die Systemkomponenten Zahnriemen, die Zahnriemenscheibe(n) und (sofern vorhanden) die Umlenkrolle(n) innerhalb des Systems liegen. Sowohl der Antrieb, als auch der Abtrieb werden der Umgebung zugeordnet und für das Zahnriemensystem nicht weiter betrachtet. Bei einem endlichen Zahnriemensystem dagegen, muss in diesem Zusammenhang zusätzlich die Verbindung der beiden Riemenenden, dem sog. Zahnriemenschloss, berücksichtigt werden. In der Regel werden die Ausgangsgrößen den Zielgrößen gleichgesetzt. Abhängig vom Untersuchungsziel repräsentieren diese alle zu interessierenden Variablen, die von den Eingangsgrößen beeinflusst werden. Für ein Zahnriemensystem lässt sich als Zielgröße beispielsweise die Lebensdauer in Stunden definieren. Diese kann dazu verwendet werden, um das Ausfallverhalten von Zahnriemengetrieben unter vorher festgelegten Bedingungen zu analysieren und zu bewerten. Bei den Eingangsgrößen, die in das System eintreten, muss man zwischen den Steuer- und Störgrößen unterscheiden. Während die Steuergrößen gezielt angepasst werden können, lässt sich auf Störgrößen kein Einfluss nehmen. Beim Zahnriemensystem zählen beispielsweise die Drehzahl und das Drehmoment oder ein bestimmtes Qualitätsmerkmal aus der Fertigung, wie die Welligkeit der Zahnriemenscheibe (siehe Abb. 4.20) zu Steuergrößen. Die Störgrößen wirken ebenfalls auf das

System ein, jedoch kann deren Wert nicht für das Produkt vorgegeben werden (zum Beispiel Montageabweichungen bei einem Zahnriemengetriebe). Im Allgemeinen lassen sich viele Störgrößen nicht vermeiden. Sie treten auf, ohne dass es gewollt ist. Die Steuergrößen im Ganzen beeinflussen die Zielgröße oft unterschiedlich stark. Sofern der Einfluss quantifiziert werden kann, lässt sich der Zusammenhang zwischen den Steuergrößen und den Zielgrößen über eine sog. Transferfunktion mathematisch beschreiben. Die Bestimmung der unbekannten Parameter dieser Transferfunktion beruht in der Regel auf einer Datenbasis. Diese Daten können im Versuch oder auch im laufenden Betrieb gewonnen werden. Insbesondere dann, wenn Daten unter Versuchsbedingungen ermittelt werden, sollten die Störgrößen weitgehend konstant gehalten werden. Andernfalls lassen sich die „verfälschten“ Versuchsdaten nicht mehr von den Störgrößen trennen.

Um jeden Ausfallmechanismus eindeutig identifizieren zu können, sind zunächst zwei Schritte essentiell: Zunächst ist der Begriff „Zahnriemenausfall“ zu klären und anschließend muss untersucht werden, welche Zahnriemenausfälle mit den entsprechenden Ursachen grundsätzlich möglich wären.

4.4 Ausfallmechanismen von Zahnriemen

Der Ausfall von Zahnriemen ist bis heute nicht genormt. Seine Definition erfordert eine Größe, die im Folgenden auch als Merkmal bezeichnet wird, die den Ausfall des Zahnriemens eindeutig charakterisiert. Ein derartiges Merkmal muss eine messbare oder berechenbare Größe sein, die das Zeitintervall zwischen der Inbetriebnahme und dem Ausfall des Zahnriemens (sog. Betriebsdauer) charakterisiert. An dieser Stelle wird im Allgemeinen auch von einem Lebensdauermerkmal gesprochen. Während die allgemeine Definition nach VDI 4001 den Ausfall auf funktionaler Ebene betrachtet, definiert Laprie [47] den Ausfall als eine „Abweichung der erbrachten Leistung von der in der Systemspezifikation geforderten Leistung“. Für das Zahnriemensystem lässt sich ein Zahnriemenausfall mit einem Funktionsverlust gleich setzen. Die Funktion eines Zahnriemens besteht in der Übertragung von Kräften und Drehmomenten. Folglich ist es naheliegend immer dann von einem Zahnriemenausfall zu sprechen, wenn die entsprechende Kraft bzw. das Drehmoment nicht mehr wie gewünscht übertragen wird.

Entsprechend der Definition des Ausfalls eines Zahnriemens, können nun die bereits bekannten Ausfallmechanismen zusammengetragen und den entsprechenden Ursachen zugeordnet werden. Generell lässt sich die Suche nach möglichen Ausfallmechanismen ebenfalls methodisch unterstützen. Dazu finden zahlreiche Methoden Anwendung. Zu den wenigen, die sich in der Praxis besonders bewährt haben, zählen Failure Mode and Effect Analysis (FMEA) und Root-Cause-Analysis. Damit lassen sich bereits vorab alle möglichen und/oder bereits eingetretenen Ausfälle diagnostizieren und deren mögliche Ausfallursachen feststellen.

Am häufigsten in der Praxis wiederkehrende Ausfallmechanismen nach [48–50] werden im Folgenden kurz vorgestellt.

4.4.1 Zahnabscherung

Treten im Zahneingriff Belastungsüberhöhungen auf, so werden die Zähne aufgrund zu hoher Belastungen im Zahngrund abgeschert.

4.4.2 Zugstrangriss

Der Ausfallmechanismus Zugstrangriss wird durch die Biegewechselermüdung hervorgerufen und lässt sich am Beispiel eines einfachen Zweischeibensystems genauer erläutern. Betrachtet wird dabei ein beliebig ausgewählter Zahnriemenabschnitt (siehe Abb. 2.1). Während der formschlüssigen Übertragung der Umfangskraft greifen die Zahnriemenzähne in die Zahnlücken der Zahnriemenscheibe ein. In einem einzigen Umlauf wandert der Zahnriemenabschnitt von der Ausgangsposition über die Umschlingung der treibenden und getriebenen Zahnriemenscheibe zur Ausgangsposition wieder zurück. Während dieser einen Umdrehung erfährt der Zahnriemenabschnitt und damit der komplette Zahnriemen zwei Biegungen, was in hohen schwellenden bzw. wechselnden Biegebeanspruchungen des Zahnriemens resultiert. Da die Zugstränge in der Basis-Polymermatrix des Zahnriemens eingebettet sind, sehen auch diese eine vergleichbar hohe Biegebeanspruchung wie der Zahnriemen selbst. Die Anzahl dieser Biegungen im Betrieb erhöht sich entsprechend mit jeder zusätzlichen Zahnriemenscheibe und Spann- bzw. Umlenkrolle. Für das Versagen des Zugstrangs spielt die Ermüdung des Zugstrangwerkstoffs eine entscheidende Rolle, die ihrerseits vor allem vom Biegeradius und damit vom Durchmesser der Zahnriemenscheiben abhängt. Folglich erfährt ein Zahnriemen, der auf einer kleineren Zahnriemenscheibe läuft, eine höhere Biegewechselbelastung als derjenige auf einer größeren Zahnriemenscheibe und fällt daher auch schneller aus. Insbesondere bei Zahnriemen aus Chloroprene mit Glaskordzugsträngen bewirkt die Biegebeanspruchung, dass einzelne Fasern brechen und damit die Festigkeit der Zugstränge herabsetzen (vgl. dazu auch Kap. 2 und 3).

4.4.3 Zahnflankenverschleiß

Ist die Vorspannung zu gering, kann es unter Umständen durch die beim Einzahnen der Zahnriemen- und der Zahnscheibenverzahnung resultierenden Reibungskräften zu einem Verschleiß an den Zahnflanken kommen. Dabei wird lokal an der Zahnflanke Material abgetragen, wobei der Matrialverlust in der Regel über die gesamte Zahnriemenlänge eintritt. Der Zahnflankenverschleiß kann die Lebensdauer eines Zahnriemens drastisch reduzieren.

Oft bewirkt eine Verbesserung der Oberflächenqualität der Scheibenverzahnung eine Reduktion des Zahnflankenverschleißes. Außerdem lässt sich dieser durch Fertigungsfehler begünstigen. Ist beispielsweise der Rundungsradius zwischen der Flanke und Kopffläche der Scheibenverzahnung infolge einer fehlerhaften Scheibenfertigung scharfkantig ausgebildet, so führt das bereits bei geringer Belastung des Zahnriemengetriebes zum schnelleren Flankenverschleiß der Zahnriemenverzahnung.

4.4.4 Polymerversprödung

Jeder Kunststoff besitzt seine eigene Gebrauchstemperatur, unter welcher der Werkstoff seine physikalischen Eigenschaften voll erfüllen kann. Bei zu hohen Temperaturen kann es zur irreversiblen Versprödung des Zahnriemenrückens führen. Aus diesem Grund werden oft Additive beigemischt, um so den nutzbaren Bereich der Gebrauchstemperatur den Bedingungen entsprechend anzupassen.

4.5 Einflussfaktoren auf das Ausfallverhalten

Durch die ständig zunehmenden Anforderungen an die Leistungsfähigkeit, den Wirkungsgrad und das Geräuschverhalten werden weitere Zahnriemenlösungen entwickelt. Die stetige Weiterentwicklung führt zu neuen Werkstoffen, zu neuen Konzepten tribologischer Kontaktpartner und zu neuen Profilformen. Dieser Prozess schafft auf lange Sicht ein enormes Repertoire an Zahnriemenkonstruktionen, die täglich für den meist fachfremden Kunden zur Verfügung stehen. Unzählige Anwendungsfälle, gepaart mit einem mangelnden Systemverständnis, können schwerwiegende Folgen für das Unternehmen herbeiführen. Diese Folgen sind umso gravierender, je mehr Menschenleben mit dem Zahnriemengetriebesystem interagieren. Abgesehen davon, impliziert ein tiefes Systemverständnis die Kenntnisse des Ausfallverhaltens von Zahnriemengetrieben, was die Basis für eine zuverlässige Auslegung von Produkten darstellt. Um die Art und Weise zu verstehen, wie ein vorliegendes Zahnriemengetriebe ausfallen könnte, ist die Kenntnisse aller relevanter Ausfallmechanismen und der jeweiligen Einflussgrößen, die einen Systemausfall begünstigen wichtig. Die Ausfallmechanismen zu identifizieren und diese voneinander zu unterscheiden, kann bereits eine Herausforderung sein. Nichtsdestotrotz müssen zu jedem dieser Ausfallmechanismen die entsprechenden Einflussgrößen bekannt sein. Anderenfalls ist keine zuverlässige Lebensdauermodellierung möglich. Ohne ein statistisch abgesichertes Lebensdauermodell wiederum, lassen sich keine Ausfallprognosen erstellen.

Das folgende methodische Vorgehen unterstützt ein tieferes Systemverständnis über das Ausfallverhalten von Zahnriemengetrieben, wobei die Vorgehensweise wegen ihrer Allgemeingültigkeit auch für jedes beliebige technische System angewandt werden kann.

4.5.1 Methodische Unterstützung zur Ermittlung von potentiellen lebensdauerbeeinflussenden Faktoren

Im Allgemeinen wird das Ausfallverhalten von Zahnriemengetrieben durch eine Vielzahl von Faktoren geprägt. Es ist daher auch nicht sonderlich überraschend, dass einige der bekannten Ausfallmechanismen von mehreren Größen beeinflusst werden und folglich auch mehrere Ursachen haben können. Für die Analyse des Ausfallverhaltens und insbesondere für Lebensdauerprognosen ist das Verständnis des gesamten physikalischen Systems von enormer Bedeutung. Ein Blick auf die Ausfallursachen allerdings zeigt, dass die Zahl der möglichen Einflussgrößen sehr groß ist. Ohne ein systematisches Vorgehen ist ein korrekter Umgang mit dieser Informationsflut nicht möglich und führt zwangsläufig zu ungenaueren oder gar falschen Ergebnissen bei der Getriebeauslegung. Auch wenn das Wissen über das Ausfallverhalten von Zahnriemengetrieben in der Regel mit steigender Unternehmensgröße zunimmt, liegt es erfahrungsgemäß unstrukturiert vor. Die Verteilung der Informationen unter den Mitarbeitern gestaltet sich oft ebenso schwierig, sodass die Informationsquellen unbekannt sind. Gerade bei kleinen und mittleren Unternehmen kommt oft hinzu, dass auf keinem breiten Expertenwissen aufgebaut werden kann. Umso wichtiger ist es, den Umgang mit Informationen (an der Stelle vor allem Einflussfaktoren auf die Lebensdauer von Zahnriemengetrieben) zu systematisieren. Im Folgenden wird eine Methodik vorgestellt, die das Verständnis des Ausfallverhaltens von Zahnriemen erleichtert. Der Ansatz wird exemplarisch anhand eines Zahnriemensystems erläutert (für Details, siehe [51]).

Um das Ausfallverhalten von Zahnriemengetrieben zu verstehen, sind im ersten Schritt alle Einflussgrößen, welche die Lebensdauer von Zahnriemen beeinflussen, zu identifizieren. Dazu eignen sich zahlreiche Techniken, wie beispielsweise Brainstorming, die im Rahmen eines Produktentwicklungsprozesses regelmäßig zum Einsatz kommen. Das Ziel besteht darin, so viele Informationen über das Produkt zu sammeln wie nur möglich. Daher sollte das Fachwissen aller Experten berücksichtigt werden. Dazu gehören sowohl Experten aus der Vorentwicklung, aus der Berechnung und Simulation als auch Experten aus der Konstruktion, Werkstoffwissenschaftler und Experten aus der Produktion. Auf diese Weise lassen sich Synergieeffekte nutzen und es stellt sicher, dass alle relevanten Informationen identifiziert werden [51] (siehe Abb. 4.21).

Das Ergebnis des ersten Prozessschrittes „Einflussgrößen sammeln" ist eine unstrukturierte Sammlung potentieller Einflussgrößen, die das Ausfallverhalten von Zahnriemengetrieben beeinflussen (Abb. 4.22) könnten. Im nächsten Schritt wird untersucht, wie

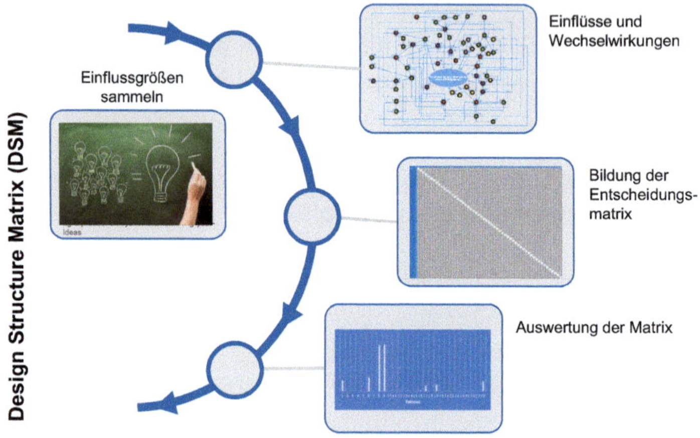

Abb. 4.21 Methodik zur Auswahl lebensdauerbeeinflussender Faktoren, in Anlehnung an [51]

die Einflussfaktoren zusammenhängen. Das ist notwendig, um nicht nur Haupteffekte zu berücksichtigen sondern auch Wechselwirkungen. Nur so lassen sich die am Ausfall eines Zahnriemens maßgebend beteiligten Einflussfaktoren aufdecken, sowie komplexe physikalische Prozesse eindeutig beschreiben. Dazu können firmeninterne oder auch genormte Auslegungsformeln herangezogen werden, um beispielsweise den Zusammenhang zwischen der Eigenfrequenz des Zahnriemens und der Vorspannung zu ermitteln. Dieser Schritt ist für das Systemverständnis unabdingbar, da darauf aufbauend die Systemmodellierung erfolgt, auf der Lebensdauerprognosen fundieren.

Abb. 4.22 stellt die potentiellen Einflussfaktoren in einer Übersicht dar. Sie beruht im Wesentlichen auf Erfahrungen aus realen Betriebsfällen beim Kunden, auf bereits durchgeführten Experimenten sowie auf dem Stand der Technik aus [49, 50, 52–60] und [61]. Die Zahl möglicher Einflussgrößen kann sich, je nach Detaillierungsgrad, deutlich erhöhen. Es ist leicht einzusehen, dass die Sammelliste mit den Einflussfaktoren schnell unübersichtlich werden kann. Daher empfiehlt es sich die vorliegenden Einflüsse daraufhin zu hinterfragen, welche unter realistischen Bedingungen gezielt beeinflussbar sind und welche nicht [51].

In der Praxis wird es immer Einflussgrößen geben, die nicht bewusst beeinflusst werden können. Daher lässt sich zusätzlich die Differenzierung in Störgrößen und Steuergrößen vornehmen. Die Steuergrößen lassen sich später in Experimenten weiter analysieren (vgl. Abb. 4.20). Nachdem die Einflussgrößen gesammelt und in Steuer- und Störgrößen differenziert wurden, wird im zweiten Prozessschritt „Einflüsse und Wechselwirkungen“ analysiert, wie die Einflussgrößen zusammenhängen.

Der Einfluss eines bestimmten Faktors auf einen anderen wird mit Hilfe eines Pfeils angedeutet, der von diesem ausgehend in Richtung des beeinflussenden Faktors gezogen wird (Abb. 4.23) [51].

	1.	Nennbelastung		29.	Riemenzahnvolumen
	2.	Trumvorspannung	x	30.	Leertrumkräfte
	3.	Teilung		31.	Leistungsfähigkeit
	4.	Scheibendurchmesser		32.	Übersprungverhalten
	5.	Werkstoffpaarung	x	33.	Lagerkräfte
		(Zahnriemen, Zugstrang,	x	34.	Belastungsverteilung im
x[1]		Zahnscheibe, Bordscheibe)	x		Umschlingungsbogen
	6.	Umgebung (Temperatur,	x	35.	Spannsystem
		Luftfeuchte)	x	36.	Trumschwingungen
x	7.	Achsabstand	x	37.	Reibung
	8.	Toleranzangaben		38.	Dehnverhalten
		(Zahnscheibe, Zahnriemen)		39.	Bordscheiben
	9.	Ausrichtungsfehler		40.	Scheibenzähnezahl
		(Fluchtungsabweichungen,		41.	Metergewicht
		geneigte Achsen, etc.)		42.	Spulung des Zugstrangs
	10.	Scheibenunwucht		43.	Länge des
	11.	Oberflächengüte der Scheibe			Umschlingungsbogens
	12.	Rauhigkeit		44.	Einlaufkeil
	13.	Welligkeit		45.	Wickelnasen
x	14.	Vorschub (Abwälzfräsen von		46.	Drehzahl
		Zahnscheiben)		47.	Riemenlänge
	15.	Biegewechselfrequenz		48.	Übersetzungsverhältnis
x	16.	Zahnriemenbreite		49.	Ablaufbestreben des
	17.	Anzahl an Zugsträngen			Riemens
x	18.	Zugstranglage		50.	Riementyp
x	19.	Eingriffszähnezahl		51.	Hersteller
x	20.	Profilform (Zahnscheibe,	x	52.	Passfähigkeit
x		Zahnriemen)			(Zahnriemen/Zahnscheibe)
x	21.	Haftvermittler		53.	Kopfkreisradius
	22.	Gewebe		54.	Zahnkopffläche
	23.	Flankenspiel		55.	Adhäsion
	24.	Polygoneffekt			
	25.	Eingriffsstörungen			
	26.	Konstruktion des Zugstrangs		⋮	↓
	27.	Fertigungs- und			
		Montageabweichungen			
	28.	Alterung			

x[1] Mögliche Störgrößen

Abb. 4.22 Einflussfaktoren auf die Lebensdauer von Zahnriemenantrieben nach [51]

In der Graphentheorie ist der Pfeil unter dem Begriff „Kante" bekannt [62, 63]. Aufgrund der eindeutig vorgegebenen Richtung dieser Kante wird an dieser Stelle auch von einer gerichteten Kante gesprochen. Die Einflussgrößen selbst werden durch Kreise grafisch dargestellt, den sogenannten Knoten. Zusätzlich werden die Einflussfaktoren in Klassen thematisch aufgeteilt, um die Übersichtlichkeit zu erhöhen. Theortisch ist jede beliebige Klassierung denkbar und kann unternehmensintern festgelegt werden. Für das exemplarische Zahnriemengetriebe ergeben sich dabei folgende sechs Klassen: Konstruktion, Fertigung und Montage, Belastung/Beanspruchung, Werkstoff, Umgebung und Sonstiges.

Das Netz der Wechselwirkungen, das im Folgenden auch als Wechselwirkungsnetz bezeichnet wird, bildet die Ausgangsbasis zur Quantifizierung der Relevanz der jeweiligen

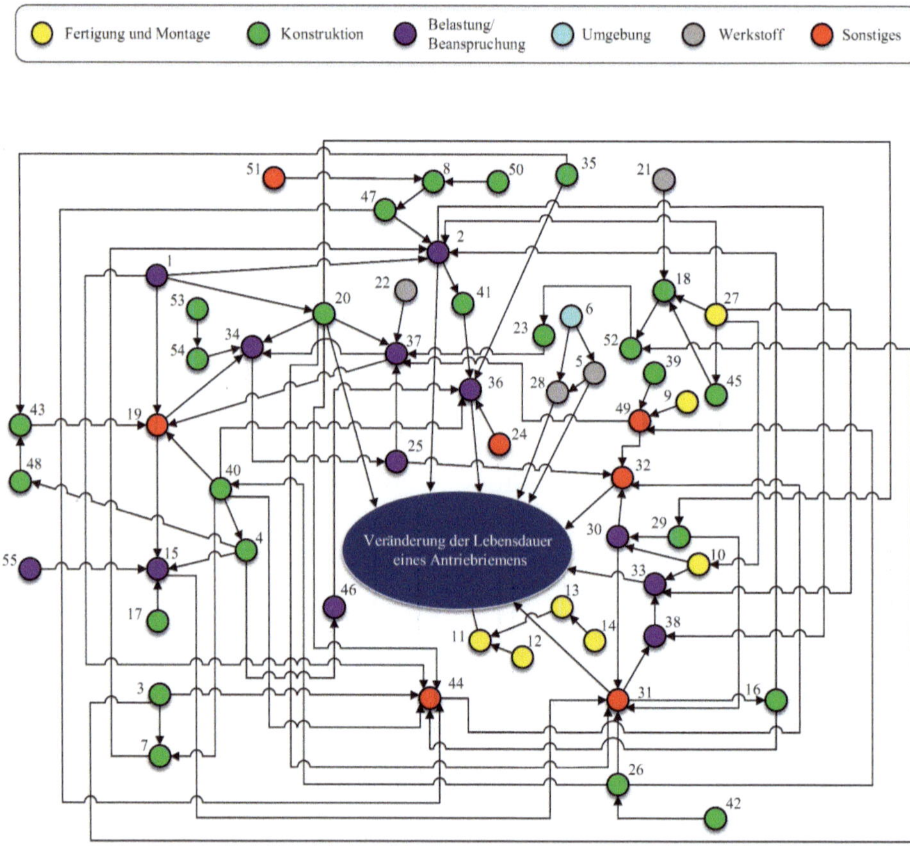

Abb. 4.23 Wechselwirkungsnetz nach [51]. (©Alexander Kremer 2022. All Rights Reserved)

Einflussgrößen. Dazu wird eine sogenannte Entscheidungsmatrix (engl.: Design Structure Matrix, DSM) gebildet. Für die Entwicklung der DSM wird anhand des Wechselwirkungsnetzes für jeden Einflussfaktor die Anzahl der eingehenden und ausgehenden Kanten gezählt. Abb. 4.24 zeigt exemplarisch am Beispiel von drei fiktiven Faktoren A, B und C auf, wie die DSM gebildet und ausgewertet werden kann. Dazu werden die Einflussfaktoren gegeneinander in einer Matrix aufgetragen.

Sollte ein Faktor einen anderen beeinflussen, wird in der entsprechenden Zelle der Matrix der Wert „1“ eingetragen. In der ersten Zeile der Abb. 4.24 sind die drei Werte „0, 1, 0“ für den Faktor A zu sehen. Diese charakterisieren den Einfluss des Faktors auf die in den Spalten eingetragenen Faktoren A, B und C. Da der Faktor A in der Regel nicht sich selbst beeinflussen kann, ist hier der Eintrag „0“ vorzufinden. Das gilt für alle übrigen Faktoren genauso. Der zweite Eintrag hat den Wert „1“. Dieser sagt aus, dass der Faktor A den Faktor B beeinflusst. Da in diesem Beispiel der Faktor C vom Faktor A unbeeinflusst bleibt, ist hier ebenfalls der Wert „0“ eingetragen. Die restlichen beiden Zeilen sind analog zu verstehen [51].

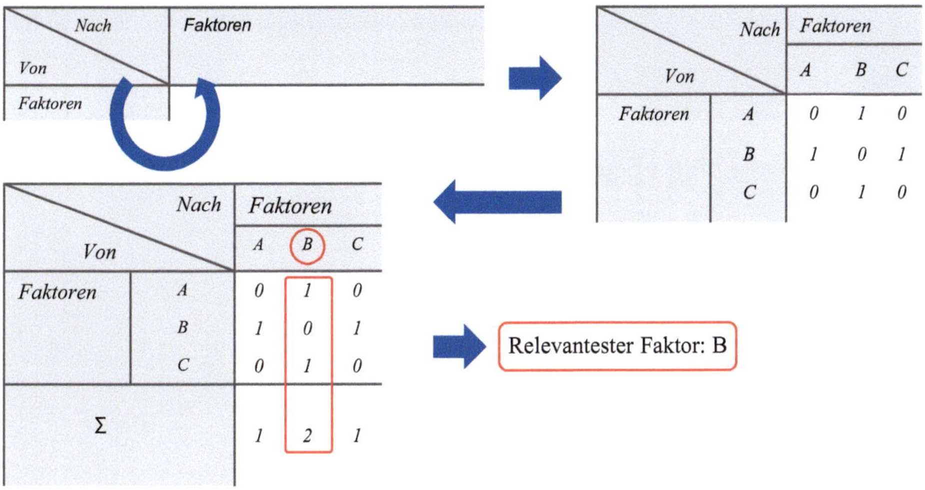

Abb. 4.24 Generelle Vorgehensweise bei der Bildung und Auswertung einer DSM nach [51]

Nach der tabellarischen Zuordnung der Einflüsse, lassen sich für jeden der drei Faktoren die Einträge zeilenweise aufsummieren. Das liefert einen Wert von „1" für den Faktor A bzw. die Werte „2 und 1" für die beiden Faktoren B und C. Der Faktor mit der höchsten Zahl an beeinflussenden Faktoren ist der relevanteste (hier: Faktor B) [51].

Bei genaueren Kenntnissen bzw. Erfahrungen hinsichtlich physikalischer Prozesse, die am Ausfall des Riemens beteiligt sind, lassen sich die Gewichtungen der Kanten variieren und so das Ausfallverhalten noch besser abbilden. Die Festlegung der einzelnen Kantengewichtungen ist mit dem vorhandenen Wissen bzgl. des Ausfallverhaltens verknüpft. Sie spiegelt gewissermaßen das Systemverständnis wieder. Werden den Gewichtungen konkrete Werte zugeordnet, so ist unbedingt darauf zu achten, dass die Summe aller Gewichtungen die 0 %-Grenze nicht unterschreitet bzw. die 100 %-Grenze nicht überschreitet. Diese beiden Grenzwerte liegen in den beiden extremen Zustände, die vorliegen können, begründet:

1. Alle Größen beeinflussen gleichermaßen die Lebensdauer und
2. keine der Größen beeinflusst die Lebensdauer von Zahnriemengetrieben.

Sollten keinerlei Kenntnisse vorhanden sein, können alle Gewichtungen „gleichwertig" betrachtet und mathematisch über eine sog. Gleichverteilung ermittelt werden. Die Gewichtungen lassen sich beispielsweise durch die Ausnutzung von Vorwissen (z. B. in Form von Häufigkeitsverteilungen von Ausfallursachen) adaptieren. Anschließend werden im Prozessschritt „Bildung der Entscheidungsmatrix" alle Einflussgrößen mit den Häufigkeiten der ein- und ausgehenden Kanten in die DSM eingetragen (Abb. 4.25) [51].

from \ to	1	2	3	4	5	6	7	8	9	10	11	12	13	14	15	16	17	18	19	20	21	22	23	24	25	26	27	28	29	30	31	32	33	34	35	36	37	38	39	40	41	42	43	44	45	46	47	48	49	50	51	52	53	54	55
1	0	1	0	0	0	0	0	0	0	0	0	0	0	0	0	0	0	0	1	1	0	0	0	0	0	0	0	0	0	0	0	0	0	0	0	0	0	0	0	0	0	0	0	1	0	0	0	0	0	0	0	0	0	0	[illegible]
2	0	0	0	0	0	0	0	0	0	0	0	0	0	0	0	0	0	0	0	0	0	0	0	0	0	0	0	0	0	0	0	0	0	0	0	0	0	1	0	0	1	0	0	0	0	0	0	0	0	0	0	0	0	0	[illegible]
3	0	0	0	0	0	0	1	0	0	0	0	0	0	0	0	0	0	0	0	0	0	0	0	0	0	0	0	0	0	0	0	0	0	0	0	0	0	0	0	0	0	0	0	1	0	0	0	0	0	0	0	0	0	0	[illegible]
4	0	0	0	0	0	0	0	0	0	0	0	0	0	0	1	0	0	0	0	0	0	0	0	0	0	0	0	0	0	0	0	0	0	0	0	0	0	0	0	0	0	0	0	0	0	1	0	1	0	0	0	0	0	0	[illegible]
5	0	0	0	0	0	0	0	0	0	0	0	0	0	0	0	0	0	0	0	0	0	0	0	0	0	0	0	1	0	0	0	0	0	0	0	0	0	0	0	0	0	0	0	0	0	0	0	0	0	0	0	0	0	0	[illegible]
6	0	0	0	0	1	0	0	0	0	0	0	0	0	0	0	0	0	0	0	0	0	0	0	0	0	0	0	1	0	0	0	0	0	0	0	0	0	0	0	0	0	0	0	0	0	0	0	0	0	0	0	0	0	0	[illegible]
7	0	1	0	0	0	0	0	0	0	0	0	0	0	0	0	0	0	0	0	0	0	0	0	0	0	0	0	0	0	0	0	0	0	0	0	0	0	0	0	0	0	0	0	0	0	0	0	0	0	0	0	0	0	0	[illegible]
8	0	0	0	0	0	0	0	0	0	0	0	0	0	0	0	0	0	0	0	0	0	0	0	0	0	0	0	0	0	0	0	0	0	0	0	0	0	0	0	0	0	0	0	0	0	0	1	0	0	0	0	0	0	0	[illegible]
9	0	0	0	0	0	0	0	0	0	0	0	0	0	0	0	0	0	0	0	0	0	0	0	0	0	0	0	0	0	0	0	0	0	0	0	0	0	0	0	0	0	0	0	0	0	0	0	0	1	0	0	0	0	0	[illegible]
10	0	0	0	0	0	0	0	0	0	0	0	0	0	0	0	0	0	0	0	0	0	0	0	0	0	0	0	0	0	1	0	0	1	0	0	0	0	0	0	0	0	0	0	0	0	0	0	0	0	0	0	0	0	0	[illegible]
11	0	0	0	0	0	0	0	0	0	0	0	0	0	0	0	0	0	0	0	0	0	0	0	0	0	0	0	0	0	0	0	0	0	0	0	0	0	0	0	0	0	0	0	0	0	0	0	0	0	0	0	0	0	0	[illegible]
12	0	0	0	0	0	0	0	0	0	0	1	0	0	0	0	0	0	0	0	0	0	0	0	0	0	0	0	0	0	0	0	0	0	0	0	0	0	0	0	0	0	0	0	0	0	0	0	0	0	0	0	0	0	0	[illegible]
13	0	0	0	0	0	0	0	0	0	0	1	0	0	0	0	0	0	0	0	0	0	0	0	0	0	0	0	0	0	0	0	0	0	0	0	0	0	0	0	0	0	0	0	0	0	0	0	0	0	0	0	0	0	0	[illegible]
14	0	0	0	0	0	0	0	0	0	0	0	0	1	0	0	0	0	0	0	0	0	0	0	0	0	0	0	0	0	0	0	0	0	0	0	0	0	0	0	0	0	0	0	0	0	0	0	0	0	0	0	0	0	0	[illegible]
15	0	0	0	0	0	0	0	0	0	0	0	0	0	0	0	0	0	0	0	0	0	0	0	0	0	0	0	0	0	0	1	0	0	0	0	0	0	0	0	0	0	0	0	0	0	0	0	0	0	0	0	0	0	0	[illegible]
16	0	1	0	0	0	0	0	0	0	0	0	0	0	0	0	0	0	0	0	0	0	0	0	0	0	0	0	0	0	0	0	0	0	0	0	0	0	0	0	0	0	0	0	1	0	0	0	0	0	0	0	0	0	0	[illegible]
17	0	0	0	0	0	0	0	0	0	0	0	0	0	0	1	0	0	0	0	0	0	0	0	0	0	0	0	0	0	0	0	0	0	0	0	0	0	0	0	0	0	0	0	0	0	0	0	0	0	0	0	0	0	0	[illegible]
18	0	0	0	0	0	0	0	0	0	0	0	0	0	0	0	0	0	0	0	0	0	0	0	0	0	0	0	0	0	0	0	0	0	0	0	0	0	0	0	0	0	0	0	0	0	0	0	0	0	0	0	1	0	0	[illegible]
19	0	0	0	0	0	0	0	0	0	0	0	0	0	0	1	0	0	0	0	0	0	0	0	0	0	0	0	0	0	0	0	0	0	1	0	0	0	0	0	0	0	0	0	0	0	0	0	0	0	0	0	0	0	0	[illegible]
20	0	0	0	0	0	0	0	0	0	0	0	0	0	0	0	0	0	0	0	0	0	0	0	0	0	0	0	0	0	0	1	0	0	1	0	0	1	0	0	0	0	0	0	1	0	0	0	0	0	0	0	0	0	0	[illegible]
21	0	0	0	0	0	0	0	0	0	0	0	0	0	0	0	0	0	1	0	0	0	0	0	0	0	0	0	0	0	0	0	0	0	0	0	0	0	0	0	0	0	0	0	0	0	0	0	0	0	0	0	0	0	0	[illegible]
22	0	0	0	0	0	0	0	0	0	0	0	0	0	0	0	0	0	0	0	0	0	0	0	0	0	0	0	0	0	0	0	0	0	0	0	0	1	0	0	0	0	0	0	0	0	0	0	0	0	0	0	0	0	0	[illegible]
23	0	0	0	0	0	0	0	0	0	0	0	0	0	0	0	0	0	0	0	0	0	0	0	0	0	0	0	0	0	0	0	0	0	0	0	0	1	0	0	0	0	0	0	0	0	0	0	0	0	0	0	0	0	0	[illegible]
24	0	0	0	0	0	0	0	0	0	0	0	0	0	0	0	0	0	0	0	0	0	0	0	0	0	0	0	0	0	0	0	0	0	0	0	1	0	0	0	0	0	0	0	0	0	0	0	0	0	0	0	0	0	0	[illegible]
25	0	0	0	0	0	0	0	0	0	0	0	0	0	0	0	0	0	0	0	0	0	0	0	0	0	0	0	0	0	0	0	1	0	0	0	0	1	0	0	0	0	0	0	0	0	0	0	0	0	0	0	0	0	0	[illegible]
26	0	0	0	0	0	0	0	0	0	0	0	0	0	0	0	0	0	0	0	0	0	0	0	0	0	0	0	0	0	0	0	0	0	0	0	0	0	0	0	1	0	0	0	0	0	0	0	0	1	0	0	0	0	0	[illegible]
27	0	1	0	0	0	0	0	0	0	0	0	0	0	0	0	0	0	1	0	0	0	0	0	0	0	0	0	0	0	0	0	0	0	0	0	0	0	0	0	0	0	0	0	0	1	0	0	0	0	0	0	0	0	0	[illegible]
28	0	0	0	0	0	0	0	0	0	0	0	0	0	0	0	0	0	0	0	0	0	0	0	0	0	0	0	0	0	0	0	0	0	0	0	0	0	0	0	0	0	0	0	0	0	0	0	0	0	0	0	0	0	0	[illegible]
29	0	0	0	0	0	0	0	0	0	0	0	0	0	0	0	0	0	0	0	0	0	0	0	0	0	0	0	0	0	1	1	0	0	0	0	0	0	0	0	0	0	0	0	0	0	0	0	0	0	0	0	0	0	0	[illegible]
30	0	0	0	0	0	0	0	0	0	0	0	0	0	0	0	0	0	0	0	0	0	0	0	0	0	0	0	0	0	0	1	1	0	0	0	0	0	0	0	0	0	0	0	0	0	0	0	0	0	0	0	0	0	0	[illegible]
31	0	0	0	0	0	0	0	0	0	0	0	0	0	0	0	1	0	0	0	0	0	0	0	0	0	0	0	0	0	0	0	0	0	0	0	0	0	1	0	0	0	0	0	0	0	0	0	0	0	0	0	0	0	0	[illegible]
32	0	0	0	0	0	0	0	0	0	0	0	0	0	0	0	0	0	0	0	0	0	0	0	0	0	0	0	0	0	0	0	0	0	0	0	0	0	0	0	0	0	0	0	0	0	0	0	0	0	0	0	0	0	0	[illegible]
33	0	0	0	0	0	0	0	0	0	0	0	0	0	0	0	0	0	0	0	0	0	0	0	0	0	0	0	0	0	0	0	0	0	0	0	0	0	0	0	0	0	0	0	0	0	0	0	0	0	0	0	0	0	0	[illegible]
34	0	0	0	0	0	0	0	0	0	0	0	0	0	0	0	0	0	0	0	0	0	0	0	0	1	0	0	0	0	0	0	0	0	0	0	0	0	0	0	0	0	0	0	0	0	0	0	0	0	0	0	0	0	0	[illegible]
35	0	0	0	0	0	0	0	0	0	0	0	0	0	0	0	0	0	0	0	0	0	0	0	0	0	0	0	0	0	0	0	0	0	0	0	1	0	0	0	0	0	0	1	0	0	0	0	0	0	0	0	0	0	0	[illegible]
36	0	0	0	0	0	0	0	0	0	0	0	0	0	0	0	0	0	0	0	0	0	0	0	0	0	0	0	0	0	0	0	0	0	0	0	0	0	0	0	0	0	0	0	0	0	0	0	0	0	0	0	0	0	0	[illegible]
37	0	0	0	0	0	0	0	0	0	0	0	0	0	0	0	0	0	0	1	0	0	0	0	0	0	0	0	0	0	0	0	0	0	1	0	0	0	0	0	0	0	0	0	0	0	0	0	0	0	0	0	0	0	0	[illegible]
38	0	0	0	0	0	0	0	0	0	0	0	0	0	0	0	0	0	0	0	0	0	0	0	0	0	0	0	0	0	0	0	0	0	1	0	0	0	0	0	0	0	0	0	0	0	0	0	0	0	0	0	0	0	0	[illegible]
39	0	0	0	0	0	0	0	0	0	0	0	0	0	0	0	0	0	0	0	0	0	0	0	0	0	0	0	0	0	0	0	0	0	0	0	0	0	0	0	0	0	0	0	0	0	0	0	0	1	0	0	0	0	0	[illegible]
40	0	0	0	1	0	0	1	0	0	0	0	0	0	0	0	0	0	0	1	0	0	0	0	0	0	0	0	0	0	0	0	0	0	0	1	0	0	0	0	0	0	0	0	0	0	0	0	0	0	0	0	0	0	0	[illegible]
41	0	0	0	0	0	0	0	0	0	0	0	0	0	0	0	0	0	0	0	0	0	0	0	0	0	0	0	0	0	0	0	0	0	0	0	1	0	0	0	0	0	0	0	0	0	0	0	0	0	0	0	0	0	0	[illegible]
42	0	0	0	0	0	0	0	0	0	0	0	0	0	0	0	0	0	0	0	0	0	0	0	0	0	1	0	0	0	0	0	0	0	0	0	0	0	0	0	0	0	0	0	0	0	0	0	0	0	0	0	0	0	0	[illegible]
43	0	0	0	0	0	0	0	0	0	0	0	0	0	0	0	0	0	0	1	0	0	0	0	0	0	0	0	0	0	0	0	0	0	0	0	0	0	0	0	0	0	0	0	0	0	0	0	0	0	0	0	0	0	0	[illegible]
44	0	0	0	0	0	0	0	0	0	0	0	0	0	0	0	0	0	0	0	0	0	0	0	0	0	0	0	0	0	0	0	1	0	0	0	0	0	0	0	0	0	0	0	0	0	0	0	0	0	0	0	0	0	0	[illegible]
45	0	0	0	0	0	0	0	0	0	0	0	0	0	0	0	0	0	1	0	0	0	0	0	0	0	0	0	0	0	0	0	0	0	0	0	0	0	0	0	0	0	0	0	0	0	0	0	0	0	0	0	0	0	0	[illegible]
46	0	0	0	0	0	0	0	0	0	0	0	0	0	0	0	0	0	0	0	0	0	0	0	0	0	0	0	0	0	0	0	0	0	0	0	1	0	0	0	0	0	0	0	0	0	0	0	0	0	0	0	0	0	0	[illegible]
47	0	1	0	0	0	0	0	0	0	0	0	0	0	0	0	0	0	0	0	0	0	0	0	0	0	0	0	0	0	0	0	0	0	0	0	0	0	0	0	0	0	0	0	1	0	0	0	0	0	0	0	0	0	0	[illegible]
48	0	0	0	0	0	0	0	0	0	0	0	0	0	0	0	0	0	0	0	0	0	0	0	0	0	0	0	0	0	0	0	0	0	0	0	0	0	0	0	0	0	0	1	0	0	0	0	0	0	0	0	0	0	0	[illegible]
49	0	0	0	0	0	0	0	0	0	0	0	0	0	0	0	0	0	0	0	0	0	0	0	0	0	0	0	0	0	0	0	0	0	0	0	0	0	0	0	0	0	0	0	0	0	0	0	0	0	0	0	0	0	0	[illegible]
50	0	0	0	0	0	0	0	1	0	0	0	0	0	0	0	0	0	0	0	0	0	0	0	0	0	0	0	0	0	0	0	0	0	0	0	0	0	0	0	0	0	0	0	0	0	0	0	0	0	0	0	0	0	0	[illegible]
51	0	0	0	0	0	0	0	1	0	0	0	0	0	0	0	0	0	0	0	0	0	0	0	0	0	0	0	0	0	0	0	0	0	0	0	0	0	0	0	0	0	0	0	0	0	0	0	0	0	0	0	0	0	0	[illegible]
52	0	0	0	0	0	0	0	0	0	0	0	0	0	0	0	0	0	0	0	0	0	0	0	0	0	0	0	0	0	0	0	0	0	0	0	0	0	0	0	0	0	0	0	0	0	0	0	0	0	0	0	0	0	0	[illegible]
53	0	0	0	0	0	0	0	0	0	0	0	0	0	0	0	0	0	0	0	0	0	0	0	0	0	0	0	0	0	0	0	0	0	0	0	0	0	0	0	0	0	0	0	0	0	0	0	0	0	0	0	0	0	1	[illegible]
54	0	0	0	0	0	0	0	0	0	0	0	0	0	0	0	0	0	0	0	0	0	0	0	0	0	0	0	0	0	0	0	0	0	1	0	0	0	0	0	0	0	0	0	0	0	0	0	0	0	0	0	0	0	0	[illegible]
55	0	0	0	0	0	0	0	0	0	0	0	0	0	0	1	0	0	0	0	0	0	0	0	0	0	0	0	0	0	0	0	0	0	0	0	0	0	0	0	0	0	0	0	0	0	0	0	0	0	0	0	0	0	0	[illegible]

Abb. 4.25 Design Structure Matrix für die lebensdauerbeeinflussenden Faktoren nach [51]

Im letzten Prozessschritt „Auswertung der Matrix" (Abb. 4.21) erfolgt die mathematische Auswertung der DSM. Die Ergebnisse der Auswertung lassen sich grafisch beispielsweise in Form eines Häufigkeitsdiagramms veranschaulichen, das über alle Einflussfaktoren generiert wird (siehe Abb. 4.26).

Abb. 4.26 zeigt für das obige Beispielgetriebe auf, wie die Auswertung der DSM visualisiert werden kann. Die rot eingerahmten Balken sind jeweils mit zwei Werten verknüpft: Einem Wert auf der horizontalen Achse, der den entsprechenden Einflussfaktor charakterisiert und einem Wert auf der vertikalen Achse für die Häufigkeit der von diesem Wert ausgehenden Kanten. Das Ergebnis ist eine erste grobe Abschätzung der wichtigsten Einflussgrößen, die im Wesentlichen für den Ausfall eines Zahnriemengetriebes verantwortlich sind und für das Verständnis des Ausfallverhaltens auf jeden Fall in Betracht gezogen werden sollten (Abb. 4.27). Diese Faktoren lassen sich nun in Experimenten

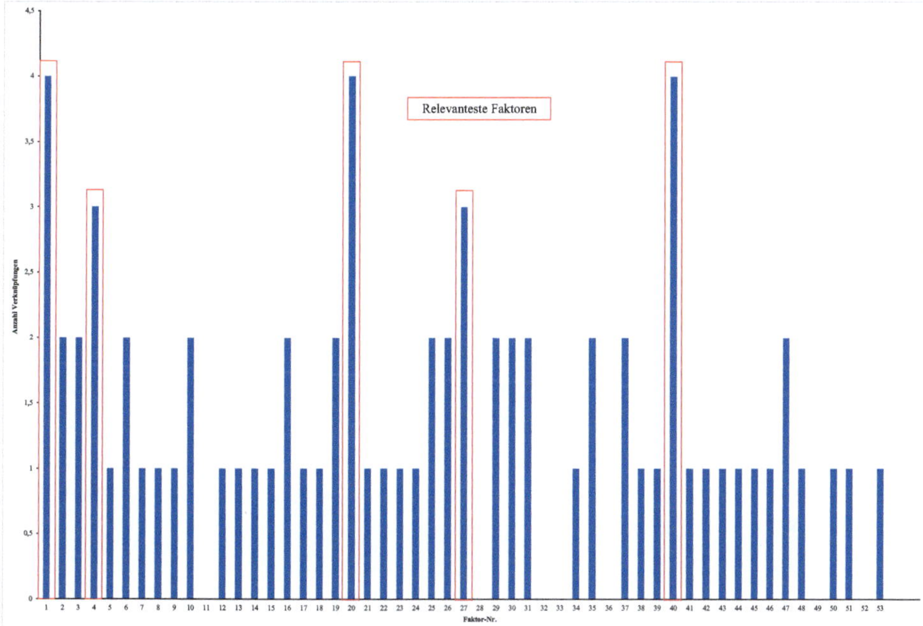

Abb. 4.26 Resultat der DSM-Auswertung nach [51]

Abb. 4.27 Relevanz der untersuchten Einflussfaktoren

1) Nennbelastung
2) Profilform
3) Scheibenzähnezahl
4) Scheibendurchmesser
5) Vorspannung
6) Fertigungs- und Montageabweichung
7) Temperatur
8) Riemenlänge
9) Drehzahl
10) Scheibenunwucht
11) Zahnriemenbreite
12) Reibung

weiter untersuchen und deren Einflüsse und Wechselwirkungen auf die Lebensdauer von Zahnriemengetrieben quantifizieren. Diese Vorgehensweise unterstützt die zielgerichtete Vorselektion der wichtigsten Einflussfaktoren für die spätere Lebensdauermodellierung. Allerdings sollten diese Entscheidungen auch in real durchgeführten Experimenten verifiziert werden.

4.5.2 Einfluss der Umgebungstemperatur

Die Wahl eines geeigneten Zahnriemens ist stark temperaturabhängig. In der Regel besitzt jedes Polymer und damit jeder Zahnriemen eine ideale Gebrauchstemperatur, die von jedem Hersteller explizit in einem Zahnriemenkatalog oder bei der Produktbeschreibung angegeben wird. So ist beispielsweise der „PolyChain GT2“-Zahnriemen laut Herstellerangaben in einem Temperaturbereich zwischen $-54\,°C$ und $+85\,°C$ einsatzfähig. Innerhalb des gewährleisteten Temperaturbereichs wird seitens des Herstellers der volle Funktionsumfang des Zahnriemens zugesichert.

Im Wesentlichen bestimmt der Aufbau eines Polymers, also seine Polymermatrix, unter welchen Temperaturen der Kunststoff seine Eigenschaften beibehält. Generell kann davon ausgegangen werden, dass eine höhere Umgebungstemperatur einen schnelleren Zahnriemenausfall mit sich führt. Studien belegen den Einfluss der Umgebungstemperatur. In Abb. 4.28 ist das Ergebnis einer dieser Studien gezeigt, bei der Zahnriemen einer Lebensdauererprobung unterzogen wurden. Gegenstand dieser Studie war es zu untersuchen, ob ein Zusammenhang zwischen der Umgebungstemperatur und dem Ausfallverhalten eines exemplarischen Zahnriemengetriebes besteht. Dazu wurden beschleunigte Raffungsversuche geplant und durchgeführt sowie die Versuchsergebnisse für eine Korrelationsanalyse genutzt, um den Zusammenhang zwischen der Temperatur und der Lebensdauer zu quantifizieren. Die Quantifizierung des Zusammenhangs erfolgt dabei in der Regel über den Pearson-Korrelationskoeffizienten r [28]:

$$r = \frac{\sum_{i=1}^{n} (x_i - \bar{x}) \cdot (y_i - \bar{y})}{\sqrt{\left(\sum_{i=1}^{n} (x_i - \bar{x})^2\right) \cdot \left(\sum_{i=1}^{n} (y_i - \bar{y})^2\right)}}. \tag{4.70}$$

Die Variablen x_i und y_i stellen dabei die beobachteten Werte der beiden zu untersuchenden Zufallsgrößen X und Y inklusive der jeweiligen Stichprobenmittelwerte $\bar{x}$ und $\bar{y}$ dar. Hierbei entspricht der Zähler in Gl. 4.70 der Kovarianz von X und Y. Sie misst den Zusammenhang zwischen zwei Variablen, wie beispielsweise der Temperatur und der Lebensdauer und wird durch die im Nenner dargestellten Standardabweichungen von X

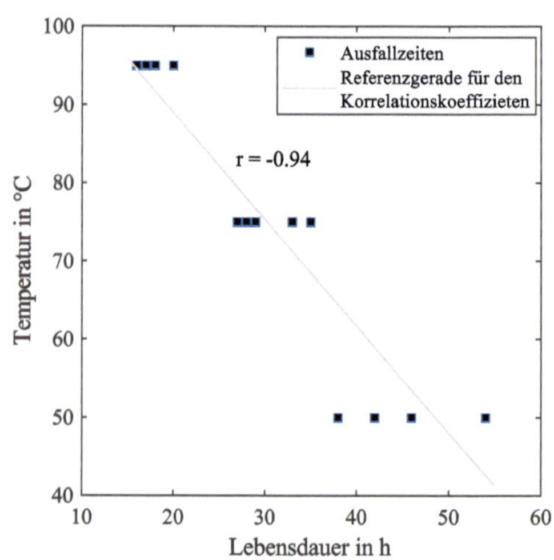

Abb. 4.28 Einfluss der Umgebungstemperatur auf die Lebensdauer von Zahnriemengetrieben

und Y standardisiert (vgl. dazu Abschn. 4.1.3). Dadurch kann der Korrelationkoeffizient Werte zwischen $+/-1$ annehmen.

Um den Korrelationskoeffizienten für die Umgebungstemperatur und die Lebensdauer zu berechnen, lassen sich für die Ausfallzeiten aus dem EoL-Versuch (vgl. Tab. 5.6) nach Gl. 4.70 die Mittelwerte für die beiden Variablen bestimmen. Für die Temperatur ergibt sich ein Wert von $\bar{T} = 73,\bar{3}\,°C$. Die Berechnung des Wertes für die erreichte mittlere Lebensdauer führt zum folgenden Ergebnis: $\bar{t} = 31{,}5\bar{3}$ h. Nun lässt sich Gl. 4.70 anwenden:

$$r = \frac{\sum_{i=1}^{n}(x_i-\bar{x})\cdot(y_i-\bar{y})}{\sqrt{\left(\sum_{i=1}^{n}(x_i-\bar{x})^2\right)\cdot\left(\sum_{i=1}^{n}(y_i-\bar{y})^2\right)}} = \frac{A}{B} = \frac{-3028,\bar{4}}{3222{,}41} \approx -0{,}94$$

$$\begin{aligned} A = {} & (46-31{,}5\bar{3})\cdot(50-73,\bar{3}) + (38-31{,}5\bar{3})\cdot(50-73,\bar{3}) + (54-31{,}5\bar{3})\cdot \\ & \cdot(50-73,\bar{3}) + (54-31{,}5\bar{3})\cdot(50-73,\bar{3}) + (42-31{,}5\bar{3})\cdot(50-73,\bar{3}) + \\ & + (33-31{,}5\bar{3})\cdot(75-73,\bar{3}) + (27-31{,}5\bar{3})\cdot(75-73,\bar{3}) + (35-31{,}5\bar{3})\cdot \\ & \cdot(75-73,\bar{3}) + (28-31{,}5\bar{3})\cdot(75-73,\bar{3}) + (29-31{,}5\bar{3})\cdot(75-73,\bar{3}) + \\ & + (16-31{,}5\bar{3})\cdot(95-73,\bar{3}) + (17-31{,}5\bar{3})\cdot(95-73,\bar{3}) + (20-31{,}5\bar{3})\cdot \\ & \cdot(95-73,\bar{3}) + (16-31{,}5\bar{3})\cdot(95-73,\bar{3}) + (18-31{,}5\bar{3})\cdot(95-73,\bar{3}) \\ = {} & -3028,\bar{4} \end{aligned}$$

$$\begin{aligned} B = {} & \sqrt{209{,}28\cdot 544,\bar{4} + 41{,}81\cdot 544,\bar{4} + 504{,}75\cdot 544,\bar{4} + 504{,}75\cdot 544,\bar{4} + \ldots} \\ & \sqrt{\ldots + 109{,}55\cdot 544,\bar{4} + 2,15\cdot 2,\bar{7} + 20{,}55\cdot 2,\bar{7} + 12{,}01\cdot 2,\bar{7} + 12{,}48\cdot\ldots} \\ & \sqrt{\ldots\cdot 2,\bar{7} + 6{,}41\cdot 2,\bar{7} + 241{,}28\cdot 469,\bar{4} + 211{,}22\cdot 469,\bar{4} + 133{,}02\cdot\ldots} \\ & \sqrt{\ldots\cdot 469,\bar{4} + 133{,}02\cdot 469,\bar{4} + 241{,}28\cdot 469,\bar{4}} = 3222{,}41 \end{aligned}$$

Als Ergebnis liefert die Korrelationsanalyse das in Abb. 4.28 dargestellte Diagramm. Aufgetragen sind dabei die Ausfallzeiten in h über der Umgebungstemperatur in °C. Die in grauer Farbe hinterlegte Gerade repräsentiert den oben beschriebenen Zusammenhang. Grundsätzlich gilt, dass zwischen zwei Merkmalen unterschieden werden muss: Zwischen der Richtung und der Stärke des Zusammenhangs. Die Richtung des Zusammenhangs zwischen der Lebensdauer und der Temperatur gibt Aufschlüsse darüber, ob die beiden untersuchten Kriterien gleichgerichtet oder entgegengerichtet sind. Bei gleichgerichteten Faktoren bewirkt eine Zu- bzw. eine Abnahme des Faktors eine Zu- bzw. Abnahme des anderen Faktors. In diesem Fall ist mit einem positiven Korrelationskoeffizienten zu rechnen, welcher der Steigung der oben erwähnten Gerade entspricht. Ist der Zusammenhang entgegengerichtet, so äußert es sich in einem negativen Korrelationskoeffizienten.

Bei der Richtung des Zusammenhangs geht es darum zu bewerten, ob eine Veränderung der Umgebungstemperatur eine Veränderung der Lebensdauer bewirkt. Ist diese Veränderung deutlich zu erkennen, so wird in diesem Zusammenhang von einem „starken Zusammenhang" gesprochen. Bei einem schwachen Zusammenhang ist diese Veränderung nur leicht ausgeprägt. Für einen Korrelationskoeffizienten nach Pearson bewegen sich seine Werte zwischen -1 und $+1$ (vgl. Abb. 4.29).

Ist der unersuchte Zusammenhang stark, so nimmt der Korrelationskoeffizient Werte nahe der -1 bzw. $+1$. Liegt der Korrelationskoeffizient nahe der 0 so ist von einem schwachen Zusammenhang auszugehen. An dieser Stelle sei jedoch erwähnt, dass es sich bei dem hier untersuchten Zusammenhang lediglich um den statistischen Zusammenhang handelt. Derartige Analysen geben keinerlei Auskunft über den Ursache-Wirkungs-Zusammenhang der untersuchten Größen, der auch als kausaler Zusammenhang bezeichnet wird (siehe auch Abb. 4.30). Die Kausalität, also die Frage danach, ob eine Variable die andere tatsächlich beeinflusst, muss vom Produktentwickler beurteilt werden.

Ein einfaches fiktives und doch anschauliches Beispiel, das den Unterschied zwischen der Korrelation und Kausalität beschreibt ist das Folgende: An warmen, sonnigen Tagen steigt die Wahrscheinlichkeit, dass Menschen häufiger Sonnenbrand bekommen. Gleichzeitig steigt auch der Umsatz der Eisdielen, der einen vermehrten Eiskonsum impliziert. Damit korreliert der Eisdielenumsatz mit der Sonnenbrandhäufigkeit. Aber verursacht der Anstieg des Eiskonsums das Sonnenbrandrisiko? Wohl kaum. Es besteht hier kein

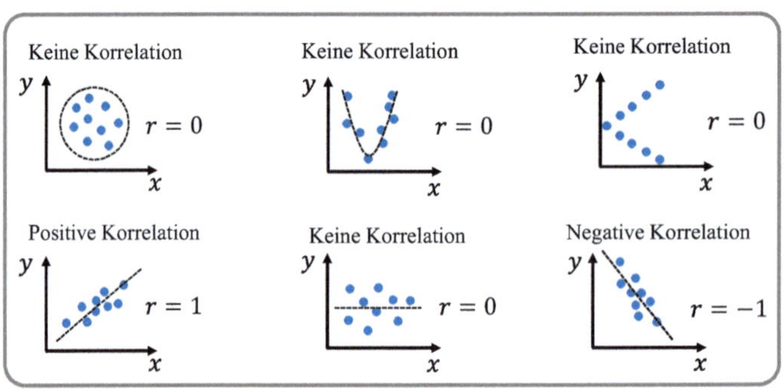

Abb. 4.29 Korrelation: Interpretation von Zusammenhängen

Abb. 4.30 Unterschied zwischen Korrelation und Kausalität

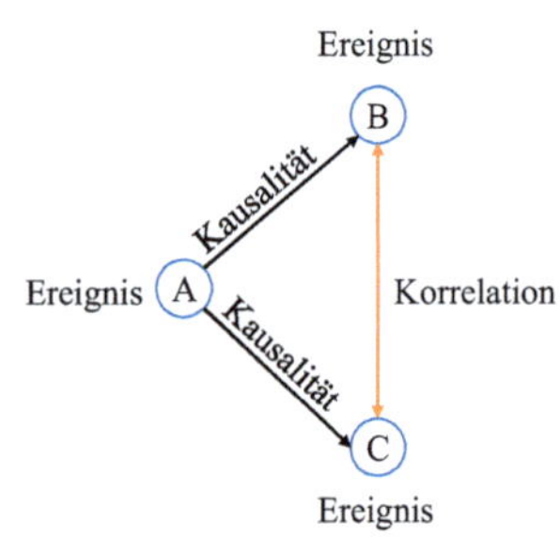

kausaler Zusammenhang zwischen den beiden Größen. Auch wenn festgestellt wird, dass sowohl der Eiskonsum als auch die Menge an Personen, die einen Sonnenbrand erleiden, gemeinsam zu- oder abnehmen, bedeutet es nicht, dass der Verzehr von Eis das Sonnenbrandrisiko erhöht (Ursache). Es könnte jedoch darauf hindeuten, dass ein anderer Faktor, wie beispielsweise die Temperatur, ursächlich für den Anstieg der beiden Faktoren ist.

Wie oben beschrieben, ist es jedoch aufgrund der Eigenschaft eines Zahnriemens sehr naheliegend, einen ausgeprägten Zusammenhang zwischen der Umgebungstemperatur und der Lebensdauer zu haben. Erwartungsgemäß, fallen Zahnriemen mit steigender Temperatur früher aus (siehe Abb. 4.28). Somit liegt zwischen der Lebensdauer und der thermischen Belastung ein entgegengerichteter Zusammenhang vor, der durch einen Korrelationskoeffizienten von $r = -0{,}94$ $(= -94\,\%)$ beschrieben wird.

4.5.3 Einfluss der Zahnriemenalterung

In praktischen Anwendungen werden Zahnriemen unabhängig von Herstellungsverfahren durch die Verwendung von Formkernen zunächst in sogenannten Wickel hergestellt. Aus diesen entformten Wickel werden anschließend Zahnriemen auf die benötigte Breite geschnitten (vgl. Abb. 2.18 und Abb. 2.19). Für die Auslegung eines Zahnriemengetriebes ist dabei die Zeitspanne zwischen der Herstellung des Wickels und dem tatsächlichen Einsatz des Zahnriemens in Maschinen und Anlagen von besonderer Bedeutung. Innerhalb dieser, als Alterung bezeichneten Zeitspanne, finden Materialveränderungen statt, die das Ausfallverhalten von Zahnriemen beeinflussen können. Bei Kunststoffen ist dieses Phänomen schon längst bekannt. Sie verlieren über die Zeit ihre flexiblen Eigenschaften und verspröden. Dieser Prozess kann durch Betriebsbedingungen, wie beispielsweise erhöhte Umgebungstemperatur, Schmutz und Feuchtigkeit, verschärft werden und so zu einer Abnahme der Leistungsfähigkeit des Zahnriemens führen. Eine Abnahme der Leistungsfähigkeit hat immer eine Abnahme der Lebensdauer des Zahnriemens zur Folge und damit auch ein erhöhtes Risiko für einen außerordentlich frühen Ausfall der gesamten Anlage. In der Zuverlässigkeitstechnik wird der Prozess einer Funktions- und Leistungsabnahme als „Degradation“ bezeichnet [19] (vgl. Abschn. 4.6.5).

Zur Überprüfung des Einflusses der Zahnriemenalterung auf die Lebensdauer von Zahnriemengetrieben, wurden für vier Zahnriemenwickel mit dem Hochleistungszahnriemen aus Polychloroprene in der Teilung 5 mm von unterschiedlichem Herstelldatum EoL-Tests geplant und durchgeführt. Um aussagekräftige Ergebnisse für den Zusammenhang zwischen der Alterung und der Lebensdauer von Zahnriemen zu gewährleisten, ist es ratsam, die Streuung in den Versuchsergebnissen durch die Repliaktionen von Versuchen zu berücksichtigen. Die Untersuchungen der Zahnriemenalterung basieren dabei auf EoL-Tests, bei dem jeder Versuch sieben mal repliziert wurde. Aufgrund der Eigenschaften des Zahnriemens liegt die Vermutung nahe, dass die Testriemen, ähnlich wie die Polymere, mit zunehmendem Alter früher ausfallen. Entgegen aller Erwartungen nimmt die Lebensdauer

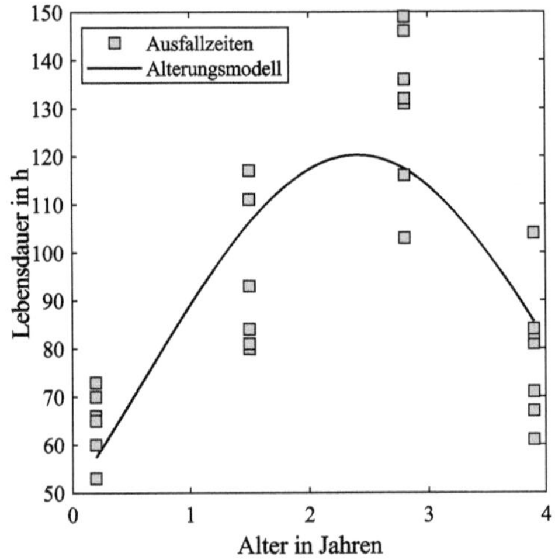

Abb. 4.31 Exemplarisches Alterungsmodell für ein Zahnriemengetriebe

mit zunehmendem Alter zunächst zu. Dieser Trend hält solange an, bis ein Optimum bei ca. 2,25 Jahren erreicht ist (siehe Abb. 4.31).

Für die Zunahme der Lebensdauer mit zunehmendem Alter werden Verfestigungsvorgänge in der Polymermatrix des Zahnriemens vermutet. Nach dem ein bestimmtes Alter erreicht ist, setzt die Versprödung ein. Das Lebensdauerende verschiebt sich zu den niedrigeren Werten hin, je älter der Riemen ist. Obwohl das aufgeführte Modell nur für den Riementyp und nur für den untersuchten Bereich gültig ist, zeigen die Ergebnisse einen eindeutigen Zusammenhang zwischen der Zahnriemenalterung und der Lebensdauer des Zahnriemens. Es ist empfehlenswert, die Vorgaben der Hersteller bzgl. der Lagerung der Zahnriemenwickel einzuhalten.

4.5.4 Einfluss von Fertigungsparametern

Bei der Fertigung von Zahnriemengetrieben ist stets darauf zu achten, dass die geometrischen Abmessungen von Zahnriemen und Zahnscheibe exakt aufeinander abgestimmt sind (vgl. Kap. 2 und 3). Andernfalls kann aufgrund eines reibungsbehafteten Zahneingriffs sowie einer asymmetrischen Belastungsverteilung keine maximale Lebensdauer und Leistungsfähigkeit des Zahnriementriebes garantiert werden. In Abhängigkeit des Basiskunststoffs des Zahnriemens lassen sich zwei Herstellverfahren identifizieren. Zahnriemen aus Polychloroprene werden im Vulkanisationsverfahren gefertigt, während Polyurethan-Zahnriemen im Gieß- und Extrusionsverfahren entstehen. Jedes der Herstellverfahren wird von zahlreichen Faktoren beeinflusst, auf die im Folgenden jedoch nicht näher eingegangen werden soll (für Details, siehe beispielsweise [49] oder auch Abschn. 2.5). Gegenstand dieses Abschnitts sind die mit der Herstellung von Zahnscheiben verbundenen Fertigungsparameter, insbesondere der Zahnscheibenvorschub.

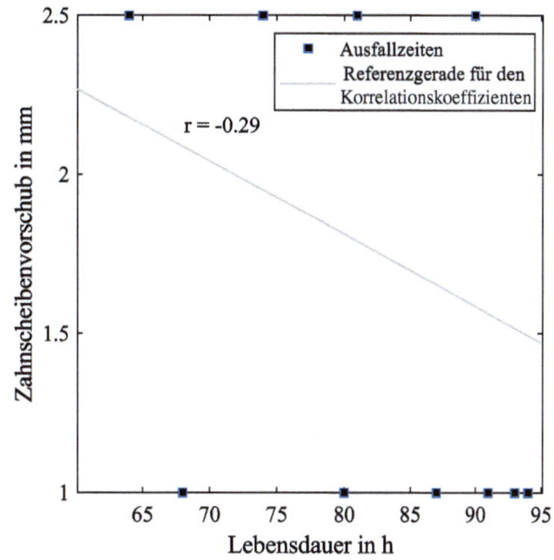

Abb. 4.32 Einfluss des Zahnscheibenvorschubs auf die Lebensdauer von Zahnriemengetrieben

In der Regel werden Zahnscheiben mit dem Abwälzfräsverfahren hergestellt [49]. Jeder einzelne Zahn der Zahnscheibe entsteht aus einem vorgedrehten Rohling, mit einem der Zahnlücke entsprechend gestalteten Werkzeug. Dabei dreht sich das Werkstück um die senkrechte Achse und das Werkzeug wälzt entsprechend des Anstellwinkels dazu. Die Vorschubbewegung erfolgt in Richtung der senkrechten Achse [50]. Durch die Wahl eines größeren Vorschubs, lässt sich die Geschwindigkeit beim Fräsen erhöhen. Dies spart Fertigungszeit und damit Fertigungskosten ein. Auf der anderen Seite führt das verschlechterte Oberflächenqualität in Form von Welligkeit mit sich.

Abb. 4.32 veranschaulicht die Ergebnisse experimenteller Untersuchungen des Einflusses von Zahnscheibenvorschub auf die Lebensdauer von Zahnriemen. Als Ausgangssituation werden dabei für die Vorschübe 1,0 mm und 2,5 mm EoL-Tests geplant und eine vorher festgelegte Anzahl an Zahnriemen unter identischen Bedingungen solange getestet, bis diese aufgrund von Zahnabscherung ausfallen.

Die anschließende Analyse dieser Ausfalldaten liefert eine sehr interessante Erkenntnis (vgl. Abb. 4.32): Der Zahnscheibenvorschub scheint keinen Einfluss auf die Lebensdauer von Zahnriemen zu haben. Zwar deutet der negative Korrelationskoeffizient von $-0{,}29$ ($= -29\ \%$) an, dass mit zunehmendem Vorschub die Lebensdauer minimal abnimmt. Aber die Korrelation ist zu gering, als dass hier von einem „signifikanten Effekt" gesprochen werden kann.

4.6 Lebensdauermodellierung von Zahnriemengetrieben

Die statistische Analyse und Modellierung von Lebensdauerdaten haben in zahlreichen angewandten Wissenschaften, darunter in den Ingenieurwissenschaften, im Versicherungswesen und in der Medizin, eine enorme Bedeutung. Im Allgemeinen wird bei der Lebensdauermodellierung das Ziel verfolgt, Vorhersagen über die Lebensdauer technischer Systeme zu erstellen. Dabei wird eine statistische Verteilung an die Lebensdauerdaten aus einer repräsentativen Stichprobe von Einheiten angepasst. Aus der parametrisierten Verteilung des Datensatzes können dann wichtige Lebensdauermerkmale des Produkts wie beispielsweise Zuverlässigkeit zu einem bestimmten Zeitpunkt oder die mittlere Lebensdauer geschätzt werden. Dabei lässt sich die Lebensdauer eines Produkts mit Hilfe bestimmter Merkmale eindeutig charakterisieren. Oft wird sie durch die Anzahl an Stunden oder an der Anzahl an Lastwechseln bis zum Ausfall beschrieben. Vor der Lebensdauermodellierung müssen einige Punkte beachtet werden. So müssen auf der einen Seite die Daten den entsprechenden Ausfallmechanismen eindeutig zuordenbar sein. Auf der anderen Seite muss klar sein, ob es sich bei den Lebensdauerdaten um echte Ausfallzeiten (vollständige Stichprobe) handelt oder um Durchläufer (zensierte Stichprobe).

In der Vergangenheit wurden bereits zahlreiche Versuche unternommen, das Ausfallverhalten von Zahnriemengetrieben zu modellieren. Die ersten Arbeiten gehen auf die Herren Child und Campean zurück.

4.6.1 Modell nach Childs

Childs et al. [54, 55] bieten bereits vielversprechende Ansätze, zur mathematischen Beschreibung des Zusammenhangs zwischen der Lebensdauer eines Zahnriemens und einer äußeren Belastung. Sie stellen ein computergestütztes Verfahren vor, mit dem der Einfluss von Zahnriemenlayout und Drehmoment auf die Lebensdauer des Zahnriemens für einen PKW-Nockenwellenantrieb untersucht werden können. Es zeigt sich, dass die Ermüdungslebensdauer des Zahnriemens in Relation zur Zahndurchbiegung λ steht, die sowohl Informationen über die Zahnbelastung als auch über die Zahnsteifigkeit enthält [55]. Die Zahnbelastung kann für jeden Anwendungsfall ermittelt werden und ist abhängig vom zu übertragenden Drehmoment, sowie von der Auslegung und Konstruktion des Zahnriemen- und Nockenwellenantriebsystems. Die Zahnsteifigkeit wird durch die Materialeigenschaften des Zahnriemens, vor allem aber durch seinen Verschleißzustand bestimmt.

Childs et al. [55] konnten einen linearen Zusammenhang zwischen der Zahnverformung λ und der Zahnriemenlebensdauer N, gemessen in Millionen Zyklen, in einem kartesischen Koordinatensystem mit logarithmierten Achsen aufzeigen. Dieser Zusammenhang lässt sich wie folgt mathematisch beschreiben:

$$\lambda = A - B \cdot \ln(N)\,, \tag{4.71}$$

mit den beiden unbekannten Koeffizienten A und B des Lebensdauermodells.
Auch wenn die Berechnung der Zahnriemenlebensdauer in Gl. 4.71 nicht direkt ersichtlich ist, so handelt es sich dennoch um eine erste Möglichkeit die Lebensdauer eines

Zahnriemens in Abhängigkeit der Zahnverformung abzuschätzen. Eine entsprechende Umstellung der Gl. 4.71 nach dem Lebensdauermerkmal N liefert die gewünschte Form eines Lebensdauermodells:

$$N = C \cdot e^{-\frac{\lambda}{B}}, \tag{4.72}$$

wobei hier der Modellparameter C dem Term $e^{\frac{A}{B}}$ entspricht.
Darüber hinaus wurden erste Untersuchungen durchgeführt, wie sich die Umgebungstemperatur auf die Lebensdauer in einem Bereich von 100 °C–140 °C auswirkt. Da die Temperatur einen direkten Einfluss auf die Zahnsteifigkeit besitzt, wird die Ermüdungslebensdauer des Zahnriemens von der Betriebstemperatur des Riemens beeinflusst. Die statistische Analyse der Versuchsergebnisse stellt klar, dass der Temperatureinfluss hauptsächlich eine Verschiebung der Zahnriemenlebensdauerkurve darstellt. Diese Verschiebung deutet darauf hin, dass für die Modellierung des Ausfallverhaltens der untersuchten Zahnriemen ein Modell benötigt wird, bei dem sich die Belastung proportional zur Lebensdauer verhält.

Das oben aufgeführte Lebensdauermodell von Childs stellt zwar den Zusammenhang zwischen der Zahnverformung und der Anzahl an Lastzyklen mathematisch dar, was jedoch hier unberücksichtigt bleibt ist die Unsicherheit des Lebensdauermerkmals. Denn selbst unter der Prämisse einer gleichen Beanspruchung eines jeden einzelnen Zahnriemenzahns, ist mit Schwankungen in der ermittelten Lebensdauer nach Gl. 4.72 zu rechnen. Es handelt sich hierbei um eine Zufallsgröße, die von Stichprobe zu Stichprobe variiert. Auch wenn eine Lebensdaueraussage für denselben Zahnriemen getätigt werden soll, ist mit unterschiedlichen Lastwechselzahlen von Zahn zu Zahn zu rechnen.

4.6.2 Modell nach Campean

Campean [64] stellt einen allgemeingültigen Ansatz vor, mit dem für den Ausfallmechanismus „Zahnabscherung" eines Nockenwellenzahnriemens ein Lebensdauermodell generiert werden kann. Der Fokus liegt hierbei in der Analyse der Auswirkung von Zahndurchbiegung und der Betriebstemperatur auf das Ausfallverhalten des Zahnriemens.

Das in [64] dargestellte Lebensdauermodell baut auf dem Modell aus [55] auf und erweitert es um den thermischen Term. Unter der Annahme eines Arrhenius-Modells für den Temperatureinfluss kann die folgende allgemeine Gleichung für die Ermüdungslebensdauer des Zahnriemens (ausgedrückt als Funktion der Zahndurchbiegung λ und der absoluten Riemenbetriebstemperatur T) abgeleitet werden:

$$N(\lambda, T) = C \cdot e^{\frac{D}{T}} \cdot e^{-\frac{\lambda - A}{B}}. \tag{4.73}$$

C und D stellen dabei Koeffizienten des Arrhenius-Modells dar.

Die unbekannten Modellparameter A bis D in Gl. 4.73 wurden ausgehend von dem Wert für die Zahndurchbiegung bei einer Referenztemperatur von 100 °C, unter Verwendung der Ausfalldaten des Riemenversuchs aus [55] geschätzt. Das daraus resultierende Lebensdauermodell ergibt sich wie folgt:

$$N(\lambda, T) = 3{,}174 \cdot 10^{-10} \cdot e^{\frac{1{,}188 \cdot 10^4}{T}} \cdot e^{-\frac{\lambda - 0{,}2}{0{,}029}}. \tag{4.74}$$

Die Gl. 4.74 für die Lebensdauer des Zahnriemens legt nahe, dass die Betriebstemperatur des Zahnriemens die einzige erklärende Variable für die Lebensdauer des Zahnriemens ist. Dies beruht auf der Annahme, dass die dynamischen Belastungen im System einen vernachlässigbaren Einfluss auf die Beziehung zwischen der Zahnriemenlebensdauer und der Zahndurchbiegung besitzen [55]. Damit wird in der Berechnung der zeitliche Einfluss der Temperatur auf das Ausfallverhalten des Zahnriemens vernachlässigt. Im realen Einsatz kommt es jedoch oft zu betriebsbedingten Schwankungen der Motordrehzahl und folglich auch der Betriebstemperatur, je nach Fahrverhalten des Autofahrers. Um realistischere Aussagen des Ausfallverhaltens von Zahnriemen zu tätigen, muss bei der Lebensdauermodellierung die Belastung als Funktion der Zeit berücksichtigt werden. Zur Entwicklung eines Zahnriemenlebensdauermodells für den Schadensmechanismus „Zahnabscherung" wird das Palmgren-Miner-Modell nach der linearen Schadensakkumulation herangezogen.

Mit dem prozentualen Anteil einer Zeiteinheit $\alpha_{i,j}$, den der Motor auf dem Drehzahlniveau ω_i und bei einer Riemenbetriebstemperatur T_j verbringt, lässt sich die Lebensdauer über die kummulierte Schädigung mit Hilfe der Miner-Regel nach folgender Formel abgeschätzen [64]:

$$L = C_m \cdot C \cdot e^{-\frac{\lambda - A}{B}} \cdot \frac{M_b}{60 \cdot M_c} \cdot \frac{1}{\sum \omega_i \cdot \sum \alpha_{i,j} \cdot e^{-\frac{D}{T_j}}}. \tag{4.75}$$

Bei C_m handelt es sich um die Miner's Konstante, mit der die akkumulierte Schädigung beschrieben wird. M_b entspricht dabei der Zähnezahl des Zahnriemens und M_c steht für die Zähnezahl der Zahnscheibe. Die Modellparameter A und B sind unbekannte Parameter des Lebensdauermodells von Childs et al. C und D sind die Terme des Arrhenius-Modells, analog zur Gl. 4.73.

Unter Berücksichtigung der stichprobenbedingten Unsicherheit der Zufallsvariable N können die Quantile der kummulierten Schädigung wie folgt ermittelt werden:

$$C_{m\alpha} = D_m \cdot N_\alpha. \tag{4.76}$$

$C_{m\alpha}$ und N_α sind die α-Quantile der Dichteverteilungsfunktion von N und C_m. Für die Praxis muss die zugrundeliegende Verteilung der Ausfallzeiten für die getesteten Zahnriemen identifiziert und das gewünschte Quantil der Lebensdauer ermittelt werden.

Damit werden in der Lebensdauerformel von Campean nicht nur der zeitliche Aspekt der Belastung berücksichtigt sondern auch die Schwankungen in den Stichproben über die Auswertung der Ausfalldaten mit der Weibullverteilung. Allerdings werden in dem hier vorgeschlagengen Lebensdauermodell nicht alle lebensdauerbeeinflussenden Größen berücksichtigt. In die Berechnung gehen zwar die Umgebungstemperatur und die Zähnezahl des Zahnriemens bzw. die Zähnezahl der Riemenscheibe ein, weitere Faktoren wie beispielsweise Feuchtigkeit, Verschmutzung, Fertigungsparameter oder sonstige Designparameter bleiben außen vor.

4.6.3 Physics-of-Failure-Modelle

Grundsätzlich lässt sich eine Zuverlässigkeitsaussage für eine Komponente oder für das gesamte System auf drei unterschiedlichen Wegen bewerkstelligen [65]: (1) Durch die Verwendung von Standards und Normen, (2) mit Hilfe der statistischen Analyse von Ausfalldaten und (3) durch die Durchführung und Auswertung von Lebensdauertests. Vor allem bei Neuentwicklungen liegen oft nicht genügend Informationen bezüglich des Ausfallverhaltens vor. Teilweise sind nicht alle Ausfallmechanismen bekannt oder ausreichend genug verstanden. Eine Anwendung von Standardansätzen für eine Zuverlässigkeitsabschätzung kann unter Umständen zu falschen Aussagen führen. So hat sich u. a. gezeigt, dass viele Standards, wie beispielsweise die MIL-HDBK-217, Telcordia, PRISM, FIDES und 217-PLUS, sehr unpräzise sind [66].

Der Physics-of-Failure-Ansatz (PoF) bietet Einblicke in die Lebensdauer- und Zuverlässigkeitsaspekte des Bauteils und befasst sich mit den grundlegenden Ursachen des Versagens wie Ermüdung, Bruch, Verschleiß und Korrosion. Die PoF-Modellierung setzt jedoch ein umfassendes Verständnis über die Belastungen und Beanspruchungen sowie über die Ausfallmechanismen voraus. PoF-Modelle geben den generellen Zusammenhang zwischen einer oder mehrerer Belastungsgrößen und der Lebensdauer vor, wobei die unbekannten Modellparameter mit Hilfe von Versuchs- oder Felddaten geschätzt werden. Je nach äußeren Stressfaktoren, die im Modell abgebildet werden, stehen derzeit zahlreiche PoF-Modelle zur Verfügung. So wird beispielsweise im Falle einer thermischen Belastung das Arrhenius-Modell eingesetzt. Für rein mechanische Belastungen findet das Inverse-Power-Modell Anwendung (für Details, siehe beispielsweise in [9]).

Das Arrhenius-Modell zählt zu den bekanntesten PoF-Modellen und beschreibt die Reaktionsgeschwindigkeit chemischer Prozesse in Abhängigkeit der Temperatur [7,9,67]:

$$R(T) = \mathrm{A} \cdot \exp\left(\frac{-E_A}{k \cdot T}\right). \tag{4.77}$$

Dabei verhält sich die Ausfallzeit reziprok zur Reaktionsgeschwindigkeit $R(T)$, die eine Abhängigkeit des Modellparameters A, der Aktivierungsenergie E_A, der Boltzmannkonstante k sowie der Temperatur T darstellt. Damit lässt sich Gl. 4.77 umschreiben zu [21]:

$$L(T) = \mathrm{C} \cdot \exp\left(\frac{B}{T}\right), \tag{4.78}$$

B und C sind dabei unbekannte Modellparameter. In [68] werden weitere PoF-Modelle vorgestellt. Außerdem stellt Jakob [68] einen Ansatz vor, mit dem in der Anwendung ein geeignetes PoF-Modell, in Abhängigkeit äußerer Belastungen und eines Ausfallmechanismus, ausgewählt werden kann. Wird jedoch das Bauteil durch weitere Stressfaktoren, wie beispielsweise eine Kombination aus Temperatur, Drehzahl, Drehmoment, Fertigungs- und Designparameter beansprucht, sind auch hier alle Möglichkeiten der Lebensdauermodellierung ausgeschöpft. Es wird daher ein anderer Ansatz benötigt, der sog. L-DoE-Ansatz, der später vorgestellt wird.

4.6.4 Systemtheorie nach Boole

Die oben beschriebenen Ansätze ermöglichen die Zuverlässigkeitsmodellierung von Bauteilen. Da in der Regel die Zuverlässigkeit des gesamten Systems von Interesse ist, die sich aus den einzelnen Bauteilzuverlässigkeiten zusammensetzt, wird ein Ansatz benötigt, mit dem die Einzelzuverlässigkeiten zu einer Systemzuverlässigkeit verknüpft werden. Einer dieser Ansätze ist die „Systemtheorie nach Boole".

Die Berechnung der Systemzuverlässigkeit nach der Booleschen Systemtheorie basiert auf der Charakterisierung des Ausfallverhaltens einzelner Systemelemente im Gesamtsystem. Als Systemelement wird ein Bauelement bezeichnet, das mit genau einem Ausfallmechanismus verknüpft ist [6]. Mit Hilfe der Systemelemente kann durch das Aufstellen von „Zuverlässigkeitsschaltbildern" die Zuverlässigkeitsstruktur für das Gesamtsystem visualisiert werden. Das erlaubt den Einfluss einzelner Systemelemente auf die Gesamtzuverlässigkeit besser zu verstehen sowie Redundanzen zu identifizieren. Jedem dieser Systemelemente wird eine charakteristische Zuverlässigkeit $R(t)$ über der Zeit t zugeordnet, die dessen Ausfallverhalten eindeutig definiert. Die Verknüpfung der einzelnen Zuverlässigkeitsfunktionen über mathematische Operationen ergibt die Gesamtzuverlässigkeit des Systems und wird als Zuverlässigkeitsblockbild bezeichnet. Entscheidend bei der Booleschen Systemtheorie ist, dass die Systemelemente: (a) nicht reparierbar sind, (b) nur die Zustände funktionsfähig und ausgefallen annehmen können und (c) statistisch unabhängig sind [69].

Das Zuverlässigkeitsschaltbild zeigt dabei auf, wie sich der Ausfall eines Systemelements auf das Gesamtsystem auswirkt. Üblicherweise entstehen derartige Schaltbilder durch die Betrachtung des funktionalen Zusammenhangs des Systems. Sie sind aus einem Eingangs (E)- und Ausgangssignal (A) sowie den Systemelementen, die in Form von Rechtecken gezeichnet werden, eindeutig beschrieben. Im Allgemeinen wird zwischen zwei Strukturtypen unterschieden: Einem Serien- und einem Parallelsystem [6] (vgl. Abb. 4.33).

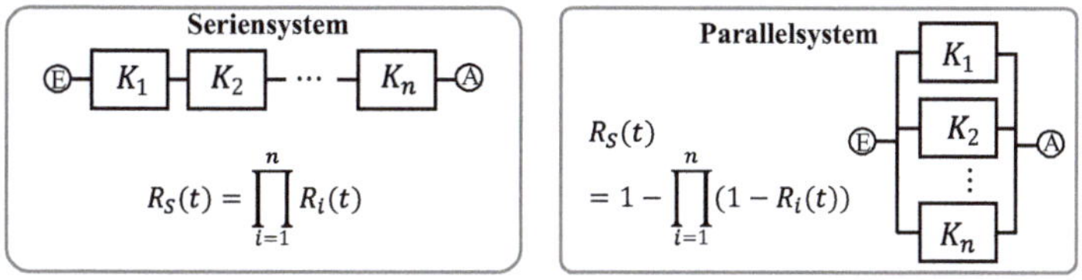

Abb. 4.33 Serien- und Parallelsystem

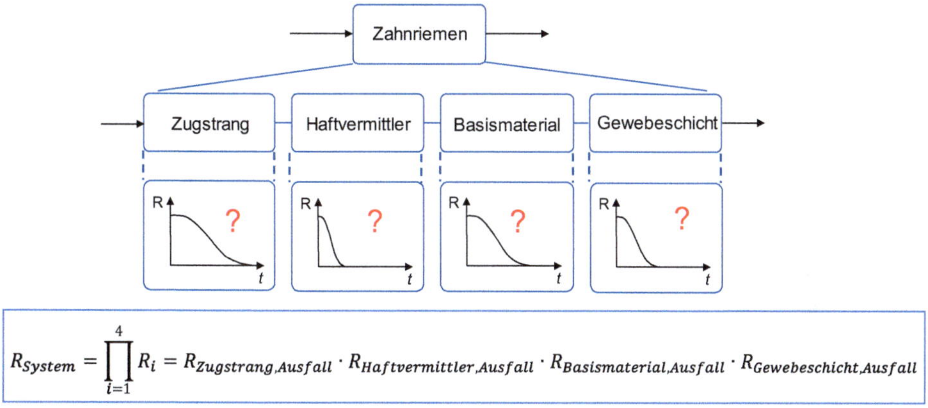

Abb. 4.34 Modellierung des Zahnriemensystems mit Boole nach [70]

Im Falle eines Seriensystems hat der Ausfall eines Systemelements den Ausfall des gesamten Systems zur Folge. Ein Systemelement bezeichnet dabei die Kombination aus einem Bauteil und einem individuellen Schadensmechanismus, wie beispielsweise „Systemelement A: Zahnriemenbruch“. Kommt es dagegen bei einem Parallelsystem zu einem Ausfall auf der Bauteilebene, so ist das Gesamtsystem in der Regel noch intakt. Die Funktion wird durch die noch intakten Bauelemente ausgeführt. Anders forumuliert: Das Parallelsystem entspricht einem redundanten System, das in der Praxis oft zu teuer ist. Um Geld zu sparen, sind oft kombinierte Systeme eine bessere Wahl. Hierbei werden besonders kritische Funktionen redundant ausgelegt, während weniger kritische Funktionen in Form eines seriellen Systems realisiert werden.

Für das System „Zahnriemen“ lassen sich beispielsweise vier Subsysteme: Zugstrang, Haftvermittler, Basismaterial und Gewebeschicht identifizieren. Für eine einwandfreie Funktion des Zahnriemens müssen alle Subsysteme ihre Funktion erfüllen. Reißen beispielsweise die Zugstränge, so kann der Zahnriemen keine Kräfte mehr übertragen und die Funktion des Gesamtsystems ist nicht erfüllt. Ähnlich sind die anderen Teilsysteme zu sehen. Damit handelt es sich hierbei offensichtlich um eine serielle Zuverlässigkeitsstruktur (Abb. 4.34).

Während bei klassischen Maschinenelementen, wie zum Beispiel Wellen oder Zahnrädern, ein Ausfall problemlos erkannt und durch eine entsprechende Auswertung von Ausfalldaten ein Zuverlässigkeitsverlauf beschrieben werden kann, gestaltet sich die Beschreibung der Zuverlässigkeit von einem Haftvermittler als eher schwierig. So ist beispielsweise der Ausfall des Systems infolge Wellenbruch eindeutig. Das Ausfallverhalten eines Haftvermittlers muss dagegen erst definiert werden. Abgesehen davon muss der eingesetzter Haftvermittler zuverlässig erprobt werden, um aussagekräftige Zuverlässigkeitskenngrößen zu erhalten. Folglich stellt die Ermittlung der Zuverlässigkeiten der einzelnen Systemelemente nach der Booleschen Systemtheorie eine große Herausforderung dar.

Neben dem eher analytischen Ansatz nach Boole, lässt sich der Zusammenhang zwischen der Lebensdauer eines Zahnriemens und der lebensdauerbeeinflussenden Größe auch auf Basis empirisch ermittelter Daten beschreiben. Eine der Möglichkeiten ist die Degradationsmodellierung.

4.6.5 Degradationsmodelle

Angesichts immer komplexer werdender Produkte und steigender wirtschaftlicher Anforderungen, wird die Zuverlässigkeit immer wichtiger. Während für die klassische Zuverlässigkeitsbewertung Ausfalldaten aus der Lebensdauererprobung herangezogen werden, gibt es einen alternativen Ansatz, der per se nicht auf harte Ausfälle angewiesen ist: Die Degradation. Wobei harte Ausfälle definitionsgemäß ein vollständiges Versagen eines Produkts beschreiben [19], wohingegen im Falle einer Beeinträchtigung der Funktions- und Leistungsfähigkeit des Produkts von einem weichen Ausfall gesprochen wird [19]. Die Degradation, als alternative Möglichkeit einer Zuverlässigkeitsabschätzung, ist vor allem dann von Interesse, wenn aufgrund limitierter Versuchszeit- und/oder Versuchsträgern eine Aussage über die Zuverlässigkeit gemacht werden soll (vgl. Abschn. 5.1.3). Einer der wichtigsten Vorteile des Verfahrens besteht darin, auf Grundlage von Messungen der Degradation über der Zeit, auf einen angenommenen Versagenszeitpunkt zu extrapolieren. Dieser Vorteil kommt vor allem bei hochzuverlässigen Systemen zum Tragen, deren Entwicklung eine extrem hohe Zuverlässigkeit einzelner Systemkomponenten erfordert und das über lange Zeiträume hinweg. Bei kurzen Entwicklungszeiten müssen Zuverlässigkeitstests exakt durchgetaktet sein. Häufig treten während solcher Tests keine Ausfälle auf, was eine entsprechende Bewertung der Zuverlässigkeit mit traditionellen Lebensdauertests, die nur auf Ausfallzeiten fundieren, erschwert. Der Zusammenhang zwischen dem Ausfall von Bauteilen und dem Ausmaß der Degradation ermöglicht die Verwendung von Degradationsmodellen, um den Ausfall zu prognostizieren.

Oft ist davon auszugehen, dass ein Ausfall über einen stetig voranschreitenden Prozess auftritt. Zahlreiche Ausfallmechanismen lassen sich auf auf einen zugrundeliegenden Abbauprozess, der im Allgemeinen als Degradation verstanden wird, zurückführen [4]. Dieser Degradationsprozess ist stochastischer Natur und lässt sich mit Hilfe eines mathematischen Modells beschreiben. Ganz allgemein, beschreibt die Degradation in der Zuverlässigkeitstechnik einen voranschreitenden Prozess, der zur Minderung von Qualitäts- und Leistungsmerkmalen führt. Dabei wird angenommen, dass die Auswirkung des Degradationsphänomens auf die Produktleistung durch eine Zufallsvariable, dem sogenannten Degradationsmerkmal, ausgedrückt werden kann (siehe Kap. 5). Die Detektion des zeitlichen Verhaltens eines geeigneten Degradationsmerkmals erlaubt somit, das Ausfallverhalten zu modellieren und basierend auf ersten Messergebnissen, Ausfallprognosen zu erstellen. Dadurch, dass die Degradation über der Zeit gemessen wird, liegen frühzeitig Informationen für eine Zuverlässigkeitsaussage vor, mit denen der Ausfallzeitpunkt vorhergesagt werden, noch bevor überhaupt ein Ausfall auftritt. Zu den klassischen Beispielen für ein Degradationsmerkmal gehören der Grad der Abnutzung mechanischer Teile, wie Wellen und Lager oder der Leistungsabfall von Leuchtdioden.

Generell lassen sich Degradationsmodelle in vier Gruppen einteilen: Erfahrungsbasierte, modell- und wissensbasierte sowie datengetriebene Degradation, wobei in der Praxis hauptsächlich der modellbasierte und der datengetriebene Ansatz verwendet werden [19, 71]. Wie der Name schon erahnen lässt, fasst der modellbasierte Ansatz alle mathematischen Modelle zusammen, die sich durch die Anpassung an den Degradationsverlauf ergeben. Einige Beispiele modellbasierter Degradationsmodelle, die in zahlreichen Anwendungen vorzufinden sind, zeigt Tab. 4.13.

Datengetriebe Degradationsmodelle werden oft weiter unterteilt und zwar in: Physikalische und statistische Modelle [71]. Ein klassischer Vertreter der physikalischen Degradationsmodelle bilden Modelle zum Risswachstum, die vor allem in der Betriebsfestigkeit bekannt sind. Diese Modelle bilden das Ausfallverhalten mit gängigen physikalischen Eingangsgrößen, wie beispielsweise einer Kraft, einem Drehmoment oder der Stromstärke, physikalisch ab. Wohingegen statistische Degradationsmodelle, wie der Kalman-Filter, den Degradationsverlauf über eine Black-Box-Modellierung charakterisieren [71]. Hier werden die Ausgangsgrößen, also das gemessene Degradationsmerkmal als Funktion der Zeit, mit den Eingangsgrößen mathematisch verknüpft. Wer jedoch meint zu glauben, datengetriebene Degradationsmodelle seien trivial und benötigen keinerlei Überlegungen, der wird bei der Anwendung schnell eines Besseren belehrt. Denn in beiden Fällen ist ein Verständnis erforderlich über das System, über die Betriebsbedingungen sowie über die Versagensmechanismen. So sind oft Annahmen und Initialschätzungen notwendig, um ein Modell aufzubauen, die mit Ungenauigkeiten verbunden sind.

Tab. 4.13 Gängige datengetriebene Degradationsmodelle

Modell	Formel	Modellparameter	Degradationsmerkmal	Zeit
Linear	$y = a \cdot t + b$			
Exponentiell	$y = b + e^{a \cdot x}$			
Potenz	$y = b \cdot t^a$	a, b und c	y	t
Logarithmisch	$y = a \cdot lnt + b$			
Gompertz	$y = a \cdot b^{c^t}$			

Anders sieht es aus bei den datengetriebenen Degradationsmodellen. Ursprünglich aus dem Bereich der Bildverarbeitung her kommend, werden hier komplexe Algorithmen eingesetzt, um den zeitlichen Verlauf der Degradation zu quantifizieren [71]. Die Neuronale Netze oder das Hidden-Markov-Modell sind zwei bekannte Vertreter dieser Gruppe.

Am einfachsten lässt sich ein Degradationsprozess anhand einer Anwendung veranschaulichen.

4.6.5.1 Degradationsbeispiel Nr. 4.6.1: Lithium-Ionen Batterie

Soll beispielsweise ein Lebensdauermodell für eine Lithium-Ionen Batterie mit Hilfe der Degradation entwickelt werden, so muss zu aller erst die Frage nach einem potentiellen Degradationsmerkmal geklärt werden. Es ist allgemein bekannt, dass im Laufe der Zeit die Kapazität von Lithium-Ionen Batterien abfallen kann. Anders als die elektrische Spannung, lässt sich die Kapazität jedoch nicht direkt messen und wird meist durch eine kontrollierte Entladung der Batterie bestimmt. In der Regel können diese Batterien nur eine vom Hersteller angegebene Anzahl an Ladezyklen aufnehmen, bevor sie vom Hersteller aussortiert werden. Das bedeutet aber nicht, dass damit auch die Lebensdauer der Batterien erreicht ist. Dabei entspricht ein vollständiges Aufladen einem Ladezyklus. Wird also eine vollständig leere Batterie einmal komplett geladen, entspricht dies einem Ladezyklus. Liegt nun eine Stichprobe von $n = 10$ Lithium-Ionen Batterien vor, so wird früher oder später eine stichprobenbedingte Streuung des Degradationsmerkmals über der Zeit zu beobachten sein. In der Regel werden bereits im Ausgangszustand zum Zeitpunkt $t = 0$ zehn unterschiedliche Kapazitätswerte (sogenannte Initialwerte) vorliegen, die über eine Dichtefunktion beschrieben werden können.

4.6.5.2 Degradationsbeispiel Nr. 4.6.2: Parameterdegradation in Abhängigkeit der Temperatur

In diesem anonymisierten Beispiel wird die Degradation eines kritischen Parameters einer Komponente betrachtet. Dieser Parameter reagiert empfindlich auf eine Temperaturerhöhung und degradiert entsprechend mit der Zeit. Das Bauteil versagt, wenn sich der Wert des Parameters gegenüber der Initialmessung um min. 30 % ändert. Es wird nun eine Stichprobe von $n = 15$ Bauteilen in einem Komponententest bei drei unterschiedlichen Temperaturniveaus getestet, wobei die Stichprobe homogen auf alle drei Temperaturtests verteilt wird. Als Degradationsmerkmal wird die prozentuale Änderung des Merkmals zur Ausgangsmessung aufgenommen (vgl. Tab. 4.14). Diese Daten werden nun dazu benutzt, um ein passendes Lebensdauermodell zu entwickeln, mit dem das Degradationsverhalten beschrieben werden kann.

Im ersten Schritt werden die Daten auf Anomalien und sonstige Auffälligkeiten überprüft. Auch wenn dieser Schritt trivial erscheint, so zeigt die Praxis, dass gerade an der Stelle zahlreiche Fehler gemacht werden. Die Überprüfung sollte zunächst immer für jede Gruppe (vgl. dazu Abschn. 4.3) separat erfolgen. Da die Erprobung jeder der in drei Gruppen aufgeteilten Komponenten bei unterschiedlichen Temperaturen erfolgt, werden die Prüflinge unterschiedlich stark belastet. Das äußert sich in unterschiedlichen

Tab. 4.14 Degradationsdaten für das Beispiel Nr. 4.6.2, in Anlehnung an [72]

65 °C			85 °C			105 °C		
200 h	500 h	1,000 h	200 h	500 h	1,000 h	200 h	500 h	1,000 h
0,87	1,48	2,81	1,41	2,47	5,71	24,58	62,02	124,1
0,33	0,96	2,13	3,61	8,99	17,69	9,73	24,07	48,06
0,94	2,91	5,67	2,13	5,72	11,54	4,47	11,53	23,72
0,72	1,98	4,28	4,36	9,82	19,55	23,61	58,21	117,2
0,66	0,99	2,14	6,91	17,37	34,84	10,9	27,85	54,97

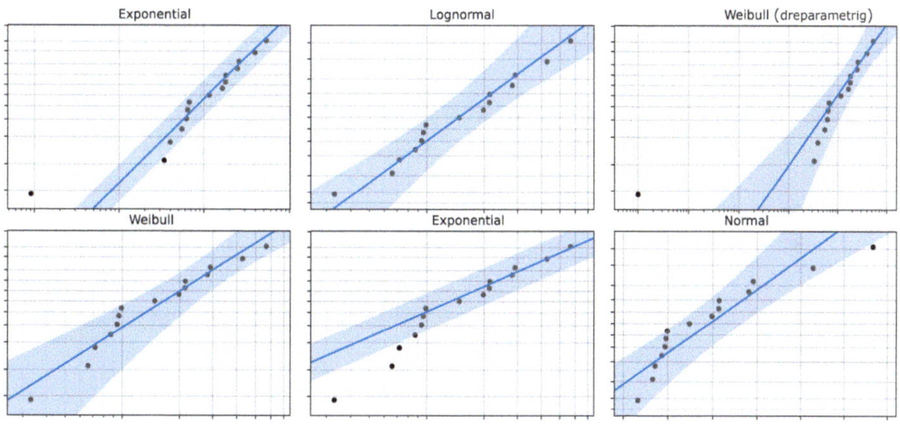

Abb. 4.35 Verteilungsidentifikation für das Bsp. Nr. 4.6.2

Beanspruchungen und folglich auch in unterschiedlichen Lebensdauern. Wird nun unter Annahme von weibullverteilten Lebensdauern eine Verteilungsanalyse durchgeführt, so ist das Risiko für eine unplausible Parameterschätzung sehr hoch. Hierbei kann es durchaus sein, dass der geschätzte Formparameter b einer zweiparametrischen Weibullverteilung Werte nahe eins annimmt. Damit wird ein völlig falscher Ausfallmechanismus suggeriert als es unter Umständen in der Realität der Fall ist. Zu einer ähnlich falschen Schlussfolgerung könnte man kommen, wenn die Daten auf Ausreißer analysiert werden. Daher gilt bei der Lebensdaueranalyse immer die Regel: „Die Daten dürfen nicht in einen Topf geworfen und gemeinsam analysiert werden"! Für das hier vorliegende Beispiel ergab die statistische Analyse keine nennenswerten Auffälligkeiten in den einzelnen Gruppen, was auch den Ausreißertest einschließt.

In einem zweiten Schritt wird die Streuung des Lebensdauermerkmals analysiert. In diesem Beispiel wird die Lebensdauer durch das Degradationsmerkmal repräsentiert. Eine Verteilungsidentifikation zeigt, dass die logarithmische Normalverteilung für die vorliegenden Versuchsdaten ziemlich gut passt (siehe Abb. 4.35).

Nach der initialen Datenanalyse kann die eigentliche Degradationsmodellierung beginnen. Dazu ist es empfehlenswert die über der Zeit gemessenen Ausprägungen des

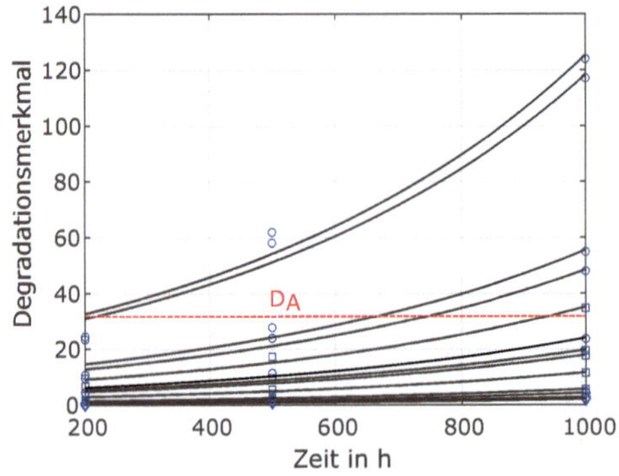

Abb. 4.36 Degradationsverlauf über der Zeit für das Bsp. Nr. 4.6.2. (©Alexander Kremer 2022. All Rights Reserved)

Degradationsmerkmals in einem klassischen xy-Diagramm grafisch darzustellen. Oft zeichnet sich bereits optisch ein bestimmter Verlauf ab, was den Aufbau eines Degradationsmodells erleichtert. An der Stelle sei nochmals ausdrücklich darauf hingewiesen, das endgültige Lebensdauermodell zu verplausibilisieren. Kann das Degradationsverhalten mit dem entwickelten Modell realistisch abgebildet werden, so sind keine weiteren Schritte notwendig. Andernfalls ist es empfehlenswert, das Modell entsprechend zu adaptieren. Als Maß für die Adäquanz eines Modells können Gütekriterien, wie die im Abschn. 4.3 vorgestellt, herangezogen werden.

Nach dem Eintragen der Versuchswerte aus Tab. 4.14, ist ein exponentieller Verlauf deutlich erkennbar (Abb. 4.36). Dieser Verlauf lässt sich zwar bei Temperaturen von 65° C und 85° C nur erahnen, ist aber bei der Temperatur von 105° C deutlich ausgeprägt. In Anbetracht des exponentiellen Zusammenhangs zwischen der Temperatur und der Lebensdauer, der mit dem allgemein etablierten Arrhenius-Modell beschrieben werden kann (vgl. Abschn. 4.6.3), scheint das angenommene exponentielle Degradationsmodell für die Beispieldaten völlig legitim zu sein. Um das Modell auch quantitativ zu beschreiben, werden die Parameter des vermeintlich exponentiellen Degradationsmodells gesucht. Die Suche erfolgt nach den bereits vorgestellten Parameterschätzverfahren in Abschn. 4.1.6, wobei die Modellparameter zunächst nach der Methode der kleinsten Fehlerquadrate geschätzt werden. Die Parameterschätzung liefert das folgende Degradationsmodell:

$$D(t) = 0{,}7076 \cdot \exp(0{,}001383 \cdot t). \tag{4.79}$$

In Abb. 4.36 ist auch die Degradationsgrenze von 30 % eingetragen, die einen Ausfall repräsentiert. Das bedeutet, dass alle Prüflinge, deren gemessenes Degradationsmerkmal diese spezifische Ausfallgrenze D_A überschreitet, als ausgefallen deklariert werden. Diese Grenze muss von Produkt zu Produkt neu definiert werden und richtet sich vor allem nach der Streuung des Degradationsmerkmals (vgl. auch Abschn. 5.1.3).

Tab. 4.15 fasst die Ergebnisse der Gütebewertung bei der Parameterschätzung zusammen. Mit einem mittleren quadratischen Fehler von ca. 9 % und einer Anpassungsgüte von

Tab. 4.15 Anpassungsgüte zum Degradationsmodell aus Gl. 4.79

SSE	R^2	R^2_{korr}	$RMSE$
0,0086	0,9956	0,9913	0,0928

$R^2 = 99{,}6\,\%$ kann das Modell als adäquat angesehen werden. Leichte Schwankungen zwischen den Daten für die drei Temperaturniveaus sind zwar vorhanden, diese sind jedoch vernachlässigbar gering. Da der Degradationszusammenhang in Abhängigkeit der Zeit bekannt ist, sind Prognosen über den untersuchten Bereich hinaus denkbar. Dieses im Allgemeinen als Extrapolation bezeichnete Vorgehen, ist jedoch stets mit Vorsicht zu genießen. Um Fehlschlüssen entgegenzuwirken, sind alle Extrapolationen zu verifizieren. Dazu genügt es stichprobenartig die Tendenz des prognostizierten Wertes zu bestätigen. Bei statistisch signifikanten Abweichungen ist das Modell entsprechend zu adaptieren.

Aufgrund der Adäquanz eines exponentiellen Verlaufs der Degradation für das vorliegende Beispiel Nr. 4.6.2, liegt es nahe, die Degradation durch das bereits angesprochene Arrhenius-Modell zu beschreiben. Zu Beginn wurde gezeigt, dass die logarithmische Normalverteilung die Lebensdauerdaten adäquat anpasst. Aus diesem Grund wird das PoF-Modell mit der zugrunde liegenden Verteilung, nämlich der logarithmischen Normalverteilung, zum Arrhenius-Log-Normalverteilungsmodell kombiniert (siehe auch [21]). Die Versuchsdaten aus dem Degradationsversuch sind in Abb. 4.37 in einem Verteilungsdiagramm dargestellt. Die räumliche Trennung der Prüflinge, die bei drei unterschiedlichen Temperaturen getestet wurden, ist deutlich erkennbar. Durch die unterschiedlich hohe Belastung, kommt es zu einer Verschlechterung des Degradationsmerkmals und damit zu einer Verschiebung der Verteilungskurve in Richtung größerer Degradationswerte.

Analog zur Abb. 4.36 lässt sich das Degradationsverhalten mit dem Arrhenius-Modell darstellen (Abb. 4.38). Die durchgezogene Kurve, mit einem exponentiellen Anstieg, stellt hier den Medianverlauf dar. Auch hier werden alle Prüflinge mit einem Degradationsmerkmal über der spezifischen Ausfallgrenze D_A als Ausfall deklariert. Die Degradationsmerkmale lassen sich nach Gl. 4.80 bestimmen. Hierbei ist y_{ijk} der für den i-ten Prüfling gemessene Wert des Degradationsmerkmals zum j-ten gemessenen Zeitpunkt, zum k-ten Belastungsniveau. Die x_{ijk} entsprechen den Werten $\frac{1}{K \cdot T}$, wobei T der Temperatur des k-ten Belastungsniveaus (also der k-ten Temperatur) in Kelvin ($273{,}15 +$ Temperatur in °C) entspricht und K der Boltzmann Konstanten ($8{,}617 \cdot 10^{-5}$ in eV/Kelvin). Der Schätzwert für die log. Normalverteilung ist $\sigma = 0{,}56$.

$$D(t) \hat{=} D_{ijk} \hat{=} y_{ijk} = -18{,}94337 + 0{,}81877 \cdot x_{ijk}. \tag{4.80}$$

Der Koeffizientenvergleich und die Substitution der Parameter A $= -18{,}94337$ und $\Delta H = 0{,}82877$ aus Gl. 4.80 führt zu einer der möglichen Arrhenius-Gleichungen:

$$D(t) = \mathrm{A} \cdot \exp\left(\frac{\Delta H}{K \cdot T}\right). \tag{4.81}$$

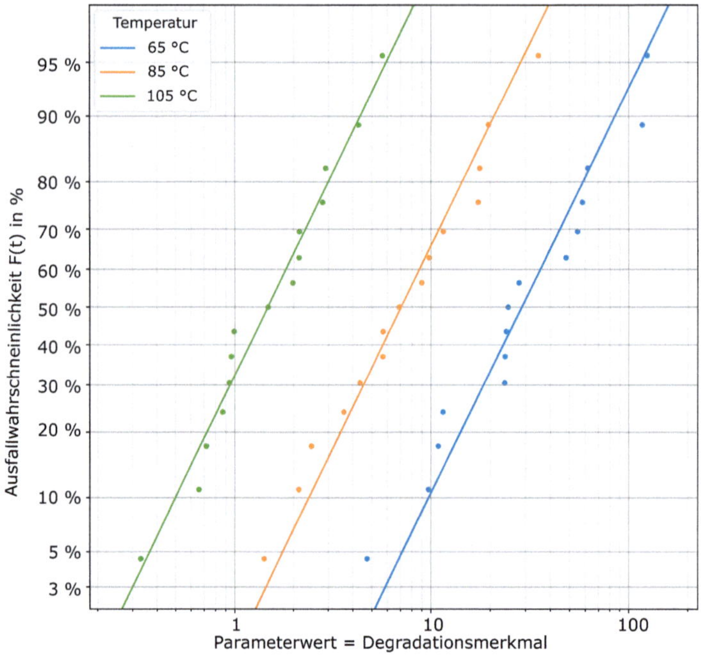

Abb. 4.37 Ausfallwahrscheinlichkeitsdiagramm für drei Temperaturniveaus. (©Alexander Kremer 2022. All Rights Reserved)

Wie die obigen Beispiele demonstrieren, stellt die Degradation eine alternative Erprobungsstrategie dar, mit der sich Lebensdauermodelle für Ausfallprognosen, auf Grundlage eines gegenüber der klassischen Lebensdauererprobung deutlich reduzierten Versuchsaufwands, entwickeln lassen. Darauf, wie genau diese Erprobungsstrategie in der Praxis umgesetzt werden kann und welche Aspekte für eine erfolgreiche Erprobung relevant sind, wird in Kap. 5 eingegangen.

4.6.6 Box-Cox-Lebensdauermodell

Der einfachste Weg mit Lebensdauerdaten umzugehen besteht darin, eine geeignete Transformationsvorschrift zu finden, welche die Daten einer Normalverteilung annähert. Bei der sogenannten Box-Cox-Transformation (auch als Box-Cox-Modell bezeichnet, kurz BC-Modell) werden die nicht-normalverteilten Daten y mit dem Transformationsparameter λ nach folgender Regel transformiert [73]:

$$y^{\lambda} = \begin{cases} \ln(y), \lambda = 0 \\ \dfrac{y^{\lambda} - 1}{\lambda}, \lambda \neq 0 \end{cases} \tag{4.82}$$

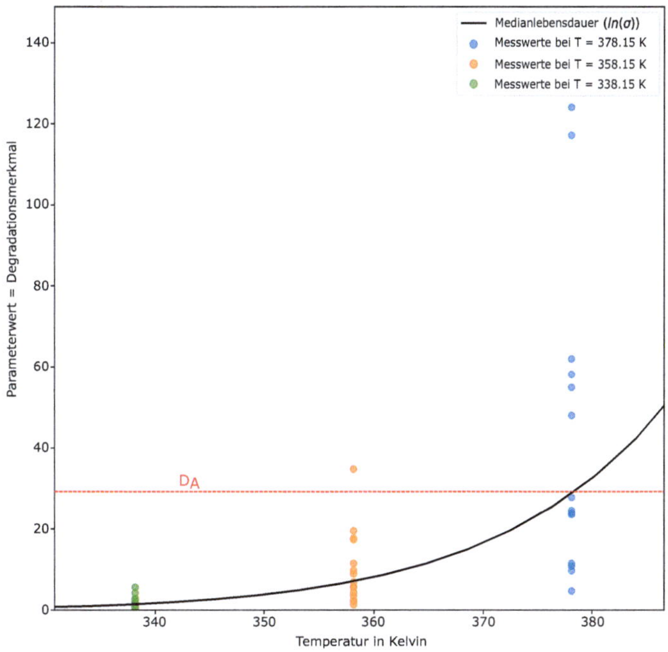

Abb. 4.38 Arrheniusmodell als Degradationsmodell für Bsp. 2. (©Alexander Kremer 2022. All Rights Reserved)

y^λ entsprechen transformierten Datenpunkten. Die Normalverteilung wird durch Minimierung der normierten Residuen approximiert. Die transformierten Daten können dann wie ein normalverteilter Datensatz ausgewertet werden. Üblicherweise wird die Regressionsanalyse zur mathematischen Beschreibung der Beziehung zwischen den abhängigen und unabhängigen Variablen (sogenannte Übertragungsfunktion) verwendet. Die Regressionsgleichung kann als eine Linearkombination der einzelnen Einflussfaktoren x_k mit den jeweiligen Regressionskoeffizienten α_k wie folgt geschrieben werden:

$$\hat{y} = \alpha_0 + \alpha_1 \cdot x_1 + \alpha_2 \cdot x_2 + \ldots + \alpha_k \cdot x_k = \alpha_0 + \sum_{i=1}^{k} x_i. \tag{4.83}$$

Die unbekannten Modellparameter lassen sich mit der Methode der kleinsten Quadrate oder nach dem Maximum-Likelihood-Ansatz schätzen. Wichtig dabei ist, dass die Daten wieder rücktransformiert werden müssen.

Abb. 4.39 zeigt ein Wahrscheinlichkeitsnetz der Normalverteilung für einen fiktiven weibullverteilten Datensatz mit 1,000 vermeintlichen Ausfällen, die mit Hilfe der Monte-Carlo-Simulation generiert wurden. Jedem dieser Ausfälle wird ein Wahrscheinlichkeitswert in % zugeordnet und in das Diagramm eingetragen. Zusätzlich dazu ist

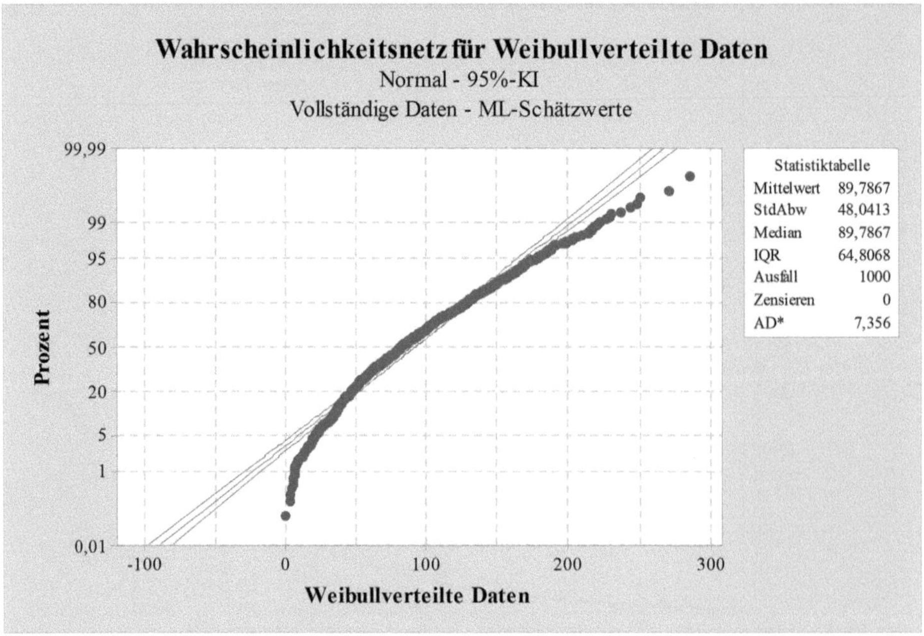

Abb. 4.39 Normalwahrscheinlichkeitsnetz vor der BC-Transformation

eine „Gerade"eingezeichnet, die den idealen Verlauf der Ausfallzeiten darstellt. Diese Ideallinie wird von einem 95 %-Vertrauensintervall umschlossen. Die Abweichung der weibullverteilten Lebensdauerdaten von der idealisierten Normalverteilung ist deutlich erkennbar. Der Transformationsfaktor λ bei der Box-Cox-Transformation bewirkt nun eine Anpassung der Daten an eine Normalverteilung.

Für die obigen Daten beträgt der Transformationsfaktor $\lambda = 0{,}5$. Nun lässt sich die Gl. 4.82 auf die Daten anwenden und transformieren. Nach der Transformation wird erneut ein Normal-Wahrscheinlichkeitsnetz generiert (siehe Abb. 4.40). Wie der Grafik entnommen werden kann, ist die Wahrscheinlichkeit sehr gering, dass die Daten nicht mehr normalverteilt sind. Alle Datenpunkte liegen innerhalb des 95 %-Vertrauensintervalls sehr nah an der idealisierten Linie für die Normalverteilung.

Die Anwendung des Ansatzes nach Box und Cox bewirkt eine Art „Verschiebung" der vorliegenden Datenpunkte in Richtung der idealisierten Gerade im Normalverteilungsnetz, durch eine geeignete Wahl des Transformationsfaktors λ (vgl. obere Grafik in Abb. 4.41). Auch wenn der Box-Cox-Ansatz eine erste Möglichkeit darstellt, mit nichtnormalverteilten Residuen umzugehen, so ist er kein Garant für eine optimale Anpassung der Daten an die Normalverteilung. Die untere Grafik in Abb. 4.41 veranschaulicht das Ergebnis einer potentiellen Box-Cox-Transformation, bei der die Lebensdauerdaten nach der Transformation besser an die Normalverteilung angenähert werden als im Originalzustand.

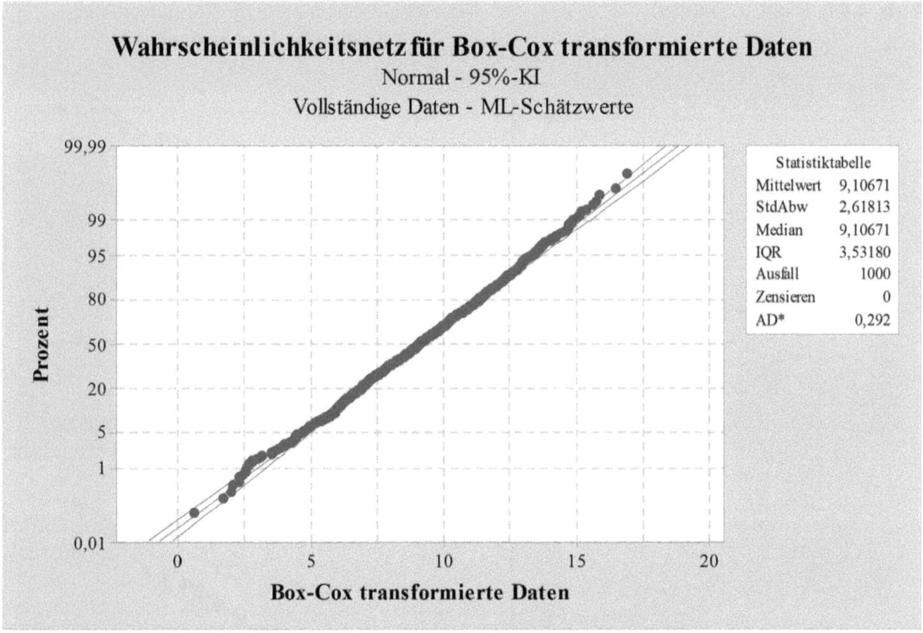

Abb. 4.40 Normalwahrscheninlichkeitsnetz nach der BC-Transformation

Allerdings ist diese „Verbesserung“ unter Umständen nur bedingt möglich. Doch der Box-Cox-Ansatz besitzt einen weiteren Nachteil, der gerade für die Lebensdauermodellierung gravierende Folgen haben könnte. Die „gezwungene“ Anpassung der Daten an die Normalverteilung bewirkt, dass die Auswirkungen jeder einzelnen Einflussgröße auf die Lebensdauer nicht eindeutig charakterisiert werden können. Diese Auswirkungen heißen Effekte (siehe auch Abschn. 5.1.2), die durch die Transformation der Daten verwischt werden. Dies erschwert eine eindeutige Zuordnung der resultierenden Effekte.

4.6.7 Verallgemeinertes logarithmisch-lineares Modell

Eine bessere Alternative zum Box-Cox-Modell wird über das verallgemeinerte logarithmisch-lineare Modell (engl. Generalized Logarithmic Linear (GLL) Model) geboten. Dieses Modell lässt sich als eine lineare Funktion (siehe Gl. 4.83) beschreiben und ist durch den Zusammenhang zwischen den Eingangsvariablen x_j und der Lebensdauer der interessierenden Einheit als transformierte Funktion dieser Eingangsvariablen definiert. Unter der Annahme, dass die zugrundeliegenden Ausfalldaten einer zweiparametrischen Weibullverteilung folgen, ergibt sich das Lebensdauermodell

Abb. 4.41 Box-Cox-Modell [26]

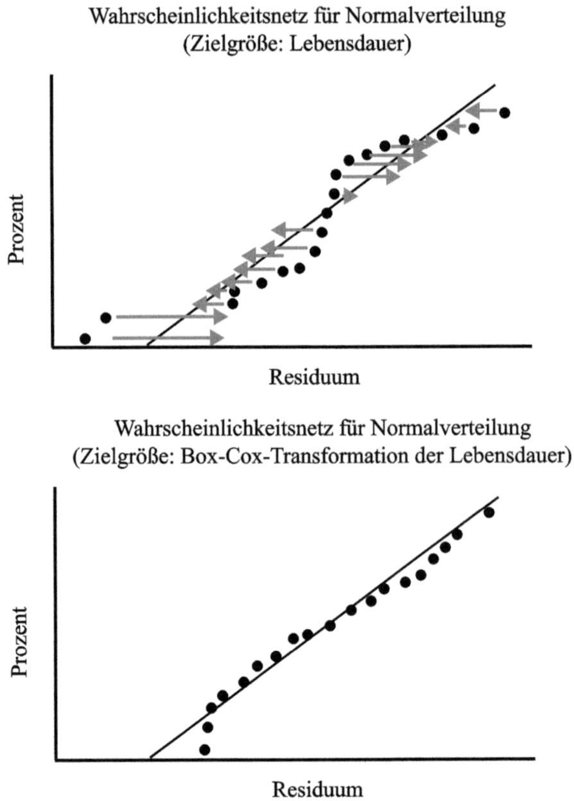

in Gleichung 5.3 durch die Kombination von $y = \ln(T)$ und Gl. 4.84 sowie der Dichtefunktion der zweiparametrischen Weibullverteilung zu [74]:

$$f(t, X) = b \cdot t^{b-1} \cdot \exp\left(-b\left(\alpha_0 + \sum_{j=1}^{k} \alpha_j \cdot x_j\right)\right) \cdot \exp\left(-t^b \cdot \exp\left(-b\left(\alpha_0 + \sum_{j=1}^{k} \alpha_j \cdot x_j\right)\right)\right). \quad (4.84)$$

Hierbei ist b der Formparameter und T die charakteristische Lebensdauer der Weibullverteilung.

Aus bereits erwähnten Nachteilen, wird in der Zuverlässigkeitstechnik meist das Maximum-Likelihood-Verfahren zur Parameterschätzung eingesetzt. Dies erfordert die Bildung der Likelihoodfunktion bzw. der logarithmischen Likelihoodfunktion. Im Falle eines vollständigen, weibullverteilten Datensatzes lautet die logarithmische Likelihoodfunktion Λ für das GLL-Modell:

$$\Lambda\left(\alpha_0, ..., \alpha_k, b\right) = \sum \ln f\left(t, X\right) = \sum \ln\left(b \cdot t^{b-1} \cdot \exp\left(-b\left(\alpha_0 + \sum_{j=1}^{k} \alpha_j \cdot x_j\right)\right)\right)$$

$$+ \ln\left(\exp\left(-t^b \cdot \exp\left(-b\left(\alpha_0 + \sum_{j=1}^{k} \alpha_j \cdot x_j\right)\right)\right)\right). \tag{4.85}$$

Durch die Anwendung grundlegender mathematischer Gesetze lässt sich Gl. 4.85 vereinfachen zu:

$$\Lambda = \sum \left(\ln\left(b\right) - b \cdot \left(\alpha_0 + \sum_{j=1}^{k} \alpha_j \cdot x_j\right) + \left(b-1\right) \cdot \ln\left(t\right) - t^b \cdot\right.$$

$$\left. \cdot \exp\left(-b \cdot \left(\alpha_0 + \sum_{j=1}^{k} \alpha_j \cdot x_j\right)\right)\right). \tag{4.86}$$

Liegt dagegen eine zensierte Stichprobe vor, so kann der Zensierungsanteil wie folgt berücksichtigt werden:

$$\Lambda\left(\alpha_0, ..., \alpha_k, b\right) = \sum_{i=1}^{N_c} \left(\ln\left(b\right) - b \cdot \left(\alpha_0 + \sum_{j=1}^{k} \alpha_j \cdot x_j\right) + \left(b-1\right) \cdot \ln\left(t_i\right) - {t_i}^b \cdot\right.$$

$$\left. \cdot \exp\left(-b \cdot \left(\alpha_0 + \sum_{j=1}^{k} \alpha_j \cdot x_j\right)\right)\right) - \sum_{l=1}^{N_s} \left(\frac{t_l}{\exp\left(\alpha_0 + \sum_{j=1}^{k} \alpha_j \cdot x_j\right)}\right)^b. \tag{4.87}$$

Hierbei bezeichnet N_c die Anzahl an vollständigen und N_s die Anzahl an rechtszensierten Ausfalldaten. Sowohl links- als auch intervallzensierte Daten sind in der Lebensdauererprobung im Rahmen der statistischen Versuchsplanung (siehe Abschn. 5.1.2) nicht sinnvoll und werden hier daher nicht näher betrachtet.

Es ist unschwer erkennbar, dass das GLL-Weibull-Lebensdauermodell sowohl von den verteilungscharakteristischen Parametern der zweiparametrischen Weibullverteilung abhängt, als auch von den unbekannten Parametern $\alpha_0, ..., \alpha_k$, welche die Haupt- und Wechselwirkungseffekte repräsentieren (vgl. dazu Abschn. 4.3). Gl. 4.87 dient als Grundlage dazu, die unbekannten Modellparameter mit der Maximum-Likelihood-Methode zu schätzen. Außerdem wird die oben beschriebene logarithmische Likelihoodfunktion zur Berechnung des Fisher-Vertrauensbereichs über die Abschätzung der Varianzen und Kovarianzen herangezogen.

Neben der Weibullverteilung ist es durchaus denkbar, dass sich die vorliegenden Ausfalldaten ebenso durch eine logarithmische Normalverteilung beschreiben lassen. In diesem Fall liefert die Verknüpfung des GLL-Modells mit der logarithmischen Normalverteilung folgende logarithmische Likelihoodfunktion:

$$\Lambda\left(\alpha_0, ..., \alpha_k, \sigma\right) = \sum_{i=1}^{N_c} \left(-\frac{1}{2}\ln\left(2\pi\right) - \ln\left(\sigma\right) - \frac{\left(\ln\left(t_i\right) - \left(\alpha_0 + \sum_{j=1}^{k} \alpha_j \cdot x_j\right)\right)^2}{2 \cdot \sigma^2} \right)$$
$$+ \sum_{l=1}^{N_s} \ln\left(1 - \Phi\left(\frac{\ln\left(t_l\right) - \left(\alpha_0 + \sum_{j=1}^{k} \alpha_j \cdot x_j\right)}{\sigma}\right)\right). \quad (4.88)$$

Die Charakterisierung der Streuung in den Daten erfolgt im Falle der logarithmischen Normalverteilung durch die Standardabweichung σ, wo hingegen $\Phi\left(\cdot\right)$ die Verteilungsfunktion der Standardnormalverteilung darstellt.

4.6.8 Fallbeispiele

Im Folgenden soll die Bildung der logarithmischen Likelihoodfunktion für das GLL-Lebensdauermodell anhand eines allgemeinen Beispiels veranschaulicht werden.

Abb. 4.42 zeigt einen vollfaktoriellen Versuchsplan für zwei Faktoren x_1 und x_2, die in einem standardisierten Versuchsplan mit den normierten Faktorstufen -1 und $+1$ variiert werden. Aufgrund der Konstruktion des Versuchsplans, ergeben sich vier unterschiedliche Faktorstufenkombinationen $(-1, -1)$, $(+1, -1)$, $(-1, +1)$ und $(+1, +1)$. Jede dieser Faktorstufenkombinationen entspricht einem Versuch, der zwei Mal repliziert wird. Die zugehörige Ausfallzeit, die in diesem Beispiel als messbare Zielgröße fungiert, wird in der Matrixnotation notiert. Beispielsweise entspricht die Ausfallzeit t_{22} dem Messwert des zweiten Versuchs, nach dem dieser das zweite Mal repliziert wurde.

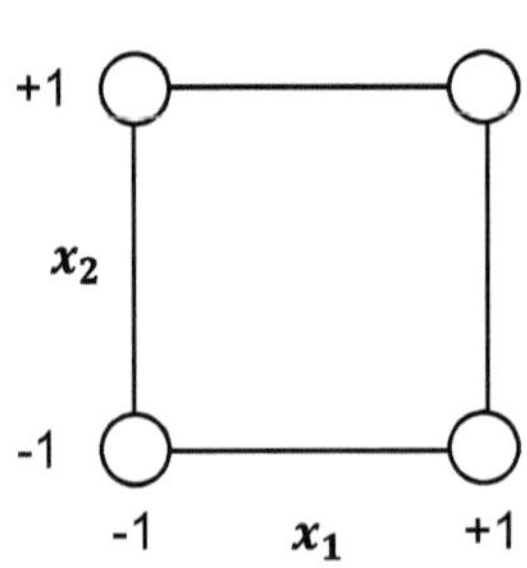

x_1	x_2	t_i	
-1	-1	t_{11}	t_{12}
+1	-1	t_{21}	t_{22}
-1	+1	t_{31}	t_{32}
+1	+1	t_{41}	t_{42}

Abb. 4.42 Aufstellen der log. Likelihoodfunktion für das GLL-Weibull-Modell am Beispiel eines vollfaktoriellen Versuchsplans

Die logarithmische Likelihoodfunktion $\Lambda(\alpha_0, \alpha_1, \alpha_2, \alpha_3, b)$ hängt somit lediglich von vier Unbekannten $\alpha_0, \alpha_1, \alpha_2, \alpha_3$, zur Charakterisierung der Stressfaktoren, sowie von dem Formparameter b der Weibullverteilung, zur Beschreibung des statistischen Verhaltens in den Daten, ab. Hierbei spiegeln die Parameter α_1 und α_2 die normierten Haupteffekte wieder, welche auf die Änderungen der beiden Faktoren x_1 und x_2 zurückzuführen sind. α_3 entspricht dem Wechselwirkungseffekt infolge einer zeitgleichen Variation der obigen Faktoren auf unterschiedlichen Faktorstufen. Beim Koeffezienten α_0 handelt es sich um eine Konstante.

Zur Ermittlung der log. Likelihoodfunktion Λ für das GLL-Weibull-Modell muss die Gl. 4.85 für jede Faktorstufenkombination bzw. für alle Ausfallzeiten ausgeschrieben werden. Das Ergebnis zeigt Gl. 4.89.

$$\begin{aligned}
\Lambda = {} & \ln(b) - b\cdot(\alpha_0+\alpha_1\cdot x_{11}+\alpha_2\cdot x_{12}+\alpha_3\cdot x_{11}\cdot x_{12}) + (b-1)\cdot\ln(t_{11}) - \\
& - {t_{11}}^{b}\cdot\cdot\exp(-b\cdot(\alpha_0+\alpha_1\cdot x_{11}+\alpha_2\cdot x_{12}+\alpha_3\cdot x_{11}\cdot x_{12})) + \\
& \ln(b) - b\cdot(\alpha_0+\alpha_1\cdot x_{11}+\alpha_2\cdot x_{12}+\alpha_3\cdot x_{11}\cdot x_{12}) + (b-1)\cdot\ln(t_{12}) - {t_{12}}^{b}\cdot \\
& \cdot\exp(-b\cdot(\alpha_0+\alpha_1\cdot x_{11}+\alpha_2\cdot x_{12}+\alpha_3\cdot x_{11}\cdot x_{12})) + \\
& \ln(b) - b\cdot(\alpha_0+\alpha_1\cdot x_{11}+\alpha_2\cdot x_{12}+\alpha_3\cdot x_{11}\cdot x_{12}) + (b-1)\cdot\ln(t_{21}) - {t_{21}}^{b}\cdot \\
& \cdot\exp(-b\cdot(\alpha_0+\alpha_1\cdot x_{11}+\alpha_2\cdot x_{12}+\alpha_3\cdot x_{11}\cdot x_{12})) + \\
& \ln(b) - b\cdot(\alpha_0+\alpha_1\cdot x_{11}+\alpha_2\cdot x_{12}+\alpha_3\cdot x_{11}\cdot x_{12}) + (b-1)\cdot\ln(t_{22}) - {t_{22}}^{b}\cdot \\
& \cdot\exp(-b\cdot(\alpha_0+\alpha_1\cdot x_{11}+\alpha_2\cdot x_{12}+\alpha_3\cdot x_{11}\cdot x_{12})) + \\
& \ln(b) - b\cdot(\alpha_0+\alpha_1\cdot x_{11}+\alpha_2\cdot x_{12}+\alpha_3\cdot x_{11}\cdot x_{12}) + (b-1)\cdot\ln(t_{31}) - {t_{31}}^{b}\cdot \\
& \cdot\exp(-b\cdot(\alpha_0+\alpha_1\cdot x_{11}+\alpha_2\cdot x_{12}+\alpha_3\cdot x_{11}\cdot x_{12})) + \\
& \ln(b) - b\cdot(\alpha_0+\alpha_1\cdot x_{11}+\alpha_2\cdot x_{12}+\alpha_3\cdot x_{11}\cdot x_{12}) + (b-1)\cdot\ln(t_{32}) - {t_{32}}^{b}\cdot \\
& \cdot\exp(-b\cdot(\alpha_0+\alpha_1\cdot x_{11}+\alpha_2\cdot x_{12}+\alpha_3\cdot x_{11}\cdot x_{12})) + \\
& \ln(b) - b\cdot(\alpha_0+\alpha_1\cdot x_{11}+\alpha_2\cdot x_{12}+\alpha_3\cdot x_{11}\cdot x_{12}) + (b-1)\cdot\ln(t_{41}) - {t_{41}}^{b}\cdot \\
& \cdot\exp(-b\cdot(\alpha_0+\alpha_1\cdot x_{11}+\alpha_2\cdot x_{12}+\alpha_3\cdot x_{11}\cdot x_{12})) + \\
& \ln(b) - b\cdot(\alpha_0+\alpha_1\cdot x_{11}+\alpha_2\cdot x_{12}+\alpha_3\cdot x_{11}\cdot x_{12}) + (b-1)\cdot\ln(t_{42}) - {t_{42}}^{b}\cdot \\
& \cdot\exp(-b\cdot(\alpha_0+\alpha_1\cdot x_{11}+\alpha_2\cdot x_{12}+\alpha_3\cdot x_{11}\cdot x_{12}))\,. \qquad (4.89)
\end{aligned}$$

Um die unbekannten Modellparameter mit MLE zu ermitteln, muss die log. Likelihoodfunktion $\Lambda(\cdot)$ in Gl. 4.89 maximiert werden. Dazu ist $\Lambda(\cdot)$ nach jeder Unbekannten partiell zu differenzieren. Auf eine explizite Vorstellung der Maximierung von $\Lambda(\cdot)$ wird an der Stelle verzichtet.

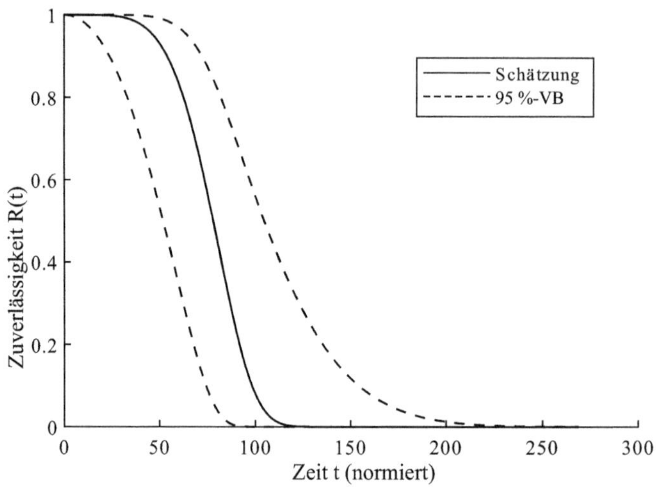

Abb. 4.43 Exemplarischer Verlauf eines GLL-Weibull-Modells

Sind die unbekannten Modellparameter geschätzt, lässt sich die Zuverlässigkeit für jeden Zeitpunkt angeben. Beispielsweise liefern die geschätzten Parameter $\alpha_0 = 2{,}48$, $\alpha_1 = 0{,}98$, $\alpha_2 = 1{,}32 \text{und} \alpha_3 = -0{,}17$ die in Abb. 4.43 dargestellte Zuverlässigkeitsfunktion. Es ist hierbei zu beachten, dass jeder Faktorstufenkombination eine separate Zuverlässigkeitsfunktion zugeordnet wird. Für den abgebildeten Fall lautet die Faktorstufenkombination: $(+1, +1)$. Bei der geschätzten Zuverlässigkeit handelt es sich hierbei um einen Medianwert, der innerhalb des 95 %-Vertrauensintervalls streuen kann.

4.7 Methodik zur anwendungsorientierten Auslegung von Zahnriemengetrieben

Der Ansatz zur Lebensdauermprognose von Zahnriemengetrieben setzt sich aus sieben Schritten zusammen [70,75]: ① Systemanalyse, ② Testing, ③ Versuchsbasiertes Prognosemodell, ④ Unsicherheitsanalyse-Modellparameter, ⑤ Operatives Prognosemodell, ⑥ Unsicherheitsanalyse-Prognosemodell und ⑦ Prognosegüte. Abb. 4.44 stellt diese sieben Schritte grafisch dar.

Damit ein aussagekräftiges Lebensdauermodell entwickelt werden kann, müssen zunächst die dafür relevanten Informationen bereitgestellt sowie ein generelles Systemverständnis aufgebaut werden. Dies ist die Aufgabe der Systemanalyse, im ersten Schritt der Methodik. Dazu erfolgt die Charakterisierung des Zahnriemengetriebelayouts, indem

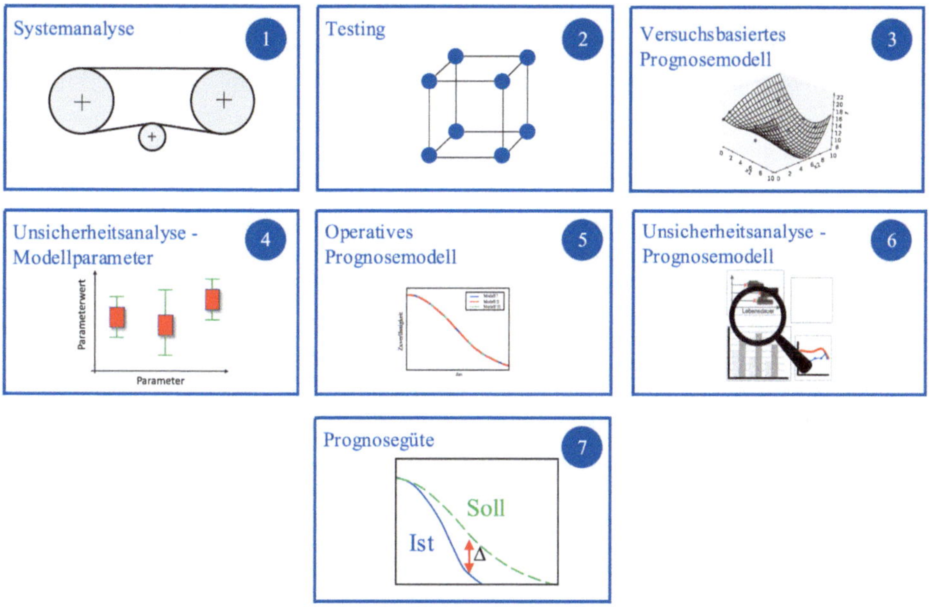

Abb. 4.44 Methodik: Übersicht nach [26]

die einzelnen Systemkomponenten identifiziert werden. Folgende Fragen können als Orientierungshilfe verwendet werden:

- Welche **Antriebsmaschine** (z. B. Verbrennungsmotor, Servomotor, Drehstrom- oder Wechselstrommotor, etc.) bzw. **Abtriebsmaschine** (z. B. Nähmaschine, Rührwerke, Werkzeug, Aufzüge, etc.) liegt vor?
- Wie ist das **Design** des gesamten Zahnriemengetriebes festgelegt (z. B. Konstruktion des Zahnriemens, Anzahl der Zahnscheiben, Anzahl an Umlenk- und Spannrollen, etc.)?
- Wo ist die **Systemgrenze** bzw. welcher Teil der angrenzenden Baugruppen des Zahnriemengetriebes soll bei der Lebensdauermodellierung berücksichtigt werden?
- Welches sind die **Einflussgrößen**, die das Ausfallverhalten des vorliegenden Zahnriemengetriebes limitieren?
- Welche **Ausfallmodi** sind im Feld zu erwarten?

Gerade die Suche nach potentiellen Einflussgrößen lässt sich methodisch unterstützen (vgl. Abschn. 4.5.2). Neben den in der Praxis bereits etablierten Brainstormingrunden mit Experten aus unterschiedlichen Fachbereichen, lassen sich auch Wechselwirkungsnetze generieren. Mit Hilfe der aufgebauten Wechselwirkungsnetze können auch die Wechselwirkungen zwischen den einzelnen Einflussgrößen analysiert werden. Aber auch Simulationsergebnisse, wie beispielsweise Finite Elemente Methode (FEM), Mehrkörpersimulationen oder stochastische Simulationen, Vorwissen aus Vorversuchen oder anderweitig gewonnene Erkenntnisse tragen einen nicht unbedeutenden Beitrag zum Systemverständnis bei und dürfen nicht vernachlässigt werden.

Die vorliegenden Systeminformationen aus dem ersten Schritt dienen der Planung und Durchführung von Vorversuchen in Schritt ②. Das Ziel hierbei besteht darin, aus potentiellen Einflussgrößen die statistisch signifikantesten zu identifizieren. In vielen praktischen Anwendungen wird das Ausfallverhalten technischer Systeme von zahlreichen Faktoren beeinflusst. In Anbetracht der zunehmenden Komplexität der Produkte stellen 30 oder mehr unterschiedliche Einflussfaktoren keine Seltenheit dar. Selbst im Falle einer effizienten Erprobung mit Hilfe von DoE würden für 30 Einflussfaktoren mit einem stark vermengten Versuchsplan min. 31 Versuche von Nöten sein, um die jeweiligen Einflüsse statistisch zu analysieren. Doch sogar dabei wäre es aufgrund der fehlenden Replikation nicht möglich, die Streuung in den Daten abzuschätzen. Folglich bedarf es eines anderen Ansatzes, potentielle Einflussfaktoren vorzuselektieren. In der Praxis ist der sogenannte „Paarweise Vergleich “ ein bekanntes, methodisches Vorgehen. Diesem gehen in der Regel ein oder mehrere Expertentreffen voraus, in denen in einem engsten Kreis ausgewählter Fachleute relevante Einflussgrößen diskutiert werden. Jeder Fachexperte nennt die für seinen Fachbereich wichtigsten Einflussfaktoren, welche die Lebensdauer des Produkts beeinflussen. Anschließend vergleicht jeder Experte alle gesammelten Einflussfaktoren paarweise und entscheidet dabei welcher der beiden zu vergleichenden Faktoren wichtiger ist. Diese Vorgehensweise lässt erahnen, warum sie in der Praxis nicht immer zum gewünschten Erfolgt führt. Der Paarweise Vergleich beruht ausschließlich auf der subjektiven Einschätzung des Expertenteams und hängt daher auch unmittelbar von dem Erfahrungs- und Wissenschatz der Experten ab. Eine deutlich bessere Alternative ist der Aufbau von Wechselwirkungsnetzen und die anschließende Auswertung über die Entscheidungsmatrix (siehe Abschn. 4.5.2).

Die vorselektierten Einflussgrößen fließen direkt in die Entwicklung eines Screening Versuchsplans, um die verbliebenen Faktoren weiter hinsichtlich deren Wirkung auf die Lebensdauer zu analysieren. Generell ist hierbei darauf zu achten, nicht mehr als sechs Faktoren mit dem größten Einfluss auf die Produktlebensdauer auszuwählen. Mit diesen ausgewählten Faktoren erfolgt im Anschluss die Generierung von Ausfalldaten, indem mit Hilfe geeigneter Versuchspläne Lebensdauerversuche geplant und durchgeführt werden. Da in der Praxis oft komplexe Zusammenhänge zwischen den Einflussfaktoren und der Zielgröße vorliegen, sind Versuschspläne für nicht-lineare Zusammenhänge erforderlich (siehe Abschn. 4.2). Es versteht sich von selbst, dass im Falle von linearen Effekten, vollfaktorielle Versuchspläne für die Modellierung zweckmäßig sind.

Das Ergebnis von Schritt ② sind alle statistisch signifikanten Faktoren, deren Effekt auf die Lebensdauer eindeutig quantifizierbar ist [26].

Im darauffolgenden Schritt (Schritt ③: „Versuchsbasierte Prognosemodell“) wird mit Hilfe der nach dem Screening-DoE selektierten Faktoren ein Prognosemodell aufgebaut. Zur Ermittlung von unbekannten Modellparametern sind Daten erforderlich, die vorwiegend aus Lebensdauerexperimenten ermittelt werden. Generell spielt die Herkunft der Daten keine nennenswerte Rolle, solange das Ziel in der reinen Modellparametrisierung liegt. Sollen mit dem Lebensdauermodell jedoch Ausfallprognosen für Zahnriemengetriebe für operative Betriebszustände erstellt werden, so ist die Kenntnis der Ausfälle unter realen Betriebsbedingungen unabdingbar. Diese Informationen werden unter Felddaten zusammengefasst und beinhalten, abgesehen vom Zahnriemenlayout, alle lebensdauerbeeinflussenden Größen. Dazu zählen neben der Umgebungstemperatur, Feuchtigkeit und Staub sowie Vibration. Vollständig sind die Felddaten allerdings erst, wenn Ausfalldaten unter realen Betriebsbedingungen vorliegen. Diese Ausfalldaten müssen nicht nur einem bestimmten Ausfallmodus zuordenbar sondern die zugehörigen Belastungen bekannt sein. Gerade bei stark überdimensionierten Zahnriemengetrieben sind aufgrund fehlender Ausfälle oft keine Felddaten vorhanden. Aus diesem Grund bleiben Versuchsdaten die einzige Alternative ein Lebensdauermodell zu parametrisieren.

Die mit Hilfe von Versuchsplänen für die Modellbildung zusätzlich erzeugten Versuchsdaten werden gemeinsam mit einem aus Voruntersuchungen generierten initialen Lebensdauermodell mathematisch zum versuchsbasierten Prognosemodell verknüpft. Diese Verknüpfung erfolgt mit dem L-DoE-Ansatz (vgl. Abschn. 4.7 bzw. Abschn. 5.1). Die unbekannten Modellparameter werden im Anschluss mit Hilfe der Maximum-Likelihood-Methode geschätzt. Liegen darüber hinaus Felddaten vor, ist eine Aktualisierung des versuchsbasierten Prognosemodells möglich. Das Resultat von Schritt ③ ist ein parametrisiertes Prognosemodell.

Nach der Entwicklung des Prognosemodells lassen sich über die Streuung der einzelnen Modellparameter erste Abschätzungen machen, hinsichtlich deren Eignung für die Ausfallprognosen des Zahnriemengetriebes (④ Unsicherheitsanalyse-Modellparameter). Das Ziel hierbei besteht darin, die Unsicherheit der Parameter des entwickelten Lebensdauermodells über die Angabe eines Vertrauensintervalls abzuschätzen. Vereinfacht ausgedrückt handelt es sich hierbei um eine Plausibilitätsprüfung, bei der unrealistische Parameter erkannt werden sollen. Ein Beispiel dafür bietet der Formparameter der zugrundeliegenden Verteilung der Lebensdauerdaten. Im Falle eines eindeutigen Verschleiß- oder Ermüdungsausfalls, der über eine Weibullverteilung beschrieben werden soll, ist leicht ersichtlich, dass ein Formparameter $b = 2{,}9$ einen durchaus akzeptablen Wert darstellt. Wird dagegen ein Wert von $b = 1{,}3$ oder gar $b = 30{,}2$ ermittelt, so ist es empfehlenswert sich die Daten genauer anzuschauen. Allerdings muss ein unplausibler Modellparameter nicht zwangsläufig auf eine schlechte Datenqualität hinweisen. Der Grund dafür könnte auch im gewählten Schätzverfahren liegen. Gerade beim Maximum-Likelihood-Ansatz spielt der Optimierungsalgorithmus, der die Likelihoodfunktion maximiert, eine entscheidende Rolle für den Erfolgt der Parameterschätzung. Sofern jedoch die Daten im Vorfeld auf Plausibilität geprüft wurden, kann dieser Schritt auch vernachlässigt werden. Das setzt jedoch zwei Dinge voraus: Zum einen sollte der Ausfallmechanismus bei der Bauteilbefundung eindeutig identifiziert worden sein und zum anderen sollte auch die Streuung in den Daten vertretbar sein (siehe dazu Kap. 5).

Im fünften Schritt (⑤ Operatives Prognosemodell) werden Feldinformationen in das entwickelte versuchsbasierte Prognosemodell implementiert. Dazu gehören das Zahnriemenlayout, die Ausfalldaten und die dazugehörigen Ausfallmechanismen sowie Stressfaktoren. Auch hierbei gilt es auf Anomalien in vorliegenden Daten, wie beispielsweise Ausreißer oder lokale Anhäufungen von Residuen im Residuendiagramm und sonstige

Auffälligkeiten zu achten. Der Grund für die Datenanalyse liegt vor allem in der Parametrisierung des Lebensdauermodells. Werden fehlerhafte Daten zur Aktualisierung der geschätzten Modellparameter verwendet, können diese die Parameterschätzung massiv beeinflussen und folglich die Lebensdauerprognose von Zahnriemengetrieben verfälschen. Das Resultat von Schritt ⑤ ist ein finales Prognosemodell, welches die realen Betriebsbedingungen des Kunden berücksichtigt.

Da auch das finale Prognosemodell mit Unsicherheiten behaftet ist, müssen diese ebenfalls quantifiziert werden. Dies erfolgt durch die Angabe eines Konfidenzintervalls. Ohne des Konfidenzintervalls ist das entwickelte Lebensdauermodell nicht für die Grundgesamtheit gültig. Das liegt darin begründet, dass die Modellentwicklung auf Grundlage von Stichprobentests erfolgt. Das Ziel jeder Erprobung ist jedoch, auf Basis von Stichprobenergebnissen auf die unbekannte Grundgesamtheit zu schließen und damit eine Aussage nicht nur für die getesteten Zahnriemengetriebe zu machen sondern für alle Zahnriemengetriebe der Grundgesamtheit. Dafür ist ein Vertrauensbereich des Modells erforderlich (vgl. Abschn. 4.1.6.1).

Ist das gewünschte Vertrauensintervall für das L-DoE-Modell ermittelt, besteht der finale Schritt darin, die Prognosegüte des entwickelten L-DoE-Modells zu quantifizieren (Schritt ⑦). Die Prognosegüte lässt sich bewerten, indem die absolute Abweichung von prognostizierten Ausfallzeiten und den empirisch ermittelten Ausfallzeiten bestimmt wird. Diese Abweichung kann in das ursprüngliche L-DoE-Modell integriert werden, um die Anpassung entsprechend anzupassen (Abb. 4.45).

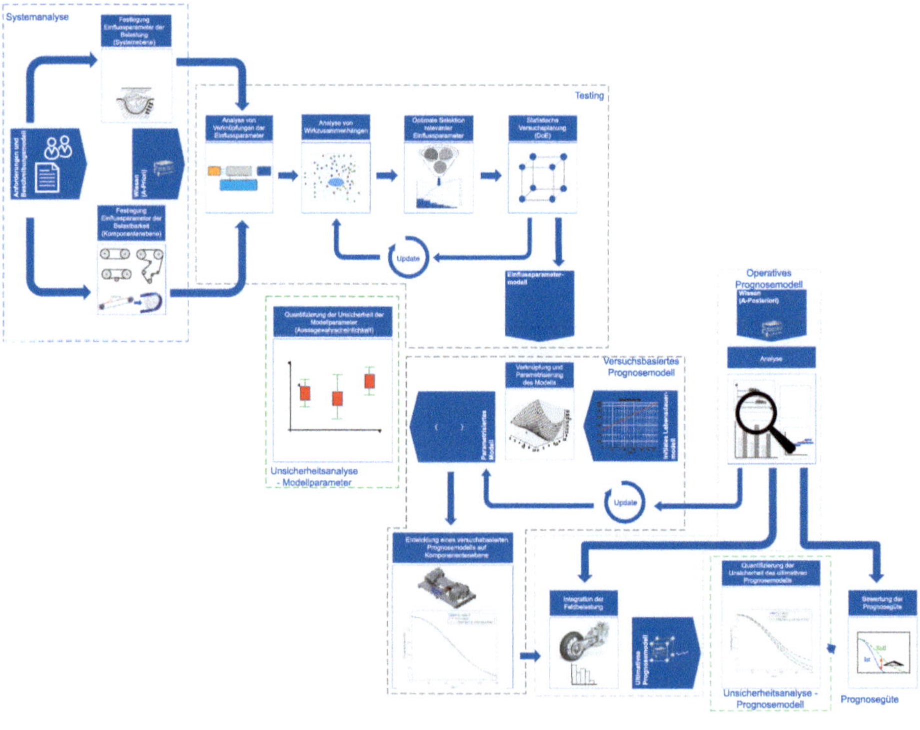

Abb. 4.45 Methodik im Detail in Anlehnung an [70]

Literatur

1. Jiang R, Murthy DNP (2009) Impact of quality variations on product reliability. Reliab Eng Syst Saf 94(2):490–496
2. Wang Z, Zhai Q, Chen P (2021) Degradation modeling considering unit-to-unit heterogeneity-a general model and comparative study. Reliab Eng Syst Saf 216(6)
3. Verein Deutscher Ingenieure (2006) VDI Richtlinie 4001 – Termologie der Zuverlässigkeit
4. Yang G (2007) Life cycle reliability engineering. Wiley, Hoboken, NJ
5. Meyna B, Arno, Pauli (2010) Taschenbuch der Zuverlässigkeitstechnik: Quantitative Bewertungsverfahren. Praxisreihe Qualitätswissen. Hanser, München, 2., überarb. und erw. aufl., [elektronische ressource]
6. Bertsche G, Bernd, Lechner (2004) Zuverlässigkeit im Fahrzeug- und Maschinenbau: Ermittlung von Bauteil- und System-Zuverlässigkeiten. VDI-Buch. Springer, Berlin/Heidelberg, 3., überarbeitete und erweiterte auflage
7. Verband der Automobilindustrie (2016) Qualitätsmanagement in der Automobilindustrie 3: Zuverlässigkeitssicherung bei Automobilherstellern und Lieferanten. VDA, Frankfurt, M
8. Montgomery DC (2013) Design and analysis of experiments, 8. Auflage. Wiley, Hoboken, NJ
9. Nelson WB (2004) Applied life data analysis. Wiley-Interscience, Hoboken, NJ
10. LLC Minitab (2021) Method of obtaining probability plot points. (Quelle: https://support.minitab.com/en-us/minitab/20/help-and-how-to/graphs/probability-plot/methods-and-formulas/method-of-obtaining-probability-plot-points/, Zuletzt besucht: 03.01.2023)
11. Genschel U, Meeker W (2010) A comparison of maximum likelihood and median-rank regression for weibull estimation. Qual Eng 22:236–255
12. Lei Y (2008) Evaluation of three methods for estimating the weibull distribution parameters of chinese pine pinus tabulaeformi. J For Sci 54(12):566–571
13. Olteanu L, Freeman D (2010) The evaluation of median-rank regression and maximum likelihood estimation techniques for a two-parameter weibull distribution. Qual Eng 22(4):256–272
14. Toutenburg H, Heumann C (2008) Induktive Statistik – Eine Einführung mit R und SPSS. Springer, Berlin/Heidelberg
15. Czado, C, Schmidt T (2008) Mathematische Statistik. Springer, Berlin/Heidelberg
16. Thoman TD, Bain LJ, Antle CE (1969) Inferences on the parameters of the weibull distribution. Technometrics 11(3):445–460 (1969)
17. Yang Z, Lin DKJ (2007) Improved maximum-likelihood estimation for the common shape parameter of several weibull populations. Appl Stoch Model Bus Ind 23:373–383
18. Watkins AJ (1996) On maximum likelihood estimation for the two parameter weibull distribution. Microelectron Reliab 36(5):595–603
19. Meeker LA, Escobar WQ (1998) Statistical methods for reliability data. Wiley series in probability and statistics. Applied probability and statistics section. Wiley, New York
20. Krolo A (2004) Planung von Zuverlässigkeitstests mit weitreichender Berücksichtigung von Vorkenntnissen. Dissertation, Universität Stuttgart
21. Kremer A, Bertsche B (2018) Beschleunigte zuverlässigkeitstests unter berücksichtigung von vertrauensbereichen. Forsch Ingenieurwes 83(4):395–409
22. Efron RJ, Tibshirani B (1993) An introduction to the bootstrap. Chapman & HALL/CRC, London/New York/Washington
23. Carpenter J, Bithell J (2000) Boostrap confidence intervals: when, which, what? a practical guide for medical statisticians. Stat Med Seiten 1141–1164
24. Müller F (2021) Realitätsnahe Modellierung, Simulation und Analyse der operativen Zuverlässigkeits- und Verfügbarkeitskennwerte technischer Systeme mit Vertrauensbereich. Dissertation, Universität Stuttgart

25. Kleppmann W (2016) Versuchsplanung – Produkte und Prozesse optimieren. Hanser, Aalen, 9., überarbeitete Auflage
26. Kremer A (2021) Statistische Versuchsplanung in der Lebensdauererprobung mit Vertrauensintervallen. Dissertation, Universität Stuttgart
27. Fisher RA (1947) The design of experiments, 4. Auflage. Hafner Press, Edinburgh
28. Siebertz K, van Bebber D, Hochkirchen T (2010) Statistische Versuchsplanung: Design of Experiments (DoE). VDI-Buch. Springer, Heidelberg
29. Wu MS, Hamada C-F (2009) Experiments: planning, analysis, and optimization. Wiley series in probability and statistics, 2. Auflage. Wiley, Hoboken, NJ
30. Klein B (2011) Versuchsplanung – DoE: Einführung in die Taguchi/Shainin-Methodik. Oldenburger Verlag, München
31. Benesch T (2013) Schlüsselkonzepte zur Statistik: Die wichtigsten Methoden, Verteilungen, Tests anschaulich erklärt, 1. Auflage. Spektum Akademischer Verlag, Heidelberg
32. Banerjee A, Chitnis UB, Jadhav SL, Bhawalkar JS, Chaudhury S (2009) Hypothesis testing, type i and type ii errors. Ind Psychiatry J 18(2):127–131
33. Wahid N, Nadir Z (2013) Imporvement of one factor at a time through design of experiments. World Appl Sci J Math Appl Eng 21:56–61
34. Verma AK, Ajit S, Karanki DR, Srividya A (2016) Reliability and safety engineering. Springer series in Reliability engineering
35. Kinraide RF, Denison BT Strong inference: the way of science. Am Biol Teach 65(6):419–424 (2003)
36. Jiang R (2015) Introduction to quality and reliability engineering. Springer, Berlin/Heidelberg
37. Pham H (2016) Quality and reliability management and its applications, 1. Auflage. Springer London Ltd, London
38. Saxena DJ, Yadav P, Kantharia ND (2011) Nonsignificant p values cannot prove null hypothesis: absence of evidence is not evidence of absence. J Pharm Bioallied Sci 3(3):465–466
39. Telford JK (2007) A brief introduction to design of experiments. J Hopkins APL Tech Dig 27(3):224–232
40. Pereira G, Leslie SMC (2009) Hypothesis testing. Aust Crit Care 22(4):187–191
41. Allua CB, Thompson S (2009) Hypothesis testing. Air Med J 28(3):108–153
42. Durakovic B (2017) Design of experiments application, concepts, examples: state of the art. Periodical Eng Natur Eciences (PEN) 5(3)
43. Wolf H, Best C (2010) Handbuch der sozialwissenschaftlichen Datenanalyse. VS Verlag für Sozialwissenschaften/Springer Fachmedien Wiesbaden GmbH, Wiesbaden
44. Beelich HH, Schwede KH (1983) Denken, Planen, Handeln. Grundtechniken für zweckmäßiges Lernen und Arbeiten, 3. Auflage. Vogel, Würzburg
45. Geitz E, Vater C, Zimmer-Merkle S (2020) Black Boxes – Versiegelungskontexte und Öffnungsversuche. De Gruyter
46. Hennecke B, Skrotzki M (2020) HÜTTE – Das Ingenieurwissen, 35. Auflage. Springer Vieweg, Berlin/Heidelberg
47. H Jean-Claude Laprie (2013) Dependability: In English, French, German, Italian and Japanese, volume v. 5 of Dependable computing and fault-tolerant systems. Springer Wien, Vienna
48. Krause W (1988) Zahnriemengetriebe. Dr. Alfred Hüthig Verlag, Heidelberg
49. Nagel T (2008) Zahnriemengetriebe: Eigenschaften, Normung, Berechnung, Gestaltung. Hanser, München
50. Perneder R (2009) Handbuch Zahnriementechnik: Grundlagen, Berechnung, Anwendungen. Springer, Berlin/Heidelberg
51. Kremer A, Bertsche B, Scholzen A (2018) Ermittlung von Lebensdauerbeeinflussenden Faktoren bei Zahnriemengetrieben. Antriebstechnik 11(74):148–153

52. Bankwitz H (2013) Einfluss von fertigungstoleranzen auf die Zuverlässigkeit von Zahnriemengetrieben. In: 17. Tagung Zahnriemengetriebe. Institut für Feinwerktechnik und Elektronik-Design, Technische Universität Dresden. TUD Press
53. Braitinger H (2017) Zähne zeigen – Welche Rolle spielen Zahnriemen in Linearachsen zukünftig? Antriebstechnik 9(19174):40–42
54. Childs THC, Dalgarno KW, Hojjati MH, Tutt MJ, Day AJ (1997) The meshing of timing belt teeth in pulley grooves. Proc Inst Mech Eng Part D: J Automob Eng 211(3):205–218
55. Childs THC, Dalgarno KW, Day AJ, Moore RB (1998) Automotive timing belt life laws and a user design guide. Proc Inst Mech Eng Part D: J Automob Eng 212(5):409–419
56. Fraulob T, Nagel S (2009) Analyse von zahnriemengetrieben unter nutzung der fem. In: ANSYSConference and 27th CADFEM User's Meeting
57. Hage F, Krause R, Strunk A, Koch C (2013) Schäden an PKW-Zahnriemenantrieben. In: 17. Tagung Zahnriemengetriebe. Institut für Feinwerktechnik und Elektronik-Design, Technische Universität Dresden. TUD Press
58. Schirmer J (2014) 3D-FEM-Simulation und Formoptimierung hochbelasteter Zahnriemengetriebe: Zugl.: Dresden, Techn. Univ., Fak. Elektrotechnik und Informationstechnik, Diss., 2014, volume Nr. 57 of Fortschritt-Berichte VDI. Reihe 13, Fördertechnik/Logistik. VDI Verlag GmbH, Düsseldorf, als ms. gedr Auflage
59. Stainovic B, Tanasijevic S, Marjanovic N, Blagojevic M (2011) Failure analysis of timing belt drives. In: 12th International Conference on Tribology, S 210–215
60. Vollbarth J (2013) Zahnriemen und Zahnscheiben aus einer Hand – Warum? In: 17. Tagung Zahnriemengetriebe. Institut für Feinwerktechnik und Elektronik-Design, Technische Universität Dresden, TUD Press
61. Witt R (2007) Modellierung und Simulation der Beanspruchung von Zugsträngen aus Stahllitze für Zahnriemen. Dissertation, Technische Universität Dresden
62. Beutelspacher MA, Zschiegner A (2007) Diskrete Mathematik für Einsteiger – Mit Anwendungen in Technik und Informatik, 3. Auflage. Vieweg+Teubner Verlag, Wiesbaden
63. Mönius K, Steuding J, Stumpf P (2007) Einführung in die Graphentheorie – Ein farbenfroher Einstieg in die Diskrete Mathematik, 1. Auflage. Springer Spektrum, Wiesbaden
64. Campean IF, Day AJ, Wright S (2001) Camshaft timing belt reliability modelling. In: Annual Reliability and Maintainability Symposium, Piscataway, NJ, S 377–383
65. O'Connor A, Kleyner PP (2012) Practical reliability engineering, 5. Auflage. Wiley Publishing
66. Pecht J, Gu M (2009) Physics-of-failure-based prognostics for electronic products. SAGE J 31(3/4):309–322
67. Tucci M, de Carlo F, Borgia O, Fanciullacci N (2014) Accelerated life tests as an integrated methodology for product design, qualification and production control: a case study in household appliances. Prod Manuf Res 2(1):112–127
68. Jakob F (2017) Nutzung von Vorkenntnissen und Raffungsmodellen für die Zuverlässigkeitsbestimmung. Dissertation, Universität Stuttgart
69. Birolini A (2004) Qualität und Zuverlässigkeit technischer Systeme, 1. Auflage. Springer, Berlin/Heidelberg
70. Kremer A, Bertsche B, Scholzen A (2018) Methodik zur Prognose der Lebensdauer von Zahnriemengetrieben. In: KISSsoft AG (ed) SMK 2018. TUD Press, S 113–126
71. Gorjian N, Ma L, Mittinty MN, Yarlagadda PKDV, Sun Y (2010) A review on degradation models in reliability analysis. In: WCE 2010
72. NIST (2021) NIST/SEMATECH e-Handbook of Statistical Methods. (Quelle: http://www.itl.nist.gov/div898/handbook/, Zuletzt besucht: 05.08.2022)
73. Sakia RM (1992) The box-cox transformation technique: a review. J R Stat Soc D 41(2):169

74. Kremer A, Bertsche B, Scholzen A (2019) Verbesserte Auslegung industrieller Zahnriemenantriebe durch Berücksichtigung von Breitenfaktoren und der Alterung. In: Schlecht B (ed) Dresdner Maschinenelemente Kolloquium DMK 2019. sierke VERLAG – Internationaler Wissenschaftsverlag, Göttingen
75. Kremer A, Bertsche B, Scholzen A (2018) Statistisch-versuchstechnische Zuverlässigkeitsprognose von Zahnriemenangetrieben unter Berücksichtigung der Prognoseunsicherheit. In: VDI-Fachkonferenz Umschlingungsgetriebe. VDI

Testen von Zahnriemen 5

Um die Anforderungen zu verifizieren und die Auslegung eines Zahnriemengetriebes auf Herz und Nieren zu prüfen, sind Methoden erforderlich, mit denen alle feldrelevanten Lastfälle simuliert werden können. Das Verständnis über das Kundenverhalten bildet in diesem Zusammenhang den wichtigsten Baustein, auf dem Lebensdauerprognosen jedes technischen Systems beruhen. Nur wenn das Nutzungsverhalten, also die Art und Weise, wie der Kunde ein Produkt nutzt, bekannt ist, lassen sich unterschiedliche Belastungsfälle ableiten. Mit dieser Information lässt sich ein Mehrkörpersimulationsmodell (MKS-Modell) aufstellen, mit dem ausgehend von der äußeren Systembelastung, die Belastung jeder einzelnen Baugruppe und Komponente berechnet werden kann. Eine anschließende Finite Elementen (FEM)-Simulation liefert Aufschlüsse über die Beanspruchungen des jeweiligen Bauteils, was wiederum hilft, die Auslegung zu optimieren. Eine zuverlässige Absolutaussage über das Ausfallverhalten von Zahnriemengetrieben ist auf dem simulativen Weg bisher nicht gelungen. Die einzige Möglichkeit, die Lebensdauer zu quantifizieren, bleibt die physische Erprobung.

5.1 Lebensdauererprobung von Zahnriemengetrieben

Bei einer Lebensdauererprobung von Zahnriemengetrieben steht die Quantifizierung der Belastbarkeit des Systems im Fokus. Hierbei werden Versuche geplant, durchgeführt und mit Hilfe der daraus gewonnenen Daten Lebensdauermodelle entwickelt, mit denen sich die Lebensdauer- und Zuverlässigkeit eines Zahnriemengetriebes vorhersagen lässt. Die Versuchsdaten sollten vor allem Lebensdauerdaten beinhalten. Hierzu zählen nicht nur Ausfall- und Durchlaufzeiten sondern auch das Schadensbild des ausgefallenen Zahnriemengetriebes sowie die darauf einwirkenden inneren und äußeren Belastungen.

A. Kremer et al., *Praktische Ermittlung von Lebensdauer- und Zuverlässigkeitsmodellen für Zahnriemengetriebe*, https://doi.org/10.1007/978-3-662-67345-4_5

In diesem Abschnitt wird vorgestellt, wie Zahnriemengetriebe auf Lebensdauer erprobt und die Daten aus dem Versuch für eine Lebensdauer- und Zuverlässigkeitsbewertung des untersuchten Getriebesystems verwendet werden können.

5.1.1 Dauerlauftests

In einer Dauerlauferprobung werden Zahnriemengetriebe, wie der Name bereits erahnen lässt, über einen längeren Zeitraum auf einem Dauerlaufprüfstand betrieben. Das Ziel des Versuchs besteht darin, das Ausfallverhalten des im Fokus der Untersuchung stehenden Zahnriemengetriebelayouts zu untersuchen. Ein Dauerlaufversuch kann aus unterschiedlichen Belastungszyklen bestehen: Aus einer Prüfung unter normalen (Feld-)Belastung oder aus einer Prüfung unter erhöhter Belastung, wobei die Belastung sowohl konstant als auch zyklisch ausgeführt werden kann. Die Belastung orientiert sich an den Feldbedingungen. Es ist empfehlenswert, die Belastung im Versuch so zu wählen, dass die im Betrieb zu erwartenden Bedingungen nachgebildet oder bestmöglich angenähert werden.

Je nach Spezifikation der Getriebekomponenten und den relevanten Betriebsparametern, muss der Prüfstand robust ausgelegt sein. Bei der Auslegung ist stets darauf zu achten, dass das gewählte Zahnriemengetriebe bis zur Versagensgrenze erprobt werden kann, ohne dass sich die Belastung des Getriebes über den Versuch ändert. Dieser Fall kann beispielsweise infolge eines Vorspannungsverlustes durch ein Setzen des Zahnriemens, während des Einlaufs eintreten. Durch den Verlust der Vorspannung ändert sich die Beanspruchungsverteilung über den Last- und Leertrum signifikant (vgl. auch Abschn. 3.2). Dies wiederum kann sich in einem völlig anderem Ausfallmechanismus äußern, der für das Feld nicht mehr repräsentativ ist. Wie bereits im vorhergehenden Kap. 4 thematisiert, muss sowohl der Prüfstandsauslegung als auch der Mess- und Regelungstechnik ein besonderes Augenmerk geschenkt werden. Ein robuster Prüfstand bringt nichts, wenn beispielsweise infolge der Massenträghkeit das Getriebe nicht schnell genug auf eine Solldrehzahl beschleunigt oder abgebremst werden kann.

Abb. 5.1 zeigt schematisch ein mögliches Konzept eines Dauerlaufprüfstandes für Zahnriemen, in der Draufsicht. Das hier dargestellte Prüfstandskonzept basiert auf dem eines Stirnrad-Verspannungsprüfstandes und ist aus fünf Funktionsgruppen aufgebaut: (1) Antriebsmotor, (2) Abtriebsmotor, (3) Gestell, (4) Frequenzumrichter und (5) der Temperaturkammer (wobei die letzteren beiden nicht in der Abbildung dargestellt sind). Im Unterschied zum Stirnrad-Verspannungsgetriebeprüfstand wird beim elektrischen Verspannungsprüfstand das Belastungsmoment nicht durch die mechanische Verspannung einer Torsionsfeder aufgebracht sondern über eine weitere E-Maschine [2] (Abtriebsmaschine). Der Testriemen wird durch die Antriebsmaschine angetrieben, während beide elektrischen Maschinen (Antriebs- und Abtriebsmaschine) auf einem Gestell gelagert sind. Hierbei wird die Abtriebsmaschine generatorisch als Bremse betrieben. Um einen effizienten Prüfstandbetrieb sicherzustellen, wird die durch den Bremsvorgang gewonnene, rekuperierte Energie, wieder an die Frequenzumrichter zurückgespeist [1, 3]. Das

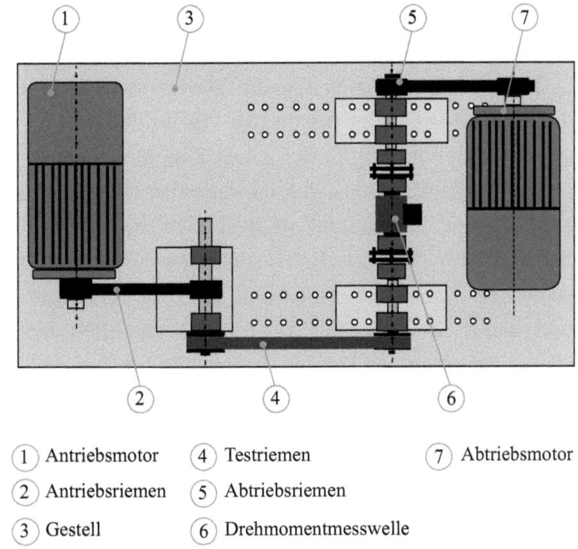

Abb. 5.1 Dauerlaufprüfstand für Zahnriemen (elektrischer Verspannungsprüfstand, in Anlehnung an [1]). (©Alexander Kremer 2022. All Rights Reserved)

Belastungsdrehmoment wird am Abtrieb erzeugt und über eine Drehmomentmesswelle erfasst, die sich direkt hinter dem Testriemen befindet. Das aufzubringende Drehmoment lässt sich dabei über eine Software stufenlos regeln [1]. Mit Hilfe von Temperatursensoren (sog. Pyrometer), die im Prüfstand integriert sind, lässt sich die Temperatur am Zahnriemenrücken sowie an den Lagern optisch messen. Die Temperaturkammer bildet thermodynamisch ein geschlossenes System, in der die Umgebungstemperatur simuliert werden kann.

Der Dauerlauf selbst wird mit einer repräsentativen Stichprobengröße durchgeführt. Dadurch ist sichergestellt, dass nach Ende der Erprobung eine solide Datenbasis für die Lebensdauermodellierung vorliegt. Die pauschale Angabe einer Stichprobengröße ist wenig sinnvoll, da diese insbesondere von der produktinhärenten Streuung des Lebensdauermerkmals abhängt. Diese Streuung ist auch stark belastungsabhängig. In der Regel geht eine längere Produktlebensdauer mit einer geringeren Belastung einher. Hinzu kommt, dass die Streuung des Lebensdauermerkmals mit zunehmender Belastung abnimmt [4]. Eine kleinere Stichprobengröße als $n = 3$ ist selbst in der Praxis mit nichts zu begründen.

5.1.2 Statistische Versuchsplanung in der Lebensdauererprobung

Der Einsatz statistischer Versuchsplanung (DoE) stellt die bestmögliche Effizienz in der Erprobung sicher, indem nur die absolut notwendigen Versuche geplant und durchgeführt werden, um den Zusammenhang zwischen den Faktoren und Zielgrößen mathematisch korrekt abzubilden. Zur Modellbildung werden die nach dem DoE-Ansatz gewonnenen Daten dazu benutzt, um den Einfluss der Faktoren (Haupteffekte) und deren Wechselwirkungen auf die Zielgröße durch den Einsatz statistischer Verfahren, wie beispielsweise der

Varianzanalyse (ANOVA), zu quantifizieren [5]. Mit denjenigen, die besonders relevant sind (sog. statistisch signifikante Faktoren), wird das Modell aufgebaut.

Jedoch setzt ANOVA, wie die meisten statistischen Verfahren voraus, dass die Residuen der Normalverteilung folgen [6]. Wie in den vorhergehenden Abschnitten gezeigt, spielt die Normalverteilung in der Zuverlässigkeitstechnik eine eher untergeordnete Rolle. Das ist dem geschuldet, dass Lebensdauerdaten in der Praxis in der Regel nicht normalverteilt sind. Dieses „Verhalten" spiegelt sich sowohl in den Versuchsdaten wider als auch in Felddaten. Werden Lebensdauertests durchgeführt und die Lebensdauer detektiert, so ist das Lebensdauermerkmal (z. B. Lebensdauer in h oder Anzahl an Lastwechsel) und damit die Residuen höchstwahrscheinlich nicht mehr normalverteilt [7, 8]. Auf Grund der nicht adäquaten Randbedingungen ist die Anwendung der DoE-Verfahren zur Effektbestimmung und damit zur Modellbildung ohne Weiteres nicht zulässig. Eine Weiterentwicklung des klassichen DoE zum Lifetime-DoE (L-DoE) durch eine Adaption der Modelle und geeignete stochastische Verfahren zur Effektschätzung, machen eine Lebensdauermodellierung eines Zahnriemengetriebes erst möglich [3]. Dabei ist das Verfahren universell einsetzbar und nicht nur auf Zahnriemengetriebe limitiert.

Im Wesentlichen besteht der Ansatz aus zwei Hauptteilen [3] (siehe Abb. 5.2): (I) Der Lebensdauermodellierung mit Hilfe der statistischen Versuchsplanung und (II) der Festlegung von Konfidenzintervallen (auch als Vertrauensintervall bezeichnet) für das Lebensdauermodell. Die einzelnen Schritte finden sich in Abb. 5.2 wieder: ① Planung und Durchführung von Experimenten, ② Lebensdauerdatenaufbereitung, ③ Lebensdauermodellierung, ④ Parameterbestimmung, ⑤ Signifikanzanalyse und ⑥ Bestimmung eines Vertrauensintervalls.

Den Ausgang der Methodik bilden die Zielsetzung und Festlegung eines Ziels, bevor die Versuche gemäß der Einhaltung der Erfolgskriterien von DoE geplant werden (vgl. Abschn. 4.2.3). Da im Falle einer qualitativen Ausprägung der Zielgröße keine mathematisch sinnvolle Beschreibung zwischen der Zielgröße und der Faktoren, von denen diese beeinflusst wird, möglich ist, kommt lediglich eine messbare Zielgröße in Frage. Wie der Name schon sagt, muss die Zielgröße durch einen numerischen Ausdruck (einer Zahl) beschrieben werden. In der Lebensdauererprobung bietet sich die Lebensdauer in min, h oder in Anzahl der Lastwechsel an. Eine einfache i.O. (für in Ordnung) und n.i.O. (für nicht in Ordnung) oder ein Lieferant A und ein Lieferant B ist als Ausprägung einer potenziellen Zielgröße für eine Modellierung ungeeignet.

Beispiel 5.1: Lebensdauererprobung und Zuverlässigkeitsmodellierung eines Zahnriemengetriebes durch den Einsatz der statistischen Versuchsplanung nach [3]
In diesem Beispiel soll der oben beschriebene Ansatz veranschaulicht werden. Für ein Zweischeiben-Zahnriemengetriebe, bestehend aus zwei gleichgroßen Zahnriemenscheiben und dem Zahnriemen, soll ein Versuchsplan entwickelt werden. Das Ziel besteht darin, die Versuchsdaten zur Entwicklung eines Zuverlässigkeitsmodells zu nutzen, das den Zusammenhang zwischen der Lebensdauer und der lebensdauerbeeinflussenden Faktoren beschreibt. Als Faktoren werden die Zähnezahl (ZZ) der Zahnriemenscheibe,

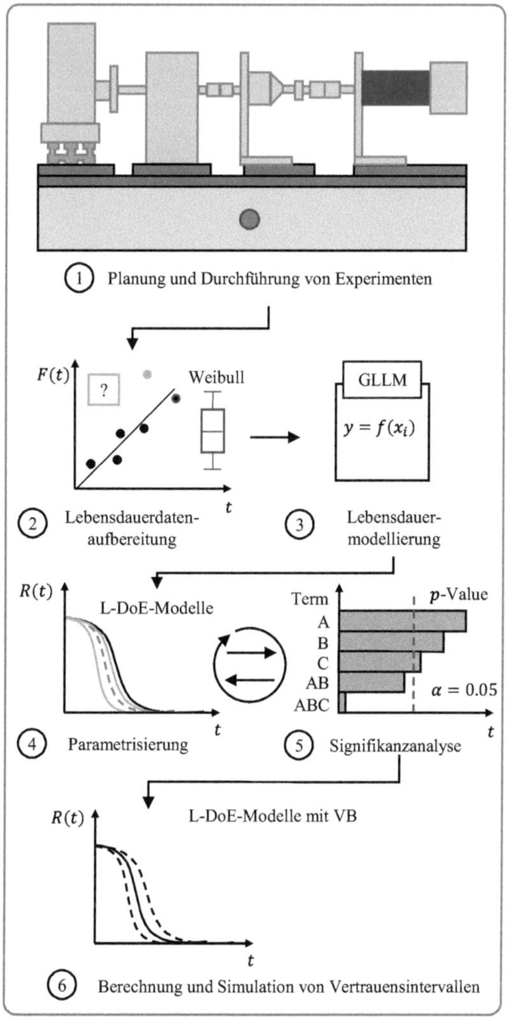

Abb. 5.2 L-DoE-Ansatz in Anlehnung an [3]

die Drehzahl n in U/min, die Umgebungstemperatur T in °C sowie die Umfangskraft F_U festgelegt. Sowohl die Faktoren als auch die zugehörigen Einstellstufen sind in Tab. 5.1 zusammengefasst. Die Umgebungstemperatur wird dabei zwischen 20 °C und 95 °C variiert, die Zahnscheiben werden mit Zähnezahlen zwischen 20 und 40 getestet, während gleichzeitig die Drehzahl zwischen 20 und 1750 U/min und die Umfangskraft zwischen 295 N und 716 N verändert werden.

Bevor der Versuchsplan entwickelt und mit der Versuchsdurchführung begonnen wird, muss sichergestellt werden, dass alle Grenzeinstellstufen auch am zur Verfügung stehenden Dauerlaufprüfstand realisierbar sind und dass sich der Ausfallmechanismus aller ausgefallenen Zahnriemengetriebe nicht ändert. Diese Grenzeinstellungen ergeben sich,

Tab. 5.1 Faktoren inkl. Einstellstufen und Randbedingungen für das Bsp. 5.1

	Faktoren				Anzahl an Replikationen	Verteilung	α
	T	ZZ	n	F_U			
Min	20	20	20	295	3	Zweiparametrische Weibullverteilung	5 %
Max	83	40	1750	716			

indem jeweils die Minimal- und Maximalwerte der in Tab. 5.1 aufgelisteten Faktorstufen miteinander kombiniert werden. Die Kombinationen entsprechen den beiden Zeilen in Tab. 5.1.

Um den Versuchsplan zu erstellen, muss u. a. die Anzahl an Replikationen festgelegt werden. Für das Beispiel wird eine Replikationsanzahl von drei festgelegt. In der Praxis ist es sinnvoll diese Zahl durch die Streuung der Lebensdauer über Vorversuche abzuschätzen, um sicherzustellen, dass der zu schätzende Effekt zuverlässig erkannt wird (vgl. dazu Abschn. 4.2).

Als Basisversuchsplan wird ein vollfaktorieller Versuchsplan gewählt. Damit lassen sich sowohl Haupteffekte als auch Wechselwirkungseffekte zuverlässig ermitteln. Gerade in der Praxis sind neben Haupteffekten auch Wechselwirkungseffekte üblich. Da für das Beispiel keine Aussagen über die Signifikanz von Wechselwirkungen gemacht wurden, können diese nicht ohne Weiteres ausgeschlossen werden. Folglich ist ein Versuchsplan erforderlich, mit dem auch Wechselwirkungseffekte detektierbar sind, was die Wahl eines vollfaktoriellen Versuchsplans begründet. Durch Berücksichtigung der Ausgewogenheit eines Versuchsplans, lässt sich, basierend auf dem vollfaktoriellen Versuchsplans, ein 4CCD-Versuchsplan entwickeln, der aus insgesamt 78 Versuchen besteht (vgl. Tab. 5.2). Diese Versuche werden auf dem Dauerlaufprüfstand (siehe Abb. 5.1) durchgeführt. Dabei wird jedes Zahnriemengetriebe solange betrieben, bis das Lebensdauerende erreicht ist.

Für die Lebensdauermodellierung wird unter Annahme der zweiparametrischen Weibullverteilung das GLL-Weibull-Modell verwendet. Durch die Signifikanzanalyse werden alle statistisch signifikanten Modellterme detektiert, wobei als Signifikanzniveau $\alpha = 5\,\%$ verwendet wird. In Tab. 5.3 sind die Ergebnisse der Signifikanzanalyse zusammengefasst. Es zeigt sich, dass alle vier untersuchten Faktoren mit einem p-Wert von null statistisch hoch signifikant sind. Die Lebensdauer des Zahnriemengetriebes wird maßgebend durch die Umgebungstemperatur, durch die Drehzahl und durch das zu übertragende Drehmoment bzw. durch die Umfangskraft sowie durch die Zähnezahl der Zahnriemenscheibe beeinflusst. Eine höhere Temperatur hat danach immer eine Reduzierung der Lebensdauer des Zahnriemengetriebes zur Folge. Auch eine Erhöhung der Drehzahl und des Drehmoments bzw. der Umfangskraft induziert höhere Beanspruchungen im System, was entsprechend zu früheren Ausfällen führt. Der Einfluss der Zahnscheibengröße kann ebenfalls eindeutig identifiziert werden: Zahnscheiben mit kleineren Durchmessern implizieren höhere Biegewechselbelastungen von Zahnriemen, was das Risiko für ein früheres Ausfallverhalten erhöht. Da mit Ausnahme der $ZZ - n - F_U$-Wechselwirkung keine weitere 2FWW statistisch signifikant ist, vereinfacht sich das Lebensdauermodell

Tab. 5.2 Versuchsplan für das Zahnriemenlebensdauermodell [3]

StdFolge	Durchlauffolge	T in °C	ZZ	n in U/min	F in N	Lebensdauer in h
22	1	58	32	1750	506	17,28
6	2	32	40	302	647	94,82
3	3	32	24	1468	364	28,15
16	4	83	40	1468	647	2,1
11	5	83	24	1468	364	64,17
7	6	32	40	1468	364	1640,42
17	7	20	32	885	506	48,63
14	8	83	40	302	647	9,53
8	9	32	40	1468	647	8,61
5	10	32	40	302	364	5953
21	11	58	32	20	506	446,7
25	12	58	44	885	506	681,14
26	13	58	32	885	506	37,01
19	14	58	20	885	506	0,41
15	15	83	40	1468	364	1403,71
1	16	32	24	302	364	552,14
23	17	58	32	885	295	8802
2	18	32	24	302	647	1
4	19	32	24	1468	647	1
18	20	95	32	885	506	8,79
24	21	58	32	885	716	0,54
13	22	83	40	302	364	2497
9	23	83	24	302	364	370,24
20	24	58	44	885	506	573,25
10	25	83	24	302	647	0,25
12	26	83	24	1468	647	0,09
32	27	32	40	302	647	48,64
40	28	83	40	302	647	17,52
34	29	32	40	1468	647	9,03
35	30	83	24	302	364	233,8
30	31	32	24	1468	647	0,18
45	32	58	20	885	506	0,43
51	33	58	32	885	506	50,57
33	34	32	40	1468	364	1500
38	35	83	24	1468	647	0,1
42	36	83	40	1468	647	4,82
28	37	32	24	302	647	1,58
41	38	83	40	1468	364	1099,38
47	39	58	32	20	506	345,92

(Fortsetzung)

Tab. 5.2 (Fortsetzung)

StdFolge	Durchlauffolge	T in °C	ZZ	n in U/min	F in N	Lebensdauer in h
46	40	58	32	885	506	49,38
48	41	58	32	1750	506	18,29
29	42	32	24	1468	364	50,91
52	43	58	32	885	506	31,73
37	44	83	24	1468	364	54,52
31	45	32	40	302	364	4145
49	46	58	32	885	295	4274,43
27	47	32	24	302	364	366,01
50	48	58	32	885	716	1,01
43	49	20	32	885	506	51,95
44	50	95	32	885	506	9,38
36	51	83	24	302	647	0,31
39	52	83	40	302	364	2017
58	53	32	24	1468	364	80,98
66	54	83	40	1468	647	1,98
60	55	20	32	885	506	68,14
61	56	32	24	302	647	0,93
56	57	58	32	885	506	20,49
71	58	32	40	1468	647	3,6
77	59	58	32	1750	506	15,08
59	60	58	32	885	506	48,94
64	61	58	44	885	506	650,27
68	62	83	24	302	647	0,35
54	63	95	32	885	506	13,05
67	64	32	40	302	647	78
73	65	58	32	885	716	0,38
72	66	32	24	1468	647	0,23
74	67	83	24	1468	364	33,01
55	68	83	40	1468	364	959
78	69	32	40	1468	364	1750
63	70	32	24	302	364	442,30
57	71	83	24	1468	647	0,06
75	72	83	24	302	364	191,09
53	73	58	32	20	506	382,72
76	74	58	20	885	506	0,38
69	75	83	40	302	364	74
70	76	58	32	885	295	4122
62	77	83	40	302	647	33,47
62	78	82	40	302	364	2500

Tab. 5.3 Signifikanzanalyse für das Zahnriemenlebensdauermodell [3]

Effekte	p-values
T	0
ZZ	0
n	0
F_U	0
T^2	0
ZZ^2	4,8034e-10
n^2	2,6797e-04
${F_U}^2$	0,1473
$T\cdot$ ZZ	0,4893
$T \cdot n$	0,0167
$T \cdot F_U$	0,0089
ZZ $\cdot n$	0,5089
ZZ $\cdot F_U$	5,8768e-09
$n \cdot F_U$	0,0406
$T\cdot$ Z Z$\cdot n$	0,9685
$T\cdot$ ZZ $\cdot F_U$	0,3654
$T \cdot n \cdot F_U$	0,9364
ZZ $\cdot n \cdot F_U$	4,5386e-04

minimal. Bei den 1FWW werden werden für die Modellierung folgende Wechselwirkungen berücksichtigt: $T \cdot n$, $T \cdot F_U$, $ZZ \cdot F_U$ und $n \cdot F_U$. Hier sind die Wechselwirkungseffekte deutlich kleiner als die Irrtumswahrscheinlichkeit von $\alpha = 5\,\%$. Schließlich sind auch die quadratischen Effekte für die Temperatur, für die Drehzahl und die Zähnezahl statistisch hoch signifikant. Auch diese werden für die Modellbildung herangezogen. Die Information über die statistische Signifikanz der Effekte fließt in den Aufbau des GLL-Weibull-Modells ein, das im Anschluss an die Versuchsdaten in Tab. 5.2 angepasst wird. Die Schätzung der Modellparameter liefert für jeden im Zuverlässigkeitsmodell berücksichtigten Effekt je einen Term (vgl. Tab. 5.4). Dies führt zum folgenden Zuverlässigkeitsmodell des Zahnriemengetriebes für das Beispiel 5.1:

$$\begin{aligned} R(t) = \exp\Bigg(- \Big(t/\exp\big(&4,2 - 1,3 \cdot n - 6,1 \cdot 10^{-1} \cdot T - 4,3 \cdot F_U + 2,6 \cdot ZZ - 3,4 \cdot \\ &\cdot 10^{-1} \cdot T \cdot F_U + 6,7 \cdot 10^{-1} \cdot F_U \cdot ZZ + 2,5 \cdot 10^{-1} \cdot n^2 - 9,7 \cdot 10^{-1} \cdot T^2 - 6,5 \cdot \\ &\cdot 10^{-1} \cdot ZZ^2 + 2,7 \cdot 10^{-1} \cdot n \cdot T - 2,3 \cdot 10^{-1} \cdot n \cdot F_U - 5,9 \cdot \\ &\cdot 10^{-1} \cdot ZZ \cdot F_U \cdot n\big)\Big)^{2,8}\Bigg) \end{aligned} \quad (5.1)$$

Der geschätzte Formparameter $b = 2{,}8$ charakterisiert einen klassischen Ver-schleiß- und Ermüdungsausfall, wie der beispielsweise in [8, 9] oder auch in [10] beschrieben

Tab. 5.4 Modellparameter für das Lebensdauermodell des Beispielzahnriemengetriebes [3]

Koeffizienten	
α_0	4,1891
α_1	−0,6090
α_2	2,6134
α_3	−1,2991
α_4	−4,2658
$\alpha_5 = {\alpha_1}^2$	−0,9688
$\alpha_6 = {\alpha_2}^2$	−0,6516
$\alpha_7 = {\alpha_3}^2$	0,2541
$\alpha_8 = {\alpha_4}^2$	–
$\alpha_9 = \alpha_1 \cdot \alpha_2$	–
$\alpha_{10} = \alpha_1 \cdot \alpha_3$	0,2694
$\alpha_{11} = \alpha_1 \cdot \alpha_4$	−0,3377
$\alpha_{12} = \alpha_2 \cdot \alpha_3$	–
$\alpha_{13} = \alpha_2 \cdot \alpha_4$	0,6732
$\alpha_{14} = \alpha_3 \cdot \alpha_4$	−0,2341
$\alpha_{15} = \alpha_1 \cdot \alpha_2 \cdot \alpha_3$	–
$\alpha_{16} = \alpha_1 \cdot \alpha_2 \cdot \alpha_4$	–
$\alpha_{17} = \alpha_1 \cdot \alpha_3 \cdot \alpha_4$	–
$\alpha_{18} = \alpha_2 \cdot \alpha_3 \cdot \alpha_4$	−0,5949
$\alpha_{19} = \alpha_1 \cdot \alpha_2 \cdot \alpha_3 \cdot \alpha_4$	–
b	2,8

ist. Dieses Ergebnis wurde auch durch die Befundung ausgefallener Zahnriemengetriebe bestätigt. Damit wurde für die untersuchte Stichprobe, auf Basis einer Medianschätzung der Modellparameter, ein Median-Zuverlässigkeitsmodell entwickelt. Um nun von den Stichprobenergebnissen auf die Grundgesamtheit schließen zu können, wird im nächsten Schritt ein 95 %-Fisher-Vertrauensintervall berechnet. Mit Hilfe des parametrisierten Zuverlässigkeitsmodells lässt sich nun beispielsweise für den Betriebspunkt BP = (30 °C|1468 U/min|364 N) und einer Zähnezahl der Zahnriemenscheibe von ZZ = 40 die B_{10}-Lebensdauer von ca. $B_{10} = 700$ h berechnen. Diese Lebensdauer schwankt allerdings aufgrund der stichprobenbedingten Unsicherheit zwischen 471,3 h und 991,1 h (vgl. Abb. 5.3).

5.1.3 Möglichkeiten zur Reduktion des Testaufwandes

Immer kürzere Produktlebenszyklen, immer schnellere Entwicklungsprozesse sowie die zunehmende Konkurrenz erzwingen ein Umdenken der kompletten Entwicklung. Neue Absicherungsstrategien werden benötigt, die sich nicht mehr allein auf einer klassischen

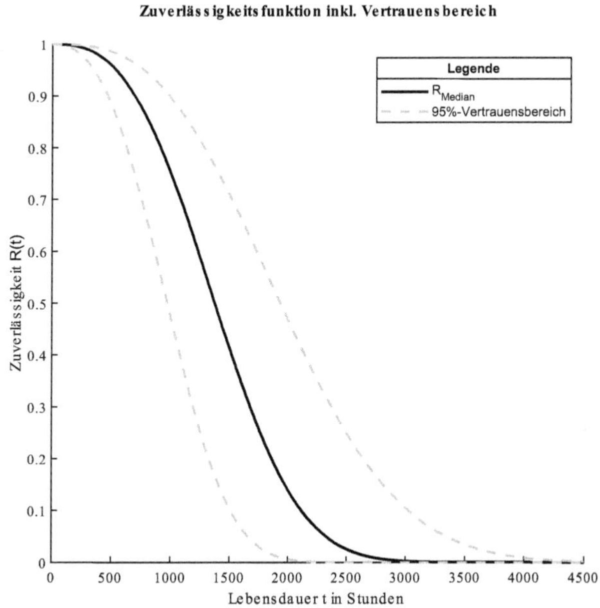

Abb. 5.3 Zuverlässigkeit inkl. 95 %-Vertrauensintervall für das Bsp. 5.1 in Anlehnung an [3]

physischen Absicherung durch die Erprobung stützen sondern auch durch virtuelle Absicherungsmethoden ergänzt werden. Damit gewinnt die Simulation immer mehr an Bedeutung. Aber auch Tests, die durchgeführt werden, müssen geradezu von Effizient strotzen. Auch wenn es naheliegend ist, so hat eine effiziente Erprobung nichts mit dem unbedachten Verzicht auf Versuche zu tun. Es ist falsch zu glauben, den Absicherungsaufwand durch eine geringe Anzahl an Versuchen reduzieren zu können. Kurzfristig ist der Erprobungsaufwand zwar gering, langfristig kann das unter Umständen den Erprobungsaufwand signifikant steigern. Das ist vor allem dann der Fall, wenn sich eine deutlich höhere Streuung in der Lebensdauer bewahrheitet, als zu Beginn durch eine zu geringe Anzahl an Versuchen angenommen. Umso mehr sind Versuche vor der eigentlichen Erprobungsserie empfehlenswert, ja geradezu essenziell. Generell lässt sich der Erprobungsaufwand auf eine systematische Weise reduzieren, ohne dabei das Risiko von Fehlschlüssen eingehen zu müssen. Zu den in der Praxis etabliertesten Methoden zählen: Zensierung, Degradation sowie die beschleunigte Erprobung, die im Folgenden kurz vorgestellt werden.

5.1.3.1 Zensierung

Typischerweise werden Lebensdauertests von Beginn an so geplant, dass die Tests bis zum Ausfall des Prüflings erfolgen. Am Ende der Erprobung resultiert eine Stichprobe mit einer gewissen Menge aus Lebensdauerdaten, die aus reinen Ausfällen besteht. Derartige Stichproben, die reine Ausfälle beinhalten, heißen **vollständige Stichproben**. In der Praxis geht die Erprobung bis zum Ausfall mit einem beträchtlichen Aufwand einher. Es besteht jedoch die Möglichkeit die Versuche frühzeitig abzubrechen und nicht zu warten, bis alle Prüflinge ausgefallen sind. Zu diesem Zeitpunkt, ab dem die Erprobung bewusst abgebrochen wird, sind viele Prüflinge noch intakt und nicht ausgefallen. Werden die bis dahin generierten Lebensdauerdaten zusammengefasst, so ergibt sich eine andere Stichprobe, die sich von der bereits erwähnten vollständigen Stichprobe unterscheidet. Der Unterschied besteht darin, dass die neue Stichprobe sowohl ausgefallene als auch nicht ausgefallene Prüflinge enthält. Die nicht ausgefallenen Prüflinge heißen Durchläufer und die neue Stichprobe wird als eine zensierte Stichprobe bezeichnet [8]. Bei der Zensierung wird im Allgemeinen zwischen drei Arten unterschieden [8, 10]: Typ I-Zensierung, Typ II-Zensierung und die multiple Zensierung, wobei vor allem die ersten beiden Zensierungstypen in der Praxis einen ganz besonderen Stellenwert haben. Die multiple Zensierung wird vor allem bei der Auswertung von Feld- und Garantiedaten herangezogen und im Rahmen des Buches nicht näher betrachtet. Mehr Details finden sich beispielsweise in [8, 9, 11].

Abb. 5.4 zeigt exemplarisch, wie sich die beiden Zensierungstypen unterscheiden, anhand einer Stichprobe von $n = 5$ Zahnriemen. Während der Versuch bei der Typ I-Zensierung nach einer vorgegebenen Zeit (hier $t_{Versuch}$) abgebrochen wird, ist der Versuch im Falle einer Typ II-Zensierung erst nach dem Erreichen einer vorher vorgegebenen Anzahl an Ausfällen (hier sobald fünf Zahnriemen ausgefallen sind) zu Ende. Die Versuchsdauer bei der Typ I-Zensierung wird dabei entsprechend den verfügbaren Ressourcen gewählt. Wie viele Prüflinge bis zu diesem Zeitpunkt ausgefallen sind, spielt keine Rolle. Allerdings sollte die Versuchsdauer ausreichend lang gewählt werden, so dass zumindest mit einer geringen Anzahl an Ausfällen zu rechnen ist. Andernfalls wird die anschließende Lebensdaueranalyse unter Umständen ungenau. Diese Ungenauigkeit sinkt mit jedem hinzugekommenen Ausfall. Oder anders gesagt: Je höher die Anzahl an Ausfällen innerhalb eines Zeitraums, desto höher ist die Aussagesicherheit für die daraus ermittelte Zuverlässigkeit.

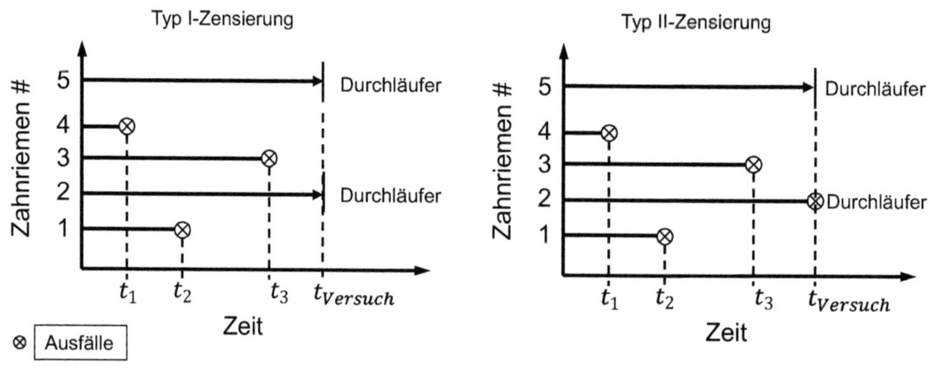

Abb. 5.4 Typ I/II-Zensierung

Im Gegensatz zur Typ I-Zensierung, lässt sich bei der Typ II-Zensierung die Aussagesicherheit steuern. Der Nachteil besteht jedoch darin, dass die Versuchsdauer nicht genau angegeben werden kann. Entsprechend der Abbruchkriterien für den Versuch, wird die Typ I-Zensierung auch als Zeitzensierung und die Typ II-Zensierung als Ausfallzensierung bezeichnet [4, 8]. Die Auswertung erfolgt analog der Verfahren aus Abschn. 4.1.

5.1.3.2 Degradation

Eine weitere Möglichkeit den Testaufwand zu reduzieren, ist die sogenannte Degradation. Darunter wird eine voranschreitende Verschlechterung eines oder mehrerer Degradationsmerkmale verstanden [4]. Dabei ist ein Degradationsmerkmal eine Kenngröße, die mit der Lebensdauer und Zuverlässigkeit des untersuchten Objekts direkt oder indirekt zusammenhängt und damit dessen Funktionsfähigkeit zu einem gewissen Teil repräsentiert. Anhand des zeitlichen Verlaufs des Degradationsmerkmals lässt sich die Leistungsfähigkeit des untersuchten Objekts über der Zeit beobachten und über den Grad der Verschlechterung auf dessen Ausfall schließen. Degradation ist damit ein Prozess, der das System schwächt, seine Zuverlässigkeit reduziert und früher oder später zu einem Ausfall führt (vgl. Abb. 5.5). Dieser Gedanke gibt einen Grund zur Annahme, dass die meisten Ausfallmechanismen in der Praxis einem Degradationsprozess unterliegen. Beispiele hierzu finden sich wieder in der Alterung von Polymeren in Form von Versprödung oder Verschleiß, in der Halbleitertechnik, wo es mit der Zeit zu einem Abfall der Leitfähigkeit kommt oder bei Metallen, wo es zur Rissbildung kommt infolge äußerer Belastungen [10].

Ein Degradationsprozess ist stets irreversibel und kann unterschiedliche Ausprägungen aufweisen. So kann das Degradationsmerkmal sowohl einen fallenden als auch einen steigenden Verlauf zeigen. Charakteristisch für die Degradation ist die sogenannte Degradationsgrenze D_A, die auch als spezifische Ausfallgrenze bekannt ist [4]. Diese Grenze legt den Grenzwert fest, bei dessen Unter- oder Überschreitung ein Ausfall vorliegt. Die Festlegung der spezifischen Ausfallgrenze unterliegt keiner bestimmten Wissenschaft. Sie muss von Produkt zu Produkt erneut festgelegt werden. Es ist daher eine Art

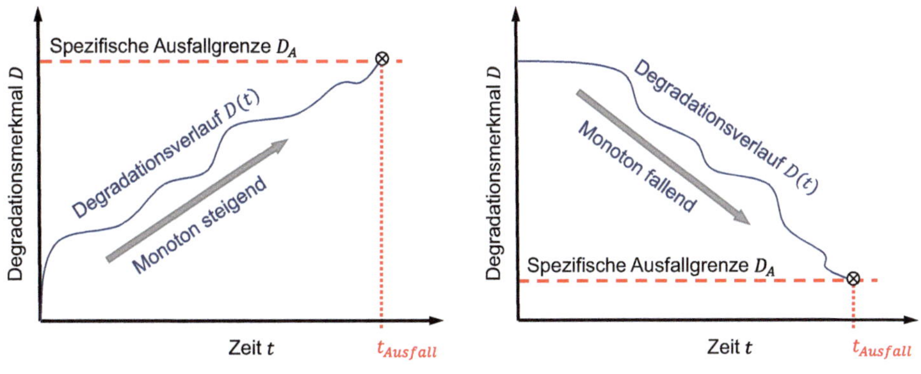

Abb. 5.5 Fiktiver Degradationsverlauf inkl. spezifischer Ausfallgrenze

Gedächtnisstütze, wie weit das Produkt belastet werden kann, bis die absolute Obergrenze der Belastbarkeit erreicht ist. Folglich empfiehlt es sich, bei besonders unsicheren Produkten oder großen Streuungen in der Lebensdauer, die spezifische Ausfallgrenze nicht komplett auszuschöpfen. Operativ bedeutet es, eine Sicherheit einzuplanen, indem die spezifische Ausfallgrenze um einen Faktor parallel in Richtung kleinerer Werte des Degradationsmerkmals verschoben wird.

Der Verlauf des Degradationsmerkmals, der sogeannte Degradationspfad, kann unterschiedliche Verläufe annehmen. Der einfachste Verlauf ist der Lineare. Wobei auch konkave und konvexe Degradationsverläufe üblich sind [8]. Für die mathematische Beschreibung des zeitlichen Verlaufs der Degradation haben sich folgende Modelle etabliert: Lineares Modell, Exponentielles Modell, Potenz Modell, logarithmisches Modell und das Gompertz Modell [8] (vgl. auch Tab. 4.13, Abschn. 4.6.5). Bei der Modellwahl ist darauf zu achten, dass die Modellgüte maximal ist (vgl. Abschn. 4.1). Die aus einem Degradationsversuch gewonnenen Versuchsdaten werden zur Parametrisierung eines Lebensdauermodells benötigt, um das zeitliche Degradationsverhalten mathematisch zu beschreiben und den Ausfall zu prognostizieren.

Die linke Grafik in Abb. 5.6 macht die Gefahren eines falschen Degradationsmodells deutlich. Liegt beispielsweise in der Realität ein konvexes Degradationsverhalten vor, so führt die Annahme eines falschen Degradationsmodells, wie es beispielsweise beim linearen oder konkaven Modell der Fall wäre, zu einer äußerst optimistischen Ausfallvorhersage. Die Darstellung des Degrdadationsverlaufs ist selbst unter idealen Bedingungen alles andere als trivial. Ideal bedeutet an der Stelle, dass alle Prüflinge identisch gefertigt sind, unter identischen Betriebs- und Umweltbedingungen betrieben werden und folglich auch gemäß einem identischen Degradationsschema identisch ausfallen. Es ist leicht einzusehen, dass Bauteile einer Stichprobe trotz desselben Alterungszustandes aufgrund des stochastischen Verhaltens des Degradationsmerkmals unterschiedliche Ausprägungen haben werden. Mit anderen Worten: Ein Degradationsprozess ist ein stochastischer Prozess. Für einen bestimmten Zeitpunkt t ist das Degradationsmerkmal X, eine Zu-

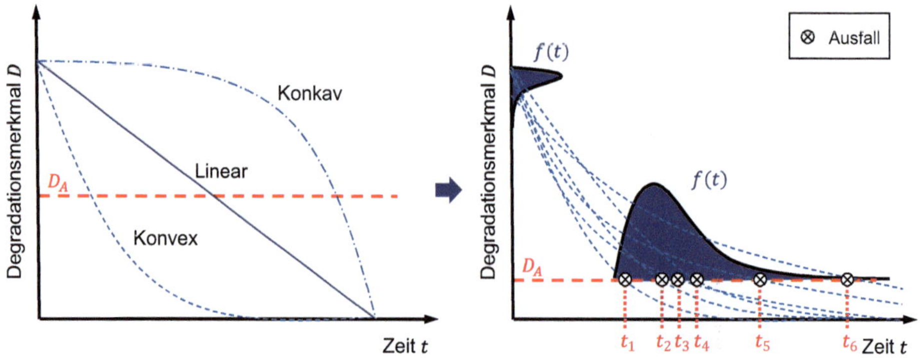

Abb. 5.6 Unterschied in Degradatinsverläufen inkl. Streuung des Degradationsmerkmals. (©Alexander Kremer 2022. All Rights Reserved)

fallsvariable, deren Verteilung zeitabhängig ist [12] (siehe rechte Grafik in Abb. 5.6). In der Praxis erschweren Streuungen die Modellierung des Degradationsverlaufs, der im Wesentlichen von den Streuungen des Fertigungsprozesses, von den Streuungen der Betriebs- und Umweltbedingungen sowie von Messfehlern abhängt. Bleibt diese Tatsache unberücksichtigt, sind Ungenauigkeiten in Lebensdauerprognosen vorprogrammiert. Ist jedoch das Degradationsmodell bekannt und verifiziert, sowie die Ausfallverteilung identifiziert, lässt sich zum Degradationsmodell ein Konfidenzintervall angeben und dadurch jede Ausfallprognose statistisch absichern. Wichtig bei der Degradation sind vor allem drei Punkte:

1. Ein Degradationsversuch ist stets so zu planen und durchzuführen, dass im Falle einer initialen Modellfindung eine ausreichend große Stichprobe immer bis zum Ausfall getestet wird, sofern ein Ausfall unter realistischen Bedingungen denkbar ist. Dies erleichtert die Modellierung und liefert zudem wichtige Informationen zur Abschätzung der Streuung des Degradationverlaufs.
2. Ist eine direkte Messung des Degradationmerkmals nicht möglich, bedeutet es nicht, dass die Degradation per se nicht für eine Zuverlässigkeitsabschätzung geeignet ist. Möglicherweise sind andere Kenngrößen existent, die mit den Lebensdauermerkmalen direkt oder indirekt im Zusammenhang stehen. In diesem Fall kann unter Umständen die Messung dieser Größe dafür genutzt werden, um indirekt den Degradationsverlauf zu beschreiben.
3. Die Messtechnik ist bei der Degradation essentiell, da die Qualität der Degradation direkt vom gemessenen Degradationmerkmal beeinflusst wird. Gemeinsam mit Fertigungsstreuungen sowie Streuungen der Belastungen, können die gesamte Streuung dermaßen erhöhen, dass wahre Effekte erst bei hohen Stichproben aufgelöst werden können.

Beispiel Nr. 5.2: Degradation eines Zahnriemens

In diesem Beispiel wird ein Zahnriemengetriebe in einer Degradationserprobung getestet und das Ausfallverhalten eines Zahnriemens modelliert. Aus Voruntersuchungen ist bekannt, dass die Zahnriementemperatur mit der Lebensdauer eines Zahnriemens korreliert. Dabei konnte beobachtet werden, dass ein Zahnriemen umso früher ausfällt, je höher die Temperatur am Zahnriemenrücken ist. Dieses Verhalten soll nun ausgenutzt werden, um ein Degradationsmodell zu entwickeln. Mit Hilfe des Modells wären künftig Ausfallprognosen möglich, ohne weitere Zahnriemen testen zu müssen. Da potentielle Schädigungsmechanismen bereits aus Vorversuchen bekannt sind, werden Degradationsversuche geplant. Unter der Prämisse eines vergleichbaren Schädigungsmechanismus im Feld, wird die Belastung entsprechend gewählt. Bei gleichbleibender Drehzahl von $n = 1450$ U/min wird das Drehmoment auf einen Wert von 6,92 Nm eingestellt. Dies entspricht einem maximal möglichen Betriebspunkt, gemäß der Auslegung des Zahnriemens. Insgesamt werden zehn Zahnriemen, aus einem Wickel, mit vergleichbarer Breite zugeschnitten. Jeder der zehn Zahnriemen wird mit einer Nummer versehen, um eine eindeutige Zuordnung der Ergebnisse sicherzustellen. In diesem Beispiel bleibt ein möglicher Einfluss der Fertigungsqualität der Wickel unberücksichtigt. Es wird angenommen, dass der Chargeneinfluss von Wickel zu Wickel vernachlässigbar ist.

Die zugeschnittenen und durchnummerierten Zahnriemen werden alle unter konstanten Betriebs- und Umgebungsbedingungen in einem Dauerlauf bis zum Ausfall getestet (vgl. Abb. 5.1). Die Erprobung ist zu Ende, sobald alle Zahnriemen ausgefallen sind. Nach dem Test erfolgt eine Befundung, um eine Vergleichbarkeit der Schädigungsmechanismen zu verifizieren. Die während des Versuchs mit Hilfe von Pyrometern aufgezeichnete Zahnriementemperatur in Abhängigkeit der Zeit wird für eine Degradationsmodellierung verwendet. Das Ergebnis des Degradationsversuchs ist in Abb. 5.7 dargestellt.

Für jeden der zehn Riemen sind hier die Temperaturverläufe über der Zeit aufgetragen. Dabei findet ca. in den ersten sechs Stunden der Einlaufverschleiß statt. Der Zahnriemen verschleißt schneller, was auch den hohen Temperaturgradienten erklärt. Mit der Zeit nimmt der Verschleiß über der Zeit ab und die Temperatur des Zahnriemens steigt nur langsam an. Das Ganze läuft so lange, bis der Zahnriemen infolge der Dauerermüdung des Materials anfängt schneller zu degradieren. Die Temperatur steigt wieder schneller an, bis der Zahnriemen schließlich infolge einer Zahnabscherung versagt. Strenggenommen geht in die Temperaturerhöhung auch der Anteil mit ein, der auf die betriebsbedingte Eigenerwärmung des Zahnriemens zurückzuführen ist. Für die eigentliche Degradationsmodellierung auf Basis der Zahnriementemperatur spielt dies jedoch keine große Rolle, da lediglich die kritische Temperatur interessant ist, bei der mit einem Zahnriemenausfall zu rechnen ist. Es ist deutlich zu erkennen, dass unmittelbar vor dem Ausfall des Zahnriemens die Temperatur einen weiteren Anstieg sieht. Zum Zeitpunkt des Ausfalls weist der Zahnriemen eine Temperatur von ca. 70 °C auf. Aus dem Grund wird die

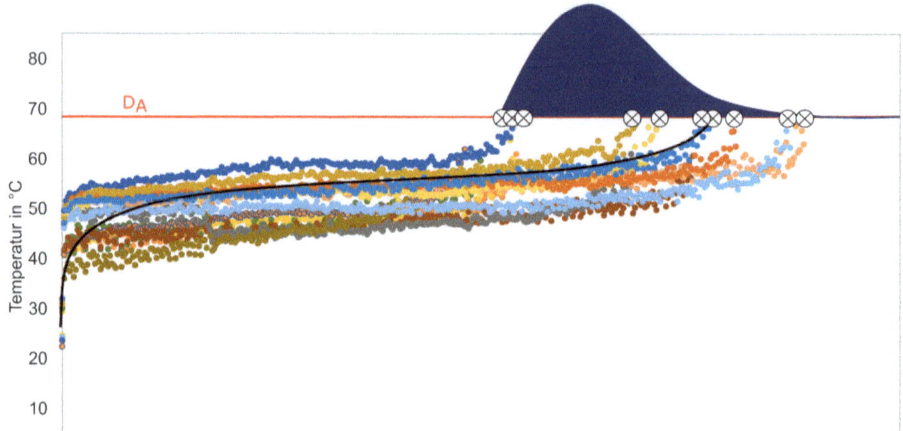

Abb. 5.7 Degradationsverlauf eines Zahnriemens mit 9 mm Riemenbreite

spezifische Ausfallgrenze auf 70 °C gelegt. Sollten ausgefallene Zahnriemen auch geringere Temperaturen haben, so ist die spezifische Ausfallgrenze entsprechend in Richtung kleinerer Werte zu verschieben. Mit Hilfe der ausgefallenen Zahnriemen lässt sich nun, wie bereits oben erklärt, die zugrundeliegende Verteilung identifizieren und so für das entwickelte Degradationsmodell (in der Abbildung als durchgezogene Kurve dargestellt) ein Vertrauensbereich angeben.

Erfolgt die Degradationserprobung unter erhöhter Belastung, handelt es sich hierbei um eine beschleunigte Erprobung. Für eine korrekte Auswertung der Daten ist die Kenntnis des sogenannten Raffungsfaktors unabdinglich und erfolgt analog zur Datenanalyse aus einer klassischen beschleunigten EoL (End-of-Life)-Erprobung. Der Umgang mit dem Thema wird im folgenden Abschnitt näher vorgestellt.

5.1.3.3 Beschleunigte Erprobung

In der Regel werden Lebensdauertests (auch End-of-Life-Tests, EoL-Tests) mit dem Ziel durchgeführt, die im Pflichtenheft definierte Zuverlässigkeit $R(t)$ bei einer bestimmten Lebensdauer, mit der notwendigen Aussagesicherheit, statistisch nachzuweisen [13]. Die Anzahl an Prüflingen, die dazu getestet werden müssen, richtet sich zum einen nach den Zielen und zum anderen nach der Teststrategie. Um die Versuchszeit und damit Kosten einzusparen, wird die Lebensdauererprobung meist unter verschärften Bedingungen durchgeführt. Die verschärften Bedingungen entstehen durch eine höhere Belastung. Das generelle Ziel der beschleunigten Erprobung besteht nämlich darin, auf einem möglichst effizienten Weg das festgelegte Zuverlässigkeitsziel statistisch nachzuweisen. Neben der Laststeigerung, sind auch andere Teststrategien denkbar, die bereits weiter oben adressiert wurden (wie zum Beispiel bewusstes Weglasen von Stillstandzeiten, eine sog. Omission oder Zensierung). Beschleunigte Erprobung kann auch mit der Degradation kombiniert werden. Eine höhere Belastung äußert sich in einem verstärkten Degradationsprozess, wodurch ein früherer Ausfall zu erwarten ist. Die Belastung ist dabei nicht auf der klassischen äußeren Last, wie beispielsweise Drehzahl, Drehmoment oder Temperatur limitiert sondern umfasst alle lebensdauerbeeinflussenden Faktoren. Die große Kunst bei der beschleunigten Erprobung besteht darin, nicht unnötig viele Versuche durchzuführen, um den Effizienzanforderungen gerecht zu werden. Auf der anderen Seite, ist für das Erkennen von wahren Effekten eine bestimmte Mindestanzahl an Versuchen erforderlich. Dieses Wechselspiel der gegenläufigen Anforderungen stellt in der Praxis oft eine große Herausforderung dar.

Zur Auswertung von EoL-Tests sind Modelle notwendig, die den Einfluss der Belastung auf die Produktlebensdauer berücksichtigen. Sie werden an die Versuchsdaten möglichst ideal angepasst und im Anschluss dazu benutzt, um auf die Zuverlässigkeit im Feld (operative Zuverlässigkeit) zurückzurechnen. Die Schwierigkeit an der Stelle liegt, wie in den meisten Fällen, weniger in der Genauigkeit des Modells selbst als vielmehr in der Planung der gerafften Versuche. Auch wenn es sich auf den ersten Blick einfach anhört, ist es gar nicht so einfach, die Belastung für den Versuch festzulegen. Auf der einen Seite muss nämlich ein geeigneter Indikator für eine Laststeigerung gefunden

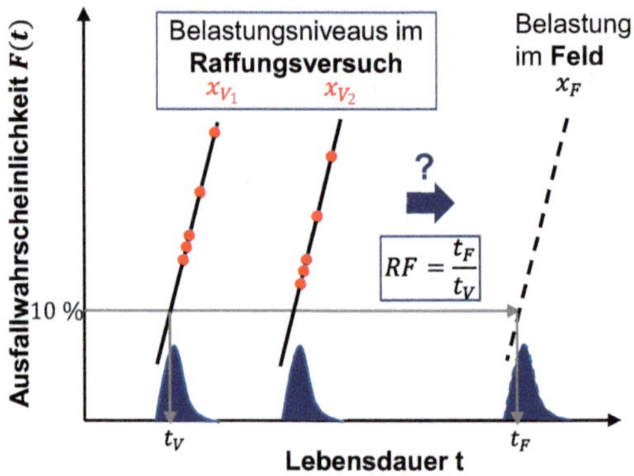

Abb. 5.8 Feldprognosen bei einer beschleunigten Lebensdauererprobung. (©Alexander Kremer 2022. All Rights Reserved)

werden und auf der anderen Seite darf die Last nur soweit gesteigert werden, dass die Schädigungsmechanismen im Versuch und im Feld vergleichbar bleiben.

Ein Indiz für eine Vergleichbarkeit der Schädigungsmechanismen stellt der sogenannte Raffungsfaktor RF dar [8, 14]. Dieser ist definiert als das Verhältnis zwischen der Lebensdauer im Feld und der Lebensdauer im Versuch. Durch die Annahme eines vergleichbaren Ausfallmechanismus, ist diese Berechnung unabhängig von der Lebensdauer, selbst. In Abb. 5.8 ist die Problematik von Feldprognosen in einem Weibulldiagramm veranschaulicht. Werden die Versuche unter erhöhter Last, beispeilsweise auf zwei unterschiedlichen Lastniveaus x_{V_1} und x_{V_2}, durchgeführt und in einem Verteilungsdiagramm ausgewertet, führt die Analyse zu zwei Weibullgeraden. Um zu symbolisieren, dass alle ausgefallenen Teile denselben Ausfallmechanismus aufweisen, werden die Weibullgeraden parallel dargestellt.

Aufgrund der geringeren Belastung und damit einer geringeren Beanspruchung des Prüflings, folgen entsprechend später die Ausfälle im Feld. Die Kenntnis des Raffungsfaktors ermöglicht es, ausgehend von den Lebensdauerdaten aus dem gerafften Versuch auf die operative Lebensdauer, unter der Feldbelastung x_F zurückzurechnen. Wie zu erkennen ist, hängt die Steigung der Weibullgeraden direkt mit der Streuung der Lebensdauerdaten zusammen: Große Formparameter gehen mit einer geringen Streuung der Daten einher und umgekehrt. Ist der Formparameter so groß, dass die Streuung nahezu nicht vorhanden ist, empfiehlt es sich die Daten, den Prüfstand und die Prüflinge genauer anzuschauen. Mit diesem Wissen wird es verständlich, was passiert, wenn Prüflinge mit unterschiedlichen Ausfallmechanismen (Weibullgeraden sind nicht mehr parallel) ausgewertet werden: Nun ist die Umrechnung von der Versuchslebensdauer in die Lebensdauer im Feld nicht mehr unabhängig von der Lebensdauer. Der Raffungsfaktor hängt nun von der Lebensdauer ab. Dieses Gedankenexperiment macht deutlich, warum beschleunigte Versuche in der Regel nur bei Komponenten und nicht bei ganzen Systemen angewandt werden. Denn sobald ein System im Rahmen eines Raffungsversuchs ausfällt, muss das Systemausfallverhalten demjenigen im Feld gleichen. Je nach Aufbau und Komplexität des Systems, ist eine eindeutige Identifikation von Schädigungsmechanismen kaum noch möglich.

Oft verursacht der Ausfall einer Komponente oder Baugruppe den Ausfall weiterer Komponenten oder Baugruppen. Umso wichtiger ist das Systemverständnis und die genaue Kenntniss über das schwächste Glied im System sowie darüber, wie sich die einzelnen Systememkomponenten gegenseitig beeinflussen. Wie bereits erwähnt gibt es bei der beschleunigten Lebensdauererprobung zwei wesentliche Möglichkeiten, um zu einer Zuverlässigkeitsaussage im Feld zu kommen:

1. Ist für die zugrunde liegende Beanspruchung ein PoF-Modell bekannt, lässt sich direkt der Ausfall im Feld prognostizieren. Alternativ genügt auch die Kenntnis eines Raffungsfaktors.
2. Liegt kein Raffungsmodell vor, müssen Versuche geplant, durchgeführt und mit Hilfe von Daten das Ausfallverhalten unter Feldbedingungen vorhergesagt werden. Bei der Versuchsplanung bietet es sich an, den Ansatz der statistischen Versuchsplanung anzuwenden. Dabei werden zunächst alle potentiellen, feldrelevanten Belastungsgrößen selektiert und nach den entsprechenden DoE-Prinzipien zu einer Versuchsmatrix kombiniert. Wichtig hierbei ist, dass die Erprobung nur für einen Versagensmechanismus gilt. Eine gemeinsame Lebensdauermodellierung über alle Schädigunsgmechanismen ist stets zu vermeiden. Weiterhin sollten die Belastungsniveaus nicht zu hoch gewählt werden. Andernfalls sind feldunrelevante Ausfallbilder zu erwarten, die einem Missbrauch des Produkts nahekommen. Bei der Festlegung der Belastungsgrenzen können die Spezifikationsgrenzen des Produkts eine gute Orientierung darstellen. Für jede Belastungskombination werden Stichprobengrößen festgelegt. Generell gilt: Je mehr Prüflinge getestet werden, desto höher ist auch die Aussagekraft. Bei der Festlegung der Stichprobengröße sind die Punkte, auf die in den bisherigen Kapiteln und Abschnitten ausgiebig eingegangen wurde, zu beachten. Nach der Versuchsplanung werden Lebensdauertests durchgeführt und Lebensdauerdaten gesammelt, um ein Lebensdauermodell zu entwickeln und damit die Feldzuverlässigkeit zu prognostizieren. Wie zu Beginn des Abschnitts „Beschleunigte Erprobung“ bereits erwähnt, besteht hier die Möglichkeit durch geeignete Teststrategien, wie beispielsweise Zensierung, den Versuchsaufwand deutlich zu reduzieren. Gerade bei kombinierten Belastungen, wird es Ausprägungen geben, bei denen die Prüflinge eine lange Testdauer ohne Ausfall überleben. Hier bietet es sich an, eine maximale Testdauer zu definieren, bei welcher der Versuch mit einer Zensur abgebrochen wird. Aber Achtung: Je höher der Zensierungsgrad ist, desto (1) unsicherer die Prognose und (2) desto höher das Risiko, das Lebensdauermodell aufgrund mathematischer Probleme nicht parametrisieren zu können. Beispiel 5.3 zeigt exemplarisch auf, wie eine solche Versuchsplanung aussehen könnte.

Beispiel Nr. 5.3: Exemplarische Planung eines Raffungsversuchs für die Belastungsgrößen Temperatur und elektrische Spannung

In diesem Beispiel soll für die Belastungsfaktoren Temperatur und elektrische Spannung, welche die Lebensdauer des Produkts beeinflussen, eine beschleunigte Erprobung geplant werden. Die Feldbelastung ist bekannt. Das Produkt wird dabei bei einer Spannung von

Tab. 5.5 Versuchsmatrix für das Beispiel Nr. 5.3

6 V | 85 °C	6 V | 105 °C	6 V | 125 °C
8V | 85°C	8V | 105 °C	8 V | 125 °C
12 V | 85 °C	12 V | 105 °C	12 V | 125 °C

4 V und einer Temperatur von 25 °C belastet. Die in Frage kommenden Belastungsstufen im Versuch sind: 6 V, 8 V, 12 V sowie die Temperaturen von 85 °C, 105 °C und 125 °C.

Die Belastungskombinationen 6 V|85 °C, 8 V|85 °C und 6 V|105 °C würden aufgrund der geringen Belastung höchstwahrscheinlich lange Laufzeiten mit sich führen, bis Ausfälle in ausreichender Anzahl vorliegen. Daher ist es empfehlenswert, die Belastungskombinationen mit hohen Werten zu wählen. Werden alle Belastungen kombiniert, entsteht eine Versuchsmatrix, ähnlich der in Tab. 5.5. Werden außerdem die Versuche so sortiert, dass die Spannung von Zeile zu Zeile ansteigt, während die Temperatur von Spalte zu Spalte zunimmt, entsteht ein sog. „backward L"-Versuchsplan [15] (vgl. Tab. 5.5).

Für die Versuchsplanung wäre es denkbar, die folgenden Kombinationen zu testen: Die Belastungskombinationen 6 V|125 °C, 8 V|125 °C, 12 V|125 °C, 12 V|105 °C sowie 12 V|85 °C. Nach dem klassischen DoE-Gedanken wären auch andere Kombinationen möglich, wie zum Beispiel: 12 V|125 °C und 6 V|85 °C inkl. einer evtl. Erweiterung der Versuche um die Belastungskombinationen für mittlere Einstellungen (also z. B. 8V|125 °C, 8V|85 °C, 6V|105 °C und 12V|105 °C). Ohne Vorwissen bzgl. des Lebensdauermodells oder des generellen Ausfallverhaltens in Abhängigkeit der Belastungsfaktoren, ist es generell immer zu empfehlen, den Versuchsplan nach den DoE-Prinzipien zu entwickeln (siehe Kap. 4).

Beispiel Nr. 5.4: Beschleunigte Erprobung eines Zahnriemengetriebes
Im folgenden Beispiel wird der Einfluss der Umgebungstemperatur auf die Zuverlässigkeit und Lebensdauer eines Zahnriemengetriebes untersucht und geht auf [1] zurück.

Da der Einsatz von Zahnriemengetrieben u. a. durch die Temperatur des Zahnriemens begrenzt wird, ist es naheliegend, dass eine höhere Umgebungstemperatur zu einem schnelleren Ausfall des Zahnriemens führt. Diese Annahme wird bereits durch Voruntersuchungen bestätigt (siehe Abb. 4.28). Da eine zuverlässige Modellierung des Belastung-Lebensdauer-Zusammenhangs mehrere Stützpunkte erfordert, wird der Einfluss der thermischen Belastung auf vier Stufen analysiert: 20 °C, 50 °C, 75 °C und 90 °C. Hierbei wird die Temperatur von 20 °C als Feldbelastung angenommen. Damit kann die Erprobung als eine beschleunigte Erprobung verstanden werden. Die Versuche bei 20 °C dienen als Referenzwerte, um das entwickelte Lebensdauermodell zu einem späteren Zeitpunkt zu validieren. Für die Erprobung wird zunächst für jedes Lastniveau die Stichprobengröße festgelegt. Die Festlegung richtet sich in erster Linie nach der Streuung der Lebensdauer. Da die Streuung bei 20 °C am höchsten ist, werden auf dieser Laststufe auch die meisten Zahnriemen getestet. Die restlichen Zahnriemen werden gleichmäßig

Tab. 5.6 Ergebnisse der EoL-Tests für den Faktor Umgebungstemperatur

Temperatur in Grad Celsius	Lebensdauer in h
20 (Feldbelastung)	80; 90; 100; 94; 93; 87; 68; 94 80; 91
50	46; 38; 54; 54; 42
75	33; 27; 35; 28; 29
95	16; 17; 20; 16; 18

auf die drei Temperaturniveaus verteilt. Die Erprobung aller Zahnriemen erfolgt bis zum Ausfall, wobei die Tests auf dem Dauerlaufprüfstand (siehe Abb. 5.1) durchgeführt werden. Die Ausfallzeit in h bis zum Ausfall ist in Tab. 5.6 dokumentiert.

Unter der Annahme, dass die Feldbelastung bei 20 °C liegt, werden die Ausfallzeiten bei den entsprechenden Temperaturniveaus aus Tab. 5.6 zur Lebensdauermodellierung herangezogen. Die Ausfalldaten bei der Temperatur von 20 °C werden verwendet, um daraus die Median-Lebensdauer zu ermitteln. Im Anschluss wird analysiert, wie gut das Lebensdauermodell die Median-Lebensdauer im Feld vorhersagen kann.

Zur mathematischen Beschreibung des Lebensdauer-Temperatur-Zusammenhangs werden zunächst unterschiedliche Regressionsmodelle analysiert. Die Modelle, welche die vorliegenden Daten am Besten beschreiben sind das Exponential-Modell sowie ein Polynom-Modell zweiter Ordnung.

Das Exponential-Modell hat die folgende Form:

$$L(T) = \alpha_1 \cdot \exp(\alpha_2 \cdot T). \tag{5.2}$$

Dabei sind α_i unbekannte Modellparameter, T die Temperatur in °C und $L(T)$ die Lebensdauer in Stunden bei dem entsprechenden Temperaturniveau. Das Polynom-Modell kann wie folgt beschrieben werden:

$$L(T) = \alpha_3 \cdot T^2 + \alpha_4 \cdot T + \alpha_5. \tag{5.3}$$

Die unbekannten Modellparameter werden mit dem LSE-Ansatz geschätzt (Tab. 5.7).

In Abb. 5.9 sind sowohl die oben parametrisierten Regressionsmodelle als auch die entsprechenden Ausfallzeiten in Abhängigkeit der untersuchten Temperatur dargestellt. Die durchgezogenen Kurven in einem Temperaturbereich zwischen 50 °C und 95 °C repräsentieren den Verlauf des jeweiligen Modells durch die bekannten Ausfallzeiten aus dem beschleunigten Versuch. In dem Temperaturbereich zwischen 20 °C und 50 °C wird, unter Annahme fehlender Felddaten, mit dem jeweiligen Regressionsmodell auf die Feldbelastung von 20 °C extrapoliert. In diesem Temperaturbereich ist der Verlauf des Modells gestrichelt dargestellt, um die fehlenden Daten zu symbolisieren. Um die Modelle

Tab. 5.7 Ergebnisse der Modellanpassung für das Lebensdauermodell in Beispiel 5.4

Modell	Exponential-Modell	Polynom-Modell
Parameter		
α_1	130,446	–
α_2	−0,00203	–
α_3	–	0,0001
α_4	–	−0,6727
α_5	–	80,1
R^2	0,8786	0,8919
R^2_{adj}	0,8693	0,8738
RMSE	4,7665	4,6833
Relative Abweichung	3,292: %	26,298 %

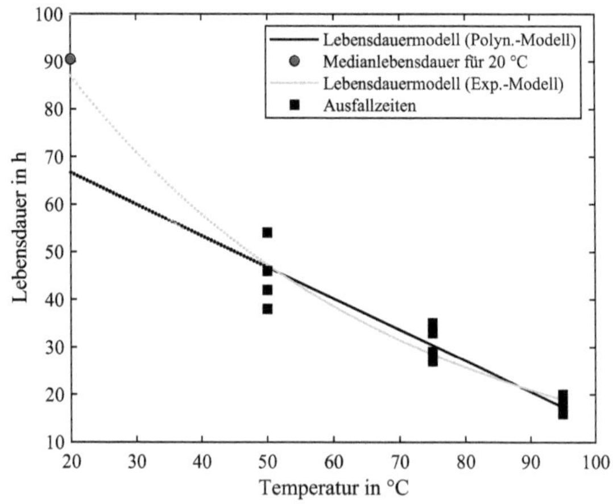

Abb. 5.9 Lebensdauermodellierung eines Zahnriemens mit einem Polynom- und Exponential-Modell inkl. Prognose der Medianlebensdauer für 20 °C in Anlehnung an [1]

besser miteinander vergleichen zu können, ist in Abb. 5.9 die bereits erwähnte Median-Lebensdauer bei der Feldbelastung eingetragen.

Wie aus den Ergebnissen (Abb. 5.9 und Tab. 5.7) hervorgeht, kann die Streuung der Daten durch beide Regressionsmodelle gut erklärt werden ($R^2 = 0,88$ bzw. $R^2_{adj} = 0,869$ für das Exponential-Modell und $R^2 = 0,89$ bzw. $R^2_{adj} = 0,874$ für das Polynom-Modell). Damit ist die Streuung in den Ausfalldaten zu fast 90 % erklärbar. Lediglich etwas mehr als 10 % der Streuung ist auf einen Zufall zurückzuführen. Auch der mittlere quadratische Fehler (RMSE) ist bei beiden Regressionsmodellen nahezu identisch. Der wesentliche Unterschied zwischen den Modellen liegt in der Vorhersagekraft. Während das Polynom-Modell die Median-Lebensdauer bei 20 °C vollkommen unterschätzt (relative Abweichung > 26 %), ist die Abweichung zwischen der realen Median-Lebensdauer und der mit dem Exponential-Modell prognostizierten Lebensdauer marginal. Im Falle des Exponential-Modells liegt die Abweichung bei weniger als 4 %.

An der Stelle sei jedoch erwähnt, dass die Analyse lediglich auf Grundlage einer Mittelwert- bzw. einer Medianbetrachtung erfolgte. Die Vertrauensintervalle wurden hierbei nicht berücksichtigt. In Abb. 5.10 und 5.11 ist am Beispiel des eher ungünstigen Polynommodells gezeigt, wie hoch das Risiko sein kann, auf Grundlage eines ungeeigneten Modells auf Feldbelastung zu extrapolieren. Während das Vertrauensintervall innerhalb des untersuchten Temperaturbereichs unauffällig verläuft, geht es im unbekannten Temperaturbereich, aufgrund fehlender Felddaten, trompetenförmig auf (vgl. Abb. 5.10). Eine derartig hohe Unsicherheit macht jegliche Ausfallprognose zu Nichte. Werden dagegen Felddaten berücksichtigt, wird auch die Unsicherheit geringer, was in einem schmalen Vertrauensintervall resultiert (siehe Abb. 5.11). Daher ist bei Zuverlässigkeitsanalysen und vor allem bei Zuverlässigkeitsprognosen die Berücksichtigung eines Vertrauensintervalls ein Muss.

Beide Modelle haben jedoch den Nachteil, dass sie nur eine Vorhersage für den Mittelwert liefern. Die unbekannten Parameter der oben vorgestellten Regressionsmodelle

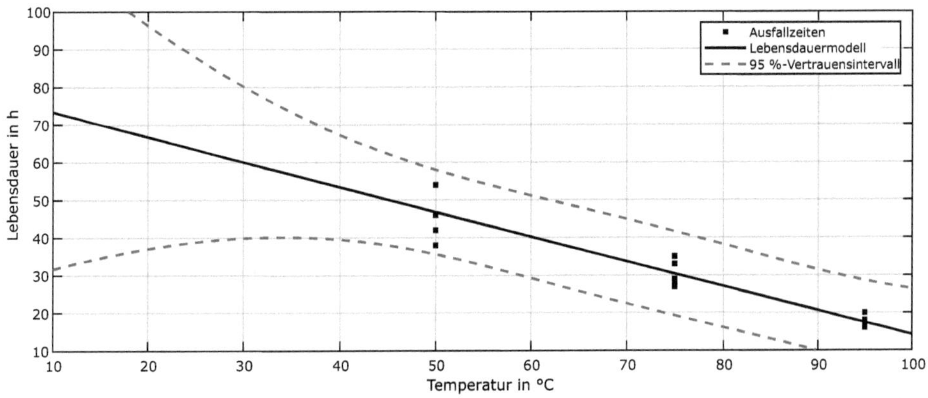

Abb. 5.10 Modellierung eines Zahnriemengetriebes mit dem Polynommodell inkl. eines 95 %-Vertrauensintervalls. (©Alexander Kremer 2022. All Rights Reserved)

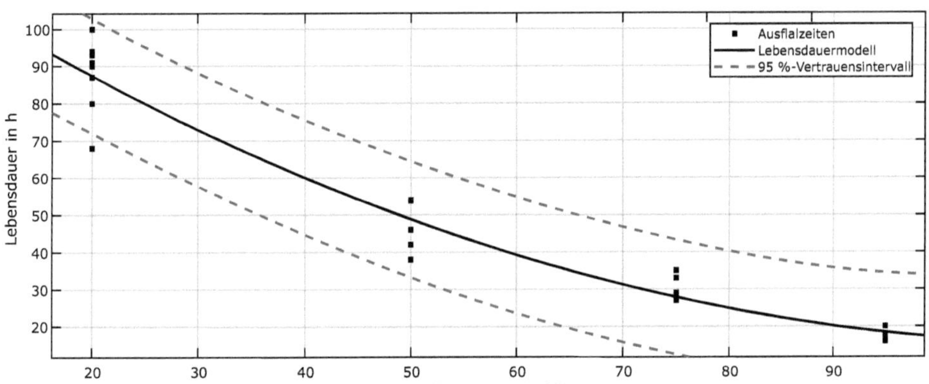

Abb. 5.11 Lebensdauermodellierung eines Zahnriemengetriebes mit dem Polynom-Modell inkl. eines 95 %-Vertrauensintervalls. (©Alexander Kremer 2022. All Rights Reserved)

werden in diesem Beispiel mit dem LSE-Ansatz geschätzt. Aus diesem Grund ist auch die Abweichung zwischen den Modellen und den vorliegenden Versuchsdaten minimal. Die Lebensdauer ist streng genommen nur ein Zeitpunkt, in dem das Ausfallkriterium (z. B. „die Funktion ist nicht mehr erfüllt") erreicht und das System als ausgefallen deklariert wird. Diese Ausfallzeit hängt von dem untersuchten Prüfling ab. Werden jedoch beispielsweise zehn Zahnriemen getestet, ergeben sich zehn unterschiedliche Ausfallzeiten, so dass die Lebensdauer als Zufallsvariable definiert werden kann, die einem stochastischen Prozess unterliegt. Die Ausfallzeiten folgen somit einer statistischen Verteilung. Aus diesem Grund werden in der Praxis Zuverlässigkeitskennzahlen, wie beispielsweise Zuverlässigkeit $R(t)$, B_{10}-Lebensdauer, MTTF, FIT, etc. verwendet. Nach Definition (vgl. [9]) bezeichnet die Zuverlässigkeit eine Zeitspanne, unter gegebenen Funktions- und Umgebungsbedingungen. Damit liefert die Zuverlässigkeit mehr Informationen über das Ausfallverhalten eines Produkts als ein einzelner Wert.

In Anbetracht der thermischen Beanspruchung, die überwiegend aus der erhöhten Umgebungstemperatur resultiert, kann das Arrhenius-Modell (siehe Gl. 4.78) zur mathematischen Beschreibung des Zusammenhangs zwischen der Lebensdauer und der Temperatur verwendet werden. Damit ist der Zusammenhang zwischen der Belastung und Belastbarkeit eindeutig festgelegt. Um auch die Streuung der Lebensdauer zu charakterisieren, wird ein sog. Streuungsmodell benötigt [16]. Vereinfacht ausgedrückt, repräsentiert das Streuungsmodell die zugrundeliegende Verteilung der Ausfalldaten. Die in Tab. 5.6 zusammengefassten Ausfalldaten des beispielhaften Zahnriemengetriebes lassen sich mit der logarithmischen Normalverteilung statistisch beschreiben. Nach [17] ist die Medianlebensdauer t_{median} der logarithmischen Normalverteilung gegeben durch:

$$t_{median} = \exp\left(\mu'\right). \tag{5.4}$$

Durch das Gleichsetzen und Logarithmieren der Gl. 5.4 und 4.78 lässt sich das Streuungsmodell in das Arrhenius-Modell integrieren:

$$\mu' = \ln(C) + \frac{B}{\mathrm{T}}. \tag{5.5}$$

Im Anschluss wird μ' in die Gleichung für die Dichtefunktion $f(t)$ der logarithmischen Normalverteilung substituiert:

$$f(t) = \frac{1}{\sqrt{2 \cdot \pi} \cdot \sigma' \cdot t} \cdot \exp\left(-\frac{1}{2} \cdot \left(\frac{t' - \ln(C) - \left(\frac{B}{T}\right)}{\sigma'}\right)^2\right) \tag{5.6}$$

σ' beschreibt dabei die Standardabweichung der logarithmischen Ausfallzeit, welche die Streuung der Ausfalldaten widergibt. Die unbekannten Modellparameter können, wie oben beschrieben, nach dem LSE-Ansatz geschätzt werden. Alternativ lässt sich die MLE-Methode anwenden:

$$\Lambda = \ln(\mathrm{T}) = \sum \ln f(t, \mathrm{T}) =$$

$$\sum_{j=1}^{m}\sum_{i=1}^{n} \ln\left(\frac{1}{\sqrt{2\cdot\pi}\cdot\sigma'\cdot t_{i,j}}\cdot\exp\left(-\frac{1}{2}\cdot\left(\frac{t'_{i,j}-\ln(C)-\exp\left(\frac{B}{T_{i,j}}\right)}{\sigma'}\right)^2\right)\right). \tag{5.7}$$

Durch Maximierung der Gl. 5.7 ergeben sich die Schätzwerte für die unbekannten Modellparameter: $C = 0,0178$, $B = 2,554$ und $\sigma' = 0,1305$. Um die Zuverlässigkeit für die Feldbelastung von 20 °C zu prognostizieren, wird die Zuverlässigkeitsfunktion für das Arrhenius-lognormal-Modell benötigt:

$$R(t) = \int_{t'}^{\infty} f(t')\,dt' =$$

$$\int_{t}^{\infty} \frac{1}{\sqrt{2\cdot\pi}\cdot\sigma'}\cdot\exp\left(-\frac{1}{2}\cdot\left(\frac{t'-\ln(C)-\frac{B}{(20+273,15)\mathrm{K}}}{\sigma'}\right)^2\right). \tag{5.8}$$

An der Stelle sei erwähnt, dass die Temperatur in den Gl. 5.5 bis 5.8 in Kelvin und nicht in °C einzutragen ist. Die so ermittelte Zuverlässigkeitsfunktion ist in Abb. 5.12 visualisiert.

Die Zuverlässigkeitskurve hat den entscheidenden Vorteil, dass der komplette Zuverlässigkeitsverlauf über der Zeit dargestellt werden kann. Das erlaubt die direkte Bestimmung von Zuverlässigkeitsparametern, wie der B_q-Lebensdauer. So lässt sich für das oben gezeigte Beispiel die Lebensdauer bei der Ausfallwahrscheinlichkeit von 10 % bestimmen. Diese Lebensdauer ist in Abb. 5.12 eingezeichnet und entspricht der B_{10}-

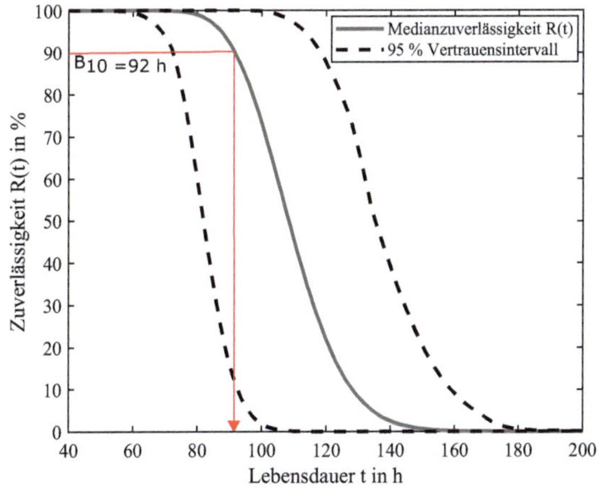

Abb. 5.12 Zuverlässigkeitsverlauf eines Zahnriemens für eine Temperatur von 20° C

Lebensdauer von 92 Stunden. Das bedeutet, dass bereits zehn Prozent der Zahnriemen innerhalb der 92 Stunden ausgefallen sind. Interessant ist auch, dass nach einer Laufzeit von ca. 150 Stunden mit einem Lebensdauerende der Zahnriemen zu rechnen ist. Diese Angaben sind allerdings Medianwerte und beziehen sich streng genommen nur auf die ausgewählten Zahnriemen, die im Versuch getestet wurden. Da im Allgemeinen jedoch das Ziel darin besteht, Stichprobenergebnisse auf die Grundgesamtheit zu übertragen, wird ein Vertrauensintervall benötigt. In Abb. 5.12 ist exemplarisch ein 95 %-Vertrauensintervall angegeben.

5.1.3.4 Aufwandsoptimierte Zuverlässigkeitsprognosen im Feld durch Integration von PoF-Modellen

Eine weitere Möglichkeit den Erprobungsaufwand zu reduzieren, bietet der Einsatz der bereits in Abschn. 5.1.1 vorgestellten L-DoE-Methodik. Hierbei wird mit den lebensdauerbeeinflussenden Faktoren systematisch ein Versuchsraum konstruiert. Dieser bildet den Rahmen für die durchgeführten Versuche. Mit den gewonnenen Versuchsergebnissen werden Lebensdauermodelle entwickelt und parametrisiert. Wie bereits erklärt, ist es nicht empfehlenswert die im L-DoE entwickelten Modelle außerhalb des untersuchten Versuchsraums einzusetzen. Daher muss der Versuchsraum, genauer die Versuchsgrenzen und damit auch die Einstellstufen der Faktoren, bereits vor der eigentlichen Versuchsdurchführung mit Bedacht gewählt werden. Die Festlegung der oberen Einstellstufen ist in der Regel unproblematisch, solange sich der Ausfallmechanismus nicht ändert. Bei der Definition der unteren Einstellstufen sieht es jedoch etwas anders aus. Gerade die unteren Einstellstufen bestimmen die Versuchszeit maßgebend. Damit das Lebensdauermodell valide Prognoseergebnisse liefern kann, sollten die unteren Einstellstufen entsprechend der Spezifikationen im Feld gewählt werden. Dies würde aber in der praktischen Anwendung lange Versuchszeiten mit sich ziehen, die meist nicht innerhalb der zur Verfügung stehenden Zeit realisierbar sind. Eine Möglichkeit dieses Problem zu lösen, wird in [3] vorgestellt. Der Ansatz erlaubt Zuverlässigkeitsprognosen für operative Betriebszustände, auch wenn keinerlei Feldausfälle vorliegen. Der Kern des Ansatzes besteht in der Integration von PoF-Modellen in die Zuverlässigkeitsmodelle, die mit DoE entwickelt werden und mit denen auf die Feldbelastung extrapoliert wird. Wie weit die Zuverlässigkeitsergebnisse aus dem unbekannten Versuchsbereich hinaus extrapoliert werden können, hängt nicht nur vom Modell sondern auch von der Güte der Parameterschätzung, von der Genauigkeit der Effektschätzung sowie von der Stichprobengröße ab (für Details, siehe auch [3]).

Wie bereits erklärt, ist die Extrapolation immer mit Bedacht anzuwenden. Lediglich PoF-Lebensdauermodelle genießen das Privileg, Extrapolationen zuzulassen ohne, dass mit einem statistisch signifikanten Fehler zu rechnen ist. Die PoF-Modelle können zwar keine geometrische Parameter, wie die Teilung oder die Anzahl der Zähne eines Zahnriemens berücksichtigen, den Einfluss der Temperatur, einer mechanischen Belastung oder der Feuchtigkeit werden jedoch zuverlässig abgebildet. Allerdings funktionieren Extrapolationen nur aus dem Grund zuverlässig in der Praxis, weil es sich bei PoF-Modelle um allgemeingültige physikalisch-basierte Lebensdauermodelle handelt, die zu Genüge in der Praxis validiert wurden.

Der in [3] vorgestellte Ansatz beginnt mit einer systematischen Versuchsplanung und -durchführung nach DoE (Schritt ① und ②). In diesen beiden Schritten werden alle erforderlichen Versuche im gerafften Zustand geplant und durchgeführt. Im darauf folgenden Schritt erfolgt die Entwicklung von Lebensdauermodellen nach dem bereits vorgestellten L-DoE-Ansatz, in dem das GLL-Modell gewählt und parametrisiert wird (Schritt ③, Abb. 5.13). Dem schließt sich die Signifikanzanalyse (Schritt ④) an und ein hierarchischer Modellaufbau mit allen statistisch signifikanten Termen. Das Ergebniss der ersten vier Schritte ist ein Lebensdauermodell, das auf normierten Faktorstufen basiert und den Zusammenhang zwischen den signifikanten Faktoren und der Zuverlässigkeit beschreibt [3]. Diese Schritte entsprechen exakt der Vorgehensweise der L-DoE-Methodik aus dem Abschn. 5.1.1.

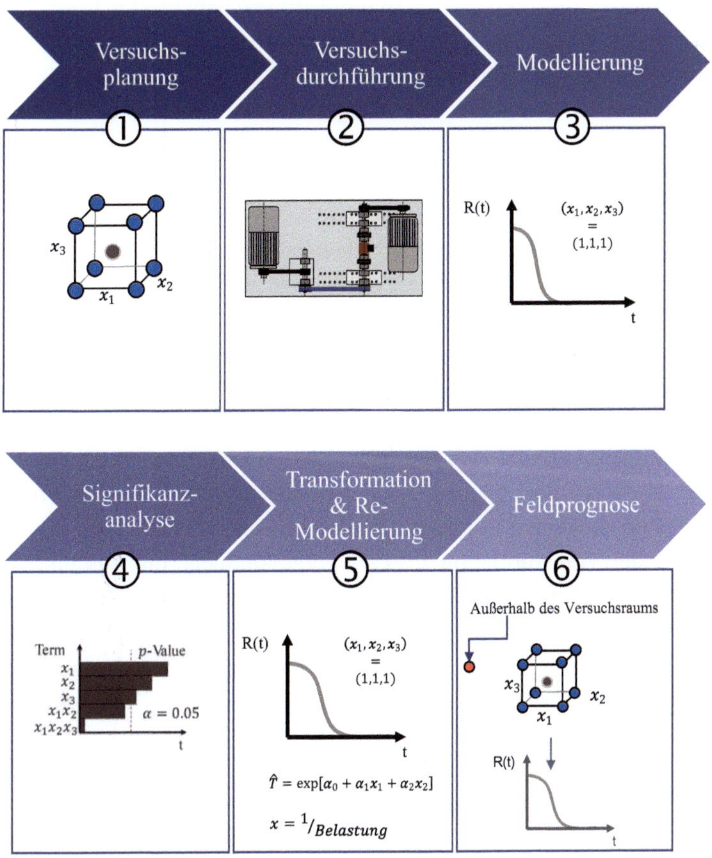

Abb. 5.13 Methode für Zuverlässigkeitsprognosen im Feld

Damit die Ergebnisse aus der beschleunigten Lebensdauererprobung auf das reale Kundenverhalten im Feld übertragen werden können, wird auf die etablierten physikalisch-basierten Modelle zurückgegriffen. Dazu müssen die PoF-Modelle in das parametrisierte GLL-Modell integriert werden. Dies geschieht auf die Weise, indem alle statistisch signifikanten Faktoren adäquat transformiert werden (Schritt ⑤). Durch die Integration der entsprechenden PoF-Modelle wird dem entsprechenden Belastungsfaktor ein Zusammenhang zwischen der Belastung und der Lebensdauer unterstellt, der wiederum Extrapolationen rechtfertigt. Die Transformation beschränkt sich hierbei auf die thermische und mechanische Beanspruchung. Sollte die Temperatur als eines der signifikanten Belastungsgrößen identifiziert werden, muss dieser Faktor in der Form „$\text{Temperatur}_{\text{neu}} = \frac{1}{\text{Temperatur}_{\text{alt}}}$“ transformiert werden. Wichtig hierbei ist, dass die Temperatur nicht in °C sondern in Kelvin einzutragen ist. Im Falle einer mechanischen Belastung, ist die folgende Transformationsvorschrift vorzunehmen: $\text{Belastung}_{\text{neu}} = \ln\left(\text{Belastung}_{\text{alt}}\right)$. Abschließend werden die Effekte und damit die Modellparameter erneut geschätzt und das Modell reparametriert. Daraus resultiert ein für Extrapolationen angepasstes Lebensdauermodell, mit dem im Schritt ⑥ die Zuverlässigkeit für jede beliebige Faktorstufenkombination geschätzt werden kann. Auch hier ist zu beachten, dass jede Zuverlässigkeitsprognose validiert werden sollte.

Beispiel 5.5: Zuverlässigkeitsprognose eines Zahnriemengetriebes unter Feldbedingungen

Das im Beispiel 5.1 entwickelte Zuverlässigkeitsmodell eines Zahnriemengetriebes lässt sich nun dazu einsetzen, um mit Hilfe der oben vorgestellten Methode die Zuverlässigkeit unter Feldbedingungen zu prognostizieren. In diesem Beispiel wird exemplarisch für den Betriebspunkt im Feld $BP_{Feld} = (30\,°C|1468\,U/min|195\,N)$ die Lebensdauer für eine Zuverlässigkeit von 90 % vorhergesagt. Die Zähnezahl der Zahnriemenscheibe bleibt konstant bei $ZZ = 40$. Da die Versuche bei Kräften zwischen 295 N und 716 N durchgeführt wurden, befindet sich der neue Betriebspunkt außerhalb des untersuchten Bereichs. Um die Versuchsergebnisse aus der beschleunigten Lebensdauererprobung auf das Feldniveau umzurechnen, wird in der finalen Likelihoodfunktion aus Bsp. 5.1 für den Faktor F_U die Transformation $\ln(F_U)$ vorgenommen. Im Anschluss werden die unbekannten Parameter des Lebensdauermodells erneut geschätzt und die Lebensdauer t_{Feld} bei der Zuverlässigkeit von $R(t) = 90\,\%$ ermittelt. Die Berechnung führt zu einer B_{10}-Lebensdauer von 121.200 h. Unter der Annahme, dass das Zahnriemengetriebe dauerhaft betrieben wird, würde dies einer Lebensdauer von ca. 20 Jahren entsprechen.

5.2 Leitlinie zur Konzeption von Lebensdauertests

In Abb. 5.14 sind die wichtigsten Punkte in Form einer Checkliste zusammengefasst, die bei einer Lebensdauererprobung unbedingt beachtet werden sollten. Das Wichtigste dabei ist, sich vor der Erprobung darüber Gedanken zu machen, was die Zielsetzung

Checkliste zur Konzeption von Lebensdauertests	
1	Vor der Versuchsdurchführung ist ein geeignetes Lebensdauermerkmal zu definieren. Bei der Definition stets darauf achten, dass es sich um eine quantitative und vor allem messbare Kenngröße handelt.
2	Bei der Stichprobenwahl stets auf eine ausreichende Prüflingszahl achten (je nach Streuung der Lebensdauer). Ist die Streuung unbekannt, sollte diese abgeschätzt werden.
3	Lässt sich die Streuung beispielsweise aus vergleichbaren Anwendungen nicht übertragen, sind Vorversuche durchzuführen. Die Abschätzung einer stichprobenbedingten Streuung ist mit einer Stichprobenzahl unter drei nicht sinnvoll.
4	Vor Beginn einer Lebensdauererprobung ist es ratsam, alle feldrelevanten Schädigungsmechanismen des Erprobungsträgers zu kennen. Sind diese unbekannt, sollten alle potentiellen Schädigungsmechanismen im Versuch getriggert werden. Voraussetzung: Kenntnis relevanter operativer Belastungszuständen.
5	Felddaten sind für eine Zuverlässigkeitsbewertung eines Systems nicht nur sinnvoll sondern essentiell. Diese werden benötigt, um die Belastung und Belastbarkeit zu vergleichen und so eine anwendungsorientierte Produktentwicklung sicherzustellen.
6	Sollten geraffte Lebensdauerversuche relevant sein, ist die Vergleichbarkeit von Schädigungsmechanismen sicherzustellen. Eine Belastungssteigerung, die zu unterschiedlichen Ausfallverhalten der Erprobungsträger führt, ist nicht zulässig.
7	Bei der Lebensdauerversuchsplanung mit Hilfe von DoE stets auf eine ausreichende Replikationszahl sowie auf den Versuchsplan achten, um wahre Effekte in der Lebensdauer & Zuverlässigkeit erkennen zu können. Die Streuung des Lebensdauermerkmals ist dabei eine weitere ausschlaggebende Größe, welche die Anzahl der Versuche bestimmt.
8	Sollten die Lebensdauerdaten für die Entwicklung eines Lebensdauer- und Zuverlässigkeitsmodells verwendet werden, ist darauf zu achten, dass nicht über große Bereiche interpoliert wird. Das gilt es durch die Wahl der Lastniveaus bei der Versuchsplanung zu berücksichtigen. Ein Stichprobenversuch, zur Verifikation ist zu empfehlen.
9	Bei Extrapolationen ist stets mit Bedacht vorzugehen. Ohne die Kenntnis des Zusammenhangs zwischen der Belastung und Belastbarkeit, können Extrapolationen zu falschen Lebensdauer- und Zuverlässigkeitsaussagen führen. Der Einsatz allgemeingültiger physikalischer Beziehungen (PoF-Modelle) ist empfehlenswert.
10	Je größer der Stichprobenumfang ist, desto höher erscheint zwar der Erprobungsaufwand. Andererseits sinkt damit die stichprobenbedingte Unsicherheit in der Lebensdauer- und Zuverlässigkeitsprognose. Der Erprobungsaufwand lässt sich u.a. durch den Einsatz von Vorwissen (Bayes) sowie über Simulationen deutlich herabsetzen.

Abb. 5.14 Checkliste zur Konzeption von Lebensdauertests

des Versuchs ist und welche Zielgröße für die Erprobung relevant ist. Je nach dem, ob beispielsweise zwei Produktvarianten miteinander verglichen werden sollen oder eine Zuverlässigkeitsprognose im Fokus steht, kann sich u. U. die Erprobungsstrategie signifikant ändern. Während im ersten Fall höchstwahrscheinlich jeweils drei Versuche für jeden der beiden Produktvarianten ausreichend sind, werden im Falle von Zuverlässigkeitsprognosen komplexere Erprobungsstrategien benötigt. Die Zielgröße sollte hierbei nach Möglichkeit eine quantitative Größe sein, die während der Erprobung im Prüffeld direkt oder indirekt messbar ist. Gängig ist dabei beispielsweise, die Laufzeit des Erprobungsträgers aufzuzeichnen und die Lebensdauer entsprechend in einer Zeiteinheit oder in Anzahl an Lastwechseln anzugeben. Handelt es sich dagegen um einen Degradationsversuch, so wird als Lebensdauermerkmal entsprechend das Degradationsmerkmal gewählt.

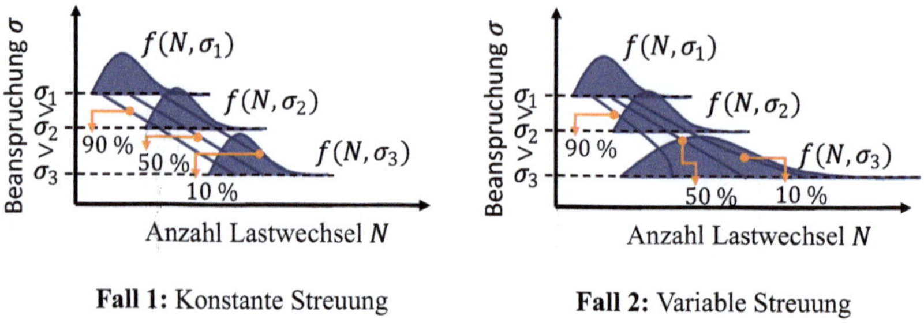

Abb. 5.15 Konstante und variable Streuung in Abhängigkeit der Belastung. (©Alexander Kremer 2022. All Rights Reserved)

Ist ein geeignetes Lebensdauermerkmal definiert, muss im nächsten Schritt die Frage nach einer repräsentativen Stichprobengröße geklärt werden. An dem Grundsatz „viel hilft viel" mag vielleicht etwas Wahres dran sein, effizient ist es jedoch nicht. Grundsätzlich sollte sich die Anzahl an Versuchen immer an der zugrundeliegenden Streuung des Lebensdauermerkmals orientieren. Daher ist auf diese Frage keine ernst gemeinte Pauschalisierung der Antwort möglich. So wird beispielsweise in der Praxis stets von einer belastungsunabhängigen Streuung der Lebensdauer ausgegangen, wie der linke Teil der Abb. 5.15 anhand eines fiktiven Wöhlerversuchs veranschaulicht. Dabei werden Lebensdaueraussagen für geprüfte Bauteile auf der Annahme einer konstanten Streuung der Lebensdauer getätigt. Eine konstante Streuung bedeutet hier, dass die Lebensdauerdaten aus dem Wöhlerversuch ein vergleichbares Streuungsverhalten aufweisen, unabhängig vom gewählten Beanspruchungsniveau.

Erfahrungsgemäß können jedoch in der Praxis die Lebensdauerdaten unterschiedlich streuen, je nach Last. Meist ist die Streuung beim höchsten Beanspruchungsniveau $\sigma_1 > \sigma_2 > \sigma_3$ am Kleinsten und am niedrigsten Beanspruchungsniveau am Höchsten (vgl. rechter Teil der Abb. 5.15, für Details siehe z. B. [3, 10, 18]). Je nach dem, welcher Fall für die eigene Anwendung am geeignetsten ist, sollte der Stichprobenumfang entsprechend angepasst werden. Während im Fall 1 (Abb. 5.15) für jedes Beanspruchungsniveau dieselbe Stichprobe gewählt werden kann, ist es im zweiten Fall sicherlich empfehlenswert, mehr Prüflinge auf einem niedrigen Beanspruchungsniveau zu testen als auf einem hohen.

Gibt es keine Möglichkeit auf Erfahrungswissen zurückzugreifen, bleiben zur Abschätzung der stichprobenbedingten Streuung Vorversuche als einzige Alternative übrig. Dazu genügt es als grober Richtwert den Versuch mit drei Prüflingen durchzuführen, sofern es genügend Gründe zur Annahme einer geringen Streuung gibt. Andernfalls ist es empfehlenswert, mindestens zehn Erprobungsträger unter gleichen Betriebsbedingungen zu erproben. Dies hat den Vorteil, die Streuung genauer abzuschätzen. Außerdem wird so die Datenbasis vergrößert, die dem Aufdecken ungeplanter Schädigungsmechanismen zu Gute kommt.

Doch die ganzen Anstrengungen bei der Planung sind nur halb so viel wert, wenn die Felddaten nicht berücksichtigt werden. Zu Beginn einer Lebensdauererprobung ist sicherzustellen, dass alle feldrelevanten Schädigungsmechanismen bekannt sind. Es ist wichtig, dass alle operativen Zustände bzgl. des Ausfallverhaltens auch im Versuch rekonstruiert werden können. Andernfalls könnte es im Feld zu Ausfällen kommen, die eine Steigerung von Reklamations- und Gewährleistungsfällen zur Folge hätten. Dabei ist darauf zu achten, dass die reine Betriebsdauer des Produkts genauso wenig hilfreich ist, wie die Informationen darüber, wie die Produkte ausgefallen sind. Im Idealfall, den es ohne Zweifel anzustreben gilt, sind Laufzeiten über die Produkte, Laufzeiten einzelner Bauteile (sofern Ersatzteile im Rahmen einer Wartung getauscht wurden), Belastungen und/oder Beanspruchungen und sofern Ausfälle vorliegen, auch eine widerspruchsfreie Zuordnung der Schädigungsmechanismen zu den jeweiligen Laufzeiten der Bauteile bekannt. Liegen Felddateninformationen nicht oder unvollständig vor, lassen sich zwar Lebensdauertests planen und durchführen, durch den fehlenden Kundenbezug, ist ein Übertrag der Versuchsergebnisse auf das Feld kaum möglich.

Da Versuche nur in seltensten Fällen keine Aufwände verursachen, werden Versuche in der Regel im gerafften Zustand durchgeführt. Bei der Versuchsplanung ist vor allem auf eine repräsentative Belastungshöhe zu achten. Das bedeutet, dass die aus der definierten Belastung bzw. aus einem Belastungskollektiv am Bauteil resultierende Schädigung mit derjenigen im Feld vergleichbar sein muss. Sollte dieses Kriterium nicht erfüllt sein, ist die Belastung nicht adäquat und ist anzupassen.

Gerade bei der Lebensdauer- und Zuverlässigkeitsmodellierung geht es oft darum, Einflüsse unterschiedlicher Faktoren auf das Ausfallverhalten von Bauteilen sowie die Effekte und Wechselwirkungen dieser Faktoren mathematisch zu beschreiben. Um den Effizienzanforderungen gerecht zu werden, erfolgt die Anwendung von DoE. Die Wahrscheinlichkeit wahre Effekte zu erkennen, ist dabei maßgebend von der Replikationszahl sowie vom gewählten Versuchsplan abhängig. Ist die Streuung verhältnismäßig gering, reichen u. U. geringe Replikationszahlen aus. Andernfalls ist es empfehlenswert, über Vorversuche die Streuung des Lebensdauermerkmals abzuschätzen und im Anschluss über die Trennschärfeanalyse den entwickelten Versuchsplan inkl. der Replikationszahl auf die Eignung für die Zuverlässigkeitsmodellierung zu bewerten (für Details siehe [3]). Wird dies außer Acht gelassen, könnte es zu Pseudoeffekten, zu ungenauen Zuverlässigkeitsmodellen und folglich auch zu unpräzisen Zuverlässigkeitsprognosen kommen. Die Herausforderung bei der Modellierung besteht weniger darin, die Transferfunktion zwischen den Einflussfaktoren und der Zuverlässigkeit zu beschreiben als vielmehr, die wahren Effekte zu erkennen.

Bei der Lebensdauer- und Zuverlässigkeitsmodellierung selbst, sollten die Bereiche, zwischen denen interpoliert werden, nicht zu groß gewählt werden, da die Gefahr besteht, dass sich das physikalische Verhalten unter Umständen ändert und daher möglicherweise durch separate Modelle abzubilden ist. Ein Beispiel für solche Phänomene wird durch die sogenannte Stribeckkurve beschrieben (siehe z. B. [19]), durch welche die Darstellung der Reibkraft in Abhängigkeit der Reibgeschwindigkeit erfolgt. Auf unbedachte Extrapolationen hingegen, sollte nach Möglichkeit verzichtet werden. Denn hier ist das Risiko, dass sich beispielsweise das Verschleiß- oder Ausfallverhalten des Bauteils schlagartig ändert, maximal. Nichts desto trotz sind Extrapolationen gerade in der Praxis sehr beliebt, da dadurch u. a. auf lange Versuchszeiten verzichtet werden kann. Unter der Prämisse, dass Extrapolationen nicht über große Bereiche erfolgen, kann die Extrapolation des Funktionszusammenhangs durchaus Abhilfe gegen lange Versuchszeiten schaffen. Eine bessere Alternative dazu wäre der Einsatz von PoF-Modellen, die entsprechend mit den Basis-Lebensdauer- und Zuverlässigkeitsmodellen kombiniert werden. Dies hat den Vorteil, dass der funktionale Zusammenhang durch die Transferfunktion beschrieben werden kann, der lediglich für den Versuchsraum seine Gültigkeit besitzt. Mit dieser Transferfunktion kann dann innerhalb des Versuchsraums interpoliert und damit Aussagen für jeden beliebigen, nicht getesteten Betriebszustand getätigt werden. Für Bereiche außerhalb des Versuchsraums, können allgemeingültige physikalischen Zusammenhänge mit Hilfe von PoF-Modellen, wie beispielsweise des Arrhenius-Modells oder des Inverse-Power-Law-Modell, ausgenutzt werden. Damit sind Lebensdauer- und Zuverlässigkeitsprognosen auch für operative Betriebszustände im Feld möglich.

Auch wenn die Stichprobenzahl per se den Erprobungsaufwand erhöht, so gibt es Möglichkeiten, die Kapazitäten beispielsweise durch eine geeignete Raffung des Versuchs und/oder durch die Ausnutzung von Vorwissen einzusparen. Außerdem ist es empfehlenswert, klassische physische Erprobung mit simulativen Ansätzen zu kombinieren. Beispielsweise lässt sich von Prüfständen ein digitales Abbild (sogenannter **Digitaler Zwilling**) schaffen und so ein Teil der physischen Erprobung durch Simulationen ersetzen. Diese „virtuellen Prüfstände" werden mit Echtzeitdaten ständig auf dem aktuellsten Stand gehalten und die daraus generierten Simulationsdaten mit Hilfe von Machine-Learning-Methoden für Lebensdauer- und Zuverlässigkeitsprognosen genutzt.

Literatur

1. Kremer A, Bertsche B, Scholzen A (2020) The influence of environmental and manufacturing conditions on lifetime and reliability predictions for industrial timing belt drives. Forsch Ingenieurwes 84(1):1–10
2. Deutsches Institut für Normung (2000) Gears-fzg test procedures-part 1: fzg test method a/8, 3/90 for relative scuffing load-carrying capacity of oils
3. Kremer A (2021) Statistische Versuchsplanung in der Lebensdauererprobung mit Vertrauensintervallen. Dissertation, Universität Stuttgart
4. Yang G (2007) Life cycle reliability engineering. Wiley, Hoboken
5. Montgomery DC (2013) Design and analysis of experiments, 8 Auflage. Wiley, Hoboken, NJ
6. Stahle W, Lars, Svante (1990) Multivariate data analysis and experimental design in biomedical research. Chemom Intell Lab Syst 25(9):127–141
7. Kececioglu D (2002) Reliability and life testing handbook. PTR Prentice Hall, Englewood Cliffs, NJ
8. Meeker LA, Escobar WQ (1998) Statistical methods for reliability data. Wiley series in probability and statistics. Applied probability and statistics section. Wiley, New York
9. Bertsche G, Bernd, Lechner (2004) Zuverlässigkeit im Fahrzeug- und Maschinenbau: Ermittlung von Bauteil- und System-Zuverlässigkeiten. VDI-Buch. Springer, Berlin/Heidelberg, 3., überarbeitete und erweiterte auflage

10. Nelson WB (2004) Applied life data analysis. Wiley-Interscience, Hoboken, NJ
11. Nagel T (2008) Zahnriemengetriebe: Eigenschaften, Normung, Berechnung, Gestaltung. Hanser, München
12. Papoulis A (2002) Probability, Random Variables and Stochastic Processes, 4. auflage. Mcgraw-Hill Higher Education, New York
13. Meyna B, Arno, Pauli (2010) Taschenbuch der Zuverlässigkeitstechnik: Quantitative Bewertungsverfahren. Praxisreihe Qualitätswissen. Hanser, München, 2., überarb. und erw. aufl., [elektronische ressource]
14. Nelson WB (2009) Accelerated testing: statistical models, test plans, and data analysis. Volume 344 of Wiley series in probability and statistics. John Wiley & Sons Inc, Hoboken
15. Krupa K (2009) Opto-numerical analysis of AlN piezoelectric thin film operating as an actuation layer in MEMS cantilevers. Ph.D. thesis, Warsaw University of Technology
16. Kremer A, Bertsche B, Scholzen A (2018) Methodik zur Prognose der Lebensdauer von Zahnriemengetrieben. In: KISSsoft AG (ed) SMK 2018. TUD Press, S 113–126
17. KC Kapur, LR Lamberson (1977) Reliability in engineering design. Wiley, New York
18. Juskowiak J (2017) Beanspruchungsgerechte Bestimmung des Weibull-Formparameters für Zuverlässigkeitsprognose. Dissertation, Universität Stuttgart
19. Sauer B (2011) Konstruktionselemente des Maschinenbaus – Übungsbuch. Springer, Berlin/Heidelberg

Praktische Optimierung von Zahnriemenantrieben

6

Während die Berechnung von Zahnriemengetrieben hinsichtlich der Übertragungsleistung vorwiegend auf den Angaben der Riemenhersteller basiert und in keiner übergeordneten Richtlinie konkret beschrieben wird, sind die Geometrien zahlreicher Profile in verschiedenen Normen definiert (z. B. [1, 2]). Die genormten Geometrien von Riemenzahn und Scheibenlücke gewährleisten für Standardanwendungen in der Regel einen störungsfreien Betrieb. Es gibt jedoch zahlreiche Anwendungsfälle, bei denen eine solche standardisierte Geometrie nicht zu den gewünschten Ergebnissen führt. Die Gründe dazu können in Lautstärkeentwicklung, Polygoneffekt, Zahn- oder Stegverschleiß, Positioniergenauigkeit und weiteren Effekten liegen, die in der Anwendung jeweils von Bedeutung sind. Nachfolgend sollen einige Lösungen vorgestellt werden, bei denen abweichend vom genormten Standard oder üblichen allgemeingültigen Empfehlungen optimierte Sonderlösungen erfolgreich eingesetzt werden konnten.

6.1 Positioniergenauigkeit

Die Positioniergenauigkeit eines Zahnriemenantriebssystems resultiert meist aus einer Kombination der Dehnung des Riemens und des Zahnlückenspiels. Wenn das exakte Anfahren einer bestimmten Position eine wesentliche Funktion des Antriebs darstellt, so kann bspw. in der Definition der Lebensdauer auch dies als lebensdauerbegrenzendes Merkmal definiert werden. Der Antrieb gilt dann als ausgefallen, wenn durch fortschreitenden Verschleiß die Sollposition nicht mehr zuverlässig erreicht wird, selbst wenn das Getriebe an sich die anliegende Belastung noch lange übertragen könnte. Moderne Zahnriemen können durch Optimierung von Materialen und Zahnformen immer höher belastet werden. Hierbei ist zu beachten, dass möglicherweise die alleinige Steigerung der

A. Kremer et al., *Praktische Ermittlung von Lebensdauer- und Zuverlässigkeitsmodellen für Zahnriemengetriebe*, https://doi.org/10.1007/978-3-662-67345-4_6

Belastbarkeit bzw. Verschleißfestigkeit von Elastomer und zahnseitigem Polyamidgewebe nicht ausreichend ist. Auch wenn die Zugträger meist nicht die lebensdauerbegrenzende Komponente im Zahnriemen sind, so kann es aus Gründen der Teilungskonstanz dennoch sinnvoll sein, diese zu verstärken. In der Teilung von 8 mm sind für Riemen mit Glasfaserzugträgern bei einer Riemenbreite vom 30 mm Dehnwerte von $\epsilon = 0,1\ \%$ bei einer anliegenden Zugbelastung von etwa 500 N nicht ungewöhnlich. Solche Riemen können häufig Umfangskräfte von 3000 N und mehr übertragen. Die daraus resultierende Dehnung von $0,6\ \%$ ergibt dann bereits eine Teilungsabweichung von knapp $\Delta p_b \approx 5/100$ mm. Berücksichtigt man weiterhin, dass sich das Lückenspiel zwischen Riemen- und Scheibenzahn im Bereich von einem bis zu wenigen zehntel Millimentern bewegt, so ist leicht erkennbar, dass dieses Spiel je nach Umschlingungswinkel sehr schnell aufgebraucht sein kann. Während der Riemen im Lasttrum, also beim Einlauf in die treibende Scheibe unter dieser Dehnung durch die Umfangskraft steht, läuft er mit deutlich reduzierter Teilung im Lostrum in die getriebene Scheibe ein. Es kann zur Reduzierung des Verschleißes damit sinnvoll sein, den Durchmesser der Antriebsscheibe etwas größer und den der Abtriebsscheibe etwas geringer zu fertigen. Bedingung dafür ist jedoch, dass die Belastungen im Vorfeld recht genau bekannt sind und im Betrieb auch nicht zu sehr schwanken. Alternativ kann selbstverständlich die Steifigkeit des Riemens erhöht werden, entweder durch Wahl eines breiteren Riemens, eines Riemens der nächst größeren Teilung oder durch Verwendung eines stärkeren Zugträgers bei der Riemenproduktion. In vielen Fällen ist die Beeinflussung des Scheibendurchmessers jedoch deutlich einfacher realisierbar. Da eine solche Korrektur große Erfahrung erfordert, ist hierzu unbedingt die Unterstützung des Riemenherstellers anzufordern. Auch dies ist ein erneutes Beispiel dafür, dass die Komponenten eines Zahnriemengetriebes immer als gesamtes System und nicht separat betrachtet werden sollen. Auch ein Getriebe mit Standardscheiben kann möglicherweise die Anforderung an die Positioniergenauigkeit im Neuzustand erreichen, verliert diese Genauigkeit aber durch unvermeidbaren Verschleiß viel schneller als ein abgestimmter Antrieb, der wie beschrieben entsprechend für das lebensdauerbegrenzende Kriterium konfektioniert ist.

6.2 Korrektur für Schwerlast-Hubantriebe

Bei der Normung von Zahnriemenprofilen können nur allgemeine Einsatzfälle berücksichtigt werden. Betrachtet man beispielsweise ein Zahnriemengetriebe zur reinen Leistungsübertragung zwischen zwei Wellen in der Teilung 14 mm der Profilform HTD in der Riemenbreite 85 mm mit Glasfaserzugträgern und nimmt an, dieser Riemen soll eine Umfangskraft von 7000 N übertragen, dann könnte die dazu erforderliche Vorspannkraft gemäß Gl. 3.16 $F_V = 4500$ N betragen. Im Lostrum wirken dann im Betrieb $F_{Los} = 1000$ N und im Lasttrum $F_{Last} = 8000$ N. Das sind die Kräfte mit denen der Riemen in die Scheibenverzahnung hereingezogen wird. Unter dieser Last sollte der Stegbereich des Riemens im Idealfall nicht bzw. nicht mit großer Kraft auf den Kopf der Scheibenverzahnung gepresst werden, um den Verschleiß zu reduzieren.

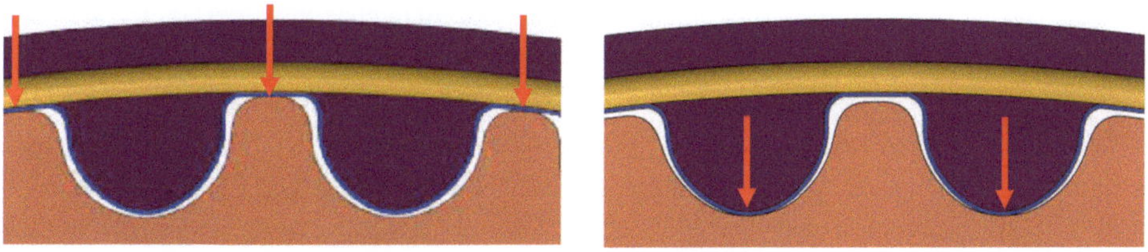

Abb. 6.1 HTD14M Zahnriemen in Standardverzahnung (links) und in der für Hubantriebe optimierten Verzahnung (rechts).

Gleichzeitig soll aber auch der Abstand vom Zahnfuß des Riemens zum Kopf der Scheibenverzahnung nicht zu groß werden, um mögliche Hebelwirkungen und damit Zahnfußrisse (vgl. Abb. 3.17) zu verhindern. Die identische Zahnform kann aber auch für Hubantriebe gemäß Abb. 3.10 verwendet werden. Die Aufgabe bzw. die Belastung des Riemens ist hier eine völlig andere. Für Hubantriebe kann der oben definierte Riementyp auch mit Stahlzugträgern ausgerüstet werden und es können problemlos Lasten von bspw. 1000 kg gehoben werden. Je nach Wahl der Hubhöhen, Riemenlängen etc. kann die erforderliche Vorspannkraft bei Nutzung eines Gegengewichtes von 750 kg bei rund 10.000 N liegen, was zu Trumkräften im oberen Trum von 15.000 N und mehr führen kann. In einem solchen Fall werden dann die Riemensegmente beidseits der oberen Umlenkung mit dieser Kraft in die Lücke gezogen. Dies führt unweigerlich zu einer erheblichen Pressung der Riemenstege auf die Zahnköpfe der Riemenscheibe und damit zu schnell fortschreitendem Stegverschleiß des Riemens. Aus diesem Grunde arbeitet man in solchen Fällen idealerweise nicht mit dem in der ISO 13050 [1] definierten Standardlückenprofil, sondern mit einer angepassten Lückengeometrie, die prinzipiell etwas flacher ist und so zu einem Abstützeffekt des Riemens in der Scheibenlücke und damit einer Entlastung der Riemenstege bzw. einer deutlich reduzierten Flächenpressung führt. Abb. 6.1 zeigt die Unterschiede der Riemen- Scheibenkontakte für eine Standard- und eine für Hubantriebe optimierte Lückengeometrie.

In extremen Fällen kann sich die Lebendauer eines Hubantriebes durch eine solche einfache Maßnahme verfielfältigen. Erfahrene Anwendungstechniker berücksichtigen bei hochbelasteten Hubantrieben immer die Vorteile einer solchen Lösung. Ebenfalls erkennbar ist, dass sich der Polygoneffekt durch diese Maßnahme reduzieren kann, weil der Zugträger die Scheibe eher kreisförmig umschlingt, als wenn er auf den Köpfen der Scheibenverzahnung aufliegt, was Vorteile in der Gleichförmigkeit der Bewegung bedeutet.

6.3 Geräuschentwicklung

Zahnriemengetriebe können sehr vielfältig in zahlreichen industriellen Umgebungen eingesetzt werden. Dabei ist die Geräuschentwicklung des Antriebs in vielen Fällen bedeutungslos, weil andere Geräusche das des Riemengetriebes überlagern. Es gibt jedoch auch Bereiche, in denen auf einen möglichst leisen Antrieb Wert gelegt wird oder aus Gründen des Gesundheitsschutzes festgelegte Grenzwerte nicht überschritten werden dürfen. Steigende Riemengeschwindigkeiten und höhere Übertragungsleistungen verursachen tendenziell eine immer größere Geräuschentwicklung, jedoch lässt sich zum Teil mit geeigneten aktiven Maßnahmen der abgestrahlte Geräuschpegel deutlich reduzieren, so dass häufig auf passive Maßnahmen zur Geräuschminderung wie bspw. die Einhausung des Antriebs verzichtet werden kann. Die wesentlichen Ursachen für die Geräuschentwicklung sind dabei:

- Aufschlaggeräusche der Verzahnung,
- Luftverdrängung aus den Scheibenlücken beim Zahneinlauf,
- Reibung beim Zahneingriff und/oder
- Riemenschwingungen aufgrund von Resonanzeffekten.

Die Beurteilung, welche Ursache im jeweiligen Antrieb die ausschlaggebende ist, kann teilweise schwierig sein. Es gibt jedoch einige allgemeingültige Hinweise, die in aller Regel einen positiven Einfluss auf die Geräuschentwicklung der Antriebe zeigen. Beim Einlauf des Riemens in die Scheibe kommt es zum Aufschlagen der Verzahnung, außerdem muss die Luft aus der Scheibenverzahnung verdrängt werden. Beide Auswirkungen werden stärker je schneller der Antrieb betrieben wird, weil hierfür der radiale Anteil v_r der Riemengeschwindigkeit ausschlaggebend ist. Während der Effekt der Luftverdrängung bei geringeren Drehzahlen kaum eine Rolle spielt, so wird er häufig ab Riemengeschwindigkeiten von 20–25 m/s zum dominierenden Einfluss.

Anhand der in Abb. 6.2 schematisch dargestellten Zusammenhänge lässt sich ableiten, dass dieser radiale Geschwindigkeitsanteil v_r einerseits abhängig ist von

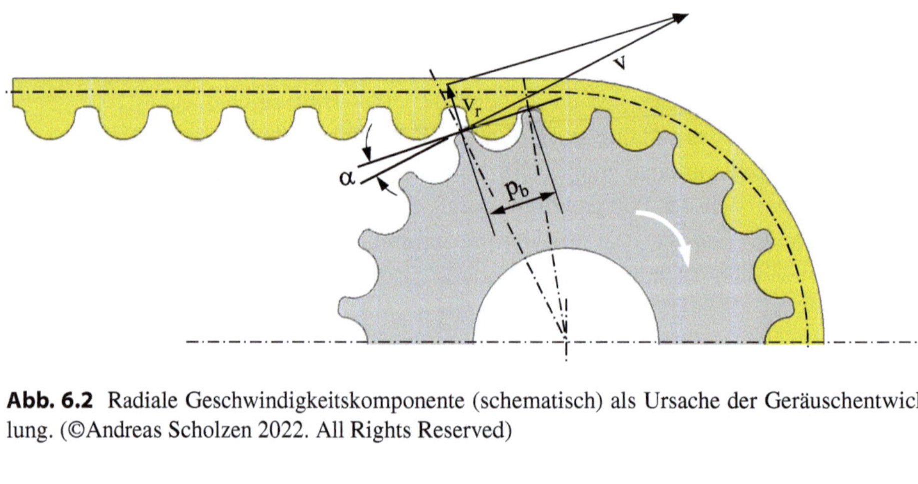

Abb. 6.2 Radiale Geschwindigkeitskomponente (schematisch) als Ursache der Geräuschentwicklung. (©Andreas Scholzen 2022. All Rights Reserved)

$$v_r = v \cdot \frac{\pi}{z} \tag{6.1}$$

und andererseits ausgedrückt werden kann durch

$$v_r = p_b \cdot n \cdot \pi \; . \tag{6.2}$$

Gemäß Gl. 6.1 wird die Lautstärke damit beeinflusst durch die Scheibengröße, d. h. je größer die Zähnezahl z der Scheibe ist, umso geringer wird die radiale Komponente der Geschwindigkeit und damit die Geräuschentwicklung. Die Umformung zu Gl. 6.2 zeigt, dass mit steigender Drehzahl und Teilung die radiale Komponente und damit auch die Geräuschentwicklung größer werden.

Prinzipiell ist es damit beispielsweise günstiger, einen bestehenden Antrieb bei gleichem Scheibendurchmesser in einer kleineren Teilung und dafür größerer Zähnezahl auszuführen, wenn die jeweiligen zulässigen Riemenleistungen dies erlauben. Grundsätzlich sind hier auch Zahnriemen mit einem dämpfenden Gewebe auf der Verzahnung im Vorteil, da das Gewebe zum einen den Aufschlagstoß dämpft und weiterhin die Reibungsgeräusche reduziert. Ebenfalls zur Reduzierung der Reibung möglich, wenn auch in der Praxis kaum umgesetzt, wäre eine Schmierung des Riemens mit einem verträglichen Schmiermittel, bspw. Silikonspray. Durch eine solche Maßnahme kann erfahrungsgemäß auch die Positioniergenauigkeit des Antriebs verbessert werden. Alternativ zur Schmierung mit entsprechenden Schmiermitteln haben sich spezielle Oberflächenbehandlungen der Riemenscheiben bewährt. Da diese auch abhängig vom Scheibenmaterial sind, sollte hierzu die Anwendungstechnik der Riemenhersteller hinzugezogen werden. Zur Reduzierung der Luftgeräusche bei hohen Geschwindigkeiten können Ringnuten in die Riemenscheibe eingestochen werden, über welche die Luft zusätzlich abgeleitet werden kann. Erfahrungsgemäß lässt sich bei kritischen Lautstärken die größte Reduzierung erreichen, durch Aufteilung der Riemenbreite auf 2 oder 3 Teilstücke. Vorteilhaft ist es dann, wenn die jeweiligen Riemenstücke durch einen Trennring auf der Scheibe separiert werden. Im Labor konnte durch die Aufteilung eines 50 mm breiten Riemens in 2 Teile á 25 mm eine mögliche Geräuschreduzierung um bis zu 12 dBA nachgewiesen werden.

Grundsätzlich ist es hinsichtlich der Geräuschentwicklung sinnvoll, die Riemen möglichst schmal auszuführen, was auch beinhaltet, dass unnötige Überdimensionierungen von Antrieben ohnehin auch aus Geräuschgründen häufig nachteilig sind. Hierzu wird im Abschn. 7.2.2 eine Methodik vorgestellt, die anhand eines Lebensdauermodells ermöglicht, Überdimensionierungen zu vermeiden und den Antrieb punktgenau auszulegen. Als positiver Nebeneffekt wird damit auch ein geräuschreduzierter Antrieb erzielt. Wir der Antrieb in sensiblen Umgebungen betrieben, so kann auch die abgestrahlte Lautstärke einen Austausch des Antriebs erfordern und damit wiederum wird diese vom Zahnriemengetriebe abgestrahlte Lautstärke zum lebensdauerbestimmenden Merkmal.

Manchmal ist nicht unbedingt die absolute Lautstärke eines Antriebs störend, sondern die Geräuschfrequenz. Diese Zahneingriffsfrequenz f_{ZE} ist abhängig von der Zähnezahl z_S der Scheibe und der Drehzahl n.

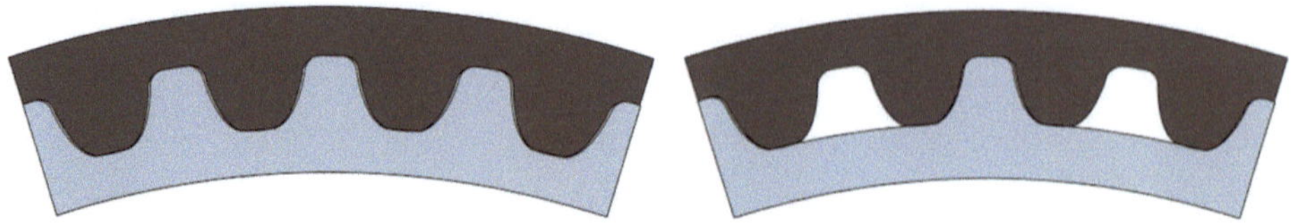

Abb. 6.3 Zahnriemen in Standardverzahnung (links) und in Scheibenverzahnung bei der nur jeder zweite Zahn ausgeformt ist (rechts). (©Andreas Scholzen 2022. All Rights Reserved)

$$f_{ZE} = \frac{z_S \cdot n}{60} . \tag{6.3}$$

Zahnriemenscheiben werden im Allgemeinen im Abwälzfräsverfahren hergestellt. Für ausreichende Zähnezahlen der beteiligten Scheiben existieren Sonderfräser, die nur jeden zweiten Zahn ausformen (s. Abb. 6.3).

Hierdurch wird direkt eine Halbierung der Geräuschfrequenz erreicht, die in der Regel zu einem deutlich angenehmeren subjektiven Höhrempfinden führt und außerdem reduziert sich bei hohen Riemengeschwindigkeiten die Geräuschemmission aufgrund der Luftverdrängung. Bei Riemen mit ungeraden Zähnezahlen lässt sich theoretisch eine Steigerung der Lebensdauer erzielen, weil jeder einzelne Riemenzahn nur bei jeder zweiten Riemenumdrehung an der Kraftübertragung beteiligt ist. Weitere Ursachen für eine ungewöhnliche Geräuschentwicklung wie beispielsweise Fluchtungsfehler, zu hohe Riemenspannung, etc. können aus dem Aufbau und der Montage des Systems resultieren. Antriebe mit schweren massiven Stahl- oder Gussscheiben neigen weniger zur Abstrahlung von Körperschall als dünnwandige Aluminiumscheiben und könnten somit von Vorteil sein, wenn keine hohe Beschleunigungsdynamik im Antrieb vorhanden ist. Darüber hinaus würden sie quasi als Schwungmasse fungieren und für einen gleichförmigeren Lauf sorgen.

Riemenschwingungen aufgrund von Resonanzeffekten können auftreten, wenn eine Anregung des Riemens in der Höhe der Eigenfrequenz vorliegt. Die jeweilige Eigenfrequenz ist gemäß Gl. 3.29 abhängig von der anliegenden Kraft, dem Eigengewicht des Riemens und der frei schwingungsfähigen Trumlänge. Als Kraft muss hier nun nicht die Vorspannkraft wie in Gl. 3.29 sondern die im Betrieb vorhandene Trumkraft im Last- bzw. Lostrum eingesetzt werden. Als Anregungen kommen dabei die Zahneingriffsfrequenz gemäß Gl. 6.3 und auch die Scheibenumlauffrequenz f_{ni} der jeweiligen Scheibe i gemäß

$$f_{ni} = \frac{n_i}{60} \tag{6.4}$$

in Betracht. Ursache für eine Anregung mit der Scheibenumlauffrequenz können bspw. Rundlaufabweichungen der Riemenscheibe oder auch lokale Fehler der Verzahnung (Fremdkörper in der Verzahnung der Scheibe) sein, welche dann mit der Frequenz des Scheibenumlaufes eine Anregung ausüben. Weiterhin möglich, wenngleich aufgrund der geringeren Frequenz meist unbedeutend, ist die Riemenumlauffrequenz, die gemäß nachstehender Gleichung abhängig ist von der Zähnezahl z_{Si} und Drehzahl n_i der jeweiligen Riemenscheibe i, sowie der Zähnezahl z_R des Riemens:

$$f_R = \frac{n_R}{60} = \frac{n_i \cdot z_{Si}}{60 \cdot z_R} \,. \tag{6.5}$$

Durch Dickenschwankungen des Riemens auf dem Umfang oder Fehler in der Ausformung, die zu lokal abweichenden Eigengewichten des Riemens führen, kann diese Anregung hervorgerufen werden. Ganz Allgemein lässt sich noch festhalten, dass Antriebe mit großen Trumlängen und Achsabständen eher zu Resonanzschwingungen des Riemens neigen als solche mit kleinen Trumlängen. Häufig kann bereits durch eine Änderung der Vorspannkraft die Eigenresonanz aus dem kritischen Bereich herausgeschoben werden. Einfache Spannrollen, welche die freie schwingungsfähige Trumlänge deutlich verändern, können ebenfalls leicht angewendet werden, wobei es meist nicht sinnvoll ist, diese genau auf der halben Trumlänge anzubringen. Meist führt es eher zum Erfolg, die Trumlänge mit der Spannrolle in zwei ungleiche Stücke aufzuteilen. Wird dies mit innenliegenden verzahnten Spannrollen durchgeführt, sollten mindestens drei Zähne im Eingriff sein, da ansonsten die Spannrolle zu rotatorischen Schwingungen neigen kann, was wiederum dem Ziel der Geräuschreduzierung entgegen wirken würde. Auf dem Riemenrücken positionierte Rollen müssen lediglich leicht anliegen, um das Schwingungsverhalten positiv zu beeinflussen.

6.4 Bordscheibenanordnung

Bei der Beschreibung des Aufbaus eines Zahnriemengetriebes als System in Abschn. 2.1 wurde bereits erwähnt, dass zur Führung der Zahnriemen auf der Zahnriemenscheibe grundsätzlich seitliche Bordscheiben benötigt werden, damit der Riemen nicht seitlich von der Scheibe ablaufen kann, was aufgrund der Zugträgerzwirnung, leichten Fluchtungsabweichungen etc. erfolgen würde. Eine Ausnahme bilden dabei selbstführende Systeme mit bogen- oder pfeilförmiger Verzahnung auf die hier nicht weiter eingegangen werden soll. Andere Umschlingungsgetriebe wie bspw. Keilriemengetriebe benötigen derartige Führungsscheiben nicht, da hier die Riemen bereits in der Keilnut geführt werden. Zahnriemengetriebe lassen aber dafür – wie in Abb. 6.4a schematisch dargestellt – einen gewissen Parallelversatz oder gar eine axiale Verschiebung der Riemenscheiben im Betrieb zu, wenn die Breite zwischen den Bordscheiben dies entsprechend berücksichtigt.

Je nach Gestaltung des Verstellweges könnten die Bordscheiben an der kleinen Scheibe auch entfallen. Allgemein gibt es verschiedene technische wie auch kommerzielle Gründe für die Anordnung von Bordscheiben. Bei kurzen Achsabständen und horizontal liegenden Wellen reicht es bei einem Zweischeibenantrieb aus, wenn nur eine der beiden Scheiben mit Bordscheiben (s. Abb. 6.4b) ausgerüstet wird. Die Verzahnungsbreite der Scheibe ohne Bordscheiben sollte dann stets etwas breiter ausgeführt werden als der axiale Platz

Abb. 6.4 Möglichkeiten der Bordscheibenanordnung

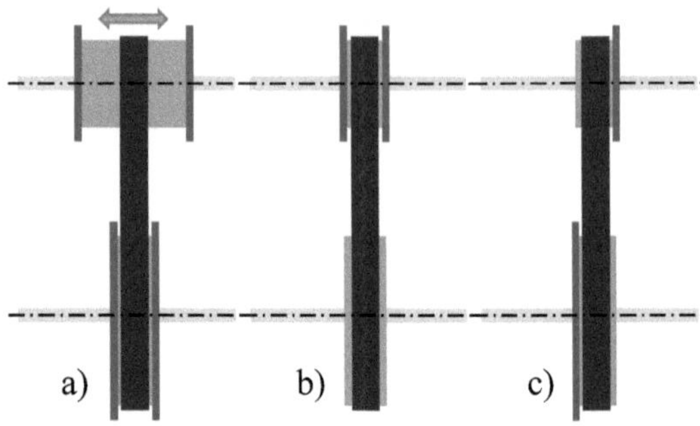

zwischen den Bordscheiben der anderen Scheibe, um ein Ablaufen sicher zu verhindern. Die technisch sinnvollere Wahl ist es dabei, die Bordscheiben an der getriebenen Abtriebsscheibe anzuordnen, da hier der in die Scheibe einlaufende Lostrum leichter geführt werden kann als der stärker belastete Lasttrum. Häufig wird aber aus kommerziellen Gründen die kleinere der beiden Scheiben für die Bordscheiben gewählt. Die Befestigung der Bordscheiben erfolgt häufig durch Anbördeln, wozu verschiedene Verfahren existieren oder durch Anschrauben, was meist und insbesondere für schwere Antriebe die robustere Lösung ist. Es sollte aber immer bedacht werden, dass die Bordscheiben lediglich die Aufgabe haben, den Riemen gegen das – aufgrund des konstruktiven Riemenaufbaus – eingeprägte seitliche Ablaufverhalten leicht zu führen. Keinesfalls sollte der Riemen durch Bordscheiben mit „Gewalt" geführt werden, um deutliche Fluchtungsfehler oder andere Zwangslagen zu kompensieren. Werden formgebunden hergestellte Riemenscheiben verwendet, so kann meist nur eine Bordscheibe ausgeformt werden. In solchen Fällen kann auch die wechselseitige Anordnung gemäß 6.4c sinnvoll sein.

Bei vertikalen Wellen sowie größeren Achsabständen oder Übersetzungsverhältnissen wird allgemein empfohlen, beide Scheiben mit beidseitigen Bordscheiben auszurüsten. Als grober Richtwert für den Achsabstand kann hierzu ein Wert von $A \geq 100 \cdot p_b$ und für das Übersetzungsverhältnis von $i \geq 3$ angenommen werden [3]. Andere Richtlinien orientieren sich mit $A \geq 30 \cdot B_r$ an der Riemenbreite [4] oder dem Scheibendurchmesser mit $A \geq 8 \cdot d$ [5]. Pauschale Angaben zu Mehrscheibenantrieben sind schwierig, da derartige Antriebe äußerst vielseitig ausgeführt werden können. Prinzipiell gelten aber ähnliche Empfehlungen bezogen auf Übersetzungen und Achsabstände, wobei es auch bei kurzen Achsabständen meist nicht ausreichend ist, wenn nur eine Scheibe Bordscheiben trägt. Im ersten Ansatz könnte jede zweite Scheibe mit Bordscheiben ausgerüstet und im weiteren geprüft werden, ob bezüglich der Achsabstände oder anderer Anforderungen weitere Scheiben mit Bordscheiben ausgerüstet werden müssen. Im Zweifel sollte hier die Anwendungstechnik des Riemenherstellers hinzu gezogen werden. Kommerziell kann es vorteilhaft sein, die glatten Rückenumlenkrollen – sofern vorhanden – mit Bordscheiben zu versehen, da es sich hierbei meist um einfache Drehteile handelt, bei denen die Bordscheiben direkt im Herstellprozess mit ausgearbeitet und nicht nachträglich befestigt werden müssen.

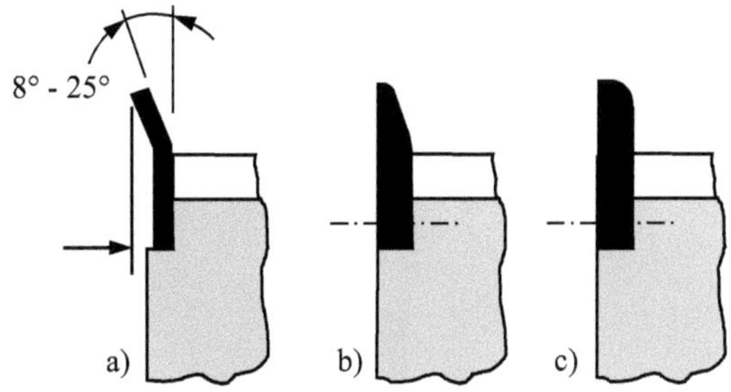

Abb. 6.5 Gestaltungsmöglichkeiten von Bordscheiben zur Führung des Riemens

Diese Richtlinien lassen sich auch auf lineare Antriebssysteme übertragen. In Lineareinheiten, wie beispielsweise in Abb. 1.9 dargestellt, werden in aller Regel beide Riemenscheiben mit Bordscheiben ausgestattet; die zuvor genannte Faustformel für den Zusammenhang zwischen Teilung und Achsabstand wird hier auch meist übertroffen. In Einzelfällen bei sehr kleinen Achslängen kann auf Bordscheiben verzichtet werden, da der Riemen über die feste Einspannung an den bewegten Schlitten geführt wird. Für die sogenannten Omega-Antriebe gemäß Abb. 2.2 gilt die Empfehlung, die unverzahnten Umlenkrollen zur Führung des Riemens zu verwenden. Der lange einlaufende Trum kann hier viel leichter geführt werden als mit der Riemenscheibe.

Für die Gestaltung, die Höhe bzw. den Durchmesser der Bordscheiben gilt, dass die Bordscheibe zunächst senkrecht zur Verzahnung nach außen ansteigen sollte bis zum sogenannten Biegedurchmesser, einem Maß außerhalb des Außendurchmessers. Darüber ist eine Einlaufschräge bzw. Abrundung oder Fase ideal, um den Riemen möglichst kraftlos in die Scheibe zu führen. Auch zur Ausführung der Schräge findet sich bspw. in den genannten Quellen [4] und [5] und [3] übereinstimmend der Hinweis, diese gemäß Abb. 6.5a mit einem Winkel zwischen 8 °–25 ° auszuführen. Damit orientieren sich die Empfehlungen an der DIN ISO 5294 [6], in der auch Angaben für den Biegedurchmesser definiert sind.

Neben der Bordscheibengeometrie, die in [6] definiert ist und meist für angebördelte bzw. angerollte Bordscheiben eingesetzt wird, finden sich in der Praxis auch geschraubte Ausführungen gemäß Abb. 6.5 bei denen als Führung zum Riemeneinlauf lediglich eine Fase (b) oder Rundung (c) vorgesehen ist. Zu beachten ist darüber hinaus, dass je nach Gestaltung des Bordscheibensitzes und der Bordscheibe selbst, wie in Abb. 6.5a dargestellt, die äußere Kante der Bordscheibe über die Stirnseite der Scheibe hinausragen kann.

6.5 Optimierung Füllerantrieb

In der fleischverarbeitenden Industrie werden mit sogenannten Füllerantrieben Natur- und Kunstdärme mit einer zerkleinerten Fleischmasse gefüllt. Das Füllen kleiner Brühwürstchen bis zum Füllen großkalibriger Slicerware mit fein pürierter bis hin zu grobstückiger

Abb. 6.6 Vakuumfüller HP30E. (©Vemag Maschinenbau GmbH 2022. All Rights Reserved)

Füllmasse erfordert Anlagen unterschiedlicher Baugrößen. Die Abb. 6.6 zeigt als Beispiel die Vakuumfüllmaschine HP30E der Fa. Vemag Maschinenbau GmbH [7].

Speziell geformte Förderschnecken fördern die Rohstoffe schonend vom Einlauf zum Auslauf der Maschine. Mit solchen Anlagen können mehrere 1000 kg Füllvolumen pro Stunde verarbeitet werden, was hohe Anforderungen an die Leistungsfähigkeit und Zuverlässigkeit der Antriebskomponenten stellt. Die Antriebe dieser Maschinen sind mit leistungsstarken Zahnriemengetrieben ausgerüstet, die speziell auf die Anforderungen abgestimmt wurden (s. Abb. 6.7). Durch den Einsatz der leistungsstarken Powergrip GT4-Zahnriemen, bei denen ein faserverstärktes EPDM als Basismaterial verwendet wird, in Verbindung mit Glasfaserzugträgern wurde eine deutliche Verbesserung der Lastverteilung auf möglichst viele Riemenzähne erreicht. Aus dem vorangehend Beschriebenen (z. B. Abschn. 3.1.5 bzw. der in Abschn. 3.1.8 beschriebene Summenteilungsfehler) geht hervor, dass eine gleichmäßige Lastverteilung auf möglichst viele Riemenzähne bei Verwendung eines dehnungsarmen Zugträgers nur bei Teilungsgleichheit von Riemen und Scheibe unter der jeweiligen Last erzielt werden kann. Aufgrund der unvermeidlichen Fertigungstoleranzen kann dies nur für eine Riemen-/Scheibenkombination realisiert werden und macht den späteren Tausch einer Komponente schwierig. Aus diesen Gründen wurde hier der Focus auf einen harten und leistungsstarken Riemenzahn in Verbindung mit

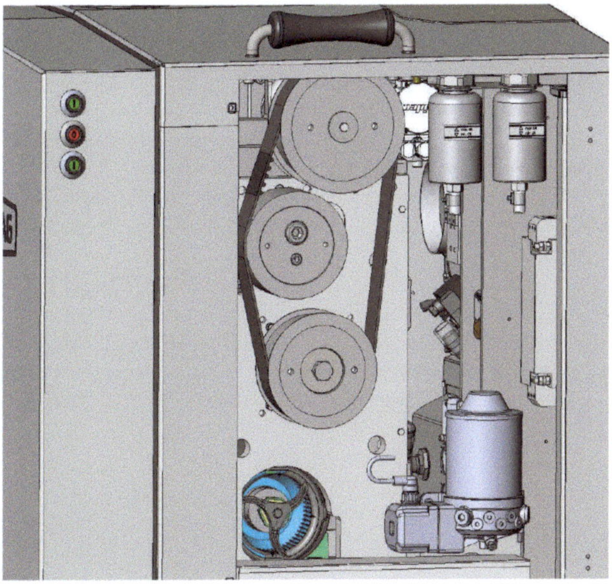

Abb. 6.7 Antrieb des Vakuumfüllers HP30E. (©Vemag Maschinenbau GmbH 2022. All Rights Reserved)

den eher „dehnungsweicheren" Glasfaserzugträgern gelegt, die auch bei wechselnden Lasten durch ihre Elastizität das Antriebsmoment auf eine möglichst große Strecke über den Umschlingungsbogen um die Scheiben verteilen. Da in direkter Nähe des Antriebs häufig Personen arbeiten, wurde außerdem besonderer Wert auf eine möglichst geringe Geräuschentwicklung gelegt, was durch den Einsatz der in Abschn. 6.3 beschriebenen Sonderverzahnung erreicht wurde, bei der nur jeder zweite Zahn ausgeformt wird. Durch extrem starke Lastwechsel beim kontinuierlichen Beschleunigen und Stoppen der Anlage kommt es bei Standardzahnformen zu einem ständigen Flankenwechsel der Riemen in der Scheibenlücke, was mit einer speziell auf die Riemenzahnform angepassten Scheibenlückengeometrie verhindert wird. Um die Reibung und damit den Verschleiß und die Geräuschentwicklung weiter zu reduzieren, wurden die Scheiben mit einer speziellen Beschichtung versehen. Insgesamt konnte mit den aufgeführten Maßnahmen ein sehr gutes Laufverhalten in Verbindung mit einer moderaten Geräuschentwicklung sowie einer möglichst hohen Lebensdauer der Antriebskomponenten erreicht werden. Das Beispiel zeigt aber auch, dass die bloße Antriebsauslegung anhand einer gegebenen Nennleistung nicht zur idealen Gestaltung hochbelasteter Zahnriemengetriebe führen kann. Hier ist es nur durch den intensiven Austausch zwischen dem Anlagenbauer, der die Anforderung an seine Anlagen am Besten beurteilen kann, und dem Anbieter des Gesamtantriebs gelungen, optimal aufeinander abgestimmte Antriebskomponenten auszuwählen, die zu einer hohen Zuverlässigkeit der Gesamtanlage führen.

Literatur

1. Internationales Institut für Normung (2014) Synchronous belt drives – Metric pitch, curvilinear profile systems G, H, R and S,belts and pulleys
2. Internationales Institut für Normung (2014) Synchronous belt drives – Metric pitch, trapezoidal profile systems T and AT, belts and pulleys
3. Walther Flender GmbH (2021) Technische Produktinformationen Zahnriemenantriebe
4. Perneder R (2009) Handbuch Zahnriementechnik: Grundlagen, Berechnung, Anwendungen. Springer, Berlin/Heidelberg
5. Erickson WD (1987) Belt selection and application for engineers. Marcel Dekker Inc., New York
6. Deutsches Institut für Normung (1996) Synchronriementriebe – scheiben
7. VEMAG Maschinenbau GmbH. VEMAG Vakuumfüller der HP Serie: Spitzentechnologie mit der Förderkurve – stark, flexibel und einfach umrüstbar. (Quelle: https://www.vemag.de/fileadmin/user_upload/produkte/vakuumfueller/hp_10e/VEM_Broschuere_HP_DE.pdf, Zuletzt besucht: 25.10.2022)

Auslegung von Zahnriemenantrieben in der Praxis

7

Der Dimensionierungsprozess von geschlossenen Zahnriemen aus Chloroprene oder Polyurethan ist in aller Regel bei den verschiedenen Herstellern sehr ähnlich. Er orientiert sich an der Geometrie des Antriebs, insbesondere der Scheibengröße und der erforderlichen Übertragungsleistung, die mit zahlreichen Sicherheitszuschlägen belegt wird. Dabei findet letztlich ein Vergleich einer zulässigen Leistung, die vom Hersteller vorgegeben wird und einer benötigten Leistung (zzgl. div. Faktoren) statt, die wiederum von der Anwendung bestimmt wird. Weitere Einflüsse wie Temperatur oder andere Umgebungseinflüsse finden in aller Regel keine Berücksichtigung in der Berechnung von Zahnriemengetrieben. Lebensdauern werden bestenfalls durch einen entsprechenden Sicherheitszuschlag bei häufigem oder ununterbrochenem Einsatz berücksichtigt.

Bei offenen Linearzahnriemen ist das grundsätzliche Vorgehen ähnlich, meist wird hier aber nicht die Leistung sondern die Kraft zum Vergleich herangezogen.

7.1 Stand der Technik

Um die Abgrenzung zu der im Anschluss vorgestellten neuen Auslegungsmethodik besser darstellen zu können, soll hier nun zunächst das bislang übliche Vorgehen einer Antriebsdimensionierung beschrieben werden:

Zunächst wird dazu meist die ungefähre Geometrie betrachtet, die sich aus grundsätzlichen Anforderungen des Bauraums wie bspw. Gehäusegrenzen, Wellendurchmesser sowie die Welle-Nabe-Verbindung, Achsabstand und auch des Übersetzungsverhältnisses ergibt. Hierdurch resultieren bereits minimale und maximale Werte für die Scheibengrößen. Abhängig vom Einsatzfall für ein präzises, feinfühliges Labormessgerät oder filigrane Einsätze in der Medizintechnik bis hin zum robusten Betrieb in Mühl- und Sägewerken

A. Kremer et al., *Praktische Ermittlung von Lebensdauer- und Zuverlässigkeitsmodellen für Zahnriemengetriebe*, https://doi.org/10.1007/978-3-662-67345-4_7

wird ein Grundsicherheitsfaktor festgelegt mit dem die Antriebsleistung multipliziert wird. Dieser Grundsicherheitsfaktor wird von den Riemenherstellern meist mit Werten zwischen 1,0 und 2,5 je nach Anwendung definiert und unterscheidet sich noch abhängig davon, ob es sich um kurzzeitige oder ununterbrochene Einsätze handelt. Zu diesem Grundsicherheitsfaktor können weitere Faktoren addiert werden, die aus Übersetzungverhältnissen, Stoßbelastungen oder auch dem Einsatz von Spannrollen resultieren. Häufig gibt es dann Übersichtsdiagramme, aus denen anhand des Produktes von Sicherheitsfaktor und Antriebsleistung, der sogenannten Berechnungsleistung, eine erforderliche Riementeilung grob vorgewählt wird. Damit können nun auch die geometrischen Größen Scheibenzähnezahlen, Achsabstände und Riemenlänge festgelegt werden.

Für die Auswahl der benötigten Riemenbreite finden sich in den Herstellerkatalogen zulässige Leistungswert- oder Kraftangaben, die meist auf eine bestimmte Basisbreite und eine Mindestzähnezahl des Riemens, die in die Scheibe eingreifen muss, bezogen sind. Ist die eingreifende Zähnezahl geringer als die für die Definition der Basisleistung berücksichtigte, so gibt es dazu Korrekturfaktoren. Insbesondere bei Polyurethanzahnriemen sind die zulässigen Belastungen zum Teil auch direkt in Abhängigkeit der Eingriffszähnezahl dargestellt.

Bei den Leistungswertangaben hat sich die Darstellung in tabellarischer Form (vgl. Tab. 7.1) etabliert, bei der die Zähnezahlen der kleinen Scheibe (horizontal bzw. spaltenweise) und Drehzahlen (vertikal bzw. zeilenweise) variieren. Im jeweiligen Schnittpunkt findet sich dann die für diesen Betriebspunkt zulässige Leistung der Basisbreite. Ist die zulässige Leistung geringer als die Berechnungsleistung, kann der Riemen in einer größeren Breite gewählt werden. Dazu wird die zulässige Leistung der Basisbreite mit entsprechenden Breitenfaktoren multipliziert. Findet sich auch in größerer Breite keine ausreichende Leistung, muss die nächst größere Riementeilung oder ein leistungsstärkeres Riemensystem gewählt werden.

Auch wenn diese Art der Auslegung in der Vergangenheit vielfach genutzt und meist zu wenig vorzeitigen Riemenausfällen geführt hat, so wird anhand des Berechnungsablaufes deutlich, dass hier zahlreiche Berechnungsschritte durchgeführt werden, die eine gewisse

Tab. 7.1 Prinzipielle Darstellung der zulässigen Leistungswerte von geschlossenen Zahnriemen bezogen auf eine definierte Basisbreite

Drehzahl der kleinen Scheibe	Zähnezahl der kleinen Scheibe				
	z_1	z_2	z_3	...	z_k
	Wirkdurchmesser der kleinen Scheibe				
	d_{W1}	d_{W2}	d_{W3}	...	d_{Wk}
n_1	P_{11}	P_{12}	P_{13}	...	P_{1k}
n_2	P_{21}	P_{22}	P_{23}	...	P_{2k}
n_3	P_{31}	P_{32}	P_{33}	...	P_{3k}
...	...	...	...	...	...
n_i	P_{i1}	P_{i2}	P_{i3}	...	P_{ik}

Unsicherheiten beinhalten und meist zu sehr konservativ ausgelegten Antrieben führen. Überdimensionierungen sind die Folge, die zahlreiche Nachteile beinhalten. Insbesondere wird der Wirkungsgrad durch Überdimensionierungen deutlich reduziert und somit steigt der Energieverbrauch unnötig an. Häufig sind die Antriebsscheiben direkt auf einer fliegend gelagerten Motorwelle angebracht. Durch einen breiteren Riemen steigt der Hebelarm der Krafteinleitung auf die Lagerung der Antriebswelle, was deren Belastung erhöht. Insgesamt wird der Antrieb durch solche Einflüsse größer und teurer als ein punktgenau ausgelegtes Zahnriemengetriebe.

Bereits in der Bestimmung der Antriebsleistung liegen hier Möglichkeiten der Überdimensionierung, da meist nicht die von der Anwendung geforderte Leistung verwendet wird, sondern die des eingesetzten Motors, auch wenn diese Performance in der Praxis nicht abgerufen wird. Die Breitenfaktoren basieren auf historischen Werten für Standardbreiten. Wenn die Breite 30 mm geringfügig zu schwach erscheint, ist die nächst größere Standardbreite häufig die Breite von 50 mm, auch wenn möglicherweise eine geringe Lebensdauer des Antriebs gefordert ist und unter Umständen die Breite 30 mm bereits völlig ausreichend gewesen wäre. Hier liegt eine grundsätzliche Schwäche dieser Auslegungsmethodik, da es keine übergreifende Vorschrift gibt, wie zulässige Leistungswerte in Katalogen zu ermitteln sind bzw. insbesondere eine Festlegung, wie lange ein Zahnriemen die im Katalog angegebene zulässige Leistung übertragen muss, bis es zu einem Ausfall kommen darf. Zur Erläuterung der Problematik dient die folgende Abb. 7.1.

Bei einer Sicherheit von 1,0 gegenüber den Katalogwerten erreicht der Zahnriemen eines Herstellers eine bestimmte Lebensdauer L_1. Es gibt keine Vorschrift dafür, wie hoch diese sein muss. Steigert man die Sicherheit, so steigt die Lebensdauer an, reduziert man die Sicherheit, fällt die Lebensdauer ab, was in der Abbildung durch die schwarze Volllinie symbolisiert dargestellt ist. Die Darstellung zeigt aber auch, dass hier ein recht großer Spielraum für die Festlegung der Katalogwerte besteht, denn eine Änderung der Sicherheit oder gleichbedeutend der im Katalog dargestellten Leistung bewegt den Datenpunkt bei der Sicherheit 1,0 lediglich bezüglich der erreichbaren Lebensdauer nach oben oder unten. Solange hier keine Festlegung einer mindestens zu erreichenden Lebensdauer besteht, können also die Katalogangaben variiert werden. Der Anwender hat in dieser Art der Darstellung keine Möglichkeit zu bewerten, welcher Riemen der bessere ist, denn reduziert

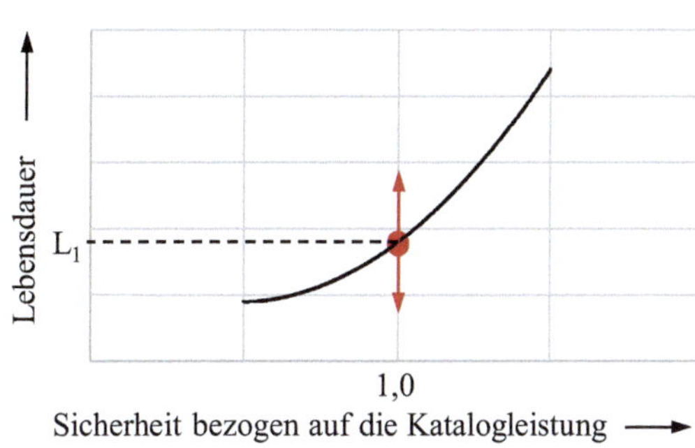

Abb. 7.1 Zusammenhang zwischen Sicherheitsfaktor und Lebensdauer

man die Lebensdauer kann man in der Theorie die Katalogleistung anheben. Diese Tatsache bestätigt die Erfordernis, bei der Dimensionierung von Zahnriemengetrieben die Lebensdauer mit zu berücksichtigen, was mit der nachfolgend beschriebenen Methodik (s. Abschn. 7.2.2) erstmals ermöglicht wird.

7.2 Softwareunterstützung

Die Berechnung von Zahnriemen kann selbstverständlich auch computergestützt erfolgen und nahezu jeder Riemenhersteller bietet dazu eine eigene Berechnungssoftware an. Auch Anbieter von Berechnungssoftware zur Dimensionierung von Maschinenelementen wie bspw. die MDESIGN Unternehmensgruppe, Bochum [1] bieten zum Teil eigene Programme auch für die Dimensionierung von Zahnriemengetrieben an.

7.2.1 Derzeitige Lösungen auf dem Markt

Frühere Programme konnten lediglich einfache Zweischeiben-Antriebe berechnen, mittlerweile gibt es jedoch auch Programme, die zur Berechnung von Mehrscheibenantrieben entwickelt wurden. Auch die grafische Unterstützung bei der Eingabe der Riemenscheibengeometrie findet hier immer stärkere Anwendung. Musste der Nutzer sich früher immer erst die jeweilige Software auf dem Endgerät installieren, so geht der Trend mehr und mehr zu online Lösungen, die auch mittels Smartphone genutzt werden können. Beispiele für aktuelle Berechnungsprogramme sind

- Belt Drive Navigator/Walther Flender GmbH [2]
- Design Flex® Pro™/Gates Corporation [3]
- Design IQ™/Gates Corporation [4]
- CONTI® Professional/ContiTech Antriebssysteme GmbH [5]
- CAP 6.0/6.5/Optibelt GmbH [6]
- Software MDESIGN/MDESIGN Unternehmensgruppe, Bochum [1]

Prinzipiell arbeiten die Programme der unterschiedlichen Hersteller gemäß des beschriebenen Berechnungsablaufes und übernehmen für den Nutzer das Ablesen der Leistungswerte aus den Tabellen, die automatische Berücksichtigung der Eingriffszähnezahl etc. Die grundsätzliche Problematik, die in den Sicherheitsfaktoren liegt, kann durch diese Programme aber nicht beseitigt werden. Auch ist weiterhin kein Vergleich der Riemenqualität zwischen Produkten verschiedener Hersteller möglich, da die Programme meist die selbe Datenbasis nutzen, die auch in den Katalogen abgedruckt ist. Zu einem echten Vergleich der Leistungsfähigkeit unterschiedlicher Produkte und der Vermeidung von Überdimensionierung ist somit die Berücksichtigung der im jeweiligen Belastungspunkt erzielbaren Lebensdauer unbedingt erforderlich. Dennoch soll, wie bereits im Abschn. 7.1 erwähnt, an dieser Stelle nochmals betont werden, dass sich die bisher verwendete Auslegungsmethodik in der Vergangenheit bewährt hat und in aller Regel zu konservativ ausgelegten aber betriebssicheren Antrieben führt. Soll jedoch der Antrieb kostenseitig optimiert und eine Überdimensionierung vermieden werden, dann muss die unter den jeweiligen Einsatzbedingungen erzielbare Lebensdauer mit in die Dimensionierung einbezogen werden, was mit der nachfolgend beschriebenen L.E.A.N. – Drive Methodik erstmals ermöglicht wird.

7.2.2 L.E.A.N. – Drive: Die Software zur Auslegung von Zahnriemengetrieben

Die Software L.E.A.N. – Drive bündelt die Fachexpertise auf dem Gebiet der Zahnriemengetriebe sowie die modernen Methoden der Zuverlässigkeitstechnik und des maschinellen Lernens in einer digitalen Lösung. L.E.A.N. – Drive ermöglicht es Zahnriemengetriebe für jede Applikation anwendungsorientiert auszulegen und erstmalig den Zusammenhang zwischen der Belastung und Belastbarkeit über ein Lebensdauermodell zu quantifizieren. Abb. 7.2 stellt eine prinzipielle Benutzeroberfläche von L.E.A.N-Drive dar.

Abb. 7.2 Visualisierung der Benutzeroberfläche der L.E.A.N.-Drive-Software – Teil 1 (schematisch). (©Walther Flender GmbH 2023. All Rights Reserved)

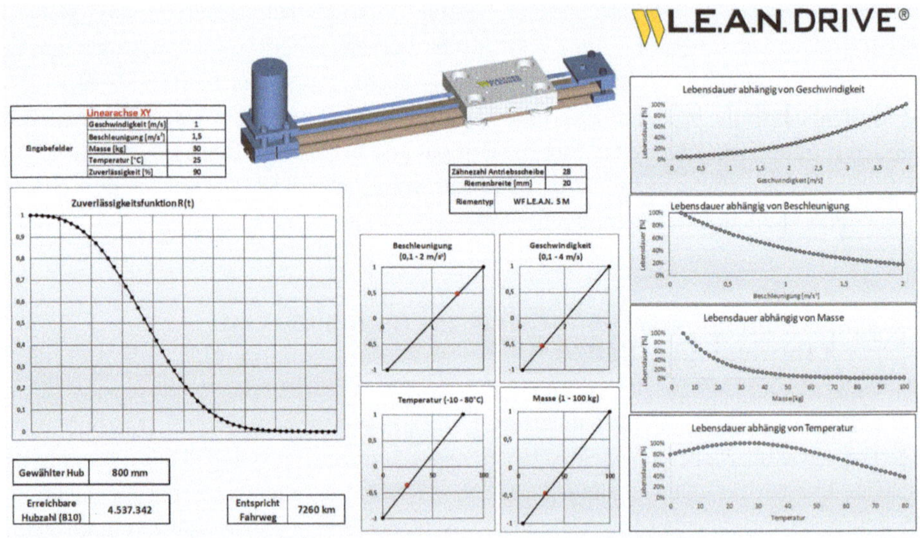

Abb. 7.3 Visualisierung der Benutzeroberfläche der L.E.A.N.-Drive-Software- Teil 3. (©Walther Flender GmbH 2023. All Rights Reserved)

Bei der Auslegung selbst können alle relevanten lebensdauerbeeinflussenden Faktoren berücksichtigt werden. Das beinhaltet sowohl Designparameter, wie beispielsweise Zahnriementeilung, Achsabstand oder die Zähnezahl der Zahnriemenscheibe, äußere Umbebungseinflüsse wie zum Beispiel Umgebungstemperatur, Drehmoment und Drehzahl als auch Fertigungsparameter. Neben der Auslegung und der operativen Zuverlässigkeitsprognose unter Feldbedingungen, lassen sich je nach Zustand des Systems optimale Instandhaltungsstrategien entwickeln. Mit den entwickelten Lebensdauermodellen, können über Konfiguratoren individuelle Zahnriemengetriebesysteme zusammengestellt werden. Dabei kann das System so konzipiert werden, dass beispielsweise die Systemlebensdauer oder die Systemzuverlässigkeit maximiert wird. Eine „Kosten-Zuverlässigkeits"- optimierte Systemlösung ist ebenso möglich. Abb. 7.3 veranschaulicht die Ergebnisse der Auslegung eines Linearantriebs inkl. Zuverlässigkeit für einen Betriebspunkt einschließlich der Haupteffekte und Wechselwirkungen für untersuchte Einflussfaktoren.

7.2.3 L.E.A.N. – Drive: Praxisbeispiel

Für einen Konsumerartikel soll ein Zahnriemenantrieb dimensioniert werden, der mit Zahnriemen der Teilung 5 mm angetrieben wird. Die geometrischen Anforderungen geben für die An- und Abtriebsscheibe 25 bzw. 50 Zähne vor, woraus sich das geforderte Übersetzungverhältnis von $i = 2$ ergibt. Die Forderung an den Achsabstand von 150 mm± 10 mm ergibt eine Riemenlänge von 500 mm. Am Abtrieb ist ein Drehmoment von 32 Nm gefordert bei einer Drehzahl von einer Umdrehung je Sekunde bzw. 60 Umdrehungen pro Minute. Aus dem Drehmoment resultiert die geforderte Umfangskraft von etwa 800 N. Aufgrund der Nutzung im Konsumerbereich ist der Antrieb pro Woche lediglich etwa 30 Minuten bei maximalen Einsatztemperaturen von 40 °C in Betrieb. Die geforderte Lebensdauer soll mindestens zwei Jahre betragen. Die Riemenauslegung mit üblichen Herstellerunterlagen (Katalogen oder Berechnungssoftware) führt in diesem konkreten Fall je nach Hersteller und je nach Festlegung des Betriebsfaktors zu einer Mindestbreite des Zahnriemens die aufgerundet auf die nächste Standardbreite bis zu 25 mm Riemenbreite ergibt.

Für den gewählten Riementyp existiert ein Lebensdauermodell und gemäß der Anforderung des Herstellers sollen mindestens 75 % der Antriebe unter den genannten Bedingungen die geforderte Lebensdauer erreichen. Als Ergebnis erreicht man in diesem konkreten Fall bereits mit der Riemenbreite 15 mm eine Lebensdauer von über 100 Stunden, womit die Anforderungen erfüllt sind und der Antrieb deutlich schmaler und damit kostengünstiger und kompakter realisiert werden kann.

Berücksichtigt man, dass die Reduzierung der Riemenbreite erhebliche Einflüsse auf andere Bauelemente hat dann ergibt sich hier ein erhebliches Einsparpotential. Nicht allein die Riemenscheiben können um über 30 % schmaler ausgeführt werden, auch der Bauraum des gesamten Riementriebs wird erheblich kleiner, die Zuverlässigkeit des Antriebs gemäß den Anforderungen ist dabei jedoch immer gewährleistet. Zusätzlich kann der Antrieb selbstverständlich in Zusammenarbeit mit dem Hersteller des Antriebes hinsichtlich bestimmter Anforderungen optimiert werden, die in den vorherigen Kapiteln ausführlich beschrieben wurden. Die volle Leistungsfähigkeit der Methodik kann damit nur erreicht werden wenn das in Abschn. 2.1 dargestellte Antriebssystem bestehend aus dem Zahnriemen selbst und den zugehörigen Antriebsscheiben aus einer Hand bezogen wird. Der beschriebene Einsatzfall stellt lediglich ein Beispiel der vielfältigen Möglichkeiten dar, die durch diese Methodik abgedeckt werden können. Selbst wenn aufgrund eines begrenzten Bauraums die Anforderungen an die Lebensdauer nicht erreicht werden können, so lassen sich dennoch zuverlässige Aussagen über Wartungsintervalle treffen, die einerseits ungeplante Stillstände aufgrund von Riemenausfällen verhindern und andererseits sicherstellen, dass der Riemen nicht zu einem Zeitpunkt getauscht wird, wo noch deutliche Lebensdauerreserven vorhanden sind.

Literatur

1. MDESIGN Unternehmensgruppe, Bochum. Software MDESIGN. https://www.mdesign.de/de/produkte/, [Stand: 22. Juni 2022]
2. Walther Flender GmbH. Belt Drive Navigator. https://www.walther-flender.de/de/tools-tipps-vom-experten/zahnriemenantrieb-berechnen/, [Stand: 22. Juni 2022]
3. Gates Corporation. Design Flex® Pro™. https://www.gates.com/de/de/knowledge-centre/engineering-applications/design-flex-pro-software.html, [Stand: 22. Juni 2022]

4. Gates Corporation. Design IQ™. https://www.gates.com/de/de/knowledge-centre/engineering-applications/design-IQ-software.html, [Stand: 22. Juni 2022]
5. ContiTech Antriebssysteme GmbH. CONTI® Professional. https://www.continental-industry.com/de/solutions/power-transmission/industrial-applications/drive-belts/service/products/service-tools-catalogues/conti-professional [Stand: 22. Juni 2022]
6. Optibelt GmbH. CAP 6.0/6.5. https://www.optibelt.com/de/power-transmission/service/software-cap-60-65/, [Stand: 22. Juni 2022]

Stichwortverzeichnis

A. Kremer et al., *Praktische Ermittlung von Lebensdauer- und Zuverlässigkeitsmodellen für Zahnriemengetriebe*, https://doi.org/10.1007/978-3-662-67345-4

L

M

N

O

P

T

U

V

MIX
Papier aus verantwortungsvollen Quellen
Paper from responsible sources
FSC® C105338

If you have any concerns about our products,
you can contact us on
ProductSafety@springernature.com

In case Publisher is established outside the EU,
the EU authorized representative is:
Springer Nature Customer Service Center GmbH
Europaplatz 3, 69115 Heidelberg, Germany

Printed by Libri Plureos GmbH
in Hamburg, Germany